EUL VERLAG

MARKETING

Herausgegeben von Prof. Dr. Heribert Gierl, Augsburg, Prof. Dr. Roland Helm, Regensburg, Prof. Dr. Frank Huber, Mainz, und Prof. Dr. Henrik Sattler, Hamburg

Band 10
Heribert Gierl
Übungsaufgaben Marketing
5., vollständig neubearbeitete Auflage
Lohmar – Köln 2010 • 472 S. • € 29,- (D) • ISBN 978-3-89936-927-4

Band 49
Frank Huber, Katharina Riewe, Isabel Matthes und Johannes Vogel
Markenexpansionen erfolgreich gestalten – Ein empirischer Vergleich von Markenlizenzierung und Co-Branding am Beispiel einer Modemarke
Lohmar – Köln 2010 • 164 S. • € 47,- (D) • ISBN 978-3-89936-893-2

Band 50
Dhwani Lalwani, Frank Huber, Frederik Meyer und Stefan Vollmann
Mobile Marketing durch Markenallianzen stärken – Eine empirische Studie zur Identifikation von Erfolgsdeterminanten
Lohmar – Köln 2010 • 172 S. • € 48,- (D) • ISBN 978-3-89936-896-3

Band 51
Jan Kirenz
Linking Consumer Mindset Metrics to Consumer Behavior and Capital Market Valuation
Lohmar – Köln 2010 • 152 S. • € 47,- (D) • ISBN 978-3-89936-928-1

Band 52
Jasna Cudic
Produkthaltbarkeit im strategischen Marketing – Eine empirische Analyse
Lohmar – Köln 2011 • 228 S. • € 55,- (D) • ISBN 978-3-8441-0025-9

Band 53
Lisa Eckardt
Designsprünge als Instrument des Marketings – Eine empirische Analyse der Determinanten und Erfolgsauswirkungen
Lohmar – Köln 2011 • 356 S. • € 64,- (D) • ISBN 978-3-8441-0082-2

JOSEF EUL VERLAG

Reihe: Marketing · Band 53

Herausgegeben von Prof. Dr. Heribert Gierl, Augsburg, Prof. Dr. Roland Helm, Regensburg, Prof. Dr. Frank Huber, Mainz, und Prof. Dr. Henrik Sattler, Hamburg

Dr. Lisa Eckardt

Designsprünge als Instrument des Marketings

Eine empirische Analyse der Determinanten und Erfolgsauswirkungen

Mit einem Geleitwort von Prof. Dr. Frank Huber, Johannes Gutenberg-Universität Mainz

EUL VERLAG

Bibliografische Information der Deutschen Nationalbibliothek

Die Deutsche Nationalbibliothek verzeichnet diese Publikation in der Deutschen Nationalbibliografie; detaillierte bibliografische Daten sind im Internet über <http://dnb.d-nb.de> abrufbar.

Dissertation, Universität Mainz, 2011

D 77

ISBN 978-3-8441-0082-2
1. Auflage Oktober 2011

JOSEF EUL VERLAG GmbH
Brandsberg 6
53797 Lohmar
Tel.: 0 22 05 / 90 10 6-6
Fax: 0 22 05 / 90 10 6-88
E-Mail: info@eul-verlag.de
http://www.eul-verlag.de

Bei der Herstellung unserer Bücher möchten wir die Umwelt schonen. Dieses Buch ist daher auf säurefreiem, 100% chlorfrei gebleichtem, alterungsbeständigem Papier nach DIN 6738 gedruckt.

"When people talk about innovation in this decade, they really mean design."

Bruce Nussbaum

Geleitwort

Bei der Objektwahrnehmung spielten viele Jahre vor allem Leistungsfunktionen des Produktes eine zentrale Rolle, das Design war eher nebensächlich – es war ein „nice to have". Es galt das Motto „form follows function". Der Trend jedoch geht dahin, dass funktionale Unterschiede von Produkten immer kleiner und die Herstellungskosten immer geringer werden, was zur Folge hat, dass ähnliche Produkte heutzutage kaum für den Verbraucher merkliche technische Unterschiede aufweisen. Dabei hat die radikale Veränderung der Märkte die visuelle Erscheinung der Produkte zu einem entscheidenden Kaufkriterium gemacht. Um eigene Produkte von denen der Konkurrenz abzugrenzen, gewinnen Designaspekte für die Produzenten immer mehr an Bedeutung.

Design als strategisches Instrument wird daher immer wichtiger. Es geht um Produktgestaltung, die Visualisierung von Dienstleistungen sowie der gesamten Unternehmenskommunikation nach innen und außen. Design wird damit zum entscheidenden Alleinstellungsmerkmal und zu einem effizienten Instrument zur Positionierung im nationalen und internationalen Wettbewerb.

Vor diesem Hintergrund besteht das Ziel der Arbeit von Lisa Eckardt darin, das Akzeptanzverhalten von Nachfragern bei Designsprüngen zu erklären. Dabei wird eine Konzeptualisierung und empirische Prüfung eines Modells zur Erklärung der Akzeptanz gegenüber Designsprüngen unter Berücksichtigung situativer Variablen vorgenommen.

Konkret stehen dabei zum einen die Analyse der Determinanten im Mittelpunkt, welche die Akzeptanz des Konsumenten gegenüber Designsprüngen beeinflussen, sowie zum anderen die Untersuchung der Erfolgsauswirkungen von Designsprüngen für das Unternehmen. Um Erkenntnisse in diesen Bereichen zu erlangen, baut die Wissenschaftlerin zunächst einen theoretischen Bezugsrahmen auf, der auf dem Modell zum Produktdesign von Bloch, der Adoptionstheorie von Rogers, der Einstellungstheorie sowie der Theorie der kognitiven Dissonanz gründet. Das aus den Theorien sowie aus den Ergebnissen bisheriger empirischer Studien entwickelte Untersuchungsmodell wurde anschließend im Rahmen einer empirischen Studie überprüft. Eine Kundensegmentierung liefert zudem interessante Erkenntnisse hinsichtlich der Unterschiede in den Reaktionen von Konsumenten gegenüber Designsprüngen. Die Arbeit zeichnet sich besonders durch ihre breite theoretische Fundierung sowie methodische Stringenz aus. Zudem ist die hochgradig zielführende und stets nachvollziehbare Vorgehensweise der Autorin zu betonen.

Dabei leistet die Verfasserin mit ihrer Arbeit sowohl in wissenschaftlicher Hinsicht als auch im Hinblick auf die praktische Relevanz der Ergebnisse einen wichtigen Erkenntnisgewinn zur Erklärung der Akzeptanz gegenüber Designsprüngen auf Kundenseite. Vor diesem Hintergrund ist es mir ein großes Anliegen, dass die Arbeit auf reges Interesse in Theorie und Praxis stoßen wird.

Mainz, im August 2011 Prof. Dr. Frank Huber

Vorwort

Die vorliegende Arbeit ist am Lehrstuhl für ABWL und Marketing an der Johannes Gutenberg-Universität Mainz entstanden und im April 2011 vom Fachbereich Rechts- und Wirtschaftswissenschaften angenommen worden. Die Entstehung der Dissertation wäre ohne die Unterstützung einer Reihe von Personen so nicht möglich gewesen. Aus diesem Grund möchte ich an dieser Stelle die Möglichkeit nutzen, mich bei den Personen zu bedanken, die mich in der Zeit der Dissertation nicht nur fachlich, sondern auch moralisch unterstützt haben.

Dabei gilt mein besonderer Dank meinem akademischen Lehrer, Univ.-Prof. Dr. Frank Huber, der mir nicht nur die Möglichkeit gab, mein Dissertationsvorhaben zu realisieren, sondern auch wertvollen wissenschaftlichen Input insbesondere im Rahmen der Modellkonzeption beisteuerte. Einen weiteren Dank möchte ich Herrn Univ.-Prof. Dr. Andreas Herrmann aussprechen für die Übernahme der Zweitkorrektur sowie die zügige Erstellung des Zweitgutachtens. Besonders verbunden bin ich außerdem Herrn Univ.-Prof. Dr. Louis Velthuis und Herrn Univ.-Prof. Dr. Randolph Ochsmann für die Mitwirkung an meinem Rigorosum. Auch der guten Seele des Lehrstuhls, Imma Baumgärtner, möchte ich meinen Dank aussprechen. Ohne ihre Organisation und Unterstützung im Hintergrund wäre das Dissertationsprojekt zu einem bürokratischen Hürdenlauf geworden.

Ein großes Dankeschön gilt dem Team der 2hm & Associates GmbH für die praktische Erfahrung in der Projektarbeit und der Marktforschung, die ich neben dem wissenschaftlichen Arbeiten an der Dissertation machen durfte. Insbesondere bedanke ich mich für die Flexibilität, die mir in „heißen Phasen" eingeräumt wurde.

Meinen Eltern Ursel und Uwe möchte ich dafür danken, dass es ihnen ein Bedürfnis war, mich während meiner gesamten akademischen Ausbildung nicht nur finanziell zu unterstützen. Mit ihrer bedingungslosen Unterstützung haben sie mir das Leben doch häufig erleichtert.

Weiterhin danke ich meinen Freunden Emmi, Johannes, Steffen, Joyce, Anna, Frank, Katja und Thiemo sowie meinem Bruder Stefan für die Ablenkung und das gesunde Maß an Normalität neben dem Dissertationsalltag. Johannes und Frank danke ich zudem als ehemaligen Lehrstuhl-Mitarbeitern für die fachliche Diskussion und das konstruktive Feedback zu meiner Dissertation.

Von ganzem Herzen möchte ich mich bei meinem Mann Kai bedanken, der mich zum Schreiben der Dissertation motiviert – es währenddessen wohl aber auch häufig bereut hat. Ihn habe ich während des Verfassens der Dissertation insbesondere als wissenschaftlichen Gesprächspartner geschätzt, der sich auch zu unmöglichen Tages- und Nachtzeiten auf Diskussionen einließ und erfolgreiche Problemlösungen generierte. Zudem konnte ich mich, trotz Hochs und Tiefs während der Realisierung der Arbeit, stets auf seine moralische Unterstützung und Liebe verlassen.

Mainz, im August 2011 Lisa Eckardt

Inhaltsverzeichnis

Abbildungsverzeichnis

Tabellenverzeichnis

Abkürzungsverzeichnis

ADAC	Allgemeiner Deutscher Automobilclub
AR	Akzeptanz - Resistenz
AST	Arousal-Seeking Tendency
Bd.	Band
BK	Bekanntheit
bspw.	beispielsweise
BVDW	Bundesverbandes Digitaler Wirtschaft
bzgl.	bezüglich
bzw.	beziehungsweise
ca.	circa
CCC	Cubic Clustering Criterion
DEV	durchschnittlich erfasste Varianz
d.h.	das heißt
DS	Designsprung
ed.	Editor
eds.	Editors
e. g.	for example (exempli gratia)
EQS	Equations based Language
et al.	et alii (männlich)/et aliae (weiblich) (zu deutsch: und andere)
etc.	et cetera
f.	folgende
F & E	Forschung und Entwicklung
ff.	fortfolgende
FG	Fachgruppe
ggü.	gegenüber
Gruppenvgl.	Gruppenvergleich
H	Hypothese
Hrsg.	Herausgeber
i. d. R.	in der Regel
i. e.	id est

Jahrhdt.	Jahrhundert
Jg.	Jahrgang
IM	Image
K	Kompatibilität
KB	Kaufbereitschaft
LISREL	Linear Structural Relationships
LO	Loyalität
ME	Markeneinstellung
MEE	Mere-Exposure-Effekt
No.	Number
Nos.	Numbers
NPE	Neuproduktentwicklung
Nr.	Nummer
NS	Novelty-Seeking
OSL	Optimum Stimulation Level
PLS	Partial Least Squares
p.	page
pp.	pages
Pfadkoeff.	Pfadkoeffizient
QU	Qualität
RV	Relativer Vorteil
S.	Seite
SETs	Simultaneous Engineering Teams
SPSS	Statistical Package of the Social Sciences
u. a.	unter anderem
U.S.	United States
v.	von
vgl.	vergleiche
VIF	Variance Inflation Factor
Vol.	Volume
ZB	Zahlungsbereitschaft
z. B.	zum Beispiel
ZfbF	Zeitschrift für betriebswirtschaftliche Forschung
z. T.	zum Teil

1. Zur Relevanz einer theoretischen und empirischen Untersuchung von Designsprüngen

1.1 Die Bedeutung von Design für das Produktmanagement

Die Ökonomie des 21. Jahrhunderts zeichnet sich durch weltweiten technischen Fortschritt aus, welcher eine zunehmende Homogenisierung unzähliger Leistungsprofile auf stagnierenden Märkten bewirkt. Marktstrukturveränderungen wie Globalisierung und Standardisierungsdruck sind weitere Herausforderungen, mit denen Unternehmen zur Zeit konfrontiert werden, woraus ein enormer Innovationsdruck und damit einhergehende kontinuierlich kürzer werdende Produktlebenszyklen resultieren.[1] Zudem reduziert ein aggressiver Preiswettbewerb Gewinne und Marktanteile in nahezu allen Branchen. Des Weiteren ist die heutige Situation der Weltwirtschaft durch einen Überfluss an Produkten und Werbemaßnahmen geprägt, die eine kognitive Informationsüberlastung des Konsumenten bewirken, weshalb der Kunde nur einen Bruchteil der ihm dargebotenen Informationen aufnehmen und verarbeiten kann.[2] Häufig setzen Kunden zum Schutz vor kognitiver Überlastung Funktionalität, Qualität oder auch Sicherheit der am Markt verfügbaren Produkte als gegeben voraus.[3]

Vor diesem Hintergrund erscheint der Aufbau von Erfolgspotenzialen zur langfristigen Existenzsicherung eines Unternehmens extrem schwierig. So ist die Annahme, dass Qualität und Technik für einen langfristigen Wettbewerbsvorteil ausreichen, als nicht mehr aktuell zu bewerten.[4] Um im Wettbewerb bestehen zu können, müssen Unternehmen Kaufanreize schaffen, indem Leistungsangebote bereitgestellt werden, die sich wesentlich von denen anderer Anbieter unterscheiden und von Konsumenten als überlegen wahrgenommen werden. Dies animiert Unternehmen dazu, neben den üblichen Erfolgsfaktoren wie Preis und Qualität, verstärkt nach Ansatzpunkten zur Differenzierung zu suchen. Da die Profilierung einer Marke im Wettbewerb verstärkt von Komponenten wie Corporate Identity und Corporate Design abhängt,[5] kann der Einsatz von Design eine Möglichkeit darstellen, Produkte und Dienstleistungsangebote zu differenzieren, um sich so im harten Wettbewerb abgrenzen bzw. hervorhe-

1 Vgl. Esch/Wicke/Rempel (2005), S. 14.
2 Vgl. Esch/Wicke/Rempel (2005), S. 13.
3 Vgl. Kraus (2007), S. 48.
4 Vgl. Mayer (1996), S. 1.
5 Vgl. Arthur D. Little International (1990), S. 24.

ben zu können.[6] Aus diesem Grund ist das Designmanagement innerhalb eines Unternehmens dafür verantwortlich, eine umfassende Designstrategie zu erarbeiten, die von einem Corporate Design über effiziente Werbemaßnahmen bis hin zu einer innovativen Produktlinie reicht. Nicht zuletzt zeigen aktuelle Praxisbeispiele wie *Apple* mit dem *i-Pad*, dass eine effiziente Designstrategie signifikant zur Steigerung der Absatzzahlen bei Produkten beitragen kann. Mit anderen Worten, ein attraktives, ansprechendes Design ist ein wesentlicher Erfolgsfaktor für höhere Absatz- und Umsatzzahlen.

Resultierend aus einer hohen Relevanz für das Kauf- und Auswahlverhalten auf Seiten des Konsumenten[7] stellt das Design in der neueren wissenschaftlichen sowie populärwissenschaftlichen Literatur ein weithin untersuchtes Themenfeld dar.[8] So lautet der deutsche Titel der bereits im Jahr 1953 erschienenen Biographie von *Raymond Loewy*, einem der einflussreichsten Designer des 20. Jahrhunderts, „Hässlichkeit verkauft sich schlecht".[9] Genau diese Aussage konnten *Bloch* und Kollegen in einer empirischen Studie am Beispiel von Toastern bestätigen.[10] Hierbei identifizierten sie eine Zahlungsbereitschaft, die für schön bewertete Toaster mit 40 US-Dollar um 64 Prozent über der für hässlich bewertete Geräte von 25 Dollar liegt.

Theoretische wie auch empirische Arbeiten zum Thema Produktdesign[11] konnten vielfach die Wichtigkeit des Designs als Wettbewerbsfaktor aufzeigen.[12] So konnten Studien nachweisen, dass Investitionen in Design zu Verkaufssteigerung von bis zu 41 % führen können und dass 90 % aller Designprojekte profitabel sind.[13] Auch bei Untersuchungen hinsichtlich des Vergleichs eines bestehenden Produktes und dem im Design überarbeiteten Produkt, konnte eine Steigerung der Verkaufszahlen von 41 % identifiziert werden.[14] Weitere Vorteile lagen in reduzierten Produktionskosten, steigenden Aktienkursen, höheren Gewinnspannen und in

---

6 Vgl. Stamm v. (2003); Perks/Cooper/Jones (2005).

7 Vgl. Landwehr (2008).

8 Vgl. z. B. Perks/Cooper/Jones (2005); Aggarwal/McGil (2007); Bruce/Daly (2007); Desmet/Heckert (2007); Karjalainen (2007); Ling/Hwang/Salvendy (2007); Landwehr (2008); Lou/Kannan/Ratchford (2008); Lin/Lai (2010); Landwehr/McGill/Herrmann (2011).

9 Vgl. Loewy (1953).

10 Vgl. Bloch et al. (2003).

11 Neben Arbeiten zum Design im engeren Sinne, beschäftigen sich auch die Bereiche Gestaltung, Kunst und visuelle Kommunikation im weiteren Sinne mit dem Thema Design.

12 Vgl. Lin/Lai (2010), S. 177.

13 Vgl. Bruce/Daly (2007), S. 931.

14 Vgl. Bruce/Daly (2007), S. 931.

einer Steigerung des Unternehmensimage.[15] So argumentieren *Langner* und *Esch*, dass insbesondere in gesättigten Märkten mit ihren qualitativ austauschbaren Produkten, Zusatznutzen wie die Gefälligkeit bzw. Ästhetik von Produkt- und Verpackungsgestaltungen an Bedeutung gewinnen.[16] Produktdesign kann somit als Referenzgröße für die Wertigkeit eines Produkts betrachtet werden und vermittelt dem Kunden ganzheitliche Qualität eines solchen. In einer Studie von *Yamamoto* und *Lambert* konnte sogar ein beträchtlicher Einfluss der Ästhetik auf die Kaufentscheidung von Industriegütern und Maschinenbauteilen nachgewiesen werden.[17]

Speziell unter den oben beschriebenen Rahmenbedingungen am Markt, erweist sich eine ansprechende Formgestaltung als entscheidender Wettbewerbsvorteil.[18] *Norman* und *Postrel* konnten nachweisen, dass Design Menschen nicht nur optisch sondern auch emotional anspricht und gutes Design somit die positive emotionale Wahrnehmung eines Konsumenten verstärkt.[19] Aktuelle Studien belegen, dass die durch Produktdesign ausgelösten positiven Empfindungen wiederum einen direkten Effekt auf das Weiterempfehlungs- sowie Wiederkaufverhalten haben.[20] In diesem Zusammenhang konnten auch *Waldmann* und *Primus* in ihrer Studie nachweisen, dass das Produktdesign als emotionales Element bei der Positionierung einer Marke eine große Rolle spielt.[21]

Das Produktdesign ist zu einem essenziellen Erfolgs- und Wirtschaftsfaktor geworden und erhält als effektiver Werbeträger und Differenzierungstool eine zunehmend strategische Bedeutung.[22] Insbesondere in Branchen wie der Automobilindustrie zählt das Design inzwischen zu den zentralen Entscheidungskriterien beim Produktkauf.[23] Vor diesem Hintergrund konnte *Landwehr* in mehreren empirischen Studien bestätigen, dass „[…] die Bewertung von Fahrzeugdesigns […] der stärkste Prädiktor der Verkaufszahlen ist."[24]

Bereits im Jahr 1990 macht *Abrahams* auf das ungenutzte Potential von Design aufmerksam, indem er argumentiert, „Design is the most potentially powerful, most under-utilised resource

---

15 Vgl. Bruce/Daly (2007), S. 931.
16 Vgl. Langner/Esch (2004), S. 416.
17 Vgl. Yamamoto/Lambert (1994).
18 Vgl. Bergmann (1994), S. 5.
19 Vgl. Postrel (2003); Norman (2004).
20 Vgl. Chitturi/Raghunathan/Mahajan (2008).
21 Vgl. Waldmann/Primus (2005).
22 Vgl. Braess/Seiffert (2007), S. 85.
23 Vgl. Ebel/Hofer (2004), S. 335.
24 Landwehr (2008), S. 9.

for strategy business competitiveness."[25] Die Relevanz des Designs und der Ästhetik ist in den vergangenen Jahren insbesondere in Technik-fokussierten Branchen wie dem Automobil- und Kommunikationsbereich deutlich angestiegen.[26] Aufgrund der Tatsache, dass die technische Differenzierung zwischen den Geräten nationaler oder internationaler Wettbewerber immer geringer wird und sich Produkte in ihrer Funktionalität, Zuverlässigkeit und Leistung häufig wenig wahrnehmbar voneinander unterscheiden, ist dieses Phänomen branchenübergreifend in vielen Produktkategorien[27] zu beobachten.[28] Dies konnten auch *Kotler* und *Keller* feststellen: „In increasingly fast-paced markets, price and technology are not enough. Design is the factor that will often give a company its competitive edge."[29] Demnach entscheidet zunehmend das Design eines Produktes über dessen Markterfolg[30] und entwickelt sich somit zu einem unverzichtbaren Wettbewerbsfaktor.[31]

Die Automobilbranche stellt einen der Wirtschaftsbereiche dar, in denen Design eine essenzielle Bedeutung einnimmt. Kein potenzieller Kunde kann sich dem Einfluss des Automobildesigns entziehen, da er tagtäglich mit diesem konfrontiert wird. Somit besitzt das Design von Fahrzeugen über die starke Ausprägung der emotionalen sowie der sozialen Funktion Einfluss auf die Gesellschaft. Vor diesem Hintergrund stellt das Automobildesign ein besonders präsentes Teilgebiet designerischer Tätigkeit in der öffentlichen Wahrnehmung dar.

Aber nicht nur in der wissenschaftlichen Forschung ist inzwischen der hohe Stellenwert von Design für das Produktmanagement unumstritten, auch in der Tagespresse ist die Relevanz des Designs angekommen. So macht beispielsweise ein Beitrag, welcher zur Vorstellung des neuen *Audi A7 Sportback* erschienen ist deutlich, welchen Stellenwert das Design in der heutigen Automobilindustrie einnimmt.[32] So beginnt dieser mit dem Fazit: „Die aufwendig inszenierte Weltpremiere des *Audi A7 Sportback* hat gezeigt, wen man unbedingt braucht, um ein erfolgreiches Auto zu machen. Ingenieure sind es nicht."[33] Ergänzend dazu bemerkt *Audi*-Chef *Stadler*: „Das Design ist für ein Automobil der entscheidende Kaufgrund."[34]

25 Abrahams (1990), S. 10.
26 Vgl. Ebel/Hofer (2004), S. 335.
27 Z. B. Mobiltelefone, MP3-Player, Digitalkameras, Lautsprecher-Boxen, elektronische Haushaltsgeräte, Computer.
28 Vgl. Ebel/Hofer (2004), S. 336.
29 Kotler/Keller (2006), S. 377.
30 Vgl. Ebel/Hofer (2004); S. 347 f.
31 Vgl. Demirbilek/Sener (2003).
32 Vgl. Anker (2010), S. 45.
33 Anker (2010), S. 45.
34 Anker (2010), S. 45.

Analog zur Kaufentscheidung eines potenziellen Kunden, welche teilweise rational und nachvollziehbar ist, zu anderen Teilen aber rein emotional und sehr individuell von statten geht, weist ein technisches Produkt mehrere Funktionsebenen auf: Auf der einen Seite steht die technische Funktion, auf der anderen Seite finden sich die so genannten produktsprachlichen Funktionen,[35] welche die Domäne des Designers sind und alle emotionalen, menschbezogenen Aspekte betreffen. Gerade das Automobil hat sich schon früh in seiner Geschichte für viele Käufer als ein extrem emotionsbehaftetes Produkt entwickelt.[36]

So wird auch bei der Verleihung des *Autonis Car Design Award 2005* betont, dass „[...] Schönheit gefällt. Nichts berührt Menschen an einem Auto spontan so sehr wie dessen Aussehen. Das Design ist die direkteste, die emotionalste Ebene des technischen Produkts Automobil. Es entscheidet über Mögen und Nicht-Mögen. Dabei liegt die Schönheit allein im Auge des Betrachters."[37] Designer sind sich sicher, dass nichts so klar über Erfolg und Misserfolg eines Modells bzw. einer ganzen Marke entscheidet wie dessen Design. Gutes Design ist zu einem bestimmenden Erfolgsfaktor geworden und gehört somit zu den zentralen Kaufentscheidungskriterien.[38] Hierbei zählt jedoch nicht allein das Urteil der kleinen Zirkel von Design-Fachleuten, entscheidend ist überwiegend die Meinung des Verbrauchers, denn dieser kauft nicht, was ihm nicht gefällt.[39] Infolgedessen sind Designer zu Stars der Fahrzeugbranche avanciert.[40]

Dabei fällt auf, dass der gestiegene ästhetische Anspruch, vor allem im Automobilbereich, in einem immer stärkeren Trend hinsichtlich der Differenzierung im Design zu erkennen ist. So war bis 2002 der *VW Käfer* das deutschlandweit meistverkaufte Fahrzeug,[41] wobei an diesem Modell über Jahrzehnte hinweg nur leichte Modifikationen im Design vorgenommen wurden. Anschließend wurde der *Käfer* vom *VW Golf* hinsichtlich der produzierten Stückzahlen überholt. Im Vergleich zum *Käfer* sind bei den verschiedenen *Golf* Modellen doch deutliche Veränderungen im Design vorgenommen worden.[42]

---

35 Neben den rein funktionalen Aspekten (ergonomische, konstruktive und technische Anforderungen) existieren auch produktsprachliche Aspekte von Design, die insbesondere ästhetische und symbolische Funktionen (sinnbildliche, anmutende und informative Kriterien) von Design aufweisen. Vgl. hierzu z. B. Mayer (1996), S. 41 ff.

36 Vgl. Ebel/Hofer (2004), S. 335.

37 Autonis Car Design Award (2005).

38 Vgl. Ebel/Hofer (2004), S. 335.

39 Vgl. Autonis Car Design Award (2005).

40 Vgl. Handelsblatt (16.05.2002).

41 Vgl. Berliner Morgenpost (10.06.2008).

42 Vgl. Ebel/Hofer (2004), S. 336.

Für Unternehmen ist es daher von großer Relevanz, das Design für ein Produkt so zu entwickeln bzw. zu gestalten, dass es für den potenziellen Käufer möglichst attraktiv und ansprechend ist. Langfristig gesehen resultiert daraus die Notwendigkeit das Design so zu verändern, dass es den aktuellen Geschmack der Kunden trifft und zudem eine Differenzierung gegenüber Wettbewerbsfahrzeugen am Markt ermöglicht. So hat der Kunde die Möglichkeit, sich mit dem Kauf eines solchen Produktes vom Gros der Gesellschaft abzuheben.

Bei der Entscheidung, ob ein Design positiv oder negativ bewertet wird, spielen neben der Wahrnehmung verschiedener Nutzenkomponenten auch Persönlichkeitsmerkmale und Charaktereigenschaften eine ganz entscheidende Rolle, da sie für die Entwicklung von Präferenzen, Geschmack und ästhetischem Verständnis verantwortlich sind.[43] Diese Faktoren stellen Designer vor erhebliche Probleme. So können durch Veränderungen im Design einerseits neue Kunden angesprochen und hinzugewonnen werden, andererseits besteht jedoch auch die Möglichkeit und damit das Risiko für den Hersteller, dass sich einige treue Stammkunden durch die neue Gestaltung eines Produktes nicht mehr mit der Marke bzw. dem Modell identifizieren können und von einem Kauf Abstand nehmen oder im schlimmsten Fall den Kauf eines Konkurrenzproduktes tätigen.

Verdeutlichen lässt sich diese Problematik anhand eines Beispiels aus der Automobilbranche. Das 2001 vorgestellte *BMW*-Modell der *7er-Reihe*, entwickelt von *BMW*-Chefdesigner *Chris Bangle*, unterschied sich erheblich von dem des Vorgängermodells[44] und wurde insbesondere wegen seines recht extravagant geratenen Hecks deutlich weniger positiv bewertet als das Vorgängermodell. Die klassische Kundengruppe, die den *7er BMW* für gewöhnlich kauft, ist jedoch eher konservativ und traditionsbewusst.[45] So fiel das Urteil der Fachpresse auch dementsprechend verheerend aus. Das Magazin *auto motor und sport* sprach von einer „deftigen Backpfeife" und die *Autobild* kommentierte, das „pummelig" geratene Fahrzeug sei „sehr modern".[46] In der Folge gelangten Ausdrücke wie *Bangleheck*, *Banglekofferraum*, *Bangle Butt* und *Bangledesign* zu geflügelten Wörtern und fanden als Synonyme für schlechtes Design Verwendung. In Deutschland blieben die verkauften Stückzahlen des *7er BMWs* von

[43] Die Persönlichkeit eines Menschen wird als die mehr oder weniger feste und überdauernde Organisation des Charakters, des Temperaments und des Intellekts seiner individuell charakteristischen Denk- und Handlungsmuster beschrieben und stellt eine wesentliche Einflussgröße auf sein Erleben und Verhalten dar. Vgl. Eysenck (1953).

[44] So wurde das neue Design des 7er BMWs in der Presse als provokant und gewöhnungsbedürftig beschrieben. Vgl. Zeit Online (2002); Stuttgarter Zeitung (2001).

[45] Hillenbrand (2009).

[46] AUTO BILD (26/2001).

2001 deutlich hinter den Erwartungen. Da jedoch nicht einmal vier Prozent aller verkauften *BMW* der *7er*-Modellreihe angehören, hielten sich die finanziellen Auswirkungen für den Konzern in Grenzen. Schlimmer war der Imageschaden, beim Flaggschiff[47] derart gepatzt zu haben. Trotz der negativen Presse brachte der „Designunfall" *BMW* und vor allem den Designer *Chris Bangle* überall ins Gespräch. Der eher konservative Münchner Konzern hatte einen modernen Anstrich bekommen, indem man sich getraut hatte, einmal etwas Ungewöhnliches zu probieren.

Die Modifikationen, die am Design eines Produktes vorgenommen werden, können nicht nur einen Einfluss auf das Image des Herstellers haben, sondern wirken sich z. T. auch auf dessen Positionierung aus.[48] Bezogen auf Automobile stehen beispielsweise ein mächtiger Kühlergrill und eine lange Motorhaube im allgemeinen Wahrnehmungsempfinden für starke Motorisierung und Luxusklasse. Dagegen demonstrieren eine flache Linienführung und ein angehobenes Heck Sportlichkeit und Schnelligkeit sowie einen gehobenen Geschmack.[49] An diesem Punkt stellt sich die Frage, wie die entsprechende Überarbeitung des Design eines Produktes anzugehen ist und nach welchen Kriterien diese idealerweise zu erfolgen hat. Es gilt letztendlich unter Berücksichtigung der verschiedenen Einflussfaktoren zu überprüfen, ob mehr oder weniger ausgeprägte Änderungen im Design zu einer Erhöhung des Absatzes des betreffenden Produktes führen und somit vermögen, den Erfolg eines Unternehmens zu steigern.

Ausgehend von der gegenwärtig hohen Bedeutung des Automobils in der Gesellschaft[50] sowie des Designs eines Produktes für dessen Markterfolg, gilt es in der vorliegenden Arbeit, die Bewertung des Designs anhand des Gebrauchsobjekts Auto theoretisch zu hinterfragen und zu quantifizieren. Dabei bezieht sich die Bewertung des Designs ausschließlich auf das Exterieur, also auf die offenliegende Außengestalt von Automobilen, dem Außendesign der Karosserie. Insbesondere die Analyse des Konzepts „Designsprung" stellt einen bisher nicht untersuchten Gegenstand der wissenschaftlichen Forschung dar.

Vor dem Hintergrund der Tatsache, dass sich die Wissenschaft bisher weder methodisch noch forschungsempirisch mit dem Thema Designsprung beschäftigt hat, dem Design als marke-

---

47 Der 7er BMW wird häufig als das Flaggschiff des bayerischen Automobilherstellers bezeichnet. Vgl. hierzu z. B. BMW Group (2009).

48 Vgl. Brauer (2007), S. 179.

49 Vgl. Ebel/Hofer (2004), S. 335.

50 So fahren mittlerweile weltweit über eine Milliarde Autos. Vgl. Welt Online (15.01.2008).

tingwissenschaftliches Differenzierungsinstrument gleichzeitig jedoch eine hohe Bedeutung beigemessen wird, erscheint die Analyse von Design und den damit für die vorliegende Untersuchung relevanten Designsprüngen als besonders relevant. Dementsprechend untersucht die vorliegende Arbeit wechselseitige Design- und Markenwirkungen eines neu designten Automodells (im Sinne eines Designsprungs) in Abhängigkeit unterschiedlicher Einflussgrößen und stellt geeignete Strategien vor, die dem Management bereits während der Produktentwicklung abgesicherte Informationen zur effektiven Ansprache der Zielgruppen liefern sollen. Dazu wird auf emotions- und kognitionspsychologische Erkenntnisse zurückgegriffen und auf Basis theoretischer Überlegungen ein kausalanalytisches Modell, das die wichtigsten Einflussfaktoren und Konsequenzen im Rahmen der Designwahrnehmung berücksichtigt, entwickelt und überprüft.

1.2 Forschungsfragen der Untersuchung

Die bisherigen Ausführungen verdeutlichen die hohe Relevanz der Auseinandersetzung mit dem Thema Designsprünge für das Produktmanagement in der unternehmerischen Praxis seitens der Hersteller. Dem Interesse an der Entwicklung neuer und erfolgreicher Designs sowie deren erfolgreichem Einsatz in Produkten steht insbesondere in der betriebswissenschaftlichen Forschung und Praxis ein Erkenntnisdefizit gegenüber.[51] Vor diesem Hintergrund besteht die übergeordnete Zielsetzung der vorliegenden Dissertation darin, einen Beitrag zu einem besseren Verständnis der Auswirkungen und Implementierung von Designsprüngen zu leisten. Auf dieser Basis gilt es folgende sechs Forschungsfragen im Einzelnen zu klären.

Forschungsfrage 1: *Welches sind aus Konsumentensicht die zentralen personenbezogenen sowie produktbezogenen Einflussfaktoren für die Bewertung von Designsprüngen?*

Die erste Forschungsfrage beschäftigt sich mit dem Ziel, die Bewertung von Designsprüngen zu konzeptualisieren. Prinzipiell können personenspezifische sowie produktspezifische Faktoren einen Einfluss auf die Bewertung von Designsprüngen haben. Die aus dieser ersten Zielsetzung resultierende Forschungsfrage beschäftigt sich mit der Identifikation der zentralen Faktoren, die auf Seite des Konsumenten sowie auf Seiten des Produktes Einfluss auf die Bewertung von Designsprüngen nehmen. In Anlehnung an den Adoptionsprozess nach *Rogers*

51 Vgl. Bloch (1995), S. 16.

liegt der Fokus hierbei einerseits auf Einflussfaktoren, die in dem Produkt und andererseits in der Person des Konsumenten zu finden sind.[52] So regt *Landwehr* an, durch die Untersuchung interessierender Persönlichkeitsmerkmale den Effekt der Wirkung von Design differenzierter zu betrachten.[53] *Haes* betont insbesondere die Relevanz der Kompatibilität von neuen Produkten und empfiehlt, diese in den Designkontext zu integrieren.[54] Zur Beantwortung der ersten Forschungsfrage wird zu Beginn auf Basis theoretischer Grundlagen, der Analyse der relevanten Literatur sowie eigener konzeptioneller Ergänzungen ein konzeptionelles Rahmengebilde zur Bewertung von Designsprüngen entworfen. Die hierbei identifizierten Einflussgrößen sollen gemäß des in Kapitel 3.5 zu entwickelnden Modells zur Analyse der Bewertung von Designsprüngen integriert werden, um so ein umfassendes Bild der Konstruktzusammenhänge zu erhalten.

Forschungsfrage 2: *Weisen die zentralen Determinanten einen Effekt auf die Akzeptanz von Designsprüngen auf?*

Das zweite Untersuchungsziel besteht in der Identifikation des Einflusses der produkt- sowie personenspezifischen Faktoren auf die Bewertung von Designsprüngen. Von besonderem Interesse hierbei ist die unterschiedliche Betrachtung der Effektstärken personenspezifischer und produktspezifischer Faktoren. So betont *Wriggers* in seiner Untersuchung der Akzeptanz von Mobile-Commerce-Diensten die Relevanz der Unterscheidung in produkt- und konsumentenbezogenen Faktoren sowie der Untersuchung der Einflussstärke von produkt- und konsumentenbezogenen Adoptions- bzw. Akzeptanzfaktoren.[55] Die Adoptionstheorie verfolgt das Ziel, den Einfluss dieser Faktoren auf den individuellen Adoptionsprozess eines Konsumenten zu analysieren.[56] Dabei wird den personenspezifischen Einflussfaktoren überwiegend eine geringere Bedeutung für den Adoptionsprozess zugeschrieben als den produktbezogenen Einflussfaktoren.[57] Lässt sich dies auch in der vorliegenden Studie bestätigen, spricht dies für ein Designmanagement mit konkretem Fokus auf das Produktdesign und die Passung zur Marke und nicht für die Berücksichtigung von Charaktereigenschaften potenzieller Kunden. Hieraus lassen sich wertvolle Hinweise für Designer sowie marketingpolitische Maßnahmen ableiten.

52 Vgl. Rogers (1995).
53 Vgl. Landwehr (2008), S. 128.
54 Vgl. Haes (2003), S. 116.
55 Vgl. Wriggers (2006).
56 Vgl. Garczorz (2004), S. 53.
57 Vgl. Litfin (2000), S. 26 ff.

Forschungsfrage 3: *Welche Reaktionen werden auf Kundenseite durch Designsprünge ausgelöst?*

Nachdem in den Forschungsfragen 1 und 2 die Gestaltungsvariablen im Fokus des Interesses stehen, ist die Zielsetzung von Forschungsfrage 3 in der Aufdeckung von Wirkprozessen im Rahmen der Bewertung von Designsprüngen zu sehen. Grundlage dieser Forschungsfrage bildet die Vermutung, dass sich eine positive Bewertung von Designsprüngen wiederum positiv auf die Erfolgsvariablen auswirkt. Dieser Vermutung liegt das Modell von *Bloch* zur Erklärung der Wirkung von Produktdesign zugrunde,[58] wobei die Akzeptanz gegenüber Designsprüngen als kognitive Reaktion zu beschreiben ist, welche wiederum ein bestimmtes Verhalten auslöst. In diesem Zusammenhang betont auch *Haber* in seiner Untersuchung die Relevanz der Berücksichtigung von Konsequenzen im Konsumentenverhalten als Reaktion auf die Akzeptanz bzw. Resistenz gegenüber Innovationen.[59]

Forschungsfrage 4: *Wie unterscheidet sich die Bewertung von Designsprüngen in Abhängigkeit verschiedener Kontextfaktoren?*

Im Mittelpunkt des Interesses dieses Untersuchungsziels steht die Frage, ob verschiedene Rahmenbedingungen die Bewertung von Designsprüngen beeinflussen. Hierzu werden in einem ersten Schritt auf der Basis konzeptioneller Überlegungen und wissenschaftlicher Arbeiten zentrale Kontextfaktoren abgeleitet. Hierbei gilt es insbesondere grundlegende Rahmenbedingungen, die bei der Bewertung eines Designsprungs eine Rolle spielen, zu beachten. Die Markenstärke kann als globales Konstrukt beschrieben werde, wobei starke Marken positive und schwache Marken besonders negative Emotionen auf Kundenseite auslösen.[60] Die Intensität des Designsprungs ist eine weitere Komponente, die im Rahmen der Frage, wie ein erfolgreicher Designsprung gestaltet sein soll, als Rahmenbedingung Berücksichtigung findet. Nach *Trommsdorff* erscheint es aus Sicht des Produktmanagements häufig sinnvoll, durch Änderungen im Design eine möglichst große Distanz zu bestehenden Produkten am Markt zu schaffen.[61] Diese moderierenden Einflussgrößen gilt es anschließend anhand des konzipierten Untersuchungsmodells zu überprüfen.

58 Vgl. Bloch (1995), S. 17.
59 Vgl. Haber (2008).
60 Vgl. Esch (2008), S. 28.
61 Vgl. Trommsdorff (2007), S. 344 ff.

Forschungsfrage 5: Besitzen verschiedene Ausprägungen von Designsprüngen unterschiedliche Auswirkungen hinsichtlich der Akzeptanz von Designsprüngen?

Aufgrund der verschiedenen möglichen Ausprägungen von Designsprüngen ist es das Untersuchungsziel der fünften Forschungsfrage zu identifizieren, inwieweit deren Gestaltung die Bewertung von Designsprüngen beeinflusst. Dies soll beispielsweise Aufschluss darüber geben, ob starke Abweichungen im Design kritischer bewertet werden als geringe Abweichungen. Die Zielsetzung aus Sicht des Produktmanagements ist es, ein Produkt durch Veränderungen im Design von Wettbewerbern abzugrenzen. Entgegen dieser Strategie konnten *Reber*, *Schwarz* und *Winkielmann* in verschiedenen empirischen Studien jedoch Attraktivitätsbekundungen insbesondere im Hinblick auf bekannte und durchschnittliche Produkte feststellen.[62] Im Unterschied zu den bisherigen Forschungsfragen werden hier keine konkreten Hypothesen aufgestellt, sondern es wird ein exploratives Vorgehen zur Analyse gewählt.

Forschungsfrage 6: Inwiefern lassen sich Gruppenunterschiede in Bezug auf die Bewertung von Designsprüngen identifizieren?

Die sechste und letzte Forschungsfrage beschäftigt sich mit der Thematik, ob sich auf Basis der Stärke der Wirkungszusammenhänge im Untersuchungsmodell verschiedene Konsumentengruppen mit jeweils charakteristischen Kriterien identifizieren lassen. Ziel hierbei ist es, Personen zu identifizieren, die sich aufgrund bestimmter Eigenschaften, der Bewertung von Designsprüngen oder der daraus resultierenden Wirkprozesse ähneln und auf dieser Basis möglichst homogene Kundengruppen gebildet werden können. Diese Segmentierung ist dann erfolgreich, wenn Personen innerhalb der gebildeten Gruppen möglichst hohe Ähnlichkeiten aufweisen, die Gruppen untereinander jedoch möglichst heterogen sind. Des Weiteren ist hierbei die Beschreibung der Gruppen von großem Interesse für die Unternehmenspraxis, da durch eine genaue Charakterisierung der Personen innerhalb der Gruppe, eine gezielte Bearbeitung sowie Ansprache der Konsumentengruppen erreicht werden kann. Die hieraus mögliche Entwicklung eines zielgruppenspezifischen Produktdesigns könnte durch eine solche Konsumentensegmentierung verwirklicht werden.[63] Wie auch in Forschungsfrage 5 werden wiederum keine Hypothesen aufgestellt, sondern ein exploratives Vorgehen angewendet.

[62] Vgl. Reber/Schwarz/Winkielmann (2004).
[63] Vgl. Landwehr (2008), S. 128.

Zur Beantwortung der angeführten Forschungsfragen wird im Folgenden auf Basis der Analyse bisheriger empirischer Arbeiten sowie unter Zuhilfenahme theoretischer Erkenntnisse ein Forschungsmodell entwickelt, welches anschließend eine empirische Überprüfung erfährt. Zu diesem Zweck wird eine Online-Befragung durchgeführt. Mit Hilfe multivariater Analyseverfahren findet die Analyse der erhobenen Daten statt, die zur Beantwortung der aufgestellten Forschungsfragen dienen. Abschließend lassen sich hieraus praktische Handlungsempfehlungen für die Unternehmenspraxis ableiten.

Das folgende Kapitel beschäftigt sich mit der wissenschaftstheoretischen Einordnung der vorliegenden Untersuchung, wobei sich zunächst die Frage nach deren Zielen und angestrebten Aussagen sowie den grundlegenden Verfahrensweisen stellt.[64]

1.3 Wissenschaftstheoretische Orientierung der Untersuchung

Der wissenschaftstheoretische Ansatz bestimmt, welche Verfahren im Rahmen der wissenschaftlichen Forschung Verwendung finden und determiniert damit den Forschungsprozess sowie die theoretischen und methodischen Grundlagen der Arbeit.[65] Die Schaffung eines wissenschaftstheoretischen Orientierungsrahmens für den Prozess der Modellbildung und -prüfung stellt sich dabei als nützlich heraus.[66] Des Weiteren erweist sich die möglichst präzise Beschreibung des interessierenden Sachverhalts als sinnvoll, damit eine begriffliche und konzeptionelle Grundlage für die wissenschaftliche Auseinandersetzung gelegt werden kann.[67] Daran anschließend ist es das Ziel, nach Randbedingungen, Determinanten und Gesetzhypothesen zu suchen, die zur Antwort auf die bereits erwähnten Fragestellungen beitragen können.[68] In einem nächsten Schritt findet die empirische Überprüfung des auf Basis theoretischer Überlegungen konzipierten Modells statt.[69] Ein weiteres Ziel der vorliegenden Arbeit wird in der Relevanz der Untersuchung für die Unternehmenspraxis gesehen. Hierfür sollen auf der Grundlage der empirischen Untersuchungsergebnisse praktische Empfehlungen für die Unternehmenspolitik abgeleitet, aber auch Anwendungslimitationen aufgedeckt werden.

---

64 Vgl. Homburg (2000), S. 53.
65 Vgl. Homburg (2000), S. 53.
66 Vgl. Abel (1979), S. 45 ff.
67 Vgl. Popper (1973), S. 213 ff.
68 Vgl. Popper (1973), S. 213 ff.
69 Vgl. Popper (1973), S. 213 ff.

Ein wichtiges Kriterium bei der Verfolgung eines Forschungsvorhabens ist die Entscheidung bezüglich des wissenschaftstheoretischen Orientierungssystems.[70] Ein wissenschaftstheoretisches Orientierungssystem bietet dem Forscher einen Orientierungsrahmen für die der Forschung zugrunde liegenden Verhaltensweisen.[71] Das in der Betriebswirtschaft lange Zeit dominierende Orientierungssystem ist der von *Popper* geprägte *kritische Rationalismus.*[72] Nach diesem Orientierungssystem kann Erkenntnisgewinn ausschließlich durch ständige, kritische Prüfung und Revision von Theorien erzielt werden. Zentrales Element dieser Denkrichtung ist das so genannte Falsifikationsprinzip. Nach *Popper* sollte es nicht das Ziel eines Wissenschaftlers sein, zu versuchen Theorien und Hypothesen zu belegen (verifizieren), sondern er muss die Absicht verfolgen, sie zu widerlegen (falsifizieren).[73] Ist eine Theorie sehr häufig erfolglos einem Falsifikationsversuch unterzogen worden, kann diese als „bewährt" bezeichnet werden. Diese Erkenntnis bedeutet jedoch nicht, dass die Theorie „richtig" oder „wahr" ist, da grundsätzlich die Möglichkeit besteht, dass sie sich bei einer neuerlichen Überprüfung als falsch erweist. Theorien können sich über derartige empirische Tests der Realität nur annähern, diese aber niemals gänzlich erfassen. Mit diesem Leitsatz vertritt *Popper* eine rein deduktive Logik. Hierbei wird von vorgegebenen allgemeinen Aussagen mit Hilfe logischer Ableitungsregeln auf spezifischere Aussagen (Konklusionen) geschlossen, ohne dass der Informationsgehalt der Konklusion über die Prämisse hinausgeht, so dass es nicht zu den problematischen Erweiterungsschlüssen kommen kann.[74] Demnach sind hierbei Schlüsse vom Allgemeinen zum Speziellen zulässig. Als Konsequenz sollte der Forscher beim kritischen Rationalismus ein induktives Schlussfolgern oder exploratives Vorgehen vermeiden.[75]

Aufgrund des Falsifikationsprinzips und der Beschränkung auf eine deduktive Vorgehensweise wird die Anwendbarkeit des kritischen Rationalismus insbesondere in der sozialwissenschaftlichen Forschung kritisch hinterfragt.[76] Dabei sind zwei Kritikpunkte von besonderer Bedeutung: Aufgrund der Komplexität zu untersuchender Phänomene in den Sozialwissenschaften ist eine strenge Orientierung an kritisch-rationalistischen Prinzipien als unrealistisch einzuschätzen, da beim Hypothesentest nie alle vorliegenden Einflussfaktoren kontrolliert

---

[70] Vgl. Homburg (2000), S. 53.
[71] Vgl. Abel (1979), S. 45 ff.
[72] Vgl. Popper (1973); Popper (1984).
[73] Vgl. Popper (1973); Popper (1984).
[74] Vgl. Popper (1973); Popper (1984).
[75] Vgl. Popper (1973). Zur Diskussion der deduktiven bzw. induktiven Vorgehensweise vgl. Schanz (1977, 1988); Anzenbacher (2002).
[76] Vgl. Kubicek (1975), S. 48 ff.; Deshpandé (1983), S. 105 ff.; Homburg (2000), S. 55 f.

werden können.[77] Ein weiterer Kritikpunkt ist in der Verzerrung von Hypothesentests im Rahmen der Messung sozialwissenschaftlicher Phänomene zu sehen. Diese sind grundsätzlich mit Messfehlern behaftet, was eine zweifelsfreie Falsifikation unmöglich macht.[78] Hinzu kommt, dass viele Themenbereiche in der Betriebswirtschaftslehre nicht in einer solch theoretischen Tiefe durchdrungen sind, sodass ein rein deduktives Vorgehen, wie es der kritische Rationalismus vorschreibt, nicht möglich ist.[79] Aufgrund der angeführten Kritiken an der Theorie des kritischen Rationalismus, kommt diese für die vorliegende Untersuchung nicht als wissenschaftstheoretisches Orientierungssystem in Frage.

Vor dem Hintergrund der bisherigen Vernachlässigung des Themas Designsprünge in der wissenschaftlichen Literatur ist es als unwahrscheinlich anzusehen, dass diese Untersuchung ohne die Induktion auskommen könnte. Aufgrund der Rahmenbedingungen der vorliegenden Untersuchung sowie der konzeptionellen Gegebenheiten eignet sich der *wissenschaftliche Realismus* deutlich besser als wissenschaftstheoretisches Orientierungssystem. Der wissenschaftliche Realismus, der von *Leplin* und *Hunt* geprägt wurde,[80] unterscheidet sich insbesondere in folgenden zwei Punkten vom kritischen Rationalismus. Zum einen erlaubt der wissenschaftliche Realismus induktives Schlussfolgern,[81] zum anderen besteht hierbei die Möglichkeit, dass die empirische Überprüfung theoriegeleiteter, postulierter Zusammenhänge in deren Annahmen resultieren kann. Aufgrund der Tatsache, dass beim wissenschaftlichen Realismus die Prüfung einer Hypothese positiv ausfallen kann, implizieren die resultierenden Ergebnisse zwar keine universelle Wahrheit, jedoch kann dies als konkreter Hinweis auf einen in der Realität bestehenden Zusammenhang bewertet werden. Nach dem Prinzip der schrittweise zunehmenden Bestätigung werden keine universellen Wahrheiten unterstellt, sondern durch wiederholte Bestätigung von Hypothesen wird sich Schritt für Schritt der Wahrheit angenähert.[82] Hierzu bleibt anzumerken, dass hundertprozentig sicheres Wissen nie erreicht werden kann.[83]

Im Hinblick auf die sozialwissenschaftliche Forschung, gilt der wissenschaftliche Realismus als besonders geeignetes wissenschaftstheoretisches Orientierungssystem. Einer der Haupt-

---

77 Vgl. Kubicek (1975), S. 49; Witte (1989), S. 18.
78 Vgl. Anderson (1983), S. 21; Martin (1989), S. 23; Homburg (2000), S. 57.
79 Vgl. Homburg (2000), S 56.
80 Vgl. Leplin (1981), S. 235; Hunt (1984).
81 Vgl. Peter (1997), S. 71.
82 Vgl. Vollhardt (2007), S. 9.
83 Vgl. Huber (2004), S. 73.

gründe hierfür ist darin zu sehen, dass sich der wissenschaftliche Realismus auf hypothetische, nicht beobachtbare Konstrukte als Erkenntnisobjekt bezieht, deren Messung immer durch Unvollkommenheit gekennzeichnet ist.[84] Der vorliegenden Forschungsarbeit liegt der Denkansatz des wissenschaftlichen Realismus aufgrund seiner Überlegenheit im Rahmen sozialwissenschaftlicher Fragestellungen zugrunde. Unter Anwendung des wissenschaftlichen Realismus stellt die Tatsache, dass nicht alle Einflussgrößen im Modell kontrollierbar sind, kein Problem dar.[85] Des Weiteren ist vor dem Hintergrund des geringen theoretischen Erkenntnisstands auf diesem Forschungsgebiet vorteilhaft, dass weder induktive noch explorative Vorgehensweisen von der Analyse ausgeschlossen werden. In der vorliegenden Untersuchung kann jedoch teilweise auf die deduktive Vorgehensweise, welche der induktiven Argumentation überlegen ist, zurückgegriffen werden, da eine Vielzahl wissenschaftlicher Beiträge vorliegen, die zumindest verwandte Problemstellungen analysieren.[86]

Nach der zuvor getroffenen Auswahl eines geeigneten wissenschaftlichen Orientierungsrahmens steht nun die Auswahl theoretischer Ansätze für die Modellentwicklung im Fokus der Diskussion. Hierbei existieren zwei Ansätze, die dem Forscher zur Verfügung stehen. Der sogenannte *Theoriemonismus* liegt vor, wenn bei der Modellentwicklung der alleinige Rückgriff auf eine Theorie erfolgt.[87] Für die vorliegende Arbeit scheint hingegen der auf *Feyerabend* zurückgehende *theoretische Pluralismus* besonders geeignet, da im Gegensatz zum Theoriemonismus hierbei verschiedene theoretische Ansätze kombiniert werden.[88] Dabei können sich einzelne theoretische Konzepte im Rahmen der Klärung eines interessierenden Sachverhalts gegenseitig ergänzen, mit dem Ziel, ein umfassendes Verständnis des zu untersuchenden Phänomens zu erlangen.[89]

Vor allem im Kontext von Forschungsarbeiten, die den wissenschaftlichen Realismus als wissenschaftstheoretischen Orientierungsrahmen wählen, zeigt sich das pluralistische Vorgehen als weit verbreitet.[90] Auch das immer stärkere sich Überschneiden sozialwissenschaftlicher Disziplinen sowie das Verständnis von Marketing als angewandte Querschnittswissenschaft[91]

---

84 Vgl. Hunt (1990), S. 9.

85 Vgl. Matthes (2009), S. 9.

86 Zur komplementären Anwendung deduktiver und induktiver Methoden vgl. Zaltman/LeMasters/Heffring (1982), S. 97 ff.

87 Vgl. Huber (2004), S. 74.

88 Vgl. Feyerabend (1965). Zur Kritik am theoretischen Pluralismus vgl. Staehle (1990).

89 Vgl. Peter (1997), S. 72.

90 Vgl. Fritz (1995); Homburg (2000); Heitmann (2006); Vollhardt (2007).

91 Vgl. Vollhardt (2007), S. 10.

sprechen für eine Integration theoretischer Aussagen aus verschiedenen Teildisziplinen, um einen möglichst hohen Erkenntnisfortschritt zu erzielen.[92]

Neben dem wissenschaftlichen Realismus sowie dem theoretischen Pluralismus stellt die Ablehnung einer universellen Gültigkeit der gefundenen Resultate das abschließende Merkmal im Rahmen der wissenschaftstheoretischen Orientierung dar. Das Ziel ist es vielmehr, Kontextfaktoren und Heterogenität in den analysierten Wirkzusammenhängen zu berücksichtigen und hierdurch einen präzisen und praxisrelevanten Erkenntnisfortschritt zu erlangen.[93]

Zusammenfassend kann nach Durchführung der wissenschaftstheoretischen Einordnung der Untersuchung Folgendes festgehalten werden: Da sich die vorliegende Arbeit mit theoretisch wie auch empirisch noch nicht ausreichend erforschten Phänomenen beschäftigt und eine direkte Messung hypothetischer Konstrukte sowie Kontextfaktoren zur Erklärung der Bewertung von Designsprüngen nicht möglich ist, besteht die Notwendigkeit, eine Vielzahl von Ansätzen zur Modellbildung zu berücksichtigen. Aufgrund dieser Rahmenbedingungen bietet es sich aus wissenschaftstheoretischen Gesichtspunkten an, die Beantwortung der Forschungsfragen auf der Grundlage des wissenschaftlichen Realismus sowie des theoretischen Pluralismus durchzuführen.

1.4 Vorgehen der Untersuchung

Im Folgenden wird die inhaltliche Vorgehensweise der Arbeit vorgestellt. Wie in Abbildung 1 dargestellt, findet eine Gliederung in sieben Teile Verwendung. Mit Hilfe einer umfassenden theoretischen Analyse soll zunächst das Konzept Designsprung vorgestellt und darauf aufbauend unter Berücksichtigung der aktuellen Forschungsliteratur Konstrukte identifiziert werden, die zur Herleitung des Untersuchungsmodells Verwendung finden. Anschließend findet eine Operationalisierung der ausgewählten Konstrukte statt, bevor das Untersuchungsmodell in einem weiteren Schritt eine Überprüfung, mittels strenger messtheoretischer Vorgehen erfährt. Die empirische Analyse soll Ergebnisse liefern, die einen substanziellen Beitrag zur Erklärung der Wirkung und Bewertung von Designsprüngen leisten. Den Abschluss der vorliegenden Arbeit bilden praxis- sowie wissenschaftsorientierte Implikationen. Auf die einzelnen Kapitel wird nun näher eingegangen.

[92] Vgl. Peter (1997), S. 73.
[93] Vgl. Matthes (2009), S. 10 f.

Nachdem in *Kapitel 1* zunächst die Problemstellung der Arbeit im Fokus stand, fand daraufhin die Formulierung der dieser Arbeit zugrunde liegenden Forschungsfragen statt. Im Anschluss daran wurden die Grundsatzentscheidungen zur wissenschaftlichen Orientierung der Untersuchung festgelegt, bevor nun im vorliegenden Abschnitt die inhaltliche Vorgehensweise der Arbeit vorgestellt wird.

Das *zweite Kapitel* stellt zu Beginn die Grundlagen zum Thema Designsprünge dar. Hierbei sollten vorab die zentralen Termini dieser Untersuchung – Design und Innovation – präzisiert werden, um somit eine terminologische Ausgangsbasis zu schaffen. Im Zuge dessen wird auch der Untersuchungsgegenstand spezifiziert und abgegrenzt. Daran anschließend werden ausgewählte Forschungsarbeiten vorgestellt und hinsichtlich ihres Erklärungsbeitrages bzgl. der aufgeworfenen Untersuchungsfragen analysiert. Dabei werden einerseits erste Erkenntnisse in Bezug auf einzelne Untersuchungsfragen generiert, andererseits werden Forschungsdefizite aufgedeckt. Das Kapitel schließt mit der theoretischen Fundierung der Untersuchung.

Im Anschluss an die Diskussion der begrifflichen und theoretischen Grundlagen widmet sich *Kapitel 3* der Entwicklung des Untersuchungsmodells. Hierzu werden in einem ersten Schritt die aus der Literatur gewonnenen Erkenntnisse zu postulierten Ursache-Wirkungszusammenhängen zusammengefasst und Hypothesen formuliert. Zum Abschluss dieses Kapitels wird das Untersuchungsmodell mit den entsprechenden Hypothesen im Überblick dargestellt.

In *Kapitel 4* werden zunächst die methodischen Aspekte der Untersuchung vorgestellt. Hierbei findet der PLS-Ansatz eine genauere Betrachtung, außerdem werden allgemeine Grundlagen zur Messung latenter Konstrukte sowie der Analyse von Dependenzen dargelegt. Des Weiteren wird im Rahmen der Vorstellung der methodischen Grundlagen auf die multiple Gruppenanalyse zur Überprüfung moderierender Effekte sowie auf die Clusteranalyse als Methode zur Identifikation von Kundensegmenten näher eingegangen.

Zielsetzung von *Kapitel 5* ist es, das aufgestellte Untersuchungsmodell zur Analyse der Bewertung von Designsprüngen empirisch zu überprüfen. Als Grundlage für die Hauptuntersuchung werden zunächst die beiden Vorstudien und deren Ergebnisse vorgestellt. Anschließend findet eine Operationalisierung der einzelnen Modellelemente mittels geeigneter Indikatoren statt, bevor die Datengrundlage und die Datenerhebung der Hauptuntersuchung vorgestellt werden. Darauf folgt die Präsentation und Analyse der empirischen Untersuchungsergebnisse. Dabei werden zunächst die Messinstrumente auf Validität sowie Reliabilität überprüft. Daran anschließend werden die Ergebnisse der Hypothesenprüfung präsentiert und diskutiert. Das Kapitel endet mit der Durchführung einer a posteriori Segmentierung zur Beantwortung von Forschungsfrage 6.

In *Kapitel 6* findet die Bewertung und Interpretation der in Kapitel 5 gewonnen Ergebnisse statt. Hierbei werden die Resultate und daraus abgeleitete Konsequenzen für die Unternehmenspraxis aufgezeigt und Implikationen für das Designmanagement und die Marketingpraxis abgeleitet. Des Weiteren gilt es, den Erkenntnisgewinn für die Marketingforschung herauszuarbeiten und Limitationen aufzuzeigen, die als mögliche Ansatzpunkte für zukünftige Forschung dienen können. Mit einem abschließenden Resümee der zentralen Erkenntnisse in *Kapitel 7* schließt die Arbeit.

1. Problemstellung, Zielsetzung und wissenschaftliche Orientierung der Arbeit

2. Begriffliche und theoretische Grundlagen
- 2.1 Begriff und Erscheinungsformen des Designs
- 2.2 Begriffliche Klärung und Forschungsüberblick zu Designsprung
- 2.3 Theoretischer Bezugsrahmen zur Erklärung des Erfolgs von Designsprüngen

3. Konzeptualisierung eines Modells zur Erklärung der Bewertung von Designsprüngen
- 3.1 Zum Begriff der Akzeptanz - Resistenz
- 3.2 Identifikation von Determinanten der Akzeptanz von Designsprüngen
- 3.3 Identifikation von Erfolgsgrößen für das Management von Designsprüngen
- 3.4 Identifikation situativer Variablen zur Erklärung der Akzeptanz von Designsprüngen
- 3.5 Integration der Erkenntnisse in ein Gesamtmodell

4. Methodische Grundlagen der Untersuchung
- 4.1 Zur Wahl einer geeigneten Methode der Modellschätzung
- 4.2 Evaluation der Güte des Untersuchungsmodells
- 4.3 Multiple Gruppenanalyse zur Überprüfung moderierender Effekte
- 4.4 Die Clusteranalyse zur Identifikation von Gestaltungsformen

5. Empirische Überprüfung des Modells zur Erklärung der Bewertung von Designsprüngen
- 5.1 Konzeption der empirischen Analyse
- 5.2 Methode der Datenerhebung
- 5.3 Vorstellung der Vorstudien
- 5.4 Vorstellung der Hauptstudie
- 5.5 Darstellung der Gestaltungsformen von Designsprüngen
- 5.6 Begriffliche und theoretische Grundlagen
- 5.7 Begriffliche und theoretische Grundlagen

6. Marketingpolitische Implikationen
- 6.1 Implikationen für die Marketingpraxis
- 6.2 Implikationen für die Marketingforschung

7. Schlussbetrachtung

Abbildung 1: Aufbau der Arbeit im Überblick

2. Begriffliche und theoretische Grundlagen der Untersuchung

2.1 Begriff und Erscheinungsformen des Designs

Seit der Entstehung des Designbegriffs Ende des 19. Jahrhunderts führten eine Vielzahl von tiefgreifenden Veränderungen in den Markt- und Umweltbedingungen zu einer Veränderung der Bedeutung von Design. Diese veränderten Rahmenbedingungen haben dabei nicht nur unterschiedliche Designbegriffe, sondern auch verschiedene Ansätze zum Produktdesign hervorgebracht. In einem ersten Schritt soll sich nun inhaltlich dem Designbegriff genähert werden.

2.1.1 Zum Begriff des Designs

Etymologisch betrachtet, stammt das Wort Design aus dem Lateinischen (designare) und bedeutet übersetzt „bezeichnen".[94] Der Begriff hat in viele Sprachen Eingang gefunden, wobei er im Englischen und Französischen so viel wie „Gestaltung" oder „Entwurf" bedeutet, während das italienische „disegno" ähnlich dem spanischen „diseño" eine Zeichnung bzw. Plastik beschreibt. Im deutschen Sprachgebrauch findet der Begriff „Design" hauptsächlich in seiner englischen Bedeutung (Form, Gestalt, Modell, Muster) Anwendung.[95] Design präsentiert sich heutzutage als ein abgenutztes Modewort der Alltagssprache.[96] Viele Produkte, die als besonders geschmackvoll und individuell erscheinen möchten, werden mit den Zusätzen „Design" oder „Designer" versehen.[97] Umgangssprachlich assoziiert man damit gute Formen, schöne Farben sowie edle oder moderne Materialien.[98]

Design wird von vielen Autoren als ein modernes Phänomen aufgefasst, welches aus der industriellen Revolution und der Massenproduktion resultierte.[99] Tabelle 1 liefert einen Überblick über die historische Entwicklung des Designs seit dem 19. Jahrhundert.

94 Vgl. Kircherer (1987), S. 31.
95 Vgl. Mayer (1996), S. 15.
96 Vgl. Linxweiler (2004), S. 15.
97 Vgl. Größer (1991).
98 Vgl. Rummel (1995), S. 1.
99 Vgl. McDermott (1992).

Zeitalter	Rolle des Designs	Bedeutung von Design
Vor 1920	Business-orientiert	Design als produktionsorientierte Planung
1920 bis 1959	Spezialisiert	Design als Gestaltungsmerkmal hochwertiger Nischenprodukte
1960 bis 1979	Professionell	Designer als eigenständiger Beruf, (Produkt)Design als eigenständige Dienstleistung
1980 bis 1989	Markendominiert	Design als Marke
1990 bis 1999	Teilprozess der NPE	Design als untergeordneter Prozess im Produktentwicklungsprozess
seit 2000	NPE Prozessleiter	Design als zentrale Rolle in der Neuproduktentwicklung

Tabelle 1: Historische Entwicklung des Designs in der Neuproduktentwicklung (NPE) seit dem 19. Jahrhundert[100]

Während des 19. Jahrhunderts war Design eingebettet in Produktionsprozesse. So produzierte beispielsweise *Josiah Wedgwood* nicht nur einzigartige Designs, sondern „introduced [...] systematic scientific research methods in his factory, pioneered new methods of marketing and business [...] and broke down ceramic production into separate activities".[101] Zu diesem Zeitpunkt wurde Design bzw. Designmanagement eingesetzt, mit dem Ziel, erfolgreicher mit Großbritannien und den USA bei der Integration von traditionellem Handwerk in industriellen Massenproduktionstechniken zu konkurrieren.[102]

Eine ernsthafte Entwicklung von Design im heutigen Sinn begann zwischen 1920 und 1960. Diese Phase wurde insbesondere durch den wachsenden Wohlstand in der Bevölkerung sowie die Nachfrage nach ästhetischen und modischen Produkten (Autos, Kühlschränke, Möbel etc.) gefördert.[103] So wundert es nicht, dass in dieser Phase die erste Design Conference 1951 ins Leben gerufen wurde.[104]

In den Jahren zwischen 1960 und 1980 entwickelte sich der Beruf des Produktdesigners. Es etablierten sich Designschulen, wobei vor allem Großbritannien als Design-Vorreiter gesehen werden konnte. Die 80er Jahre des 20. Jahrhunderts werden als das „Designer-Jahrhundert" bezeichnet. Marken wurden immer häufiger mit Design bzw. Design-Labels assoziiert und so

[100] Eigene Darstellung in Anlehnung an Perks/Cooper/Jones (2005), S. 113.
[101] McDermott (1992), S. 136.
[102] Vgl. Bürdek (2005), 358 ff.
[103] Vgl. Perks/Cooper/Jones (2005), S. 112.
[104] Der chicagoer Industrielle Walter Paepcke gründete im Jahr 1951 die Aspen Design Konferenz, um Manager und Designer näher zusammenzubringen. Im Jahr 1951 wurde als erster Konferenztitel "Design als eine Funktion des Managements" gewählt, um die Teilnahme der Management-Gesellschaft zu gewährleisten. Vgl. Perks/Cooper/Jones (2005), S. 112.

haben auch Marken wie *Gucci*, *Ralph Lauren* und *Alessi*, die für besonderes Design stehen, in diesem Jahrzehnt ihren Ursprung.

Auch in empirischen Marketingstudien haben die Ästhetik und das Design von Produkten in den Jahren zwischen 1980 und 1989 eine wachsende Aufmerksamkeit erfahren. So fanden Ästhetik und Design Eingang in Studien zur Neuproduktentwicklung,[105] Marketingstrategie,[106] Produktqualität,[107] Produktdifferenzierung[108] sowie zum Wettbewerbsvorteil[109]. Auch eine wachsende Anzahl empirischer Studien zu Kunst im Allgemeinen wurde in dieser Zeit veröffentlicht,[110] weshalb davon ausgegangen werden kann, dass in den achtziger Jahren der Grundstein für die Themen Ästhetik, Kunst und Design nach heutigem Verständnis gelegt wurde.

In der Phase ab 1990 zeigte die Rezession ihre Konsequenzen, was sich in der Tatsache widerspiegelte, dass Design als teure und superlative Maßnahme abgetan wurde und dementsprechend nicht mehr als ganzheitlicher Prozess Beachtung fand. Dies führte dazu, dass Designaspekte nur wenn unbedingt nötig, diskret während des Produktentwicklungsprozesses eingeflossen sind.

Zu Beginn des neuen Jahrtausends fand das Design den Weg zurück in den Produktentwicklungsprozess, wobei hier ein Schwerpunkt in der Kreativität und Innovation von Design zu sehen ist. Von diesem Zeitpunkt an ist es das Ziel der Designer, die Ansprüche der Konsumenten zu verstehen und in den Produkten umzusetzen.[111] So nimmt heute das Designmanagement eine strategischere Rolle in den Geschäftsprozessen ein und akademische Programme für Designmanagement werden in Unternehmen und Design-Hochschulen vermehrt eingerichtet.

Die Relevanz des Produktdesigns ist heutzutage insbesondere vor dem Hintergrund zu sehen, dass sich bei einer rein funktionalen Gestaltung viele Produkte zum Verwechseln ähnlich sehen, was sie wiederum austauschbar gemacht hat. Dieses Marketingproblem kann vor allem

---

105 Vgl. Whitney (1988).
106 Vgl. Kotler/Rath (1984).
107 Vgl. Garvin (1984); Zeithaml (1988).
108 Vgl. Dickson/Ginter (1987).
109 Vgl. Kotler/Rath (1984); Holt (1985).
110 Vgl. z. B. Berlyne (1974a); Wohlwill (1981); Martindale/Moore/Borkum (1990); Lombardo (1991); Holbrook (1995).
111 Vgl. Stamm v. (2003).

durch ein erlebnisbetontes, kreatives und individuelles Produktdesign gelöst werden.[112] Aus dieser Entwicklung heraus wird deutlich, dass dem Design eines Produktes eine immer größere Bedeutung beigemessen wird. Besonders für das Produktmanagement sowie den Bereich der Produktgestaltung ist diese Erkenntnis von größter Relevanz. So argumentiert *Bloch* treffend, „The most fundamental characteristic of a product is its exterior form or design".[113]

Aufgrund seiner Relevanz soll es das Ziel des folgenden Abschnitts sein, sich dem Begriff des Designs sowohl inhaltlich als auch konzeptionell zu nähern. Eine Vielzahl von Autoren weist jedoch auf die Schwierigkeit hin, Design einheitlich zu definieren.[114] Dies ist vor allem darauf zurückzuführen, dass sich wissenschaftliche Disziplinen unterschiedlichster Fachrichtungen[115] mit Design beschäftigen. So alt wie die theoretische Auseinandersetzung mit der Thematik Design ist auch die Begriffsverwirrung hinsichtlich seiner Bedeutung. Die inflationäre Begriffsverwendung[116] macht offensichtlich, dass prinzipiell jeder eine Vorstellung von Design hat, die subjektiven Begriffsinhalte jedoch weit auseinander liegen können. Dies ist vermutlich auch der Tatsache geschuldet, dass sich, wie in Tabelle 1 abgebildet, die Inhalte von Design im Laufe der Zeit stark gewandelt haben.[117] Tabellen 2 und 3 geben einen Überblick über häufig rezitierte Definitionen von Design, wobei die Definitionen thematisch aufgrund ihres gestalterischen bzw. strategischen Fokus zusammengefasst sind.[118]

112 Vgl. Kroeber-Riel (1984), S. 137.

113 Bloch (1995), S. 16.

114 Vgl. z. B. Ralph/Wand (2009).

115 Z. B. der Kunsttheorie, Ästhetik, Konstruktionslehre, Kommunikationswissenschaft, Psychologie.

116 Durch seine inflationäre Verwendung in allen Lebensbereichen (z. B. Nail-Design) ist der Begriff Design oft falsch oder sogar negativ besetzt. Vgl. Regenthal (2003), S. 261.

117 Vgl. Rummel (1995), S. 55.

118 Gestalterische Definitionen von Design haben insbesondere Aspekte der Erscheinungsform wie die Form gebung, Farbegestaltung sowie Materialien und somit die Kreation des Designs zum Fokus. Hingegen stehen bei strategischen Definitionen von Design eher die wirtschaftlichen Aspekte und das Ziel der Befriedigung der Kundenbedürfnisse im Vordergrund.

Autor (Jahr)	Definition „Design“ mit Fokus auf Gestaltung
Archer (1971), S. 1 f.	„[…] design as to conceive the idea for some artefact or system and/or to express the idea in an embodiable form.”
Heskett (1980), S. 10	„[…] industrial design is a process of creation, invention and definition separated from the means of production, involving an eventual synthesis of contributory and often conflicting factors into a concept of three-dimensional form, and its material reality, capable of multiple reproduction by mechanical means.”
Leitherer (1982), S. 303	„Design hat die Aufgabe, die drei wesentlichen Elemente (der gebrauchstechnischen, der ästhetischen und der sozialen Dimension) so miteinander zu verbinden, dass beim Konsument ein befriedigendes Erleben des Produktes ausgelöst wird.”
Roy/Potter (1990), S. 322	„Design is the configuration of materials, elements and components that give a product its particular attributes of performance, appearance, ease of use, method of manufacture, and so on.”
Neibecker/Kohler (2004), S. 519	„Im engeren Sinne umfasst das Design die gesamte sinnlich wahrnehmbare Gestaltung durch Form und Farbe, Geruch, Geschmack und Geräusch.”
Cox (2005), S. 2	„Design is what links creativity and innovation. It shapes ideas to become practical and attractive propositions for users or customers. Design may be described as creativity deployed to a specific end.”
Böhringer/Bühler/Schlaich (2008), S. 124	„Design steht für einen von einem Menschen erdachten Plan oder für ein Schema von einem Objekt, das realisiert worden soll. Ferner versteht man unter dem Begriff “Design” den zeichnerischen Entwurf eines Kunstwerks, einer Gebrauchsgrafik, eines Gebrauchsgegenstandes oder eines Objekts der angewandten Kunst.“
Gabler (2011), Online-Quelle	Design ist die „Festlegung der Erscheinungsform eines Erzeugnisses in Qualität, Form, Verpackung und Markierung abhängig von der Produktart [mit dem Ziel] eine Veränderung der Produktqualität durch bedarfs-, verfahrens- und/oder materialbedingte Produktvariationen" zu erhalten.

Tabelle 2: Definitionen des Begriffs Design mit gestalterischem Fokus

Autor (Jahr)	Definition „Design“ mit Fokus auf Strategie
Löbach (1976), S. 19	„Design als Prozess der Anpassung, industriell herstellbarer Gebrauchsprodukte an die physischen und psychischen Bedürfnisse der Benutzer und Benutzergruppen.“
Porter (1980), S. 10	„[...] ‘design’ as an essential strategic tool for competitive strategy. Thus, ‘design’ is committed to producing attributes which place the products apart from competing offerings within the market including enhanced quality, expressed via durability, precision, ease of operation and distinctive aesthetics and so on, at an appropriate price.”
Kotler/Rath (1984), S. 17	„Design is the process of seeking to optimize consumer satisfaction and company profitability through the creative use of major design elements (performance, quality, durability, appearance, and cost) in connection with products, environments, information, and corporate identities.”

Autor (Jahr)	Definition „Design“ mit Fokus auf Strategie
Bernsen (1990), S. 86	„Design is a name for both the creative process and its outcome. Design as a problem solving process pursues two goals: 1. To achieve the simplest possible solution to a problem – without violating the complexity of the task. 2. To adapt the design to the user and not the other way around.”
Buchanan (2001), S. 9	„Design is the human power to conceive, plan, and realize products that serve human beings in the accomplishment of any individual or collective purpose."
Cussler/Moggridge (2001), S. 11	„Product design is the procedure by which customer needs are translated into commercial products.”
Reese (2005), S. 75	„Design ist heute die Schnittstelle für die gezielte Wirkung des Produktes auf den Betrachter, die von der Produktsprache hin zur Kommunikation mit dem Interessenten führt.”
Kotler (2006), S. 74	„Design is the totality of features that affect how a product looks and functions in terms of customer requirements.”
Bruce/Daly (2007), S. 936	„Design is a creative process whereby user needs are incorporated in the product or graphic design.”
Luchs/Swan (2010), S. 1	„Product design refers to the set of activities, integral to the development and realization of firm strategy, that achieve a product through a process that includes analysis of the internal and external context, development of the product strategy, and the definition and realization of the finished product - where “product” refers to the product form, i. e., its physical manifestation, the product’s function, i.e., its capabilities, and the integrative properties of the combination of both form and function.”
Ralph/Wand (2009), S. 9	„Design (noun) a specification of an object, manifested by an agent, intended to accomplish goals, in a particular environment, using a set of primitive components, satisfying a set of requirements, subject to constraints; (verb, transitive) to create a design, in an environment (where the designer operates).”

Tabelle 3: Definitionen des Begriffs Design mit strategischem Fokus

Eine Analyse der aufgelisteten Definitionen zeigt, dass ein wesentliches Charakteristikum von Design im Sinne von Gestaltung darin zu sehen ist, dass es eine Verbindung verschiedener Kriterien darstellt, um eine möglichst ideale Erscheinungsform eines Produktes zu erhalten. Hingegen liegt den Definitionen mit Fokus auf der Strategie insbesondere die Relevanz der Zielerreichung von Design zugrunde sowie die Kriterien, die dabei Berücksichtigung finden. Da im Mittelpunkt der vorliegenden Arbeit die Frage steht, wie die Kundenakzeptanz gegenüber Designsprüngen am Automobil gesteigert werden kann, besteht besondere Relevanz darin, zu klären, unter welchen Rahmenbedingungen (z. B. Unterschiede in der Markenstärke) Designsprünge am Markt erfolgversprechend sind. Aus diesem Grund bilden besonders die strategischen Definitionen von Design die Grundlage für die Analyse des Designbegriffs für die vorliegende Arbeit.

Die in Tabelle 3 dargestellten Definitionen stellen aus strategischer Sicht unterschiedliche Aspekte in den Mittelpunkt. So stehen neben dem prozesshaften und ökonomischen Aspekt auch die Wirkung von Design auf den Menschen sowie das Ziel der Befriedigung von Kundenbedürfnissen im Mittelpunkt der Diskussion des Designs. Auf die genannten Aspekte soll im Folgenden genauer eingegangen werden.

Der *prozesshafte Aspekt* von Design wird in einer allgemeingültigen Definition von *Wieselhuber* deutlich, der Design als „eine objektbezogene Aktion, die auf Subjekt-Objekt-Relationen abzielt“[119] beschreibt. Diese noch wenig trennscharfe Erklärung verbindet eine Prozess- sowie eine Ergebnisorientierung. Der Designprozess wird als Aktion umschrieben, als Ergebnis wird eine bestimmte Relation von Subjekt und Objekt bzw. von Mensch und Produkt angedeutet.[120] Auch *Löbach* spricht dem Design einen prozesshaften Aspekt zu, der sich mit der Anpassung industriell herstellbarer Produkte an Kundenbedürfnisse befasst.[121] Neben der Beschreibung von Design als Prozess der Suche nach einer Verbesserung hinsichtlich der Befriedigung der Kundenbedürfnisse steht auch die Verbesserung der Profitabilität des Unternehmens in der Definition von Design bei *Kotler* und *Rath* im Mittelpunkt.[122] Verschiedene Autoren beschreiben Design auch als kreativen Prozess, bei dem die Bedürfnisse des Kunden sich in der Gestaltung des Produktdesigns wiederfinden.[123]

Spricht man von dem *ökonomischen Aspekt* des Designs, finden häufig die Begriffe des Produkt- bzw. Industriedesigns Verwendung, welche in der Literatur synonym gebraucht werden.[124] Das Produktdesign hat zum Ziel, unter den ökonomischen Nebenbedingungen einer industriellen Serienfertigung, die ergonomischen, funktionalen und ästhetischen Bedürfnisse der Anwender zufrieden zu stellen. Produktdesign muss an den typischen Produktanforderungen ausgerichtet sein und gilt als Maßstab zur Visualisierung der Qualität von Produkten.[125] So stellt in der Definition von *Bernsen* der ökonomische Faktor eines der beiden zentralen Ziele von Design dar, nämlich „[...] to achieve the simplest possible solution to a problem –

---

119 Wieselhuber (1981), S. 7.
120 Vgl. Rummel (1995), S. 57.
121 Vgl. Löbach (1976).
122 Vgl. Kotler/Rath (1984).
123 Vgl. Bernsen (1990), S. 86; Bruce/Daly (2007), S. 936.
124 Das Produktdesign befasst sich mit der funktionalen Entwicklung sowie der Formgebung industriell gefertigter Produkte (wie z. B. Computer, Autos, Haushaltsgeräte, Werkzeuge, Möbel, Sportartikel). Kennzeichen des Produktdesigns sind der Bezug zur Produktion und zum Markt und damit zu Zielgruppen.
125 Vgl. Arthur D. Little International (1990), S.14.

without violating the complexity of the task".[126] Des Weiteren stellt *Porter* den ökonomischen Aspekt in den Mittelpunkt seiner Definition, indem er Design als „[...] essential strategic tool for competitive strategy"[127] beschreibt. Grundsätzlich kann Design als direkter oder indirekter Erfolgsfaktor wirken, nämlich unmittelbar durch Differenzierung zwischen Wettbewerbern, die Kaufmotivation der Kunden auslösend oder indirekt, wenn andere Erfolgsfaktoren, wie Servicequalität, Kostensenkung oder Imagebildung, unterstützt werden.[128]

Ein weiteres Kriterium von Design ist dessen *Wirkung auf den Menschen* über die affektive Ebene. Bildlich-visuelle Informationen verarbeitet das menschliche Nervensystem aufgrund der evolutionär herausgebildeten Struktur sehr schnell und beispielsweise vor jeder sprachlichen Information.[129] Da das Design eines Produkts eine bildlich-visuelle Informationseinheit darstellt, besitzt es aus diesen Gründen ein hohes Potenzial, Emotionen auszulösen.[130] So beschreibt *Leitherer* die Wirkung von Design auf den Konsumenten als „[...] befriedigendes Erleben des Produktes [...]"[131] und für *Neibecker* und *Kohler* umfasst Design „[...] die gesamte sinnlich wahrnehmbare Gestaltung durch Form und Farbe, Geruch, Geschmack und Geräusch."[132] Das Design eines Produkts spricht den Konsumenten somit sowohl auf rationaler als auch auf emotionaler Ebene an. Aus diesem Grund sind neben den funktionalen Aspekten des Produkts auch die Gefühle auf Seiten der Konsumenten bei der Gestaltung zu berücksichtigen.

Des Weiteren stellt das Design ein wichtiges Merkmal zur *Befriedigung von Kundenwünschen* dar. Design orientiert sich am Menschen und seinen vielfältigen Bedürfnissen. Diese reichen von körperlichen und psychischen Bedürfnissen bis hin zu Anforderungen des menschlichen Verstands an die gegenständliche Umwelt. Dabei folgt Design nicht ausschließlich selbst gesetzten Regeln und Intentionen, sondern es ist insbesondere eine Auseinandersetzung mit den Interessen jener Gruppen oder Personen notwendig, denen das Design dienlich sein soll. Dadurch ist Design vor allem zweckorientiert. Design ist sinnlich wahrnehmbar und soll die spezifischen Bedürfnisse der Verbraucher erfüllen.[133] So stellen insbesondere die Design-Definitionen mit strategischem Fokus das Ziel des Designs zur Erfüllung von Kun-

126 Bernsen (1990), S. 86.
127 Porter (1980), S. 34.
128 Vgl. Arthur D. Little International (1990), S. 23 f.
129 Vgl. LeDoux (2001).
130 Vgl. Landwehr (2008).
131 Leitherer (1982), S. 303.
132 Neibecker/Kohler (2004), S. 519.
133 Vgl. Escherle (1986) S. 40.

denbedürfnissen in den Vordergrund. Dementsprechend werden in den Definitionen von *Löbach,*[134] *Cussler* und *Moggridge*[135] sowie *Kotler*[136] die Erfüllung physischer wie psychischer Bedürfnisse als zentrale Zielgrößen gesehen. Unterschiedliche Anforderungen an Ästhetik, Ergonomie, Funktion, Komfort etc. müssen je nach Kundenzielgruppe bestmöglich erfüllt werden. Der Kunde muss sich mit dem Produkt, das er kauft, identifizieren können. Im Gestaltungsprozess wird deshalb versucht, durch Definitionen von Zielgruppen ein Bild der zukünftigen und angestrebten Käuferschicht zu erhalten. Hierzu dienen insbesondere demographische und psychographische Kriterien.[137]

Die strategischen Definitionen zeigen auf, dass unter Design mehr zu verstehen ist, als die reine Formgestaltung eines Produktes. Designer wollen nicht als reine „Hüllenmacher" verstanden werden. Sie verstehen sich eher als kreative Entwerfer von innovativen Produkten und leisten ihren Beitrag zur nutzer- und zukunftsorientierten Weiterentwicklung und Optimierung von Konsum- und Gebrauchsgütern. Design meint also nicht in erster Linie die Formgebung, sondern die genuine Gesamtidee eines Produktes, wie z. B. eines Automobils in seiner Gesamtheit. Jenseits der technisch-funktionalen Ebene sind es diese, von den Produktdesignern erzeugten symbolischen Funktionen, die bei einem potenziellen Kunden das Gefühl des Mögens oder nicht Mögens ausmachen und somit im Zweifel den entscheidenden Wettbewerbsvorteil bieten können.

Zusammenfassend lässt sich festhalten, dass die Definition von *Kotler* und *Rath* „Design is the process of seeking to optimize consumer satisfaction and company profitability through the creative use of major design elements [...] in connection with products, environments, information, and corporate identities"[138] aufgrund ihrer Vollständigkeit der vorliegenden Arbeit zugrunde liegt. Die Autoren haben hierbei den ökonomischen Faktor in Form des wirtschaftlichen Erfolgs aufgenommen.[139] Des Weiteren steht in der Definition der problemlösungsbezogene Aspekt im Vordergrund, welcher durch die Berücksichtigung der Kundenzufriedenheit zum Ausdruck kommt.

---

134 Vgl. Löbach (1976).
135 Vgl. Cussler/Moggridge (2001), S. 11.
136 Vgl. Kotler (2006).
137 Zur Identifikation von Zielgruppen vgl. Wirtz/Blockus (2006), S. 211 ff.
138 Kotler/Rath (1984), S. 17.
139 Vgl. Kotler/Rath (1984), S. 17.

Auf Basis der Definitionen lassen sich zusammenfassend folgende allgemeine konstitutive Merkmale von Design festhalten:

- Design besitzt eine kreative, gestaltende oder entwerfende Aktion
- Design unterstützt die Anpassung von Objekten oder Objektsystemen an die physischen und psychischen Bedürfnisse der Menschen
- Design kann als sinnlich wahrnehmbares, mittel- oder unmittelbar an ein Objekt oder Objektsystem gebundenes Ergebnis verstanden werden
- Design kann als Unternehmensstrategie dienen

Das *Department of Trade and Industry UK* fasst die Vorteile von Design, bezogen auf das Marketing, treffend zusammen:[140]

- Verbesserung von Produkt- und Servicequalität
- Differenzierung von Produkten und Dienstleistungen
- Steigerung des Unternehmensimage
- Steigerung des Absatzes von Produkten und Dienstleistungen
- Senkung von Produktions- und Servicekosten
- Vermittlung von Kreativität, Wissen und Kompetenz des Unternehmens

Somit sind Marketing und Design auf verschiedenen Ebenen verbunden, um vorgegebene Ziele zu erreichen. Diese Verbindung reicht von der Arbeit mit einem Grafiker zur Gestaltung eines repräsentativen Briefkopfes über die Entwicklung einer neuen Schokoladenmarke hin zur Formgebung eines neuen Automodells. Die Marketingpraxis beschäftigt sich häufig mit dem Themengebiet Design, unabhängig davon, ob man im Service-/Dienstleistungsbereich, im Handel oder in der Fertigungswirtschaft tätig ist. *Bruce* und *Daly* stellen fest, dass jedoch über die Beziehung zwischen Marketing und Design bisher wenig bekannt ist: „Managing design is an aspect of marketing's activities but relatively little is known about the connections between marketing and design."[141]

Wenn sich die Geschmäcker auf Konsumentenseite ändern, werden neue Designs benötigt, um die aufgetretene Marktlücke zu schließen. Neue Technologien und Materialien verbinden sich zu neuen Designs und eröffnen somit neue Märkte. Ein aktuelles Beispiel hierfür ist der

[140] Vgl. DTI (2005); Bruce/Daly (2007), S. 930.
[141] Vgl. Bruce/Daly (2007), S. 929.

Apple iPod, der es mittels einer neuen Technik (*iTunes*) ermöglicht, als mobiles Musiksystem personalisierte Musik aus dem Internet herunterzuladen und zusätzlich ein gänzlich neues Design (mit dem Click Wheel als Bedienelement) eines MP3-Players präsentiert und sich somit weltweit zu einem „Must Have"-Produkt entwickelte. Dieses Beispiel verdeutlicht den Denkansatz, den das *Design Council* im Hinblick auf Design im Unternehmen bzw. der Wirtschaft vertritt: „Scientists can invent technologies, manufacturers can make products, engineers can make them function and marketers can sell them, but only designers can combine insight into all these things and turn a concept into something that's desirable, viable, commercially successful and adds value to other people's lives."[142]

Demnach sollte es das Ziel des Produktdesign sein, das Erreichen der bestmöglichen Gebrauchsqualität für das jeweilige Produkt (funktional, technisch, ästhetisch) unter Einbeziehung der Nutzenaspekte einerseits sowie in Bezug auf Ansprüche, Bedürfnisse und Wünsche potenzieller Kundengruppen andererseits zu gewährleisten. Außerdem muss das Produktdesign insbesondere den beiden Zielen der Differenzierung und der Zielgruppenansprache dienen. Die Forderung nach einem eigenständigen Produktdesign zielt hauptsächlich auf die Vermeidung der Austauschbarkeit von Wettbewerbsprodukten ab.

2.1.2 Zu den Erscheinungsformen des Designs sowie unterschiedlicher Designaspekte

2.1.2.1 Design im Kontext von Industrieunternehmen

Neben der im vorherigen Abschnitt dargestellten Definitionsvielfalt, existieren in der Unternehmenspraxis eine Vielzahl von Bezugsbereichen des Designs. Die unten stehende Abbildung unterstützt diese Aussage. Im Folgenden gilt es, diese unterschiedlichen Bezugsbereiche im Unternehmen zu erläutern und voneinander abzugrenzen.

142 Bruce/Daly (2007), S. 934 f.

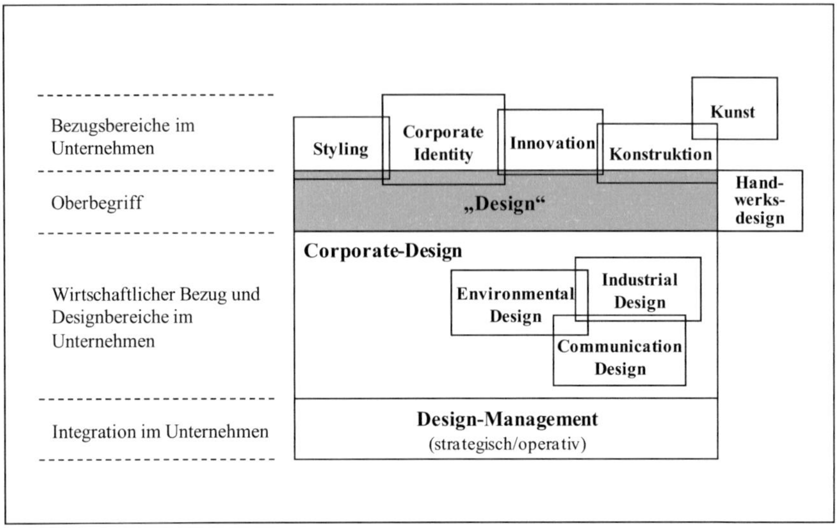

Abbildung 2: Begriffsübersicht „Design im Unternehmen“[143]

Unter dem Oberbegriff Design sind in Unternehmen verschiedenste Bezugsbereiche zusammengefasst.[144] So wird mit *Styling* eine formalästhetische Überarbeitung im Sinne einer Verschönerung von Produkten beschrieben.[145] Ziel des Stylings ist die Entwicklung einer möglichst ästhetisch ansprechenden Hülle eines Produkts. Eine solche optische Überarbeitung der Produkthülle ohne Verbesserung auf technischer bzw. funktionaler Ebene, erzielt einen besseren Absatz der Produkte und wurde besonders in der amerikanischen Automobilindustrie der 50er und 60er Jahre systematisch angestrebt.[146] Ein negatives Image des Styling-Begriffs entwickelte sich Ende der 60er Jahre, als es Ziel der Automobilhersteller war, durch extreme Veränderungen der Optik neuer Modelle, Vorjahresmodelle möglichst schnell alt aussehen zu lassen und somit die Verkaufszahlen für das aktuelle Modell am Markt zu steigern.[147] Die Verschönerung von Produkten dient nach Meinung von *Haug* und *Koch* ausschließlich der Manipulation von Konsumenten und zielt rein auf den Profit ab.[148]

143 Eigene Darstellung in Anlehnung an Rummel (1995), S. 67.
144 Vgl. Kohler (2003), S. 8.
145 Vgl. Zalles-Reiber (1996), S. 193.
146 Vgl. Leitherer (1996), S. 119.
147 Vgl. Diez (1996).
148 Vgl. Haug (1971); Koch (1976).

Das Konzept der *Corporate Identity* kommt seit Ende der 70er Jahre als markt- und sozialstrategisches Instrument zur planmäßigen Steuerung des Unternehmensimages zum Einsatz.[149] Die Corporate Identity trägt dazu bei, unerwünschte Diskrepanzen zwischen dem Selbstbild des Unternehmens aus Sicht des Managements und dem Eindruck, den Mitarbeiter oder die Öffentlichkeit bzgl. des Unternehmens haben, entgegenzusteuern und eine einheitliche und prägnante Unternehmenspersönlichkeit zu schaffen.[150] Die Corporate Identity gliedert sich in die drei Bereiche *Corporate Design* (visuelles Erscheinungsbild des Unternehmens), *Corporate Communication* (Unternehmens-Kommunikation) und *Corporate Behavior* (Unternehmens-Verhalten), wobei Ersterem eine bedeutende Stellung zukommt. Durch den Einsatz visueller Gestaltungsmittel trägt das Corporate Design zu einem unverwechselbaren Unternehmensbild bei, welches die Identität, Kultur und Vision eines Unternehmens widerspiegelt. Dies wird beispielsweise durch die einheitliche Gestaltung von Firmennamen, Firmenlogo, Geschäftspapieren oder Visitenkarten verdeutlicht.

Unter einer *Innovation*[151] werden Produkt- oder Verfahrenserneuerungen verstanden, die am Markt Erfolg haben.[152] Zielsetzung hierbei ist es, schlecht befriedigte oder unbefriedigte Kundenbedürfnisse zu erkennen und durch neue Kombinationsmöglichkeiten von Know-how, Leistungen und Ressourcen diesen Bedürfnissen zu entsprechen.[153] Viele Produktinnovationen entstehen in Disziplinen wie der Elektronik oder dem Softwarebereich, die nicht besonders greifbar für den Kunden sind. Design besitzt die Fähigkeit, diese Innovationen zu visualisieren und somit zwischen Mensch und Technik zu vermitteln.

Die *Konstruktion* und das Design sind beides Aufgabenbereiche, die sich inhaltlich nicht klar voneinander abgrenzen lassen, da sich sowohl die konstruktionsorientierte als auch die designorientierte Produktentwicklung anhand ästhetischer wie auch ergonomischer Formen orientiert.[154] Innerhalb der Konstruktion liegt der Schwerpunkt jedoch auf der funktionellen Gestaltung des technischen Systems, hingegen ist der Fokus beim Design klar in der Gestaltung der äußeren Wirkdimensionen eines Produktes zu sehen.[155] Das Zusammenwirken von Konstruktion und Design sollte sich dementsprechend hauptsächlich vom Arbeitsgegenstand und

149 Vgl. Rummel (1995), S. 67; Birkigt/Stadler/Funck (2000), S. 18; Neibecker/Kohler (2004), S. 518.
150 Vgl. Nieschlag/Dichtl/Hörschgen (1997).
151 Weitere Detaillierungen zu Innovationen sind in Kapitel 2.2.1 dargestellt.
152 Vgl. Schumpeter (1964); Le Corre/Mischke (2005).
153 Vgl. Sommerlatte (1998).
154 Vgl. Mayer (1996), S. 26.
155 Vgl. Mayer (1996), S. 26.

seiner Designfähigkeit ableiten. Im Rahmen der Konstruktion lassen sich drei Produktklassen unterscheiden. So stehen *technologiegetriebene Produkte* für technisch hoch komplexe Funktionalitäten, die nur wenig gestalterischen Spielraum gewähren (z. B. Arbeitsmaschinen). *Anwendergetriebene Produkte* zeichnen sich durch einen direkten und intensiven Kontakt mit ihren jeweiligen Benutzern aus.[156] Hierbei spielt die Ästhetik eine wesentliche Rolle, da die Basisfunktionalität der Produkte durch die Technik zuverlässig gewährleistet wird. Die Produktklasse der *Technologie- und anwendergetriebenen Produkte* unterliegt sowohl funktionalen als auch ästhetischen Anforderungen der Konsumenten. Diese Produkte besitzen großes Konfliktpotenzial für die Zusammenarbeit von Konstrukteuren, die für die Entwicklung der Technik zuständig sind, und den Designern, welche die Ästhetik und Optik des Produkts in den Vordergrund stellen.

Das *Handwerksdesign* und die *Kunst* müssen von den oben beschriebenen Begriffen getrennt betrachtet werden, da der (Kunst-)Handwerker in der Regel nicht in (Groß-)Serien produziert. Bei handwerklich hergestellten Produkten handelt es sich meist um Einzelfertigungen, sogenannte Unikate. Oft sind dem (Kunst-)Handwerker seine Kunden direkt bekannt, so dass er zielgerichtet für diese entwirft und produziert und nicht wie der Designer für eine anonyme Käuferschaft, die sich maximal aufgrund von Kundendaten beschreiben lassen.

Wie in Abbildung 2 dargestellt, bietet sich für die Integration der aufgeführten Bezugsbereiche in Unternehmen das Konzept des *Corporate Designs* an. Sämtliche gestalterische Aktivitäten eines Unternehmens können drei verschiedenen Erscheinungsformen zugeordnet werden, nämlich dem Industrial Design, dem Communication Design sowie dem Environmental Design. Dabei umfasst das *Industrial Design* die Gestaltung sämtlicher Leistungen eines Unternehmens, einschließlich immaterieller Dienstleistungen, unter funktionalen, ergonomischen und ästhetischen Gesichtspunkten. Aus ökonomischer Sicht soll Industriedesign eine Steigerung der Verkaufszahlen bringen. Ziel ist, das Produkt und Firmenimage positiv zu beeinflussen.[157] Unter *Communication Design* wird die Gestaltung aller kommunikativen Mittel eines Unternehmens gefasst, welche insbesondere durch das Grafikdesign abgedeckt werden. Die Gestaltung des Erscheinungsbildes eines Unternehmens wird durch das *Environmental Design* bestimmt, welches klare Vorgaben beispielsweise für Messegestaltung oder Arbeitskleidung liefert. Die drei Erscheinungsformen des Corporate Designs sollten aufgrund von Über-

[156] Vgl. Kiss (1998), S. 54 f.
[157] Vgl. Rummel (1995), S. 6.

schneidungen, die durch fließende Übergänge zwischen den Bereichen auftreten können, nicht unabhängig voneinander betrachtet werden. Relevant hierbei ist, dass das Corporate Design die generelle Darstellung des Unternehmens repräsentiert, sowohl nach außen an den Kunden als auch nach innen an die Mitarbeiter.[158] Das Corporate Design kann als Folge des Zusammenwirkens aller Unternehmensaktivitäten bzw. Unternehmenseigenschaften gesehen werden.

Um eine reibungslose unternehmensinterne Abstimmung zwischen den oben genannten Designbereichen zu garantieren, ist es Aufgabe des *Design-Managements* diese Bereiche in das Unternehmen zu integrieren und alle designrelevanten Unternehmensprozesse zu steuern. Nur so kann ein reibungsloser Ablauf der Designprozesse im Unternehmen gewährleistet werden.

Die wie zuvor beschriebene komplexe Designproblematik soll für die vorliegende Untersuchung der Einfachheit halber eingegrenzt werden. Aus diesem Grund wird im Folgenden das Industrial Design (Industriedesign) untersucht, welches die Gestaltung industrieller Produkte beschreibt. Der Bereich des Industriedesigns wird als das traditionelle Anwendungsgebiet von Design angesehen[159] und scheint besonders vor dem Hintergrund des Untersuchungsobjekts des Automobils als geeigneter Rahmen. Dementsprechend wird in den weiteren Ausführungen Design im Sinne von Industrial Design verstanden. Begriffe wie Design, Industrial Design, Industriedesign und Produktdesign werden im vorliegenden Text synonym verwendet.[160] Wie die Qualität des Designs bewertet werden kann, steht im Mittelpunkt nachfolgender Ausführungen.

2.1.2.2 Design als Komplex dreier Aspekte

Im Rahmen der Qualitätsanforderungen an Produkte können drei allgemeingültige Qualitätsanforderungen an das Design ausgemacht werden.[161] Erfolgreiches Produktdesign berücksichtigt den *technisch-funktionalen*, sowie den *ästhetischen* Aspekt und Elemente der *visuellen Kommunikation*. Diese drei Hauptaspekte werden nun zusammengefasst vorgestellt.

---

158 Vgl. Bergmann (1994), S. 6.
159 Vgl. Mayer (1996), S. 17.
160 Siehe z. B. Kölzer (1994), S. 157.
161 Vgl. z. B. Zeitler (1994), S. 20 f.; Rummel (1995), S. 100 ff.; Kohler (2003), S. 34 ff.

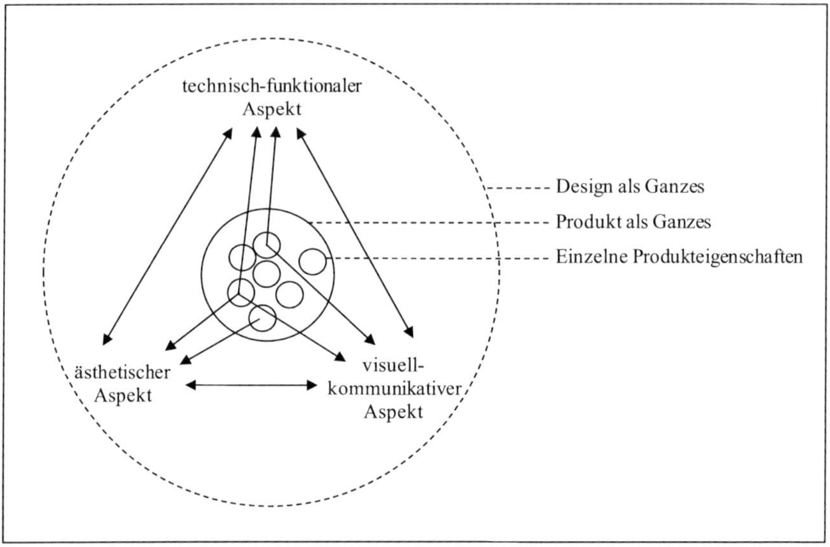

Abbildung 3: Design als Komplex dreier Aspekte[162]

Der *technisch-funktionale Aspekt* richtet sich nach der Zweckbestimmung des Produktes und gibt seine Gebrauchs- bzw. Funktionstüchtigkeit, Haltbarkeit und Funktionssicherheit wieder.[163] Somit umfasst die Funktionalität alle technischen und konstruktiven Eigenschaften eines Produkts. Darüber hinaus ist es Aufgabe des technisch-funktionalen Aspekts, Produkte im Sinne der Ergonomie an physiologische sowie psychologische Bedürfnisse des Menschen anzupassen. So spielt dieser Aspekt bei der Frage der Handhabung und der Anwendung von Produkten eine bedeutende Rolle. Der *ästhetische Aspekt* kommt besonders in subjektiven Gefallensurteilen zum Ausdruck. Danach entsteht der ästhetische Aspekt von Produkten erst im Bewusstsein und in der Vorstellung des Betrachters.[164] Um ästhetischen Ansprüchen an ein Produkt gerecht zu werden, sind die Geschmäcker der Konsumenten sowie aktuelle Trends zu berücksichtigen. Der *visuell-kommunikative Aspekt* beschreibt Design als Informationsträger. Das Design transportiert Botschaften vom Sender zum Empfänger, welcher als Produktbesitzer selbst zum Sender und seine Umwelt zum Empfänger wird. Des Weiteren werden Botschaften nicht nur an Konsumenten, sondern auch an andere Unternehmen über-

[162] Eigene Darstellung in Anlehnung an Zeitler (1994), S. 22.
[163] Vgl. Nieschlag/Dichtl/Hörschgen (1994), S. 177 f.; Zeitler (1994), S. 24 f.
[164] Vgl. Zalles-Reiber (1996), S. 56 f.

mittelt.[165] Das Produktdesign hat als das visuell wahrnehmbare Äußere eines Produktes dementsprechend eine wesentliche Informationsfunktion zu erfüllen. So sollte neben produktbezogenen Informationen (z. B. Produktmarke) und/oder Unternehmensname bzw. -logo auch ein unternehmenstypisches Produktdesign im Rahmen eines Corporate-Design-Konzeptes den Hersteller des Produktes sofort durch den Kunden identifizieren lassen.[166]

Bei der Betrachtung von Produkten in ihrer Gesamtheit ist hervorzuheben, dass einzelne Eigenschaften häufig nicht überschneidungsfrei einem Designaspekt zuzuordnen sind, sondern gleichzeitig unter mehreren Aspekten gesehen werden müssen.[167] Von Designtheoretikern und -kritikern unbestritten ist, dass Design inzwischen eine gesellschaftliche Bedeutung erlangt hat. Die menschliche Umwelt ist heute technisch-funktional bestimmt und die meisten Elemente sind bewusst gestaltet. Dementsprechend ist Design, wie *Selle* treffend formuliert, „[…] zur Sprache des Alltags geworden“.[168] Trotzdem gibt es immer noch wenig wissenschaftliche Aussagen zur Wirkung von Designobjekten. So stellen auch *Noble* und *Kumar* fest, „The core focus in marketing management has always revolved around the so-called four P's: (1) Pricing Issues; (2) Promotions; (3) Place [...] and (4) Product. However, while numerous characteristics of the product development process have been studied in the marketing literature, design of the product has received only fragmented study."[169]

2.2 Begriffliche Klärung und Forschungsüberblick zu Designsprung

Vor dem Hintergrund der Zielsetzung der vorliegenden Arbeit,[170] das Phänomen des Designsprungs zu erforschen, gilt es, aufbauend auf den bisherigen Ausführungen zum Designbegriff zu klären, was ein Designsprung ist und wie sich dieser von verwandten Begriffen abgrenzt. Weder in der deutschen noch in der internationalen wissenschaftlichen Literatur lässt sich eine Definition bzw. Erklärung des Begriffs finden. Dieser findet eher in der populärwissenschaftlichen Literatur Anwendung, ohne dass er hier eine differenzierte Betrachtung erfährt. Im Interesse der Eindeutigkeit der weiteren Ausführungen scheint es daher notwendig, den Bedeutungsinhalt näher zu beleuchten. Hierfür wird sich zunächst dem Gebiet der Innovationsforschung zugewendet, die besonders im Rahmen der Neuartigkeit von Designsprüngen

[165] Vgl. Kohler (2003).
[166] Vgl. Berndt (2003), S. 123.
[167] Vgl. Kohler (2003), S. 37.
[168] Selle (1973), S. 9.
[169] Noble/Kumar (2010), S. 640.
[170] Siehe Forschungsfragen in Kapitel 1.2.

Relevanz besitzt und somit zur Erklärung bzw. zum Verständnis des Begriffs Designsprung beitragen soll. Im Anschluss daran soll der Begriff des Designsprungs von verwandten Konzepten abgegrenzt werden, wobei eine Präzisierung des Bedeutungsinhalts des Begriffs notwendig erscheint. Abschließend erfolgt ein Überblick über die relevante wissenschaftliche Literatur.

2.2.1 Innovationsforschung als Ansatzpunkt zur Klärung des Begriffs des Designsprungs

Für die Unternehmenspraxis stellen Innovationen einen wichtigen Erfolgsfaktor dar.[171] Hierbei sind vor allem das wirtschaftliche Wachstum[172] eines Unternehmens sowie dessen wirtschaftlicher Erfolg[173] als Zielgrößen zu nennen, die durch Einführung von Innovationen verfolgt werden sollen. Die Relevanz von Innovationen für das Unternehmen wird durch verschiedene Zitate von Unternehmensvertretern wie „innovation is the key to survival“[174] oder „innovation distinguishes between a leader and a follower“[175] betont. So argumentiert ein ehemaliges Vorstandsmitglied von *BMW*: „Nicht die Großen werden die Kleinen fressen, sondern die Schnellen die Langsamen.“[176] Da der Automobilhersteller *BMW* gemessen am Produktionsvolumen als zweitkleinster unabhängiger Automobilhersteller in Deutschland gilt, ist es für die *BMW Group* von existenzieller Bedeutung, Dinge anders, besser und auf strategisch wichtigen Feldern auch schneller zu tun als der Wettbewerb.[177] Innovationen stellen dementsprechend bestens geeignete Mittel dar, um sich vom Wettbewerb abzuheben und zu differenzieren.

Der Begriff „Innovation“ stammt von dem lateinischen Wort „innovatio“ ab und bedeutet so viel wie Erneuerung, Neuheit, Neuerung oder Neueinführung. Um ein einheitliches Verständnis des Innovationsbegriffs zu gewährleisten, soll dieser zunächst definiert werden. Zuvor soll Tabelle 4 einen Überblick über häufig rezitierte Definitionen von Innovationen liefern.

171 Vgl. Tellis/Prabhu/Chandy (2009).
172 Vgl. Warschat/Spath/Ohlhausen (2006); Cash/Earl/Morison (2008).
173 Vgl. Andrew et al. (2006).
174 Dodgson (2000), S. 9. Mark Dodgson ist Leiter des Technology and Innovation Management Centre an der University of Queensland Business School.
175 Jobs (2006). Steve Jobs ist CEO von Apple Computers.
176 Eberhard von Kuenheim, ehemaliger Vorstands- und Aufsichtsratsvorsitzender der BMW AG. In Ertl (2007), S. 64.
177 Vgl. Ertl (2007).

Autor (Jahr)	**Definition „Innovation"**
Schumpeter (1939), S. 88	„[...] innovation combines factors in a new way."
Barnett (1953), S. 7	„An innovation is [...] any thought, behaviour or thing that is new because it is qualitatively different from existing forms."
Tushman/Moore (1982), S. 132	„Most generally, innovation can be seen as the synthesis of a market need with the means to achieve and produce a product to meet that need."
Dosi (1988), S. 222	„[...] innovation concerns the search for, and discovery, experimentation, development, imitation, and adaption of new products, new production processes and new organizational set-ups."
Trommsdorff/Schneider (1990), S. 3	„Betriebswirtschaftlich sind alle aus unternehmensindividueller Sicht erstmalig relevanten Neuheiten Innovationen."
Chmielewicz (1991), S. 84	„Unter Innovationen werden pauschal betrachtet Neuerungen verstanden."
Brockhoff (1994), S. 28	„Liegt eine Erfindung vor und verspricht sie wirtschaftlichen Erfolg, so werden Investitionen für die Fertigungsvorbereitung und die Markterschließung erforderlich, Produktion und Marketing müssen in Gang gesetzt werden. Kann damit die Einführung in den Markt erreicht werden [...] so spricht man von einer Produktinnovation."
Sommerlatte (1998), S. 34	Innovationsfähigkeit bedeutet, „[...] schlecht befriedigte oder unbefriedigte Bedürfnisse zu erkennen und neue Kombinationsmöglichkeiten von Know-how, Leistungen und Ressourcen zu entwickeln, mit denen diesen Bedürfnissen entsprochen werden kann."
Chandy/Tellis (1998), S. 476	„Radical product innovations are defined in terms of their technological superiority and their ability to meet customers' needs better than prior technologies."
Rogers (2003), S. 12	„An innovation is an idea, practice or object that is perceived as new by an individual or other unit of adoption."
Le Corre/Mischke (2005), S. 1	„[...] eine Innovation ist eine Produkt- bzw. Verfahrensneuerung, die am Markt Erfolg hatte [...]."
Vahls/Burmester (2005), S. 44	„Unter einer Innovation ist grundsätzlich die erstmalige wirtschaftliche Anwendung einer neuen Problemlösung zu verstehen, das heißt, hier geht es um die ökonomische Optimierung der Wissensverwertung. Sie hat die (Markt-)Einführung [...] und die (Markt-)Bewährung [...] der Invention in Form eines neuen Produkts oder Verfahrens zum Ziel."
Homburg/Krohmer (2006), S. 568	„Unter einer Produktinnovation verstehen wird jedes Produkt (bzw. jede Produktidee), das (die) von den Kunden als neu wahrgenommen wird."
Hoyer/MacInnis (2007), S. 423	„[...] an innovation is a product, service, attribute, or idea that consumers within the market segment perceive as new and that has an effect on existing consumption patterns [...]."

Tabelle 4: Definitionen des Innovationsbegriffs

Zentrales Kriterium aller Innovationsdefinitionen stellt der Neuigkeitscharakter einer Innovation dar, der zur Typologisierung von Innovationen herangezogen wird. In den verschiedenen Definitionsansätzen ist zu erkennen, dass sich diese überwiegend bezüglich zweier Kriterien überschneiden. Die beiden Elemente sind einerseits die Invention und auf der anderen Seite die Exploitation bzw. Vermarktung, also die Erfindung an sich und ihre Umsetzung in ein marktfähiges Produkt.[178] Weitere Kriterien, die bei einigen Definitionen Beachtung finden, sind der Zielbezug (z. B. Aspekt der Wirtschaftlichkeit), der Nutzenaspekt (z. B. Markteinführung) und der Prozessaspekt.

Die Definition des Innovationsbegriffs nach *Rogers* ist als relativ weite Begriffsfassung ausgelegt. Sie bezieht sich auf die nachfragerseitige Wahrnehmung bezüglich der Neuartigkeit einer Leistung und betont den subjektiven Charakter der Wahrnehmung objektiv gleichartiger Sachverhalte durch den Nachfrager. Wahrnehmung erfolgt immer vor dem Hintergrund des jeweiligen persönlichen Erfahrungsraums des Individuums, in dem alle Bezugsobjekte innerhalb dieses Bezugsrahmens verglichen und bewertet werden. Die Wahrnehmung einer Leistung als neuartig ergibt sich in diesem Sinne als Abweichung von existierenden Sachverhalten im Bewusstsein des Nachfragers. Das auf eine Innovation gerichtete Bewusstsein eines Nachfragers ist damit entscheidend und die Wahrnehmung eines objektiv gleichen Sachverhalts kann bei verschiedenen potenziellen Nachfragern zu unterschiedlichen Einschätzungen des Bezugsobjekts bzw. der Leistung führen.[179]

In einem Teil der Definitionen wird objektive Neuheit als elementar für eine Innovation angesehen. Die übrigen Definitionen sprechen von subjektiver Neuheit in Bezug auf den Anbieter und/oder den Nachfrager. Der Neuigkeitsgrad kann dabei aus der subjektiven Perspektive des Nachfragers als das Ausmaß der Veränderung gegenüber dem Status Quo interpretiert werden.[180] Für die hier untersuchten Designsprünge gilt es zu identifizieren, wie das Konsumentenverhalten bzgl. des Designsprungs vom wahrgenommenen Neuigkeitsgrad abhängt. Aus diesem Grund ist es nicht von Relevanz, ob die Innovation tatsächlich objektiv neu ist, sondern als wie neu die Innovation empfunden wird, da das Konsumentenverhalten bzgl. einer Innovation vom wahrgenommenen Neuigkeitsgrad abhängt.[181] In Anlehnung an *Rogers*,[182] *Homburg* und *Krohmer*[183] sowie *Hoyer* und *MacInnis*[184] wird daher in der vorliegender Arbeit

178 Vgl. Sattler/Schrader (1995), S. 996.
179 Vgl. Pohl (1996).
180 Vgl. Schmalen/Pechtl (1996), S. 822.
181 Vgl. Rogers (1995), S. 11; Rogers (2003), S. 12.
182 Vgl. Rogers (2003).
183 Vgl. Homburg/Krohmer (2006).
184 Vgl. Hoyer/MacInnis (2007).

unter einer Innovation ein Produkt verstanden, das aus der Perspektive der Konsumenten als neu wahrgenommen wird.

Aufgrund des Neuheitsgrades können fünf verschiedene Arten von Innovationen unterschieden werden. *Basisinnovationen* (z. B. Automobile) stellen einen Durchbruch in Bezug auf neue Technologien oder Organisationsprinzipien dar und ziehen meist eine Vielzahl von Verbesserungen und neuen Anwendungen nach sich.[185] *Verbesserungsinnovationen* (z. B. die Leistungssteigerung von Personal Computern) stellen eine Verbesserung einzelner Nutzenparameter dar, wobei die grundlegenden Funktionen und Eigenschaften des Produkts erhalten bleiben. *Anpassungsinnovationen* beschreiben die Anpassung vorhandener Leistungen oder Eigenschaften speziell an die Wünsche des Kunden. *Imitationen* (z. B. Schoko-Wunderkugel von Nestlé als Imitation des Überraschungseis von Ferrero) bezeichnen Nachahmungen von Lösungen, die von anderen Unternehmen bereits erfolgreich eingesetzt werden. *Scheininnovationen*, die allein durch kommunikative Maßnahmen eine Innovationswahrnehmung erzeugen stellen „Pseudoverbesserungen" dar, die keinen neuen oder zusätzlichen Nutzen für den Kunden bringen.

Pohl argumentiert hingegen, dass das Kriterium der Neuartigkeit bzw. des Neuigkeitsgrades nicht ausreichend definiert sei. Er schlägt vor, die Subjektivität in der Einschätzung von Neuartigkeit näher zu bestimmen.[186] Hierbei geht es dem Autor darum, die „Produktinnovationen nach der Intensität abzugrenzen, mit der sie zu einer Änderung bisheriger oder zumindest im Kenntnisbereich des Nachfragers liegender Verhaltensmuster führen bzw. mit der bei gleich bleibenden Verhaltensmustern verbesserte Problemlösungen erzielt und wahrgenommen werden."[187] Demnach erfordert ein niedriger Intensitätsgrad entweder eine geringe Änderungserfordernis im Verhalten der Konsumenten oder eine nur wenig verbesserte Problemlösung durch die Innovation. Hingegen verlangt ein hoher Intensitätsgrad, dass sich Konsumenten weitgehend unbekannte Verhaltensweisen aneignen, um sich für den Gebrauch einer Innovation zu „qualifizieren", oder sie müssen bei gleich bleibenden Verhaltensweisen eine stark verbesserte Problemlösung anwenden. Für den Kontext der vorliegenden Arbeit heißt dies, dass in Abhängigkeit von der Intensität des Designsprungs bei den Nachfragern ein mehr oder

185 Vgl. Trommsdorff/Schneider (1990), S. 4.
186 Vgl. Pohl (1996), S. 26.
187 Pohl (1996), S. 26.

weniger großer Informationsverarbeitungsaufwand angenommen werden muss, der mit möglichen Verhaltensänderungen einhergeht.

In der Literatur wird davon ausgegangen, dass ein hohes Ausmaß an Veränderung potenziell Resistenz gegenüber Innovationen auslöst. Dies ist dadurch begründet, dass die Unsicherheit bzw. das Risiko bzgl. einer Innovation positiv mit dem wahrgenommenen Neuigkeitsgrad korrelieren.[188] Demnach bleibt festzuhalten, dass je größer das durch den Konsumenten wahrgenommene Risiko ist, desto höher nach Annahme vieler Autoren die Resistenz gegenüber einer Innovation ausfallen wird.[189] Dies kann eine negative Wirkung auf die Innovationsdiffusion besitzen und im schlimmsten Fall sogar zu einem Misserfolg der Innovation am Markt führen.[190]

Neben der Neuartigkeit als Innovationskriterium, spielt auch die Zeit im Sinne des Produktalters (Zeit des Produkts auf dem Markt) eine große Rolle hinsichtlich des Innovationserfolgs. Mit zunehmender Technologiereife verfügen viele Wettbewerber über ähnliche Produkte. Der Wettbewerb findet zu Lasten der Rendite über den Preis statt. Ein Innovator, der als erster auf dem Markt auftritt, kann hingegen aufgrund seines vorläufigen Monopols einen hohen Preis für sein Produkt erzielen.[191] Dies ist gerade in reifen Industrien ein Argument für Innovationen. So kann *Apple* mit seinem *iPod* seit einigen Jahren sehr gut verdienen, da Konkurrenten wie *Microsoft* den Trend lange „verschlafen" haben.[192]

Zur Klassifikation von Innovationen liefert die vorwiegend aus dem wirtschaftswissenschaftlichen Bereich stammende Literatur noch weitere Ansätze. So lassen sich aus der Perspektive der Nachfrager Innovationen beispielsweise nach der Art ihrer Nutzenstiftung differenzieren.[193] Dabei unterscheiden *Hoyer* und *MacInnis* zwischen funktionalen, hedonistischen und symbolischen Innovationen.[194]

---

188 Vgl. Rogers (2003), S. 6.
189 Vgl. Ram/Sheth (1989), S. 6.
190 Vgl. Moldovan/Goldenberg (2004).
191 Vgl. Stern/Jaberg (2007), S. 5.
192 Vgl. Stern/Jaberg (2007), S. 5.
193 Vgl. z. B. Woods (1960); Midgley (1983); Hoyer/MacInnis (2007), S. 425 ff.
194 Vgl. Hoyer/MacInnis (2007), S. 425 ff.

Blickt man zurück auf die in der Vergangenheit herausragenden Innovationen, zeigt sich, dass diese häufig das Ergebnis der Kombination verschiedener Erfindungen sind.[195] So setzte sich beispielsweise das erste Automobil aus zahlreichen Erfindungen zusammen, wobei das Rad bereits vor über 6.000 Jahren erfunden wurde, die Achsschenkellenkung 1816 und der erste funktionsfähige Verbrennungsmotor 1860 gebaut wurde. Zudem existieren Innovationen, die nur auf wenigen oder gar überhaupt keinen neuartigen Technologien basieren. Als Beispiel ist der Personal Computer zu nennen, der im Grunde „nur" eine intelligente Zusammenführung zahlreicher bereits existierender Technologien darstellt, und kein Ergebnis eines fundamentalen wissenschaftlichen Durchbruchs bedeutet.[196]

Im Rahmen von Innovationstätigkeiten von Unternehmen sind die Produktinnovationen in der Form von Markt- oder Unternehmensneuheiten von besonderer wirtschaftlicher Bedeutung. Vor dem Hintergrund des schnellen technischen Fortschritts und des laufenden Wandels der Konsumentenbedürfnisse sowie der damit einhergehenden immer kürzeren Produktlebenszyklen betont *Ertl* die Relevanz von Innovationen in Wirtschaftsunternehmen.[197] Dies führt zu einer erheblichen Angebotserweiterung und zu einem steigenden Anteil der neuen Produkte am Gesamtumsatz, denn nur so lassen sich Wettbewerbsvorteile durch eine Differenzierung der Marken und ihrer Produkte erarbeiten.[198] Eine entscheidende Rolle kommt demnach der Fähigkeit eines Unternehmens zu, sich verändernden Rahmenbedingungen und Erfolgsfaktoren flexibel anzupassen.

Das grundlegende Ziel einer Produktinnovation ist es deshalb, die Wettbewerbsposition durch die Markteinführung neuer Produkte zu verteidigen oder auszubauen und so die Überlebensfähigkeit des Unternehmens zu sichern. Dazu ist es erforderlich, die Wünsche der Nachfrager optimal zu befriedigen und in Anbetracht der auf vielen Märkten zu verzeichnenden Sättigungstendenzen neue Bedürfnisse mit Hilfe revolutionärer Produktinnovationen zu wecken.[199] Allerdings belegen empirische Untersuchungen, dass mit Produktinnovationen erhebliche Fehlschlagrisiken verbunden sein können. Obwohl die Bewertung des Markterfolgs innovativer Produkte nur schwer prognostizierbar ist,[200] zeigen Studien, dass nur ein geringer Anteil von ca. 5 % aller Produktideen am Markt erfolgreich ist und nur 12 % aller F&E-

195 Vgl. Grant/Nippa (2006).
196 Vgl. Grant/Nippa (2006).
197 Vgl. Ertl (2007), S. 73.
198 Vgl. Ertl (2007), S. 73.
199 Vgl. Trommsdorff/Schneider (1990), S. 4; Pleschak/Sabisch (1996), S. 14.
200 Vgl. Schefczyk/Pankotsch (2003), S. 168 f.; Hauser (2003), S. 79.

Projekte überhaupt den gesamten Produktlebenszyklus durchlaufen.[201] Circa 88 % dieser Projekte scheitern zuvor am technischen, marktlichen und/oder wirtschaftlichen Risiko.[202] Das Risiko auf Unternehmensseite wird insbesondere durch zwei Faktoren erhöht, einerseits durch die Unsicherheit bzgl. der technischen Umsetzung der Innovation sowie andererseits durch das Risiko der Produktakzeptanz auf Kundenseite.[203]

Innovationen stellen nicht nur Möglichkeiten dar, sich einen Wettbewerbsvorteil zu verschaffen, sondern sind auch ein Mittel, um den Wettbewerbsvorteil anderer Unternehmen zu reduzieren.[204] Die Innovation ist also neben dem Design der wesentliche Differentiator, mit dem sich ein Unternehmen zum einen vom unmittelbaren Wettbewerb und zum anderen vom Massenmarkt dauerhaft abgrenzen kann.[205] So ist in Theorie und Praxis seit einiger Zeit anerkannt, dass nur eine innovative Produktpolitik langfristig Erfolg bringen kann.[206] Dagegen wurden die Bedeutung und die Innovationskraft des Designs in der Vergangenheit unterschätzt.[207]

Abschließend können die Ziele des Innovationsmanagements durch *Stern* und *Jaberg* treffend zusammengefasst werden: „Gewinnerzielung, Wachstum, Verbesserung der Wettbewerbssituation bzgl. Markt und Technologie, Steuerung des Produktportfolios (Risikostreuung, Fokussierung, Komplexitätsreduktion), Vermarktung von Erfindungen, Anpassung an veränderte Kundenwünsche, Sicherung von Arbeitsplätzen, Imagepflege.“[208]

2.2.2 Definition und Abgrenzung des Begriffs des Designsprungs

Aufgrund der Tatsache, dass der Begriff des Designsprungs in der bisherigen wissenschaftlichen Literatur unerwähnt bleibt, soll sich diesem zunächst auf Grundlage der populärwissenschaftlichen Literatur genähert werden. Bei der Eingabe des Wortes „Designsprung“ in den Suchmaschinen *Google*, *Bing*, *Yahoo!* und *AltaVista* zeigt sich, dass insbesondere die Ankündigung bzw. Beschreibung von neuen Automobilen auf dem Markt mit dem Begriff des Designsprungs einhergehen.

201 Vgl. Little (1988), S. 111.
202 Vgl. Commes/Lienert (1983), S. 347 ff.
203 Vgl. Achleitner/Bassen/Pietzsch (2001), S. 72.
204 Vgl. Grant/Nippa (2006).
205 Vgl. Ertl (2007), S. 63.
206 Vgl. Rummel (1995), S. 20.
207 Vgl. Arthur D. Little International (1990), S. 22.
208 Stern/Jaberg (2007), S. 8.

Das Beispiel des *Honda Civic*, der 2006 auf dem deutschen Markt eingeführt wurde, steht hierbei für einen klassischen Designsprung in der Automobilindustrie: „*Honda* macht mit seinem neuen *Civic* einen wirklich mutigen Designsprung! Diese Messeneuheit hat optisch überhaupt nichts mehr mit dem Vorgänger zu tun und wird wohl auch im gesamten Straßenbild eigenständig bleiben: mit dem durchgängigen Glasstreifen zwischen den Scheinwerfern, seiner extremen Keilform oder dem kantigen Heck. Auch innen bietet der Neue eine Reihe von Innovationen, wie etwa die flexiblen, voll versenkbaren Rücksitze [...].“[209]

Abbildung 4: Honda Civic (2005)[210]

Abbildung 5: Honda Civic (2006)[211]

Bei der Betrachtung verschiedener Designsprünge in der Tagespresse sowie auf diversen Online-Seiten fällt auf, dass besonders eindrucksvolle Begriffe wie „Evolution“, „Innovation“ gepaart mit optischen Eigenschaften wie „Sportlichkeit“, „Luxus“, „Dynamik“, „Präsenz“, „kraftvoll“, „athletisch“ oder „leidenschaftlich“ die herausragende Erscheinung der Automobile nach dem durchgeführten Designsprung beschreiben.[212]

Bei der expliziten Betrachtung des Wortes Designsprung muss sich zunächst mit der Bedeutung der beiden Worte „Design“ und „Sprung“ auseinandergesetzt werden. Wie bereits in Kapitel 2.2.2 definiert, ist Design in der vorliegenden Arbeit zu verstehen als „[...] process of seeking to optimize consumer satisfaction and company profitability through the creative use of major design elements [...] in connection with products, environments, information, and

209 www.honda-eichberg.de/pdf/tacho06_13.pdf (abgerufen am 12.03.2010).

210 Bildquelle: http://www.autoplenum.de/Bilder/testreports/12691_108738077007l/Honda-Civic-1-6-Sport---der-Dreituerer-mit-der-fuer-2004-ueberarbeiteten-Optik.jpg (abgerufen am 12.03.2010).

211 Bildquelle: http://www.pkw-trend.de/upload/honda_civic_type_s_12_25521.jpg (abgerufen am 12.03.2010).

212 Vgl. die Einführung des 7er BMW 2001 (www.stuttgarter-nachrichten.de), des Mazda3 2003 (vgl. Hoffmann (2004)) sowie des VW-Passat 2005 (www.auto.de).

corporate identities."[213] Als „Sprung" wird im alltäglichen Sprachgebrauch das Abschnellen des Körpers vom Boden, um Höhe, Weite oder Tiefe zu überwinden, verstanden.[214] Bezogen auf den Design-Kontext kann unter einem Sprung demnach die Lücke interpretiert werden, die das Design zwischen dem aktuell auf dem Markt verfügbaren Produkt von dem Neuprodukt differenziert.

Designsprünge können gegebenenfalls als eine Art der *Produktvariation* beschrieben werden, welche die Veränderung bereits bestehender Produkte beschreibt.[215] Mit Hilfe von Produktvariationen lassen sich Produkte nach der Markteinführung zum einen sich ändernden Verbraucherbedürfnissen anpassen und zum Anderen den Bedürfnissen der nach Abwechslung strebenden Verbraucher zu entsprechen.[216] Dementsprechend können Produktvariationen eingesetzt werden, um Produktlebenszyklen zu verlängern.[217] Ziel der Produktvariation ist es, zur Weiterentwicklung von Produkten beizutragen, wobei die ursprüngliche Version des Produktes abgelöst wird. Nach *Meffert* bleiben bei der Produktvariation die Grundfunktionen erhalten, die Veränderung findet lediglich in ästhetischen, physikalischen, funktionalen und/oder symbolischen Eigenschaften statt.[218] Dabei beziehen sich physikalische Variationen z. B. auf die technische Konstruktion eines Produktes und funktionale Variationen auf eine Änderung der funktionalen Qualität.[219] Bezieht sich die Produktvariation auf einen der beiden genannten Bereiche, kann nicht von einem Designsprung gesprochen werden. Dementsprechend ist von einem Designsprung die Rede, wenn eine Produktvariation mit Fokus auf ästhetische und symbolische Eigenschaften durchgeführt wird.

Da Designsprünge Aspekte der Innovation beinhalten, ist die Parallelität zum Begriff des *Innovationssprungs* zu suchen. Der Begriff des Innovationssprungs ist in der Literatur auch häufig unter der Bezeichnung „Breakthrough-Innovation", „Really New Products" oder „radikale Innovation" zu finden.[220] Darunter sind insbesondere Innovationen zu fassen, die neue Produktkategorien erzeugen oder bestehende verändern.[221] Innovationssprünge finden zumeist im

213 Kotler/Rath (1984), S. 17.
214 Vgl. Grasberger (1864), S. 302.
215 Vgl. Wirtz (2001), S. 411.
216 Vgl. Runia et al. (2005), S. 135.
217 Vgl. Herrmann/Huber (2009), S. 373.
218 Vgl. Meffert (2000), S. 437.
219 Vgl. Runia et al. (2005), S. 135.
220 Vgl. Regier (2007), S. 7.
221 Vgl. Urban/Weinberg/Hauser (1996), S. 47.

Rahmen von neuen Technologien Verwendung, die besonderen Nutzen stiften.[222] Sie werden als solch herausragende Neuerungen verstanden, dass sie zur Veränderung etablierter Marktstrukturen führen können.[223] So sind Innovationssprünge beispielsweise im Bereich der Informatik und Telekommunikation[224] sowie der Solarzellenentwicklung[225] zu finden. Auch bei Designsprüngen wird das Ziel verfolgt gravierende Änderungen an einem Produkt vorzunehmen, diese beziehen sich jedoch ausschließlich auf den gestalterischen Aspekt eines Produktes. Außerdem wird die Erzeugung neuer Produktkategorien mittels Designsprüngen ausgeschlossen, da hierbei nicht die Entwicklung eines Neuproduktes im Vordergrund steht, sondern die Abgrenzung eines bestehenden Produktes auf Basis bestimmter Designmerkmale.

Im Hinblick auf das Untersuchungsobjekt des Automobils können, bezugnehmend auf die Übersicht zu „Design in Unternehmen" von *Rummel,*[226] Designsprünge möglicherweise als eine Art *Styling* am Automobil verstanden werden, da es sich der Definition nach hierbei um eine formalästhetische Überarbeitung eines Produktes im Sinne einer Verschönerung handelt.[227] So verfolgen Designsprünge wie auch das Styling das Ziel, eine möglichst ästhetisch ansprechende Hülle eines Produkts zu entwickeln. Das heißt, es findet eine optische Überarbeitung der Produkthülle statt, ohne eine Verbesserung auf technischer bzw. funktionaler Ebene zu erzielen. So wurde Styling insbesondere in der amerikanischen Automobilindustrie der 50er und 60er Jahre systematisch angestrebt, um einen besseren Absatz der Produkte zu erzielen.[228]

Ein Designsprung am Automobil ist ebenfalls abzugrenzen von nachträglichen Anbauten bzw. Nachrüstungen am Fahrzeug, wie sie beispielsweise durch Tuning- oder Veredelungsbetriebe durchgeführt werden. Solche nachträglich vorgenommenen Designänderungen betonen zwar die hohe Nachfrage nach einer Individualisierung des Designs für das eigene Fahrzeug,[229] sind jedoch nicht als Designsprung im eigentlichen Sinn zu verstehen, die als eine strategische Produktneugestaltung vom Automobilhersteller eingeführt wurden.

---

[222] Vgl. Urban/Weinberg/Hauser (1996), S. 47; McDermott/O'Connor (2002), S. 424.
[223] Vgl. Urban/Weinberg/Hauser (1996), S. 47.
[224] Vgl. Doppler/Lauterburg (2005), S. 22.
[225] Vgl. Hirschl (2008), S. 70.
[226] Vgl. Abbildung 2.
[227] Vgl. Zalles-Reiber (1996), S. 193.
[228] Vgl. Leitherer (1991), S. 119.
[229] Vgl. Ebel/Hofer (2004), S. 341.

Auch von *Facelifts* ist ein Designsprung abzugrenzen. Diese werden im Rahmen der sogenannten *Modellpflege* durchgeführt, die in der Fahrzeugbranche eine optische und technische Überarbeitung eines Fahrzeugmodells bezeichnet. Ziel dabei ist es, innerhalb des Modelllebenszyklus die aktuelle Baureihe zu verjüngen.[230] Bei einem Facelift an einem Automobil werden nach etwa der Hälfte der Marktpräsenz (nach ca. 3-4 Jahren) sichtbare Änderungen im Design vorgenommen, ohne dabei Eingriff in die Konstruktion zu nehmen.[231] Das Facelift kann dabei technische und/oder optische Neuerungen beinhalten. Dabei werden häufig neue Motoren, eine veränderte Innenausstattung, ein verändertes Karosseriedesign sowie eine umfangreichere Serienausstattung als Neuerung eingeführt.[232] Im Gegensatz zu der Einführung eines komplett neuen Modells auf dem Markt, bleibt ein Fahrzeug nach der Modellpflege bis auf Veränderungen im Detail weitgehend gleich. Eine Unterscheidung findet hinsichtlich der Intensität von Facelifts statt, welche sich in leichte und in umfangreichere Facelifts einteilen lassen. Ein Beispiel eines umfangreicheren Facelifts stellt der *Audi TT* dar, der im April 2010 auf der Auto Mobil International Messe (AMI) vorgestellt wurde.[233] Die Neuerungen des Modells, das sich aktuell in seinem vierten Jahr der Marktpräsenz befindet, umfassen Veränderungen an Karosserie und Innenraum. Dieses Beispiel stellt mit seinen markanten Veränderungen im Design einen Designsprung im Sinne der obigen Definition dar. Dementsprechend kann ein Designsprung auch als eine Modellpflege mit umfangreichem Facelift jedoch ohne technische Neuerungen beschrieben werden.

Modifikationen im Design sind als nur noch graduelle Veränderungen im Design zu beschreiben.[234] So beschreiben beispielsweise *Ebel* und *Hofer* die geringen Veränderungen im Design des *VW Käfers* über viele Jahre als Modifikationen.[235] *Friedreich* betrachtet eine Veränderung in der Sitzverstellung im Vergleich zu vorher möglichen Sitzpositionen als Modifikation im Fahrzeug.[236] Diese Beispiele machen deutlich, dass Modifikationen als geringe Veränderungen im Design zu beschreiben sind, die eher den Bereichen der leichten Modellpflege zuzuordnen sind.

230 Vgl. Diez (2006), S. 140.
231 Vgl. Brauer (2007), S. 205.
232 Vgl. Weisz (2007), S. 107.
233 Vgl. Autohaus Online (2010).
234 Vgl. Friedreich (2008), S. 56.
235 Vgl. Ebel/Hofer (2004), S. 336.
236 Vgl. Friedreich (2008), S. 219.

Im Rahmen der Analyse einer Reihe von Produkten,[237] die sich durch neuartige Designs auszeichnen, ist festzustellen, dass Designsprünge in zwei verschiedenen Kontexten auftreten können. Zum einen existieren *Designsprünge innerhalb eines Produktes*, zum anderen können *Designsprünge innerhalb einer Produktkategorie* bestehen. Im Rahmen des erstgenannten Kontextes ist es das Ziel des Designsprungs, ein Produkt optisch so zu gestalten, dass es sich von dem aktuell auf dem Markt verfügbaren Vorgängermodell abgrenzt (z. B. der Designsprung des 2001 eingeführten *7er BMW*). Um dieses Ziel zu erreichen, ist es von besonderer Relevanz, das Produkt an die sich verändernden Bedürfnisse und Wünsche des Kunden anzupassen und ein modernes zeitgemäßes Design zu gewährleisten. Dagegen verfolgen Designsprünge innerhalb einer Produktkategorie (z. B. Designsprung des *Apple iPods* durch Drehscheibe als Bedienungselement) das Ziel, sich deutlich von ähnlichen am Markt verfügbaren Wettbewerbsprodukten abzugrenzen. Trotz vergleichbarer (technischer) Leistungen gelingt es einigen Herstellern, ihre Produkte durch ein andersartiges bzw. mit einem für die Produktkategorie untypischen Design, sich vom Markt abzugrenzen (z. B. *Bang & Olufsen*, *Apple*). Diese optische Abgrenzung zu Konkurrenzprodukten kann beispielsweise den Herstellern bzw. deren Marken den Eintritt in ein Premiumsegment erleichtern.

Resultierend aus den vorangegangenen Ausführungen wird Designsprung für die vorliegende Arbeit als eine einzigartige und neuartige Veränderung in der formalästhetischen Überarbeitung eines Produktes definiert, mit dem Ziel, dieses vom Altprodukt (Vorgängermodell) oder von Konkurrenzprodukten innerhalb einer Produktkategorie abzuheben bzw. abzugrenzen. Die Vorstellung von neuen Designsprüngen in den Medien zeigt, dass das Hauptziel eines Designsprungs in der Differenzierung gegenüber dem Konkurrenzprodukt bzw. dem Vorgängerprodukt zu sehen ist.[238] Im Gegensatz zur Innovation bzw. bestimmten Innovationsformen bleibt die Funktionalität des Produktes beim Designsprung hingegen nahezu unverändert. Da in der vorliegenden Arbeit der Designsprung eines Automobils zu seinem Vorgängermodell bewertet und untersucht werden soll, steht der Designsprung innerhalb des Produktes im Fokus des Interesses.

---

[237] In der Analyse wurden Produkte aus den Kategorien der Unterhaltungselektronik (z. B. MP3-Player), der Haushaltsgeräte (z. B. Kühlschränke) sowie der Automobile berücksichtigt.

[238] Vgl. Lamparter (2002).

2.2.3 Chancen und Risiken von Designsprüngen

Marktstrukturveränderungen wie Globalisierung, Standardisierungsdruck und sinkende Produktlebenszyklen, veranlassen Unternehmen dazu, neben den üblichen Erfolgsfaktoren wie Preis und Qualität, verstärkt nach Ansatzpunkten zur Differenzierung zu suchen. Hierbei ist es von besonderer Relevanz, Faktoren zu identifizieren, die die Wettbewerbsposition eines Unternehmens langfristig sichern können. Designsprünge stellen potenziell eine Lösung dar, um diesen Herausforderungen entgegenzutreten. Sie werden in Unternehmen als Gestaltungsinstrument eingesetzt, mit dem Hauptziel, zusätzlichen ökonomischen Nutzen zu erbringen.

So bieten Designsprünge im Hinblick auf den komplexen und langandauernden Entwicklungsprozess von (Neu-)Produkten eine Möglichkeit, mit vergleichbar geringem Aufwand ein optisch neues Produkt bzw. Modell zu erschaffen und so eine Alternative zum klassischen Produktentwicklungsprozess darzustellen.[239] Dabei wird zwar kein neues Produkt im engeren Sinne entwickelt, der Kunde erhält jedoch den Eindruck, ein gänzlich neues Modell zu erwerben. So ist es möglich, die Größe des Projektteams im Rahmen des Produktentwicklungsprozesses zu reduzieren und dementsprechend Kosten zu sparen. Die Entwicklungszeit beträgt statt fünf Jahren nur noch wenige Monate, was dem Hersteller vor dem Hintergrund immer kürzerer Produktlebenszyklen einen größeren Handlungsspielraum bietet. Zudem besitzen Hersteller die Möglichkeit, durch die Verwendung von Designsprüngen ein neues Image aufzubauen. Dies konnte das bereits in Kapitel 1.1 vorgestellte Beispiel von *BMW* zeigen, wobei es dem Hersteller gelang, durch extreme optische Veränderungen des *7er BMWs* im Jahr 2001 das Image des konservativen Bayern abzulegen.[240]

Auf den ersten Blick lässt sich aufgrund der vorherigen Ausführungen vermuten, dass Designsprünge ausschließlich positive Auswirkungen auf Kunden und Hersteller besitzen. Dass dem nicht so ist, zeigt folgendes Beispiel des neugestalteten Modells des *Mazda3* im Jahr 2003: „Einen Nachteil hat ein derartig extremer Designsprung: Fahrer des *Mazda323* sitzen von einem auf den anderen Tag plötzlich in einem sehr alt aussehenden Auto. Den Käufern des *Mazda3* aber dürfte das egal sein. Sie können sich an einem optisch rundum gelungenen, ebenso kraftvoll wie bissig wirkenden Auto erfreuen.“[241] Dieses Beispiel macht deutlich, inwieweit auch negative Konsequenzen bei der Einführung eines Designsprungs zu erwarten

239 Zum Produktentwicklungsprozess vgl. Clark/Fujimoto (1992); Steiner (1997); Schwarze (2003).
240 Vgl. Hillenbrand (2009).
241 Hoffmann (2004).

sind. Selbst wenn Konsumenten mit dem *Mazda323* sehr zufrieden waren, empfinden sie wahrscheinlich ein Gefühl der Enttäuschung, wenn ihnen bewusst wird, dass ihr vielleicht gerade einmal sechs Monate alter Neuwagen optisch wesentlich älter aussieht als das Neuprodukt. In diesem Zusammenhang entwickelte sich in den 60er Jahren ein negatives Image des Begriffs Styling, als es Ziel der Automobilhersteller war, durch extreme Veränderungen der Optik neuer Modelle, Vorjahresmodelle möglichst schnell alt aussehen zu lassen und somit die Verkaufszahlen für das aktuelle Modell am Markt zu steigern.[242]

Neben Reaktionen auf der Seite bestehender Kunden, ist es möglich, dass der Designsprung als so gravierend wahrgenommen wird, dass potenzielle Kunden das Neuprodukt nicht mehr mit seiner Marke identifizieren können, bzw. das Produkt nicht mehr als typisch für seine Marke ansehen. Für Produktdesigner bedeutet dies eine Gratwanderung zwischen einem zu Viel und einem zu Wenig in Bezug auf Änderungen im Design. Wenn die Wünsche der Kunden nicht erfüllt oder das ästhetische Empfinden nicht getroffen wird, wird der Erfolg des neudesignten Produkts auf sich warten lassen bzw. sich gar nicht erst einstellen. Gerade Forscher, Produktentwickler und Designer sollten sich des Risikos bewusst sein, dass sie dem Markt mental vorauseilen. So kann es passieren, dass Produkte entworfen werden, für die der Markt noch nicht reif ist. Nur der enge Kundenkontakt stellt sicher, dass Produkte, die eine neuartige Ästhetik aufweisen, auch im günstigsten Augenblick lanciert werden.[243]

2.2.4 Forschungsüberblick

Der folgende Abschnitt soll eine Übersicht über wissenschaftliche Studien zum Thema Produktdesign darstellen. Zunächst werden hierfür in einer Bestandsaufnahme bisherige empirische Erkenntnisse der Marketingwissenschaft zum Thema Produktdesign Berücksichtigung finden. Im Hinblick auf die Konzeption des Untersuchungsdesign in Kapitel 5.4 erscheint es besonders hilfreich, bisherige empirische Erkenntnisse der Marketingwissenschaft hinsichtlich des interessierenden Untersuchungsgegenstandes zu betrachten. Da die explizite Untersuchung von Designsprüngen bislang noch nicht Gegenstand der betriebswirtschaftlichen Forschung war, erscheint es an dieser Stelle sinnvoll, sich auf eine breit angelegte Bezugsbasis zur Erweiterung und Vervollständigung des Verständnis von Designsprüngen zu beziehen.

242 Vgl. Diez (1996), S. 53.
243 Vgl. Rummel (1995), S. 181.

Auf Basis dieser Rahmenbedingungen werden im Folgenden Untersuchungen aus ähnlichen bzw. verwandten Forschungsgebieten herangezogen, um einen Erklärungsbeitrag zum Thema Designsprünge zu leisten. Hierbei eignen sich insbesondere Arbeiten zu den Themen Produktdesign sowie Innovation, die thematische Schnittmengen zu Designsprüngen aufweisen. Zunächst sollen die Ergebnisse verschiedener Arbeiten mit unterschiedlichen Schwerpunkten zum Thema Produktdesign vorgestellt werden, bevor in einem nächsten Schritt die konzeptionellen Arbeiten zu den Themen Produktdesign sowie Innovation Berücksichtigung finden. Tabelle 5 liefert einen chronologischen Überblick über die Bestandsaufnahme der relevanten Literatur. Die hier zitierten Studien finden in der einschlägigen Literatur eine weite Verbreitung, dennoch wird hierbei kein Anspruch auf Vollständigkeit erhoben. Die Bestandsaufnahme dient dabei als Grundlage zur Prüfung, welche Erkenntnisse die aufgelisteten Beiträge zur Beantwortung der im Rahmen dieser Arbeit aufgeworfenen Forschungsfragen liefern,[244] wobei auf Details besonders wichtig erscheinender Studien an geeigneter Stelle eingegangen wird.

Autor(en)	**Ergebnisse der Untersuchungen**
Lippincott (1947)	Gutes Design geht im Allgemeinen mit hoher Wirtschaftlichkeit eines Produktes einher.
Robertson (1971); Johnson/Scholes (1984)	Variation im Design regt das Interesse auf Kundenseite an, was sich wiederum im Kaufverhalten niederschlägt.
Mehrabian/Russell (1973)	Die individuelle Präferenz für einen Stimulus ist abhängig vom persönlich präferierten Erregungslevel eines Individuums.
Pye (1978); Jones (1991)	Identifikation des Einflusses von ästhetischen Charakteristika auf die sensorische Lebenswelt von Nutzern wie auch nicht-Nutzern im positiven wie negativen Sinn.
Tybout/Hauser (1981)	Die Kombination von objektiven Attributen und subjektiven Charakteristika („physical attributes" und „consumer perceptions") erklärt Präferenzen auf Konsumentenseite besser als die reine Verwendung objektiver Attribute.
Huber/McCann (1982)	Konsumenten nutzen die äußere Gestaltung von Produkten als Hinweisreize, um Schlussfolgerungen hinsichtlich nicht sichtbarer Eigenschaften bzw. Charakteristika zu ziehen.
Kotler/Rath (1984); Nussbaum (1988)	Probanden, die zwischen zwei Produkten wählen müssen, die in ihrer Funktion, ihrer Leistung und im Preis identisch sind, entscheiden sich für das optisch attraktivere Produkt.
Robertson (1971); Berlyne/Lawrence (1964); Berlyne (1968, 1970); Johnson/Scholes (1984); Cox/Cox (1994)	Identifikation eines umgekehrt U-förmigen Zusammenhangs zwischen der Neuigkeit und der Komplexität eines Stimulus sowie dessen Präferenz auf Konsumentenseite
Berkowitz (1987a); Dumaine (1991); Jones (1991)	Die Produktform bzw. das Produktdesign sind eine Möglichkeit, die Aufmerksamkeit von Konsumenten auf ein Produkt zu lenken.

244 Siehe Kapitel 1.2.

Autor(en)	Ergebnisse der Untersuchungen
Berkowitz (1987a, 1987b); Bruce/ Whitehead (1988); Goodrich, (1994); Hollins/Pugh (1990); Jones (1991); Veryzer (1993); Yamamoto/Lambert (1994)	Wenn ein Produktdesign negative Gefühle und Emotionen beim potenziellen Kunden auslöst, distanziert sich dieser von dem entsprechenden Produkt.
Cooper/Kleinschmidt (1987)	Produktdesign stellt die wichtigste Determinante in der Vorhersage der Verkaufszahlen dar.
Berkowitz (1987a); Bloch (1995); Bouchenoire (2003); Kreuzbauer/Malter (2005)	Design formt Konsumentenurteile bzgl. Marken und Produkten. Außerdem dient Design dem Konsumenten dazu, Produkte und Marken leichter zu kategorisieren.
Bruce/Whitehead (1988)	60 % der Marketing-Manager schätzten Design als die größte Einflussgröße bzgl. der Produktperformance ein.
Morganosky/Postlewait (1989)	Das Geschlecht besitzt einen Einfluss auf die unterschiedliche Wahrnehmung von Design.
Holbrook/Schindler (1994)	Das Alter besitzt einen Einfluss auf die Einstellung gegenüber sowie dem Gefallen von Produktdesign.
Goodrich (1994); Roy (1994)	Der Gewinn eines Design Awards ist positiv mit höheren Gewinnmargen sowie Verkaufssteigerung korreliert.
Yamamoto/Lambert (1994)	Design dient als Kommunikationsmittel von Qualität, Image und Produktintegrität eines Unternehmens.
Yamamoto/Lambert (1994); Srinivasan/Lovejoy/Beach (1997)	Die Wahrnehmung subjektiver Charakteristika eines Produktes durch den Konsumenten besitzt einen großen Einfluss auf die Bewertung dieser Produkte.
Veryzer/Hutchinson (1998)	Menschen reagieren positiver auf Objekte, die eine hohe Ähnlichkeit mit dem Prototyp der jeweiligen Kategorie aufweisen.
Halberstadt/Rhodes (2000, 2003)	Menschen tendieren dazu, stark prototypische Stimuli zu bevorzugen. Dieser Effekt wurde in verschiedenen Kategorien wie z. B. bei Hunden, Vögeln, Fischen, Automobilen und Uhren nachgewiesen.
Bloch/Brunel/Arnold (2003)	Die Reaktionen auf Design und Ästhetik variieren signifikant zwischen verschiedenen Konsumenten.
Leder/Carbon (2005)	Kurvige und nicht zu innovative Designs von Automobilen werden von Konsumenten bevorzugt.
Landwehr (2008)	Eine Steigerung der Designpräferenz auf Seiten des Konsumenten führt zu einer Steigerung der Verkaufszahlen.

Tabelle 5: Empirische Studien zu Design im Überblick

Wie die Auswertung der bisherigen Forschungsliteratur zeigt, ist insbesondere innerhalb der letzten 25 Jahre eine stetig steigende Bedeutung des Produktdesigns in den Forschungs- bzw. Publikationsaktivitäten zu beobachten. Design wird mittlerweile als integraler Bestandteil des Produktentwicklungsprozess angesehen.[245] Heute werden Design und Konsumentenverhalten bzw. Kaufentscheidungen als zusammenhängend betrachtet und dementsprechend unter-

245 Vgl. Veryzer/Borja de Mozota (2005); Hoffmann et al. (2008).

sucht.[246] Die oben dargestellten Ergebnisse von *Robertson,*[247] *Johnson* und *Scholes,*[248] *Kotler* und *Rath,*[249] *Nussbaum,*[250] *Cooper* und *Kleinschmidt,*[251] *Leder* und *Carbon*[252] sowie Landwehr[253] unterstreichen besonders die enorme Wirkung von Design auf den Konsumenten und dessen Kaufverhalten. Um sich den Ergebnissen der dargestellten empirischen Studien strukturiert zu nähern, sollen diese unter Berücksichtigung verschiedener Kriterien betrachtet werden. So kann Design als ökonomischer Faktor, als Vermittler von Image und Markenidentität, als Mittel zur Aufmerksamkeitslenkung und als Informationsvermittler sowie zur Steigerung der Lebensqualität und des ästhetischen Empfindens wie auch als Auslöser von Emotionen verstanden werden. Zudem sind im Rahmen der angeführten Untersuchungen der Zusammenhang von ästhetischen Präferenzen und Persönlichkeitsmerkmalen sowie demographischen Einflüssen von Interesse.

Produktdesign stellt einen *ökonomischen Faktor* dar, da es als Hauptentscheidungskriterium für den Produktkauf gilt.[254] Die Erkenntnis, dass Produktdesign einen der wirtschaftlich relevantesten Faktoren eines Produktes darstellt, wird durch eine Studie von *Bruce* und *Whitehead* unterstützt, in der Senior Marketing-Manager nach Erfolgsfaktoren von Produkten im Allgemeinen befragt wurden. Das Ergebnis war eindeutig, 60 % der Befragten nannten das Design eines Produktes als wichtigste Determinante von Neuproduktperformance, nur 17 % der befragten Marketing-Manager nannten den Preis des Produktes als relevantesten Faktor.[255] Eine vergleichbare Analyse führten *Cooper* und *Kleinschmidt* durch und konnten dabei anhand der Performance von 203 neu auf dem Markt verfügbaren Produkten Design als die wichtigste Determinante von Verkaufserfolg identifizieren.[256] Im Hinblick auf die besondere Auszeichnung bzw. Wertschätzung eines Produktdesigns bemerken *Goodrich* sowie *Roy*, dass auch der Gewinn eines Design Awards positiv mit höheren Gewinnmargen sowie Verkaufssteigerung korreliert ist.[257]

---

246 Vgl. Creusen/Schoormans (2005).
247 Vgl. Robertson (1971).
248 Vgl. Johnson/Scholes (1984).
249 Vgl. Kotler/Rath (1984).
250 Vgl. Nussbaum (1988).
251 Vgl. Cooper/Kleinschmidt (1987).
252 Vgl. Leder/Carbon (2005).
253 Vgl. Landwehr (2008).
254 Vgl. Kapitel 1.1.
255 Vgl. Bruce/Whitehead (1988).
256 Vgl. Cooper/Kleinschmidt (1987).
257 Vgl. Goodrich (1994); Roy (1994).

Hinsichtlich des ökonomischen Faktors von Design argumentiert auch *Berkowitz*, dass insbesondere in aggressiven Preismärkten Variationen in Größe, Farbe, Form und Verpackung eine Voraussetzung darstellen, um Produkte bzw. Marken vom Wettbewerb zu differenzieren.[258] Dies resultiert in der Konsequenz, dass neue Produkte Interesse wecken und dies wiederum den Verkauf dieser Produkte ankurbelt, außerdem unterstützt es Firmen dabei, demographische, soziale, kulturelle und ökonomische Veränderungen bewältigen zu können.[259] Vor diesem Hintergrund wurde ebenso der Einfluss des Produktdesigns auf Marketingstrategien,[260] Produktqualität,[261] Produktdifferenzierung[262] und Wettbewerbsvorteile[263] untersucht. So stellt auch *Bruce Nussbaum* fest, dass „Recently, business has grown increasingly aware that design sells. U.S. companies, in particular, are rediscovering that good design translates into quality products, greater market share, and heftier profits."[264] Diese so genannten „Competitive Aesthetics"[265] finden in den 90er Jahren des 20. Jahrhunderts als strategische Aktivität Eingang in die Unternehmenspraxis und stellen einen bedeutenden Wettbewerbsvorteil für Unternehmen dar.[266]

Neben dem ökonomischen Faktor von Produktdesign, wirkt dieses auch als *Vermittler von Image und Markenidentität*, was sich wiederum auf die Wirtschaftlichkeit und Konkurrenzfähigkeit eines Unternehmens auswirken kann. Die Studien von *Page* und *Herr* zeigen, dass es Firmen möglich ist, ausschließlich aufgrund der Entwicklung attraktiven Designs, ihr Markenimage deutlich zu stärken.[267] Des Weiteren kann Produktdesign strategisch eingesetzt werden, um eine gewünschte Markenidentität zu unterstützen oder Markenwerte zu entwickeln.[268] So muss beispielsweise sichergestellt sein, dass das Design eines neuen Modells aus Kundensicht zu den Markenwerten passt.[269] Das Ziel des Designmanagements besteht in der Visualisierung von Markenwerten wie Dynamik, Kraft, Innovation oder Sicherheit.[270] So ermöglicht das Produktdesign dem Kunden die zentralen Markenwerte in der äußeren Gestalt

258 Vgl. Berkowitz (1987a), S. 274.
259 Vgl. Robertson (1971); Johnson/Scholes (1984).
260 Vgl. Kotler/Rath (1984).
261 Vgl. Garvin (1984).
262 Vgl. Dickson/Ginter (1987).
263 Vgl. Kotler/Rath (1984).
264 Nussbaum (1991), in Nussbaum/Treece (1991), S. 62.
265 Zu Competitive Aesthetics vgl. Reed (1990).
266 Vgl. Kotler/Rath (1984).
267 Vgl. Page/Herr (2002).
268 Vgl. Schmitt/Simonson (1997); Stompff (2003); Borja de Mozota (2004); Bouchard/Aoussat/Duchamp (2006).
269 Vgl. Karjalainen (2007), S. 68.
270 Vgl. Bouchard/Aoussat/Duchamp (2006), S. 135.

des Produktes wiederzufinden und somit Markenwerte nonverbal widerzuspiegeln.[271] *Kreuzbauer* und *Malter* konnten sogar einen positiven Zusammenhang zwischen Design und Markenbildung identifizieren, indem sie nachweisen konnten, dass ein positiv bewertetes Design zu einer besseren Bewertung der Marke führt.[272] *Bloch* argumentiert, dass Design die Einstellungen und Erwartungen des Kunden gegenüber dem Produkt und der Marke formen kann.[273] So suggeriert z. B. das glänzende Chrommetall eines Automobils vom Typ *Jaguar* Luxus.[274] Durch ein strategisches und gezieltes Designmanagement gelingt es Unternehmen, starken Einfluss auf den Wiedererkennungswert ihrer Marken und Produkte zu nehmen.[275]

Produktdesign kann außerdem zielgerichtet als *Mittel zur Aufmerksamkeitslenkung und Informationsvermittlung* eingesetzt werden. Hierzu stellt u. a. *Berkowitz*[276] fest, dass insbesondere in gesättigten Märkten die Produktform ein entscheidendes Kriterium darstellt, um Aufmerksamkeit auf Seiten des Kunden zu erzielen.[277] Die äußere Form eines Produktes dient jedoch nicht ausschließlich dazu, die Aufmerksamkeit des Kunden auf sich zu ziehen, sondern vermittelt dem Kunden auch eine Vielzahl an Informationen.[278] So findet man z. B. bei Weichspülern für die Waschmaschine ausschließlich rundliche, weiche, geschwungene Formen und Farben in Pastelltönen sowohl bezogen auf das Etikett als auch auf die Flaschenform. Diese vermitteln dem Kunden auf den ersten Blick die Wirkung des Produktes, welche mit direkten Assoziationen von weicher, anschmiegsamer, angenehm tragbarer Wäsche einhergehen. Demnach hinterlässt das Design eines Produktes einen ersten Eindruck beim Kunden und erlaubt Rückschlüsse bezüglich weiterer Attribute, die dem Produkt zugeschrieben werden können.[279] Auch *Yamamoto* und *Lambert* kommen zu dem Ergebnis, dass „[...] the creation of pleasing product shapes and styles [...] can be viewed as a communicator of the firm's quality image and product integrity. This suggests that attention paid to product aesthetics may have a payoff in terms of sales performance. Simply put, [...] design can be a competitive weapon."[280] Beim Übergang in die Informationsgesellschaft entspricht Design stärker denn je einer materiellen Kommunikation.[281] Gestaltete Produkthüllen übernehmen eine wich-

[271] Vgl. Kohler (2003), S. 22.
[272] Vgl. Kreuzbauer/Malter (2005).
[273] Vgl. Bloch (1995).
[274] Vgl. Kreuzbauer/Malter (2005).
[275] Vgl. Warell (2001); Pugliese/Cagan (2002); Karjalainen (2004); McCormack/Cagan (2004).
[276] Vgl. Berkowitz (1987a).
[277] Vgl. Dumaine (1991); Jones (1991).
[278] Vgl. Nussbaum (1993).
[279] Vgl. Berkowitz (1987a).
[280] Yamamoto/Lambert (1994), S. 317.
[281] Vgl. Clipson (1990), S. 96 ff.

tige Informationsfunktion, die nicht nur ergonomischen, sondern eben auch psychologischen und soziologischen Kriterien genügen.[282] So zeigen Untersuchungen von *Berkowitz,*[283] *Bloch,*[284] *Bouchenoire*[285] sowie *Kreuzbauer* und *Malter,*[286] dass Design als Kommunikationsmittel Konsumentenurteile in Bezug auf Marken und Produkte formt.

Neben den zuvor genannten Faktoren, die vor allem für das Unternehmen von großer Bedeutung sind, wie Absatzzahlen, Übermittlung von Botschaften sowie Reaktionen auf Seiten der Kunden hinsichtlich des Produktdesigns, beeinflusst dieses in einem weiter gefassten Rahmen signifikant die *Lebensqualität* des Konsumenten. So wurde im angloamerikanischen Raum das Produktdesign hauptsächlich unter dem *Aspekt ästhetischer Empfindungen* untersucht.[287] Die Wahrnehmung und die Nutzung von Produkten bzw. Gegenständen, die vom Kunden als schön erlebt werden, lösen beim Benutzer sensorische Stimulationen und damit einhergehende positive Sinneswahrnehmungen aus. Demnach kann das Design eines Produktes nach *Holbrook* und *Zirlin*[288] auch eine Quelle des Vergnügens darstellen.[289] Im Gegensatz dazu verursachen unattraktive Formen eher Abneigung auf Kundenseite. Wenn ein Produktdesign negative Gefühle und Emotionen beim potenziellen Kunden auslöst, distanziert sich dieser von dem Produkt. Dies zeigt den starken Einfluss, den Produktdesign auf Konsumentenreaktionen und Kaufverhalten haben kann: „There is growing evidence of the impact that product design can have on consumers' reactions to products and their purchase behaviours."[290]

Da ästhetisch anmutende Produkte einen positiven Einfluss auf Konsumenten besitzen, erhält der Faktor Ästhetik in Bezug auf die Produktentwicklung steigende Anerkennung.[291] *Pye* sowie *Jones* konnten in ihren Untersuchungen die ästhetischen Charakteristika von beständigen Produkten als starke Einflussgrößen auf die sensorische Lebenswelt von Nutzern wie auch nicht-Nutzern im positiven wie negativen Sinn identifizieren.[292] Es ist zu vermuten, dass es am ästhetischen Empfinden des Menschen liegt, dass Personen, die die Wahl zwischen zwei

---

282 Vgl. Rummel (1995), S. 11.
283 Vgl. Berkowitz (1987a).
284 Vgl. Bloch (1995).
285 Vgl. Bouchenoire (2003).
286 Vgl. Kreuzbauer/Malter (2005).
287 Vgl. Morganolsky/Postlewait (1989), S. 11.
288 Vgl. Holbrook/Zirlin (1985).
289 Vgl. Hollins/Pugh (1990).
290 Veryzer (1999), S. 497. In Anlehnung an Berkowitz (1987a, 1987b); Bruce/Whitehead (1988); Hollins/Pugh (1990); Jones (1991); Veryzer (1993); Yamamoto/Lambert (1994); Goodrich (1994).
291 Vgl. Whitney (1988).
292 Vgl. Pye (1978); Jones (1991).

Produkten haben, die sich weder im Preis noch in ihrer Funktion unterscheiden, das für sie als attraktiver bewertete Produkt wählen.[293] Jedoch ist diesbezüglich weitere Forschung nötig, um zu identifizieren, welche Formen oder optischen Elemente von Produkten welche spezifischen kognitiven Reaktionen auf Kundenseite auslösen.

Auch im Kontext *ästhetischer Präferenzen* und im Rahmen von *Persönlichkeitsmerkmalen* wurde das Produktdesign untersucht. Die Wissenschaftler *Veryzer* und *Hutchinson*[294] sowie *Halberstadt* und *Rhodes*[295] konnten zeigen, dass Menschen stark prototypische Stimuli präferieren und dementsprechend mit positiven Reaktionen darauf reagieren. Dieser Effekt wird auch als der Beauty-in-Averageness Effekt bezeichnet und konnte nicht nur in Automobilen, sondern auch in anderen Kategorien, wie Gesichtern, Tieren oder Uhren nachgewiesen werden.[296] In diesem Zusammenhang identifizierten *Leder* und *Carbon* kurvige und nicht zu innovative Designs von Automobilen als das durch den Konsumenten präferierte Design.[297] Die Ergebnisse entsprechen der Hypothese zum Mere-Exposure-Effekt,[298] der beschreibt, dass die häufigsten und am weitesten verbreiteten Modelle, beispielsweise eines Automobils, die am positivsten bewerteten sind.[299]

Das Forschergespann *Bloch*, *Brunel* und *Arnold* konnte zeigen, dass die Reaktionen auf Design und Ästhetik zwischen verschiedenen Konsumenten signifikant variieren können.[300] Grundlage hierfür ist, dass ästhetische Präferenzen eine Funktion eines von einem Stimulus ausgelösten Erregungspotenzials sind.[301] Dieses Erregungspotenzial folgt dabei einem umgekehrt U-förmigen Zusammenhang, wobei der meist präferierte Stimulus derjenige ist, der ein moderates Level sowohl an Neuartigkeit als auch an Komplexität bietet und somit ein optimales angenehmes Erregungsniveau darstellt.[302] Menschen tendieren dazu, sowohl auf zu einfache und bekannte als auch auf zu komplexe und neuartige Stimuli ablehnend zu reagieren. Im ersten Fall tritt bei der betroffenen Person Langeweile und Eintönigkeit auf, das Erregungslevel ist zu niedrig, um Interesse auf Seiten des Kunden zu wecken. Im zweiten Fall ist der Sti-

293 Vgl. Kotler/Rath (1984); Nussbaum (1988).
294 Vgl. Veryzer/Hutchinson (1998).
295 Vgl. Halberstadt/Rhodes (2000, 2003).
296 Vgl. Halberstadt/Rhodes (2000, 2003).
297 Vgl. Leder/Carbon (2005).
298 Zum Mere-Exposure-Effekt vgl. Zajonc (1968, 2001); Fang/Singh/Ahluwalia (2007).
299 Vgl. Leder/Carbon (2005).
300 Vgl. Bloch/Brunel/Arnold (2003).
301 Vgl. Berlyne et al. (1965).
302 Vgl. Berlyne/Lawrence (1964); Berlyne (1968); Berlyne (1970).

mulus zu stark und kann kaum verarbeitet werden, das Erregungsniveau befindet sich in dieser Situation oberhalb des optimalen, präferierten Levels.[303] Während sich einige Forscher mit der Frage beschäftigten, wie die ästhetischen Präferenzen durch das durch den Stimulus ausgelöste Erregungsniveau beeinflusst werden, beschäftigen sich andere Forschergruppen mit einem verwandten Thema, der Analyse der interindividuellen Differenzen bzgl. präferierter Erregungsniveaus.

Unterschiede zwischen Individuen hinsichtlich ihrer bevorzugten Erregungsniveaus sind durch individuelle Ausprägungen in den Persönlichkeitseigenschaften einer Person zu erklären. Diese Persönlichkeitseigenschaften erhielten in unterschiedlichen Forschungsgruppen verschiedene Begrifflichkeiten, wobei Termini wie „Sensation-Seeking"[304], „Optimum Stimulation Level"[305] und „Arousal-Seeking Tendency"[306] entstanden. Eine passende Beschreibung des letztgenannten Konstrukts liefern *Mehrabian* und *Russell*: „An individual's preference for an environment is closely related to his preferred arousal level: Some persons characteristically prefer calm settings, whereas others actively seek to increase their arousal by selecting novel, complex, or unpredictable situations."[307] In einem Artikel von *Steenkamp* und *Baumgartner* präsentieren die beiden Forscher die Ergebnisse ihrer Untersuchung zur Beziehung zwischen der Tendenz nach Erregung bzw. Spannung zu suchen (Arousal-Seeking Tendency) und den verschiedenen Reaktionen auf Seiten des Kunden, z. B. Risiko-Verhaltensweisen, „Willingness to Use a New Brand“ und Informationssuche.[308] Überraschenderweise findet man nicht viele wissenschaftliche Studien, die den Zusammenhang zwischen der Arousal-Seeking Tendency und den Reaktionen auf Marketing-Stimuli (z. B. Komplexität, Neuheit von Produktformen) untersuchen.

Insbesondere der Effekt des Optimum Stimulation Level (OSL) auf Konsumentenreaktionen ist hierbei von großem Interesse.[309] Die Theorie des Optimum Stimulation Level beschreibt das Verhalten einer Person, welches durch das Streben nach einem individuell präferierten Stimulations- bzw. Erregungsniveau bestimmt wird. Um das gewünschte Erregungsniveau zu erreichen werden korrigierende Verhaltensweisen eingesetzt, die bei Unterschreitung des op-

303 Vgl. Cox/Cox (1994), S. 554.
304 Vgl. z. B. Zuckerman et al. (1964).
305 Vgl. z. B. Raju (1980).
306 Vgl. Mehrabian/Russell (1973).
307 Mehrabian/Russell (1973), S. 315.
308 Vgl. Steenkamp/Baumgartner (1992).
309 Zum Optimum Stimulation Level vgl. auch Absatz 3.2.1.2 sowie Hoyer/MacInnis (2007), S. 374 f.; Helm/Landschulze (2009).

timalen Niveaus insbesondere durch die Suche nach Abwechslung und das Eingehen eines erhöhten Risikos beschrieben werden können. Hingegen sind bei Überschreitung des optimalen Stimulationslevels entgegengesetzte Verhaltensweisen zu beobachten. So stellt sich die Frage, ob Personen mit hohen Ausprägungen auf der OSL-Skala Darstellungen mit hohem Komplexitäts- und Neuartigkeitsfaktor eher präferieren als Personen mit geringen Ausprägungen. In einer Untersuchung von *Cox* und *Cox* erhielten die Forscher jedoch unerwartete Ergebnisse. Im Gegensatz zu den in der Literatur zur Arousal-Seeking Tendency (AST) erwähnten Zusammenhängen[310] existiert in der Studie zwar ein Zusammenhang zwischen AST und Produktkomplexität, jedoch ist dieser Zusammenhang umgekehrt.[311] Personen mit hohen Werten auf der AST-Skala präferierten die einfachen Produkte, die nur eine geringe Komplexität aufwiesen. Die Ergebnisse in wissenschaftlichen Studien zum Thema OSL im Zusammenhang mit Produktdesign und ästhetischen Präferenzen sind demnach uneinheitlich.

Des Weiteren wurden verschiedene *demographische Einflüsse* wie Geschlecht oder Alter in ihrer Wirkung auf die Wahrnehmung von Produktdesign untersucht, um somit Unterschiede in ästhetischen Urteilen erklären zu können. In diesem Zusammenhang stellen sich *Morganosky* und *Postlewait* im Rahmen einer empirischen Studie mit je 150 weiblichen und männlichen Probanden die Frage, ob signifikante Unterschiede hinsichtlich der Wahrnehmung von Design zwischen den beiden Geschlechtern existieren.[312] Neben dem Geschlecht analysierten *Holbrook* und *Schindler* auch den Einfluss des Alters auf die Einstellung gegenüber sowie auf das Gefallen von Produktdesign.[313]

Warum das Design eines Produktes eine so große Relevanz hinsichtlich des Kaufverhaltens von Konsumenten besitzt, kann dadurch erklärt werden, dass *Produktdesign als Auslöser von Emotionen* gilt. Die Verarbeitung bildlich-visueller Informationen über das menschliche Nervensystem erfolgt besonders schnell und vor jeglicher sprachlichen Information.[314] Das Design eines Produkts besitzt ein hohes Potenzial, auf Seiten des Betrachters Emotionen auszulösen, da es eine bildlich-visuelle Informationseinheit darstellt.[315] Neue Erkenntnisse der Konsumentenforschung zeigen, dass durch das Produkt ausgelöste Emotionen einen starken Einfluss auf die Kaufentscheidung besitzen. Selbst bei Kaufentscheidungen mit hohem Inves-

310 Vgl. z. B. Mehrabian/Russell (1973); Steenkamp/Baumgarten (1992).
311 Vgl. Cox/Cox (1994).
312 Vgl. Morganosky/Postlewait (1989), S. 12.
313 Vgl. Holbrook/Schindler (1994).
314 Vgl. LeDoux (2001).
315 Vgl. Landwehr (2008), S. 1.

titionsvolumen, wie beispielsweise der Kauf eines Autos, bei dem der Konsument hoch motiviert sein sollte, ausgiebig Vor- und Nachteile des Produkts zu prüfen, scheinen Emotionen einen großen Einfluss auf die Kaufentscheidung zu besitzen, da sie eine unmittelbare und schnelle Bewertung der Situation ermöglichen.[316]

Die Ergebnisse der dargelegten Studien zeigen, dass Produktdesign unterschiedliche Effekte sowohl auf das Unternehmen als auch auf den Konsumenten besitzt. Zusammenfassend lässt sich festhalten, dass die folgenden vier Forschungsergebnisse für die in Kapitel 1.2 definierten Forschungsfragen besondere Relevanz besitzen:

1. Im Hinblick auf Forschungsfrage 2 kann konstatiert werden, dass das Design eines Produktes eines der wichtigsten, wenn nicht sogar das wichtigste Kriterium für den Produktkauf aus Kundensicht darstellt.[317]

2. Persönlichkeitsmerkmale besitzen einen Einfluss darauf, wie Menschen Design wahrnehmen und bewerten. Sie erklären dementsprechend die interindividuellen Unterschiede hinsichtlich der Präferenz und der Bewertung bestimmter Designs. Dieses Ergebnis besitzt insbesondere im Hinblick auf Forschungsfrage 1 Relevanz.

3. Ein weiteres relevantes Kriterium in Bezug auf Design ist seine Funktion im Hinblick auf die Vermittlung von Markenidentitäten. Dieses Phänomen können Unternehmen strategisch nutzen, um den Wiedererkennungswert ihrer Marken und Produkte zu erhöhen. Dieser Wiedererkennungswert kann sich in einem Fit zwischen dem Design und dem Produkt bzw. der Marke ausdrücken und besitzt ebenfalls Relevanz in Bezug auf Forschungsfrage 1.

4. Der Einfluss demographischer Faktoren auf die Wahrnehmung und die Bewertung von Produktdesign ist besonders im Hinblick auf Forschungsfrage 3 als interessant zu bewerten. Dementsprechend ist davon auszugehen, dass weitere Kontextfaktoren einen Einfluss auf die Modellzusammenhänge besitzen und somit einen moderierenden Einfluss ausüben.

In der existierenden Marketing-Literatur werden zwar vielfach die Chancen betont, die ein erfolgreiches Produktdesign bietet, dennoch wurde das Produktdesign im Rahmen marke-

---

316 Vgl. Pham et al. (2001); Dijksterhuis et al. (2006); Pham (2007).
317 Vgl. Ebel/Hofer (2004), S. 335; Landwehr (2008), S. 9.

tingwissenschaftlicher Untersuchungen lange Zeit gemieden.[318] Nur vereinzelt beschäftigen sich Wissenschaftler mit der Thematik, was jedoch dem Potential des Marketinginstruments *Produktdesign* nicht gerecht wird.[319] Eine Konsequenz aus der Vernachlässigung des Themas Produktdesign in der wissenschaftlichen Forschung resultiert in Ansätzen, die sich als nicht hinreichend für die methodologische Praxis erwiesen haben. In diesem Zusammenhang konstatiert *Enders*, dass auf dem Gebiet des Produktdesigns „die Praxis der Theorie vorläuft".[320] So sind kaum spezielle Ansätze, beispielsweise in Form von Skalen, in den diskutierten Studien bzw. in der angrenzenden Literatur zu finden.[321] Aufgrund des teilweise fehlenden unternehmens- und marketingstrategischen Hintergrunds bleibt Design daher aktuell noch ein nicht ausreichend untersuchtes Forschungsfeld.[322] Wissenschaftliche Beiträge mit einer umfassenden theoretischen und methodischen Basis tragen dazu bei, das Management und die Designer in ihren Aufgaben zu unterstützen. Wie aus der Bestandsaufnahme der Literatur ersichtlich, existieren zudem keine wissenschaftlichen Arbeiten, die Designsprünge im Speziellen untersuchen. Basierend auf Modellen zum Produktdesign und zum Adoptionsprozess soll erstmals ein Rahmenmodell für die Bewertung von Designsprüngen aus Kundensicht gebildet werden. Zudem werden hierbei explizit Kontextfaktoren berücksichtigt, die auf den Bewertungsprozess von Designsprüngen wirken. Um diese Forschungslücke zu überwinden gilt es im Folgenden, einen theoretischen Bezugsrahmen aufzustellen, um mittels geeigneter Konzepte und Theorien ein Modell zur Bewertung von Designsprüngen wissenschaftlich zu konstruieren.

2.3 Theoretischer Bezugsrahmen zur Erklärung des Erfolgs von Designsprüngen

Um ein solides theoretisches Fundament für die vorliegende Untersuchung aufzubauen, muss auf Theorien aus den Themengebieten des Designs, der Innovation und der Adoption zurückgegriffen werden. *Schanz* kritisiert, dass theoretische Bezugspunkte in dem anwendungsorientierten Forschungszweig der Betriebswirtschaftslehre keine explizite Berücksichtigung finden[323] und Erkenntnisse vielfach ausschließlich auf empirisch-induktiver Forschung beruhen.[324] Anstelle von theoretischen Bezugspunkten werden Ad-hoc-Hypothesen aufgestellt, wobei Vermutungen über Zusammenhänge erarbeitet werden, ohne auf allgemeine Erklä-

---

[318] Vgl. Kotler/Rath (1984), S. 17; Berkowitz (1987); Bloch (1995).
[319] Vgl. Kohler (2003), S. 2.
[320] Enders (1999), S. 192.
[321] Vgl. Kohler (2003), S. 2.
[322] Vgl. Poth/Poth (1994), S. 70.
[323] Vgl. Schanz (1977).
[324] Vgl. Talke (2005), S. 64.

rungsprinzipien zurückzugreifen.[325] Die besondere Herausforderung des vorliegenden Kapitels liegt demnach in der Verknüpfung theoretischer Bezugspunkte verschiedener Themengebiete mit eigenen konzeptionellen Überlegungen, sodass am Ende ein umfassendes, theoretisch fundiertes Erklärungsmodell zur Bewertung von Designsprüngen entsteht. Dem Orientierungsrahmen des wissenschaftlichen Realismus, wie in Kapitel 1.3 vorgestellt, folgend, sollen in dem vorliegenden Kapitel die theoretischen Bezugspunkte dieser Arbeit eine genauere Betrachtung erfahren.

In einem ersten Schritt gilt es zunächst das Theoriegebäude zu spezifizieren, welches zur Erklärung des zu untersuchenden Sachverhalts geeignet ist. So soll vorab aus der großen Anzahl theoretischer Erklärungsmuster eine Selektion der verschiedenen Ansätze vorgenommen werden, mit dem Ziel, einen größtmöglichen Erkenntnisgewinn zu erreichen. Grundlegend sind hierbei zum einen Modelle zum Thema Design und den damit verbundenen Wirkzusammenhängen sowie zum anderen Modelle zur Innovation und dem damit verbundenen Adoptionsverhalten.

So erfährt zunächst das vielzitierte Partialmodell von *Bloch* zur *Wirkung von Produktdesign* eine genauere Betrachtung.[326] In seinen Arbeiten über Produktdesign argumentiert der Wissenschaftler, dass der Einfluss, den das Design eines Produkts auf die Kaufentscheidung des Konsumenten besitzt, bislang unterschätzt wurde und die Forschung in diesem Bereich noch Aufholbedarf besitzt.[327] *Bloch* unterscheidet dabei in dem Modell zwischen psychologischen und verhaltensbezogenen Reaktionen sowie den daraus resultierenden ökonomischen Effekten des Konsumentenverhaltens. Nach *Noble* und *Kumar* repräsentiert das Modell von *Bloch* „[…] possibly the most comprehensive work so far by proposing antecedents, mediators, and moderators of the impact of „product form" on consumer preferences, intentions, and choice."[328]

An das Modell zum Produktdesign von *Bloch* schließt sich das von *Rogers* entwickelte *Phasenmodell des Adoptionsprozesses* an. *Rogers* gilt als der Begründer der Adoptionstheorie. Die subjektive Beurteilung der Innovation und der individuelle Adoptionsprozess sowie die Faktoren, die den potenziellen Adopter beeinflussen, stehen zur Erklärung der Akzeptanz

[325] Vgl. Schanz (1977), S. 67.
[326] Vgl. Bloch (2005), S. 17.
[327] Vgl. Bloch (2005).
[328] Noble/Kumar (2010), S. 641 f.

bzw. der Bewertung von Designsprüngen als Teil des Konsumentenverhaltens im Vordergrund. Hierzu liefert die Adoptionstheorie die adäquate Grundlage, weshalb Sie in der vorliegenden Arbeit ebenfalls als theoretischer Rahmen dient.

Als zentrales Konstrukt findet in der vorliegenden Studie die Bewertung von Designsprüngen Berücksichtigung. Hierbei bilden die Akzeptanz sowie die Resistenz gegenüber Designsprüngen die beiden Enden des Bewertungskontinuums. Innerhalb der Akzeptanzforschung lassen sich eindimensionale und mehrdimensionale Konzepte der Akzeptanzkonzeptualisierung unterscheiden. Im Rahmen der eindimensionalen Konzepte wird Akzeptanz entweder als positive Einstellung oder als Verhaltensabsicht gegenüber dem zu akzeptierenden Objekt verstanden.[329] Hingegen konzeptualisieren mehrdimensionale Ansätze Akzeptanz entweder als Kombination aus Einstellung und Verhaltensintention oder das tatsächliche Verhalten findet zusätzlich als weitere Größe Berücksichtigung.[330] Aus Sicht der bereits in diesem Abschnitt angesprochenen Adoptionstheorie, stellt die Akzeptanz das Urteilsergebnis der Meinungsbildungsphase des Adoptionsprozesses dar und wird als positive Einstellung mit Verhaltensintention definiert.[331] Somit wird in dieser Arbeit, Akzeptanz als eine Einstellung verstanden, weshalb die Berücksichtigung von *Einstellungstheorien* unumgänglich ist. Das Einstellungskonstrukt verdankt die ihm zugeschriebene Bedeutung der Tatsache, dass ihm die Eigenschaft als Verhaltensprädiktor zugeschrieben wird.[332] Insbesondere im Hinblick darauf, dass sich Einstellungen auf konkrete ökonomische Ergebnisgrößen wie Gewinn und Umsatz niederschlagen können, wird die Relevanz der Verwendung von Einstellungstheorien zur Herleitung eines haltbaren Hypothesensystems betont.

Abschließend stellt die *Theorie der kognitiven Dissonanz* ein klassisches psychologisches Konzept zur Erklärung von Verhalten dar. In dieser Theorie steht im Besonderen der Umgang mit widersprüchlichen Wahrnehmungen im Fokus. Menschen unternehmen Anstrengungen um die mit bestimmten Erwartungen verbundenen widersprüchlichen Wahrnehmungen abzubauen, die in entsprechenden Verhaltensweisen zum Ausdruck kommen. Die Diskrepanz von Erwartungen und Wahrnehmungen und das daraus resultierende Streben des Individuums nach einem kognitiven Gleichgewicht kann als Erklärung für verschiedene Zusammenhänge innerhalb des Modells der Bewertung von Designsprüngen herangezogen werden. Aus diesem

329 Vgl. Haber (2008), S. 48.
330 Vgl. Haber (2008), S. 48.
331 Vgl. Nabih/Bloem/Poiesz (1997); Binsack (2003), S. 9.
332 Vgl. Franzoi (1996), S. 173; Braunstein (2001), S. 95; Kroeber-Riel/Weinberg (2003), S. 168.

Grund findet die Theorie der kognitiven Dissonanz auch in der vorliegenden Untersuchung Berücksichtigung. Die Theorie der kognitiven Dissonanz geht auf *Festinger* zurück und findet im Marketing, besonders im Rahmen der Loyalitätsforschung, vielfach Anwendung.[333]

In den folgenden Abschnitten erfolgt eine umfangreiche Diskussion der ausgewählten Theorien und Rahmenmodelle, die als theoretischer Bezugsrahmen zur Erklärung des Erfolgs von Designsprüngen Verwendung finden.

2.3.1 Das konzeptionelle Modell von Bloch zur Erklärung der Wirkung von Produktdesign

Im Zusammenhang mit dem Forschungsschwerpunkt Produktdesign sticht das konzeptionelle Modell *Consumer Responses to Product Form* von *Bloch* hervor, das den Einfluss der Produktgestaltung auf den Verbraucher abbildet. Dieses repräsentiert wohl das umfassendste Modell, das sowohl Antezedenzien, Mediatoren und Moderatoren beinhaltet, welche den Einfluss der Produktform auf Präferenzen, Intentionen sowie die Wahl der Konsumenten erklären.[334]

In dem zur Modellierung der Wirkungen des Produktdesigns entwickelten Modell wird zwischen psychologischen und verhaltensbezogenen Reaktionen sowie den daraus resultierenden ökonomischen Effekten des Konsumentenverhaltens unterschieden.[335] Die Wahrnehmung eines Produktdesigns löst zunächst kognitive und affektive Reaktionen aus, die ein Annäherungs- bzw. Vermeidungsverhalten bewirken, das sich schließlich in konkreten ökonomischen Ergebnisgrößen wie Gewinn und Umsatz niederschlägt. Darüber hinaus werden vor und nach den inneren Vorgängen situative Faktoren als Moderatoren wirksam. Ebenso wird der moderierende Einfluss individueller Präferenzen berücksichtigt. Eine besondere Bedeutung innerhalb dieser Wirkungskette wird der Gefälligkeit des Designs (Aesthetic Response) zugeschrieben.[336] In der Forschung herrscht Einigkeit darüber, dass der Prozess der ästhetischen Beurteilung stark mit emotionalen Reaktionen verknüpft ist.[337] Wie gut ein Produktdesign

---

333 Vgl. Heinemann (1976), S. 220 ff.; Nolte (1976), S. 365 ff.; Sheth/Parvatiyar (1995), S. 259; Jungwirth (1997), S. 85; Bruhn (2001), S. 29; Hammerschmidt (2003), S. 123; Nacif (2003), S. 47 ff.; Bromberger (2004), S. 52; Müller (2004), S. 112; Große-Bölting (2005), S. 58 ff.; Homburg/Bruhn (2005), S. 15; Homburg/Becker/Hentschel (2005), S. 102.

334 Vgl. Noble/Kumar (2010), S. 641 f.

335 Vgl. Langner/Esch (2004), S. 418.

336 Vgl. Veryzer (1993); Bloch (1995).

337 Vgl. Bloch (1995); Reber/Winkielmann/Schwarz (1998); Bloch/Brunel/Arnold (2003).

gefällt, übt demnach einen bedeutenden Einfluss auf die Qualität der ausgelösten emotionalen Reaktion aus.[338] Das Modell von *Bloch* integriert sowohl Erkenntnisse aus der Designlehre als auch aus dem Konsumentenverhalten. Die einzelnen Komponenten des Modells sollen im Folgenden eine genauere Betrachtung erfahren.

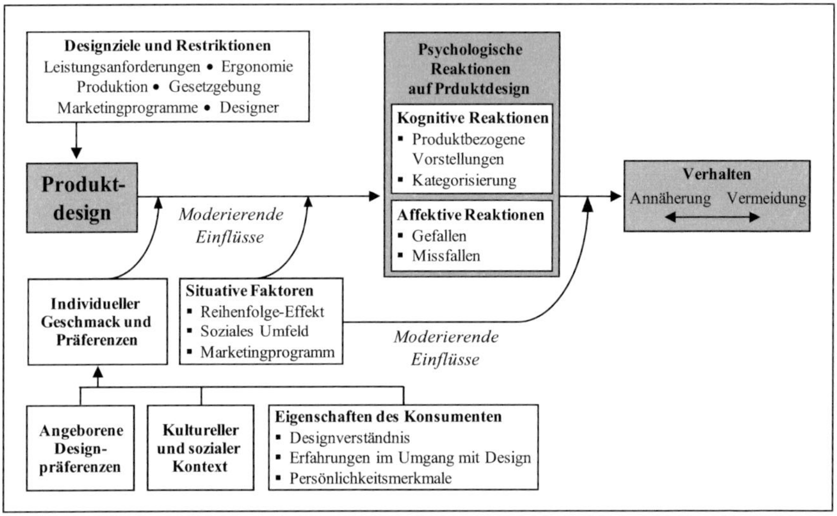

Abbildung 6: Modell zur Wirkung von Produktdesign[339]

Bloch versteht unter dem Begriff *Product Form* eine Kombination von Elementen, die durch ein Design-Team zusammengefügt wurden, mit dem Ziel, bestimmte Sinneseindrücke auszulösen.[340] Dementsprechend ist Product Form in dem Modell von *Bloch* mit *Produktdesign* gleichzusetzen. Die ideale Form eines Produktes ist nach *Bloch* „[...] that form which is superior to alternatives in its ability to evoke positive beliefs, positive emotions, and approach responses among members of the target market. This form will be sympathetic with consumers' aesthetic tastes and will complement their existing assortment of goods."[341]

338 Vgl. Reber/Winkielmann/Schwarz (1998).
339 Eigene Darstellung in Anlehnung an Bloch (1995), S. 17.
340 Vgl. Bloch (1995).
341 Bloch (1995), S. 19.

Nach *Bloch* besitzt das Produktdesign einen Einfluss auf innere Vorgänge des Menschen, welche er in Anlehnung an *Bitner* in kognitive und affektive Reaktionen unterscheidet.[342] Diese psychologischen Reaktionen treten parallel auf und interagieren miteinander.[343] Unter *affektiven Reaktionen* werden im Allgemeinen Gefühle, Emotionen und Stimmungen gefasst, die bei einem Individuum durch einen Stimulus (z. B. einen Werbespot oder ein Produkt) ausgelöst werden. Affektive Reaktionen können sowohl positiv als auch negativ ausfallen. Demzufolge unterscheidet *Bloch* positives ästhetisches Empfinden (*Gefallen*) und negatives ästhetisches Empfinden (*Missfallen*).[344] Der Forscher betont, dass ästhetisches Gefallen bzw. Missfallen weniger durch die funktionalen Eigenschaften oder die Leistungsfähigkeit eines Produktes bestimmt wird, sondern insbesondere durch konkrete Ausführungen des Designs.[345]

Im Gegensatz zu den affektiven Reaktionen umfassen *kognitive Reaktionen* Gedanken (Wissenskomponenten, Wahrnehmungen und Überzeugungen), die sich ein Individuum im Stadium des Verstehens nach der Verarbeitung von Informationen macht.[346] Als Komponenten der kognitiven Reaktionen führt *Bloch* die produktbezogenen Vorstellungen sowie die Kategorisierung an.[347] *Produktbezogene Vorstellungen* zielen auf die zeichenhafte Funktion von Design im Sinne der Produktsprache ab. Demnach weisen Produkte Zeichen auf, mit deren Hilfe Informationen ausgesendet werden. Dieses Phänomen kann beispielsweise Vorstellungen über die Funktion eines Produktes, seine Handhabung oder seinen Wert vermitteln. Beispielsweise können glatte, spiegelpolierte Oberflächen bei Autos als Zeichen für Luxus und Qualität gesehen werden, wohingegen matter Lack und Rostflecken eher auf das Alter des Autos sowie mangelnde Pflege hinweisen. Das Phänomen der *Kategorisierung* hilft dem Menschen Produkte schneller und besser zu verstehen, indem diese bewusst oder unbewusst in bestehende Kategorien eingeordnet werden.[348] Kategorien fassen Objekte oder Ereignisse auf der Basis von Gemeinsamkeiten zu Klassen zusammen. Dies ermöglicht es, Wissen, das über bereits vertraute Exemplare der Kategorien angehäuft wurde, für neue, aktuelle Erfahrungen zu nutzen.[349] Bei der Kategorisierung spielt das Design eines Produktes eine herausra-

---

342 Vgl. Bitner (1992).
343 Vgl. Schurian (1986).
344 Vgl. Bloch (1995).
345 Vgl. Bloch (1995).
346 Vgl. Myers (2008), S. 362.
347 Vgl. Bloch (1995).
348 Vgl. Ashby/Maddox (1998).
349 Vgl. Waldmann (2002).

gende Rolle, da es wesentliche Informationen über ein Produkt visuell und unmittelbar vermittelt und somit für den Menschen schnell verarbeitbar ist.[350]

Diese psychologischen Reaktionen lösen ein bestimmtes *Verhalten* aus, welches auf Seiten des Konsumenten auf dem Kontinuum von Annäherung und Vermeidung zum Ausdruck kommt.[351] Die *Vermeidung* eines Produktes aufgrund seines Designs wird durch negative Gefühle ausgelöst und führt dazu, dass der Kunde das entsprechende Produkt nicht in seine Kaufentscheidung mit einbeziehen wird. Die *Annäherung* oder Hinwendung zu einem Produkt aufgrund seines Designs basiert auf positiven Gefühlen und zeichnet sich durch gesteigertes Interesse auf Kundenseite aus, das Produkt genauer zu betrachten. Das Produkt wird in die Kaufentscheidung mit einbezogen.

Jedoch zeigt die Forschung von *Bloch* deutlich, dass nicht nur psychologische Vorgänge das Verhalten als Reaktion auf ein Produktdesign determinieren. Eine Reihe von Faktoren sowohl auf Mikro- (individueller Geschmack und Präferenzen) als auch auf Makroebene (situative Faktoren) moderiert den Einfluss des Produktdesigns auf das Verhalten. So stellen *individueller Geschmack und Präferenzen* eine Moderatorvariable dar, die Einfluss auf den Zusammenhang zwischen Produktdesign und den daraus resultierenden psychologischen Reaktionen nimmt. Stimmt das Design mit dem individuellen Geschmack der Person überein, sind positive psychologische Reaktionen zu erwarten, während bei starker Abweichung negative Reaktionen zu antizipieren sind. Individuelle Präferenzen werden nach *Bloch* durch drei Faktoren bestimmt: angeborene Designpräferenzen, Kultur und soziale Rahmenbedingungen sowie Eigenschaften innerhalb der Person.[352]

Unter *angeborenen Designpräferenzen* versteht *Lewalski* Aspekte, die angeboren oder sehr früh im Leben erlernt wurden.[353] Allerdings scheint keine Einigkeit in der Wissenschaft über angeborene Designpräferenzen zu herrschen.[354] So besteht nach Auffassung der Gestalttheorie von Geburt an eine Präferenz für Symmetrie, Einheitlichkeit und Harmonie im Hinblick auf Formen.[355] Gemäß der Aktivierungstheorie nach *Wundt* wird davon ausgegangen, dass mode-

350 Vgl. Veryzer (1995).
351 Vgl. Bloch (1995).
352 Vgl. Bloch (1995).
353 Vgl. Lewalski (1988); Bloch (1995), S. 51.
354 Vgl. Bloch (1995), S. 21 in Anlehnung an Lewalski (1988).
355 Vgl. Wertheimer (1923).

rate Irregularität und Unordnung bevorzugt wird.[356] Im Sinne der Teleologie werden natürliche, organische Formen nach dem Konzept des goldenen Schnittes von Geburt an präferiert.[357]

Neben angeborenen Präferenzen besitzen der *kulturelle und soziale Kontext* einer Person einen Einfluss auf deren individuelle Designpräferenzen. Dieser Einfluss wird weniger kontrovers diskutiert und gilt in der wissenschaftlichen Literatur als gesichert.[358] Aufgrund der täglichen Erfahrung ist bekannt, dass trotz identischem kulturellen Hintergrund und ähnlichem sozialen Umfeld die Gefallensurteile von Menschen sehr unterschiedlich ausgeprägt sein können.

Eine Ursache hierfür könnte in unterschiedlichen *Eigenschaften innerhalb des Konsumenten* liegen.[359] Diese Eigenschaften sind nach Auffassung *Blochs* das Designverständnis, Erfahrungen einer Person im Umgang mit Design sowie deren Persönlichkeitseigenschaften.[360] Unterschiede im *Designverständnis* scheinen angeboren zu sein und basieren auf der Tatsache, dass Menschen sich in einer eher verbal oder visuell orientierten Informationsverarbeitung unterscheiden.[361] Menschen, die eher eine visuell geprägte Informationsverarbeitung besitzen, scheinen in der Lage, Design sehr differenziert wahrzunehmen und feinfühlig darauf zu reagieren. *Erfahrungen im Umgang mit Design*, die im Laufe des Lebens gesammelt werden, scheinen ebenfalls individuelle Designpräferenzen zu determinieren. Nach *Bloch* zählen hierzu ausschließlich bewusst herbeigeführte Lernerfahrungen wie bspw. das Lesen eines Kunstbuches oder das Absolvieren eines künstlerischen Studiengangs,[362] wobei die alltäglichen Erlebnisse mit Design und die unbewusst gesammelten Erfahrungen einen wesentlich größeren Einfluss auf die Entwicklung des persönlichen Geschmacksempfinden haben dürften.[363] Auch *Persönlichkeitsmerkmale* können interindividuelle Unterschiede in der Designpräferenz bestimmen. In diesem Kontext sind beispielsweise die Persönlichkeitsmerkmale Novelty-Seeking (Streben nach Neuem) und Need-for-Uniqueness (Bedürfnis nach Einzigartigkeit) zu nennen. Menschen, bei denen diese Kriterien stark ausgeprägt sind, sehnen sich nach Differenzierung der eigenen Individualität in der Gesellschaft. Diese Differenzierung

---

[356] Vgl. Berlyne (1974a).
[357] Vgl. Fechner (1865).
[358] Vgl. Hansen (1969).
[359] Vgl. Holbrook (1986).
[360] Vgl. Bloch (1995).
[361] Vgl. Kroeber-Riel (1993).
[362] Vgl. Bloch (1995).
[363] Vgl. Kohler (2003).

erreichen sie beispielsweise über das Produktdesign,[364] indem Produkte präferiert werden, die sich durch ein neues, unkonventionelles, nicht alltägliches Design auszeichnen, welches ihre Individualität zum Ausdruck bringt.[365]

Neben den individuellen Designpräferenzen besitzen auch *situative Faktoren* einen moderierenden Einfluss innerhalb des Modells. Dieser Einfluss bezieht sich einerseits auf die Wirkung von Produktdesign auf psychologische Reaktionen und andererseits auf die Wirkung der psychologischen Reaktionen auf das Verhalten. Die situativen Faktoren weisen drei relevante Aspekte auf: den Reihenfolge-Effekt, das soziale Umfeld sowie das Marketingprogramm. Der *Reihenfolge-Effekt* beschreibt den Umstand, dass sich neu erworbene Produkte in die bereits bestehende Umgebung des Konsumenten einfügen sollen. Die gesamte Umgebung soll nach hinzufügen eines neuen Gegenstands für den Betrachter harmonieren. Demnach sollten Reaktionen auf ein Design positiver ausfallen, wenn dieses ästhetisch gut zu den Produkten passt, die man bereits besitzt.[366] Das *soziale Umfeld* besitzt insbesondere einen moderierenden Effekt auf den Einfluss zwischen inneren Prozessen und Verhalten. Kaufentscheidungsprozesse in Bezug auf Design werden häufig mittels der Beeinflussung durch Meinungsführer (z. B. Vorbilder wie Pop-Stars, Sportler, Schauspieler) gelenkt, die beispielsweise als Testimonial in der Werbung auftreten.[367] Auch die während eines (Kauf-)Entscheidungsprozesses anwesenden Personen können die Reaktionen auf Kundenseite sowohl in eine positive wie auch negative Richtung beeinflussen.[368] Neben dem Reihenfolge-Effekt und dem sozialen Umfeld, ist auch das *Marketingprogramm* zu den situativen Faktoren zu zählen. Hiermit ist die Art und Weise der Präsentation eines Produktes im Sinne von Fernsehwerbung, Werbeanzeigen oder Positionierung zu verstehen. Auch die Gestaltung von Verkaufsräumen durch das Schaffen einer angenehmen Atmosphäre kann die Beurteilung von Produkten auf Seiten der Kunden verbessern.[369]

Abschließend kann konstituiert werden, dass *Blochs* Modell zur Wirkung von Produktdesign auf anschauliche Weise Aspekte des Produktdesigns, der Psychologie und der Verhaltensforschung zusammenführt. Besonders der moderierende Einfluss der situativen Faktoren sowie der individuellen Präferenzen ist theoretisch begründet und ermöglicht es, viele Verhal-

---

364 Vgl. Tepper-Tian/Bearden/Hunter (2001).
365 Vgl. Simonson/Nowlis (2000).
366 Vgl. Bell/Holbrook/Solomon (1991); Holbrook/Anand (1992).
367 Vgl. Solomon (1983).
368 Vgl. Belk (1975).
369 Vgl. Kroeber-Riel/Weinberg (1996).

tensphänomene in Bezug auf Produktdesign zu erklären.[370] *Bloch* gelingt es mit seinem Modell, einen wesentlichen Beitrag zum umfassenden Verständnis von Produktdesign und Konsumentenverhalten zu leisten.

Von großem theoretischem Interesse für die vorliegende Untersuchung sind die unterschiedlichen Moderatorwirkungen, die je nach Existenz und Ausprägungsgrad die Wirkzusammenhänge innerhalb des Modells verändern können. Dieser Faktor ist insbesondere im Hinblick auf die in Kapitel 1.2 aufgestellte Forschungsfrage 4 als relevant zu bewerten. Des Weiteren geht *Bloch* im Sinne von Forschungsfrage 1 davon aus, dass individuelle Persönlichkeitsmerkmale und angeborene Designpräferenzen Einfluss auf die Wirkprozesse von Produktdesign besitzen. Die Verhaltenskomponente innerhalb des Modells, als Reaktion auf die kognitive sowie emotionale Bewertung von Design, ist durch die Dimensionen Annäherung und Vermeidung abgebildet. Im Hinblick auf Forschungsfrage 2 kann das Modell von *Bloch* als Rahmenbedingung für die Erklärung des aus der Bewertung von Designsprüngen resultierenden Verhaltens dienen.

2.3.2 Der Adoptionsprozess nach Rogers

Im Folgenden soll der Prozess vorgestellt werden, der zwischen Nutzungsintention und der Übernahme einer Innovation (bzw. vor dem Hintergrund der vorliegenden Arbeit auch eines neudesignten Produkts) stattfindet. Dabei wird auf das aus der Adoptions- und Diffusionsforschung stammende Modell, das vorwiegend durch Arbeiten von *Rogers* geprägt wurde, zurückgegriffen.[371] Im Zusammenhang mit dem Innovationsmanagement wird unter Adoption die Übernahme einer Innovation durch ein nachfragendes Individuum verstanden.[372] Die Adoption stellt somit den Abschluss eines Adoptionsprozesses dar. Dabei kann der Adopter die Innovation vollständig, zum Teil oder in modifizierter Form annehmen.[373]

Gegenstand der Adoptionstheorie ist die Ermittlung von Faktoren, die zu einer Übernahme (Adoption) oder Ablehnung (Rejektion) einer Innovation durch ein Individuum führen. Dieser Adoptionsprozess wird von *Weiber* als mentaler Prozess bezeichnet, den jeder Nachfrager

370 Vgl. Kohler (2003), S. 88.
371 Vgl. Rogers (1962).
372 Vgl. Bähr-Seppelfricke (1999), S. 7; Albers/Litfin (2001), S. 118.
373 Vgl. Rogers (2003).

vom ersten Gewahrwerden einer Information bzgl. der Innovation bis hin zur endgültigen Adoptionsentscheidung, an deren Ende die Übernahme dieser steht, durchläuft.[374]

Der Begriff der Adoption wird in der wissenschaftlichen Forschung jedoch unterschiedlich interpretiert.[375] So versteht *Robertson* nicht den Kauf einer Neuerung unter Adoption, sondern erst ihre kontinuierliche Anwendung.[376] Dagegen sieht *Rogers* die Adoption bereits in der Entscheidung, eine Innovation zu benutzen,[377] d. h. Adoption tritt bereits vor dem Kauf und der tatsächlichen Nutzung eines Produktes ein.[378] *Bohlen* bezeichnet dies auch als mentale Akzeptanz.[379] Verschiedene Autoren argumentieren hingegen, dass im Falle von Gebrauchsgütern die Adoption dem Kauf des Produktes entspricht, im Falle von Verbrauchsgütern man hingegen erst von Adoption spricht, sobald das Produkt zum wiederholten Male gekauft wurde.[380] Das in Abbildung 7 dargestellte Rahmenmodell bildet die Determinanten des Adoptionsprozesses sowie die einzelnen Phasen der Adoption nach *Rogers* ab. Im Folgenden soll auf diese genauer eingegangen werden.

Zunächst sollen an dieser Stelle die einzelnen Phasen des Adoptionsprozess vorgestellt werden, bevor im Anschluss daran die verschiedenen Einflussfaktoren des Prozesses Berücksichtigung finden.

In Anlehnung an *Rogers* wird der Adoptionsprozess idealtypisch in fünf Phasen unterteilt, die durch generalisierbare Verhaltensmuster gekennzeichnet sind.[381] Diese Fünfteilung findet in der Forschung weitestgehend Bestätigung.[382] Vorab ist darauf hinzuweisen, dass die ursprünglichen fünf Phasen „Bewusstsein“, „Interesse“, „Bewertung“, „Versuch“ und „Adoption“ [383] im Rahmen der Adoptionsforschung eine Weiterentwicklung erfuhren, da das Modell in dieser Form mehrfach kritisiert wurde.[384]

---

374 Vgl. Weiber (1992), S. 3; Rogers (2003), S. 168.
375 Vgl. Borchert/Goos/Hagenhoff (2003), S. 21.
376 Vgl. Robertson (1971), S. 58.
377 Vgl. Rogers (2003), S. 177.
378 Vgl. Litfin (2000), S. 19; Krafft/Litfin (2002).
379 Vgl. Bohlen (1968).
380 Vgl. Mahajan/Peterson (1979), S. 128; Bähr-Seppelfricke (1999), S. 7.
381 Vgl. Rogers (1995), S. 162.
382 Vgl. Kaas (1973), S. 14.
383 Vgl. Rogers (1962), S. 81 ff. In Analogie zu den englischsprachigen Phasen werden in der deutschsprachigen Literatur häufig die Begrifflichkeiten Bewusstseins-, Interessens-, Bewertungs-, Versuchs- sowie Übernahmephase verwendet. Vgl. hierzu Weiber (1992), S. 4 f.; Schoder (1995), S. 36 f.
384 Vgl. Kiefer (1967); Schulz (1972); Heidingsfelder (1990).

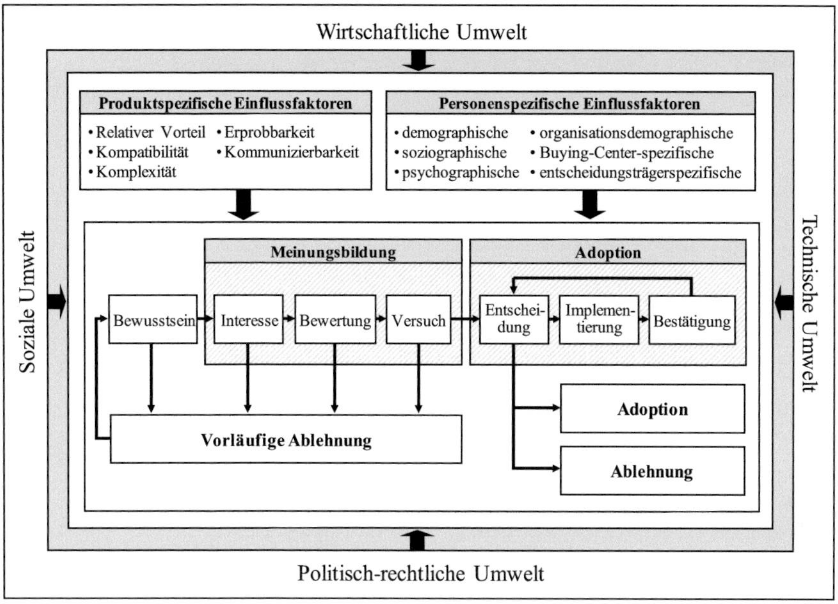

Abbildung 7: Determinanten und Phasen des Adoptionsprozesses[385]

Auch *Rogers* hat in neueren Arbeiten eine Überarbeitung seines Modells vorgenommen und eine Neueinteilung der fünf Phasen vorgeschlagen.[386] Wie in Abbildung 8 ersichtlich, entspricht die Phase „Bewusstsein" der neuen Phase „Wissen". Die drei Phasen „Interesse", „Bewertung" und „Versuch" wurden zu der Phase „Überzeugung" („Meinungsbildungsphase") zusammengefasst,[387] hingegen entspricht die Phase „Adoption" den neuen drei Phasen „Entscheidung", „Implementierung" und „Bestätigung".[388]

Die Darstellung des Adoptionsprozesses in Abbildung 7 zeigt, dass sich neue wie auch ursprüngliche Phasen des Prozesses in einem Gesamtmodell sinnvoll vereinbaren lassen, wobei die Phasen der Meinungsbildung dem ursprünglichen Modell und die Phasen der Adoption dem neuen Modell entstammen. Anschließend sollen nun die ursprünglichen sowie die neuen Phasen des Adoptionsprozesses nach *Rogers*, die grundsätzlich in drei Schritten ablaufen, eine genauere Beschreibung erfahren.

385 Eigene Darstellung in Anlehnung an Weiber (1992), S. 8; Weiber/Pohl (1996), S. 1210.
386 Vgl. Rogers (1995).
387 Vgl. Bähr-Seppelfricke (1999), S. 8; Litfin (2000), S. 23.
388 Vgl. Lilien/Kotler/Moorthy (1992), S. 462; Rogers (2003), S. 20.

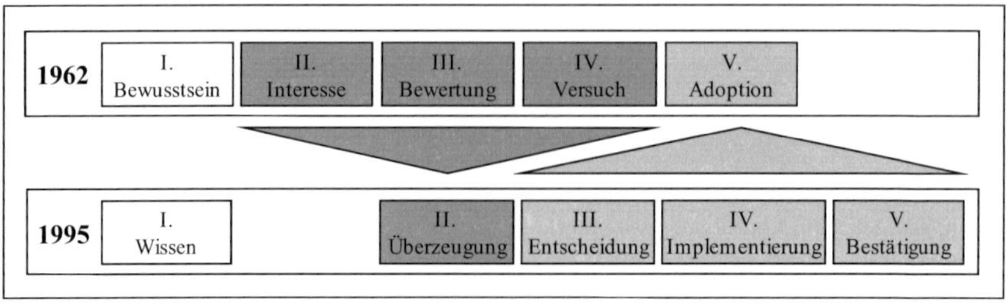

Abbildung 8: Phasenmodell des Adoptionsprozesses im Vergleich 1962 zu 1995[389]

Schritt I: Bewusstsein/Wissen

In dieser Phase erfährt ein potenzieller Nachfrager zum ersten Mal von der Existenz eines neuen Produktes. Eine Bemühung um Informationen zu diesem hat auf Seiten des Individuums noch nicht stattgefunden. Der Kontakt der Person mit dem Produkt ist bisher nicht sehr intensiv und das vermittelte Informationsvolumen zunächst gering.[390]

Schritt II: Überzeugung (Meinungsbildung)

In der *Interesse-Phase* rückt eine eventuelle Verwendungsmöglichkeit für das neue Produkt in das Bewusstsein des Nachfragers. Dieser sucht nach weiteren Informationen bezüglich des Produktes, um eine Entscheidungsfindung zu erleichtern. In der darauffolgenden *Bewertungs-Phase* werden Vor- und Nachteile der durch Analyse gewonnenen Informationen des Produktes abgewogen. Das Individuum fällt ein Urteil darüber, inwieweit das Produkt zur individuellen Bedürfnisbefriedigung beiträgt. Anschließend daran wird in der *Versuchs-Phase* das Produkt durch den Nachfrager erprobt, um festzustellen, ob dieses zur Bedürfnisbefriedigung geeignet ist.

Schritt III: Adoption

Innerhalb der *Entscheidungs-Phase* trifft die Person die Entscheidung über Annahme oder Ablehnung des Produktes. Weder Ablehnung noch Annahme der Neuerung müssen jedoch dauerhaft sein. Zu Beginn dieser Phase kann eine Versuchs- oder Probephase stehen.[391] Die darauffolgende *Implementierungs-Phase* ist dadurch gekennzeichnet, dass der potenzielle Nachfrager die Innovation in Gebrauch nimmt und die gebildeten Einstellungen überprüft

389 Eigene Darstellung in Anlehnung an Rogers (1962), S. 81 ff.; Rogers (2003), S. 170.
390 Vgl. Backhaus (1999), S. 62.
391 Vgl. Rogers (1995), S. 171.

werden. In der *Bestätigung-Phase* fällt der Konsument schließlich die Entscheidung darüber, ob die Annahme der Innovation richtig war. So kann eine Innovation nach einer gewissen Zeitspanne auch wieder abgelehnt werden. Die Unzufriedenheit mit dem Produkt kann beispielsweise hierfür verantwortlich sein.[392]

Im Gegensatz zu den Annahmen *Rogers* können innerhalb des Adoptionsprozesses Sprünge zwischen den einzelnen Phasen sowie Rückkopplungen zu vorgelagerten Phasen möglich sein. Eine Ablehnung oder vorläufige Zurückweisung des Produktes ist in allen Phasen des Adoptionsprozesses möglich. Daneben sind auch ein Abbruch des Prozesses während des Verlaufs sowie das mehrmalige Durchlaufen derselben Phase denkbar.[393] In neueren Arbeiten werden diese Kritikpunkte behoben, beispielsweise durch den Einbau einer Art Rückkopplung, durch den der Wiedereinstieg nach Abbruch des Prozesses explizit berücksichtigt wird.[394]

Große Relevanz innerhalb der Adoptionsforschung kommt neben dem Adoptionsprozess an sich auch den ihn beeinflussenden Faktoren zu. Sie lassen sich in produkt-, adapter- sowie umweltspezifische Determinanten unterscheiden. Diese vielfach angewendete Klassifikation mit hoher Erklärungskraft ist auf *Rogers* zurückzuführen.[395] In den folgenden Unterpunkten werden die einzelnen Aspekte dieser Einteilung vorgestellt.

Eine bedeutende Stellung im Rahmen des Adoptionsprozesses nehmen die *produktspezifischen Einflussfaktoren* ein. Der Grund für diese Annahme ist, dass die Eigenschaften und Verwendungsmöglichkeiten einer Produktneuheit als bestimmend angesehen werden für die Art und das Ausmaß, in dem Verhaltensänderungen bei den Adoptern ausgelöst werden.[396] Untersuchungen zeigen, dass sich anhand dieser Faktoren 49 bis 87 Prozent der Adoptionsrate erklären lassen.[397] Obwohl die subjektiv wahrgenommenen Produkteigenschaften nachfrager-individuell verschieden sein können, hat sich eine Unterscheidung der produktspezifischen Determinanten nach *Rogers* durchgesetzt.[398] Folgende Abbildung liefert eine Übersicht sowie Beschreibung der fünf identifizierten Faktoren, den Relativen Vorteil, die Kompatibilität, die

---

392 Vgl. Rogers (1995), S. 182.
393 Vgl. Kiefer (1967), S. 40 ff.; Baumberger/Gmür/Käser (1973), S. 104 ff.; Heidingsfelder (1990), S. 55 f.
394 Vgl. Pohl (1996); Bähr-Seppelfricke (1999); Litfin (2000).
395 Rogers (1995), S. 206.
396 Vgl. Weiber (1992), S. 5; Harms (2002), S. 61.
397 Vgl. Weiber (1992), S. 5; Rogers (1995), S. 15; Rogers (2003), S. 221.
398 Vgl. Rogers (1983).

Komplexität, die Erprobbarkeit sowie die Kommunizierbarkeit. Bis auf den Faktor der Komplexität besitzen alle weiteren Kriterien einen positiven Einfluss auf den Adoptionsverlauf, die Adoptionsdauer sowie das Adoptionsergebnis.

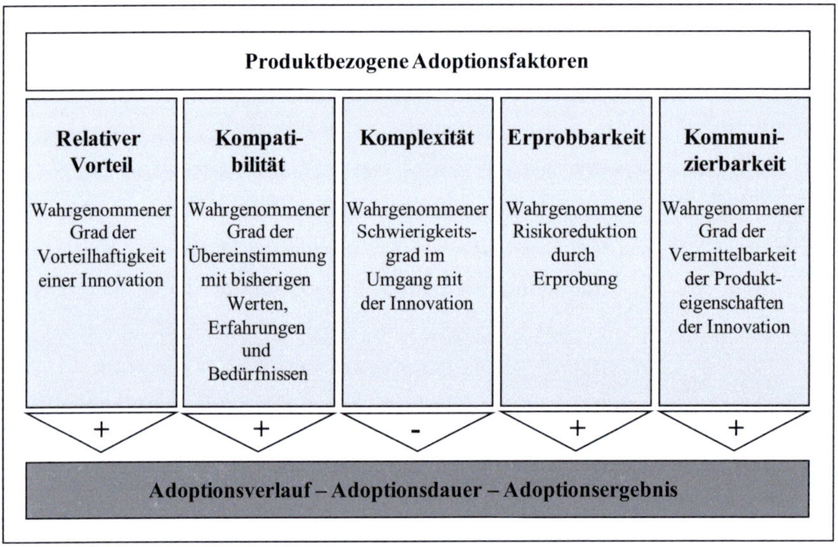

Abbildung 9: Produktspezifische Adoptionsfaktoren nach *Rogers*[399]

Der *Relative Vorteil* ist als subjektive Wahrnehmung einer Person zu beschreiben, mit der eine Innovation im Vergleich zu anderen, bisher verwendeten Produktalternativen als besser bewertet wird. Unter *Kompatibilität* ist die Vereinbarkeit eines Produkts mit bestehenden Werten, Erfahrungen und Bedürfnissen sowie mit Normen des sozialen Umfelds der potenziellen Adopter zu verstehen. Kompatibilität kann Unsicherheit gegenüber Innovationen vermindern.[400] Dementsprechend ist die Akzeptanz gegenüber einer Innovation umso höher, je mehr diese an bekannte „alte“ Produkte oder Werte erinnert.[401] Die *Komplexität* spiegelt den Grad wider, mit dem eine Innovation als schwer strukturierbar wahrgenommen wird. Dies erschwert es dem Konsumenten, die zentralen Eigenschaften sowie Nutzen des Produktes zu begreifen. Je höher die Ähnlichkeit einer Innovation im Vergleich zu einem alten Produkt

---

399 Eigene Darstellung in Anlehnung an Rogers (1983), S. 210 ff.; Clement/Litfin (1998), S. 100; Litfin (1999), S. 26; Krafft/Litfin (2002), S. 68.

400 Vgl. Clement (2000), S. 66.

401 Vgl. Bähr-Seppelfricke (1999), S. 24.

wahrgenommen wird, desto leichter ist diese zu verstehen und wird dementsprechend als weniger komplex wahrgenommen.[402] Mit Hilfe der *Erprobbarkeit* sollen mögliche auftretende Unsicherheiten hinsichtlich einer Innovation überwunden werden. Durch sie erlangt der Konsument Gewissheit in Bezug auf die Qualität oder Anwendbarkeit eines Produktes. Die *Kommunizierbarkeit* spiegelt den Grad wider, mit dem sich die Produkteigenschaften der Innovation den potenziellen Adoptern vermitteln lassen. Je leichter sich relevante Produkteigenschaften vermitteln lassen, desto wahrscheinlicher wird eine Innovation angenommen.

Zusätzlich zu den fünf *Rogers*-Kriterien werden in der Literatur oftmals das wahrgenommene Risiko sowie die Neuartigkeit als relevante Produkteigenschaften aufgeführt.[403] Von *Bauer* wurde als produktbezogenes Konstrukt das Kriterium des *wahrgenommenen Risikos* eingeführt.[404] Dieses beschreibt die mit der Innovation verbundene Unsicherheit und besteht aus drei Komponenten. Das technische Risiko besteht darin, dass die Innovation nicht handhabbar ist, nicht den erwarteten Nutzen stiftet oder die Innovation nicht zum viel genutzten Standard wird. Eine Innovation birgt ein soziales Risiko, wenn sie den gesellschaftlichen Normen nicht entspricht und die Adopter durch die Nutzung der Innovation soziales Ansehen einbüßen. Hingegen tritt ein ökonomisches Risiko im Falle einer Fehlinvestition auf und beschreibt die monetären Konsequenzen die hieraus resultieren. Das Kriterium des wahrnehmbaren Risikos ist jedoch nicht ganz überschneidungsfrei zu den fünf *Rogers*-Kriterien, weshalb es im Folgenden keine weitere Berücksichtigung erfährt.

Schmalen und *Pechtl* betonen des Weiteren die *Neuartigkeit* einer Innovation, die als Faktor auf die Adoptionsentscheidung potenzieller Adopter einwirkt.[405] Unter dem Neuigkeitsgrad bzw. der Neuartigkeit einer Innovation wird meist eine Abweichung vom Status quo verstanden. Der Neuigkeitsgrad ist umso größer, je mehr das Ausmaß dieser Divergenz anwächst.[406] Auch hierbei besteht ein Kritikpunkt in der mangelnden Überschneidungsfreiheit des Konstrukts mit den produktspezifischen Adoptionsfaktoren von *Rogers*: Je größer der Neuigkeitsgrad einer Innovation ist, desto größer dürften die Verständnisprobleme der Anwender sein, desto weniger lässt sich eine Innovation in bestehende Arbeitsabläufe integrieren und desto wahrscheinlicher ist eine Nichterbringung der erwarteten und propagierten Leistung der Neu-

402 Vgl. Bähr-Seppelfricke (1999), S. 25.
403 Vgl. z. B. Schmalen/Pechtl (1996), S. 820 ff.
404 Vgl. Bauer (1960), S. 389 ff.; Litfin (2000), S. 141; Bähr-Seppelfricke (2000), S. 2.
405 Vgl. Schmalen (1979), S. 70 ff.
406 Vgl. Schmalen/Pechtl (1996), S. 822 f.

erung.[407] Nach *Theler* ist der Grad der Neuartigkeit als das konstitutive Merkmal einer Innovation anzusehen.[408]

Auf Basis der erläuterten produktspezifischen Einflussfaktoren, ist nach *Rogers* eine Innovation umso erfolgreicher, je geringer ihre Komplexität und je stärker der Relative Vorteil, die Kompatibilität, die Erprobbarkeit und die Kommunizierbarkeit ausgeprägt sind.[409]

Neben den produktspezifischen Einflussfaktoren betrachtet *Rogers* auch *personenspezifische Einflussfaktoren*, die insbesondere in der zu adoptierenden Person zu finden sind, und in demographische, sozioökonomische und psychographische Faktoren unterschieden werden können.[410] Zu den *demographischen* und *sozioökonomischen Faktoren* zählen beispielsweise das Alter, der Bildungsgrad, das Einkommen oder der Familienstand einer Person. Die *psychographischen Faktoren* fassen alle nicht beobachtbaren, individuellen Bestimmungsfaktoren des Konsumenten zusammen, die für seine Verhaltensweisen verantwortlich sind.[411] Im Rahmen von Adoptionsstudien wurden überwiegend Persönlichkeitsmerkmale bzw. Persönlichkeitsinventare wie z. B. die Risikobereitschaft untersucht, aber auch die Erfahrung mit einer Innovation, die Innovationskompetenz sowie das Involvement gehören zu relevanten Untersuchungsgegenständen.[412] Die *psychographischen Faktoren* besitzen im Vergleich zu sozioökonomischen Variablen eine höhere Relevanz im Hinblick auf das Verhalten der Konsumenten, sind jedoch auch wesentlich schwieriger zu erfassen, da geeignete Untersuchungsinstrumente entwickelt werden müssen. Die Ergebnisse der Studien zum Einfluss psychographischer Faktoren auf den Adoptionsprozess divergieren jedoch, weshalb den personenspezifischen Einflussfaktoren eine geringere Bedeutung innerhalb des Prozess zugeschrieben wird als den produktbezogenen Einflussfaktoren.[413]

Unter den *umweltspezifischen Einflussfaktoren* sind all die Faktoren zusammengefasst, die nicht direkt durch das Produkt oder durch persönliche Eigenschaften beeinflusst werden. Hierzu gehören unter anderem die grundsätzlichen Rahmenbedingungen des Lebens sowie der volkswirtschaftlichen Situation. Umweltfaktoren können in technologische, makroöko-

---

407 Vgl. Hauschildt (1997), S. 35.
408 Vgl. Theler (2001), S. 18.
409 Vgl. Rogers (2003).
410 Vgl. Weiber (1992), S. 6 f.; Pohl (1996), S. 64 ff.
411 Vgl. Pohl (1996), S. 65 ff.; Kollmann (1998), S. 122 f.; Litfin (2000), S. 39 ff.; Freter (2001), S. 292 ff.
412 Vgl. Harms (2002); Regier (2007); Haber (2008); Königstorfer (2008).
413 Vgl. Ostlund (1974), S. 24.

nomische, politisch-rechtliche und soziokulturelle Faktoren unterschieden werden, die Einfluss auf den Adoptionsprozess nehmen.[414] Die *technologische* Größe umfasst Bereiche wie technikbezogene Normen und Standards, die beispielsweise dazu beitragen, das Kompatibilitätsrisiko zu senken und somit positiv auf den Adoptionsprozess wirken.[415] Auch *volkswirtschaftliche* Rahmenbedingungen können adoptionsfördernd sein, da sie das makroökonomische Umfeld bestimmen und somit einen nicht geringen Einfluss auf die Markterwartung besitzen. *Politisch-rechtliche* Faktoren besitzen Einfluss auf die Angebots- und Nachfrageseite und beschreiben darüber hinaus die Wechselwirkung zwischen den Marktteilnehmern und den vorgegebenen Gesetzen und Verordnungen.[416] Unter den *soziokulturellen* Einflussfaktoren werden gesellschaftliche Normen oder auch Zwänge (z. B. Gruppenzwang) subsummiert.[417] Bei diesem Aspekt stehen insbesondere die Wechselwirkungen zwischen einem Individuum und anderen Mitgliedern der Gesellschaft im Fokus.

Zusammenfassend lässt sich feststellen, dass durch das Phasenmodell des Adoptionsprozesses und der Analyse seiner Einflussfaktoren ein deutlicher Fortschritt im Verständnis gegenüber der Adoption von Innovationen bzw. Produkten und Dienstleistungen im Allgemeinen zu erkennen ist. Die Adoptionstheorie zeigt auf, welche Faktoren die Adoption fördern oder behindern. Ein Kritikpunkt der Adoptionstheorie nach *Rogers* ist darin zu sehen, dass nicht ausreichend geklärt ist, wie es zu einer positiven oder negativen Einstellung gegenüber einer Innovation kommt. Zwar können die von *Rogers* vorgeschlagenen Kriterien für eine Erklärung herangezogen werden, jedoch spielen neben den Eigenschaften des Produkts, der Person oder der Umwelt auch übergeordnete Ziele auf Seiten des Individuums eine Rolle, welche dieses zu erreichen versucht. Weitere Kritik erfährt das Adoptionsmodell dadurch, dass eine positive Einstellung einer Person gegenüber einer Innovation aufgrund des Einflusses von Kontextfaktoren nicht automatisch zu deren Adoption führt.[418] Aufgrund dieses Kritikpunktes scheint es ratsam, stärker die Einstellung gegenüber der Adoption sowie der Adoptionsabsicht zu beleuchten. Im folgenden Abschnitt 2.3.3 soll deshalb die Einstellungstheorie eine genauere Betrachtung erfahren.

414 Vgl. Weiber (1992), S. 7; Pohl (1996), S. 70 f.; Bähr-Seppelfricke (1999), S. 11; Borchert/Goos/Hagenhoff (2003), S. 24.
415 Vgl. Dreher (1997), S. 69; Kollmann (1998), S. 129; Litfin (2000), S. 44; Leibold (2007), S. 22.
416 Vgl. Leibold (2007), S. 22.
417 Vgl. Kollmann (1998), S. 131; Litfin (2000), S. 45.
418 Vgl. Götze (2010), S. 34.

Grundsätzlich lässt sich jedoch festhalten, dass die Adoptionstheorie einen bedeutenden Beitrag in Bezug auf die Modellentwicklung in der vorliegenden Arbeit leistet. Im Hinblick auf Forschungsfrage 1 können insbesondere die produktspezifischen Faktoren des Relativen Vorteils und der Kompatibilität als entscheidend für die Adoptionsentscheidung der Probanden angesehen werden. Diese Auffassung wird durch Studienergebnisse von *Jones* und *Beatty* sowie *Iacovou et al.* gestützt, die den Relativen Vorteil sowie die Kompatibilität als besonders relevant einschätzen.[419] Des Weiteren sollen personenspezifische Faktoren nicht vernachlässigt werden, weshalb hierbei neben der Kompatibilität und dem Relativen Vorteil ebenfalls psychographische Faktoren zur Erklärung der Bewertung von Designsprüngen beitragen sollen. Zur Beantwortung von Forschungsfrage 4 findet im Rahmen des in Kapitel 3.5 aufgestellten Untersuchungsmodells außerdem das produktbezogene Kriterium der Neuartigkeit in Form einer Kontextvariablen mit moderierendem Einfluss Eingang in die Untersuchung. Die Neuartigkeit ist dabei durch die Intensität des Designsprungs abgebildet.

2.3.3 Einstellungsforschung und Einstellungstheorie

Das Einstellungskonzept wird zu den bedeutendsten Komponenten der Sozialpsychologie gezählt.[420] Dies ist darauf zurückzuführen, dass die Sozialpsychologie als eine der Wissenschaften gilt, deren Ziel es ist, Verhalten von Menschen zu erklären und vorherzusagen. Im Rahmen der Konsum- sowie Organisationspsychologie besitzt das Einstellungskonzept auch einen starken Einfluss in der Betriebswirtschaftslehre und gehört zu einem der meist untersuchten Phänomene innerhalb der Marketing- und Käuferverhaltensforschung.[421]

Der Beginn der Einstellungsforschung geht auf die Arbeiten von *Thomas* und *Znaniecki* in den Jahren 1918 bis 1920 sowie *Watson* im Jahr 1925 zurück, die hiermit eine jahrzehntelange empirische, theoretische sowie methodische Forschung auslösten.[422] So bezeichnet *Trommsdorff* Einstellungen auch als das am besten erforschte Konstrukt in der Konsumentenverhaltenstheorie.[423] Nach Einschätzung von *Howard* und *Sheth* geht die erste Definition auf *Allport* zurück, der „Attitudes" im Jahr 1935 als „[...] a mental or neural state of readiness, organized through experience, exerting a directive or dynamic influence upon an individual's

419 Vgl. Iacovou/Benbasat/Dexter (1995); Jones/Beatty (1998).
420 Vgl. Stahlberg/Frey (1992), S. 144.
421 Vgl. hierzu Greenwald (1989), S. 1 ff.; Zanna (1989), S. 318; Eagly/Chaiken (1993), S. 665; Bohner/Stahlberg/Frey (1999), Lord/Leeper (1999), S. 265, 373; Bierhoff (2000), S. 265; Fischer/Wiswede (2002), S. 219.
422 Vgl. Thomas/Znaniecki (1918); Watson (1925).
423 Vgl. Trommsdorff (1998), S. 142.

response to all objects and situations with which it is related"[424] definierte. Diese Definition galt als grundlegend für eine Reihe von Forschungsarbeiten und findet in sämtlichen Büchern der Sozialpsychologie Verwendung. *Allport* setzt mit dieser Definition voraus, dass das Individuum über eine steuernde Instanz verfügt, die sämtliche Reize aus der Umwelt kategorisiert, und die den Menschen dazu befähigt, auf verschiedenste Umweltreize aktiv zu reagieren. *Kroeber-Riel* und *Weinberg* interpretieren Einstellungen als die „[...] subjektiv wahrgenommene Eignung eines Gegenstands zur Befriedigung einer Motivation."[425]

Dieser Definition der Einstellung liegt die *Means-End-Theorie*[426] (zu deutsch Mittel-Ziel-Theorie) zugrunde, welche auf der Grundlage basiert, dass menschliches Verhalten prinzipiell zielorientiert ist.[427] Konsumenten, die vom Anbieter offerierte Leistungen erwerben, tun dies demnach, um wünschenswerte Ziele zu realisieren und Nutzenerlebnisse zu erfahren.[428] Produkteigenschaften bilden aus Sicht des Konsumenten die Mittel (Means), um eine bestimmte Nutzenstiftung (End) zu erreichen. Hauptziel der Means-End-Analyse ist es, Motivatoren zu erforschen, die zu einem bestimmten Konsumentenverhalten führen. Ein weiteres wichtiges Fundament der Means-End-Theorie stammt von *Fishbeins Expectancy-Value-Theorie* (Erwartung-x-Wert-Theorie),[429] wobei das Verhältnis zwischen Überzeugungen und Einstellungen im Mittelpunkt steht.[430] Überzeugungen repräsentieren nach *Fishbein* gelernte Assoziationen zwischen einem Einstellungsgegenstand und den Attributen, die diesem zugeschrieben werden.[431] Nach der Theorie ergibt sich Einstellung gegenüber einem Objekt aus dem kognitiven Wissen über die Eigenschaften eines Objekts (Überzeugungen) und aus der Bewertung dieser Eigenschaften. Der Gesamtwert der Einstellung ergibt sich aus der Summe aller bewerteten Attribute des Einstellungsobjekts.[432] *Fishbein* postuliert, dass diese Überzeugungen in Form von Wissen, die sich auf Objekteigenschaften beziehen, die Einstellung einer Person gegenüber dem Objekt determinieren.[433]

424 Howard/Sheth (1969), S. 128.
425 Kroeber-Riel/Weinberg (2003), S. 169.
426 Für einen Überblick vgl. Trommsdorff (1975).
427 Zur weiteren Diskussion der Means-End-Analyse vgl. Herrmann (1998), S. 135 ff.; Herrmann/Huber (2009), S. 178 ff.
428 Vgl. Regier (2007), S. 23.
429 Zur Expectancy-Value-Theorie vgl. Ajzen/Fishbein (1980); Ajzen (1993).
430 Vgl. Braunstein (2001), S. 99 f.
431 Vgl. Braunstein (2001), S. 100.
432 Vgl. Fishbein/Ajzen (1975), S. 29; Ostrom (1980), S. 48; Braunstein (2001), S. 102.
433 Vgl. Regier (2007), S. 30.

Konsumenten entscheiden sich für Produkte in Abhängigkeit der mit ihnen assoziierten Konsequenzen, die sowohl im Produktnutzen zu sehen sind, als auch in dem Beitrag, den Produkte zur Erfüllung individueller Werthaltungen leisten.[434] Daraus lässt sich ableiten, dass die Einstellungsbewertung durch die Bewertung einzelner Produkteigenschaften determiniert wird.[435]

Trommsdorff ergänzt die Definition von Einstellungen um die Komponente der Veränderbarkeit. Nach Überzeugung des Wissenschaftlers erfolgen Einstellungsänderungen meist sehr langsam, weshalb er Einstellungen auch als „[...] Zustand einer gelernten und relativ dauerhaften Bereitschaft, in einer entsprechenden Situation gegenüber dem betreffenden Objekt regelmäßig mehr oder weniger stark positiv bzw. negativ zu reagieren"[436] definiert. *Triandis* bemerkt in diesem Zusammenhang, dass trotz ausgeprägter Forschungsbemühungen kein einheitliches Begriffsverständnis von Einstellungen existiert.[437] Dennoch weisen die Vielzahl an bestehenden Definitionen einige Gemeinsamkeiten auf, so dass für die vorliegende Arbeit folgende Arbeitsdefinition in Anlehnung an Definitionen von *Eagly* und *Chaiken,*[438] *Petty, Wegener* und *Fabrigar,*[439] *Ajzen,*[440] *Trommsdorff*[441] sowie *Rosenstiel* und *Neumann*[442] festgelegt werden kann: Eine Einstellung ist eine gelernte und relativ überdauernde Bereitschaft, in einer entsprechenden Situation gegenüber dem betreffenden Einstellungsobjekt, regelmäßig mehr oder weniger stark positiv bzw. negativ zu reagieren.

Die drei Hauptbestandteile dieser Definition sind der geistige Vorgang der *Bewertung*, wodurch eine positive oder negative Reaktion ausgelöst wird, die *zeitliche Stabilität* der Einstellung sowie das Vorhandensein eines *Einstellungsgegenstandes*. Dieses Bezugsobjekt oder Einstellungsobjekt kann alles sein, was psychisch oder physisch besteht, z. B. Personen, Sachverhalte, Gegenstände, Verhaltensweisen oder Ideen.[443] Einstellungen werden durch Erfahrungen erworben, unterscheiden sich in ihrer Bedeutsamkeit und wirken in eine Rich-

---

434 Vgl. Grunert/Grunert (1995), S. 210; Olson/Reynolds (2001), S. 11.
435 Vgl. Gutman (1982), S. 60 ff.; Kroeber-Riel/Weinberg (2003), S. 144.
436 Trommsdorff (2002), S. 150.
437 Vgl. Triandis (1975), S. 2 ff.
438 Vgl. Eagly/Chaiken (1993), S. 1.
439 Vgl. Petty/Wegener/Fabrigar (1997), S. 610.
440 Vgl. Ajzen (2001), S. 28.
441 Vgl. Trommsdorff (2002), S. 150.
442 Vgl. Rosenstiel v./Neumann (2002), S. 202.
443 Vgl. Eagly/Chaiken (1998); Olson/Maio (2003).

tung.[444] Zusätzlich lässt sich ihnen ein Systemcharakter zusprechen, da sie Gedanken leiten, Gefühle beeinflussen und Verhalten steuern.[445]

Der Zusammenhang von Einstellung und Verhalten gilt als zentraler Fokus im Hinblick auf Forschungsaktivitäten im Zusammenhang mit Einstellungen. Das Einstellungskonstrukt verdankt die ihm zugeschriebene Bedeutung der Tatsache, dass ihm die Eigenschaft als Verhaltensprädiktor zugeschrieben wird.[446] Aus der Einstellungs-Verhaltens-Hypothese (E-V-Hypothese), die besagt, dass Einstellungen Verhalten prägen, wird abgeleitet, dass die Einstellung zu einer Marke deren Kaufabsicht positiv beeinflusst.[447] So wird angenommen, dass durch die Messung von Einstellungen Verhaltensweisen vorhergesagt werden können. Ergebnisse verschiedener empirischer Studien weisen darauf hin, dass das Konstrukt der Einstellung wie kein anderes zur Erklärung des Kaufverhaltens beiträgt.[448] Im Sinne der Fundamentalhypothese kann konstatiert werden, dass je positiver die Einstellung gegenüber einem Produkt bzw. einer Dienstleistung ausgeprägt ist, desto höher ist auch die Wahrscheinlichkeit für eine positive Kaufentscheidung.[449]

Neben der E-V-Hypothese kann auch der neobehavioristische S-O-R-Ansatz (Stimulus-Organismus-Reaktion) zur Erklärung dieser Annahme herangezogen werden. Dieser postuliert, dass Verhalten bzw. Reaktionen auf Seiten des Individuums durch einen Umweltreiz (Stimulus), wie beispielsweise ein Produktdesign, ausgelöst werden können. Der Reiz wirkt dabei über nicht beobachtbare Vorgänge innerhalb der Person (Organismus).[450] Dementsprechend nimmt die Einstellung als innerer Prozess des Organismus eine intervenierende Stellung zwischen Stimulus und Reaktion ein.[451] Diese Erkenntnis macht die Einstellungsforschung für die Wirtschaft besonders interessant, insbesondere vor dem Hintergrund, dass das Wissen über vorhandene Einstellungen auf Konsumentenseite die Voraussetzung für deren erfolgreiche Beeinflussung darstellt. Wissenschaftler erbrachten vielfach den Nachweis, dass Einstellungen auch bei der Produktwahl eine wesentliche Rolle spielen.[452]

---

444 Vgl. Nieschlag/Dichtl/Hörschgen (2002), S. 594.
445 Vgl. Hoyer/McInnis (2007), S. 130.
446 Vgl. Franzoi (1996), S. 173; Braunstein (2001), S. 95; Kroeber-Riel/Weinberg (2003), S. 168.
447 Vgl. Foscht/Swoboda (2007), S. 64 f.
448 Vgl. Nieschlag/Dichtl/Hörschgen (2002), S. 594; Peter/Olson (2002), S. 134; Trommsdorff (2002), S. 149.
449 Vgl. Kroeber-Riel/Weinberg (2003), S. 171.
450 Vgl. Fanderl (2005), S. 142.
451 Vgl. Trommsdorf (2004), S. 151.
452 Vgl. Petty/Unnava/Strathmann (1991), S. 241.

Im Gegensatz zu den Studienergebnissen, welche die Vermutung des Einflusses von der Einstellung auf das Verhalten bestätigen, konnten bereits frühe Experimente zeigen, dass die direkte Beziehung zwischen Einstellung und Verhalten geringer ist, als zunächst von einigen Wissenschaftlern angenommen.[453] Das Einstellungskonzept ist zwar im Rahmen der Verhaltensforschung von besonderer Bedeutung, kann aber nicht als der alleinige Prädiktor für Verhalten angesehen werden.[454] So entscheiden sich viele Menschen trotz der Überzeugung (kognitive Komponente der Einstellung), dass ein moderner Sportwagen nur geringen Komfort bietet, ein lautes Motorengeräusch produziert, viel Benzin verbraucht und insgesamt ein sehr unökonomisches Auto ist, für den Kauf eines solchen (Verhalten), obwohl der Kunde aufgrund rationaler einstellungstheoretischer Überlegungen von einem Kauf absehen müsste.

Bei der expliziten Analyse des Einstellungskonstrukts fällt auf, dass grundsätzlich zwei relevante Konzeptionalisierungsversuche von Einstellungen existieren. Auf der einen Seite der auf *Hovland* und *Rosenberg* zurückgehende dreidimensionale Ansatz sowie auf der anderen Seite der eindimensionale Ansatz nach *Thurstone*.[455]

Der *dreidimensionale Ansatz* basiert auf einem Dreikomponentenmodell (auch ABC-Modell genannt), welches untergliedert ist in eine emotional-affektive (A = affective), eine behaviorale (B = behavioral) und eine kognitive (C = cognitive) Komponente.[456] Während die *kognitive Komponente* aus den Überzeugungen zum Einstellungsobjekt besteht, umfasst die *affektive Komponente* die emotionalen Reaktionen auf das Einstellungsobjekt (z. B. gut oder schlecht).[457] Die *Verhaltenskomponente* (behaviorale Komponente) beinhaltet hingegen die Handlungen bzw. das beobachtbare Verhalten gegenüber dem Einstellungsobjekt.[458] Obwohl Einstellungen grundsätzlich alle drei Komponenten aufweisen, können sie dennoch auf einer dieser Komponenten schwerpunktmäßig basieren. Eine kognitiv basierte Einstellung gründet sich vor allem auf den individuellen Überzeugungen hinsichtlich der Eigenschaften des Einstellungsobjekts. Eine affektiv basierte Einstellung hingegen gründet überwiegend auf den Gefühlen oder Werten einer Person. Hierbei stehen insbesondere die Begeisterung, Vorlieben, der individuelle Sinn für Ästhetik sowie der persönliche Geschmack und Präferenzen im Mittelpunkt der Bewertung. Affektiv basierte Einstellungen unterliegen nicht notwendigerweise

453 Vgl. LaPiere (1934); Krech et al. (1997), S. 33 ff.
454 Vgl. Six/Eckes (1996), S. 8.
455 Vgl. Braunstein (2001), S. 96.
456 Vgl. Hovland/Rosenberg (1960), S. 198 ff.; Crites/Fabrigar/Ptty (1994).
457 Vgl. Braunstein (2001), S. 96.
458 Vgl. Kuß/Tomczak (2000), S. 47.

der Logik, so dass sie sich kaum von rationalen Argumenten verändern lassen. Eine verhaltensbasierte Einstellung gründet überwiegend auf den Beobachtungen des eigenen Verhaltens gegenüber dem Einstellungsobjekt. Auf welcher der drei Komponenten eine Einstellung zum Großteil beruht, kann auch durch das Einstellungsobjekt selbst bedingt sein. So lässt sich vermuten, dass beispielsweise die Einstellung gegenüber einem Rasenmäher eher über die kognitive Komponente gebildet wird, dem gegenüber die Einstellung bezüglich eines Parfums eher auf der emotionalen Komponente basiert. Zur Vermeidung kognitiver Spannungen und aus Gründen der psychischen Entlastung strebt das Individuum im Allgemeinen nach einer ausgeglichenen Verteilung der drei Komponenten untereinander.[459] Das dreidimensionale Einstellungskonstrukt konnte bereits vielfach empirischen Überprüfungen standhalten.[460]

Neben den Wissenschaftlern, die für eine dreidimensionale Erfassung des Einstellungskonstruktes plädieren,[461] existieren ebenso zahlreiche Autoren, die ein *eindimensionales Einstellungskonstrukt* vertreten.[462] *Fishbein* kritisiert die Skalierung des dreidimensionalen Einstellungskonstrukts, da er *Thurstone* folgend präferiert „[...] to view attitude as a relatively simple unidimensional concept, referring to the amount of affect for or against a psychological object."[463] Weiterhin argumentiert *Fishbein*, dass nur wenige Studien die dreiteilige Gliederung des Einstellungskonstrukts bestätigen konnten und lediglich die Erfassung der affektiven Komponente von Einstellungen sich konstant durch die meisten Arbeiten zieht.[464] Aufgrund dieser Problematik plädieren zahlreiche Forscher, insbesondere *Fishbein* und *Ajzen* sowie *Petty* und *Cacioppo*, für eine eindimensionale Konzeptionalisierung, nämlich die der affektiven Komponente des Einstellungskonstrukts.[465] Demnach finden in dem eindimensionalen Modell weder kognitive noch konative Komponenten Berücksichtigung. *Kroeber-Riel* und *Weinberg* argumentieren, dass das Drei-Komponenten-Modell der Einstellungen gegenwärtig höchstens als „[...] heuristisches Organisationsschema für die Untersuchung von Einstellungen und Verhalten angesehen" wird.[466]

459 Vgl. Fischer/Wiswede (2002), S. 254.
460 Vgl. Ostrom (1969); Kothandapani (1971); Breckler (1984), S. 1191.
461 Vgl. Eagly/Chaiken (1993), S. 1 ff. Zur empirischen Überprüfung der Dreikomponententheorie vgl. Stahlberg/Frey (1996), S. 221 f.
462 Vgl. Hormuth (1979), S. 5; Petty/Cacioppo (1981), S. 7.
463 Fishbein (1967), S. 478.
464 Vgl. Fishbein (1967), S. 479. Für weitere Argumente einer getrennten Konzeptualisierung der drei Einstellungskomponenten siehe Fishbein (1967), S. 479 ff.
465 Vgl. Fishbein/Ajzen (1975), S. 216; Petty/Cacioppo (1981), S. 7.
466 Kroeber-Riel/Weinberg (2003), S. 170 f.

Aufgrund der Tatsache, dass weder das ein- noch das dreidimensionale Modell der Einstellungskonzeptualisierung klare, übereinstimmende Ergebnisse erzielt, kann kein konkretes Fazit bzgl. der Vorteilhaftigkeit einer der beiden Varianten gezogen werden. Demnach sollte die Wahl eines Einstellungsmodells auf Grundlage des jeweils vorliegenden Forschungsfalls getroffen werden.[467] In der vorliegenden Untersuchung wird die eindimensionale Konzeptualisierung der Einstellung Verwendung finden, um die bereits angesprochene Abgrenzungsproblematik zu umgehen.

Nachdem im vorangegangenen Abschnitt das Einstellungskonstrukt erläutert wurde, stellt sich anschließend die Frage, warum Einstellungen gebildet werden bzw. welche Funktion sie für das jeweilige Individuum besitzen. Bezugnehmend auf frühere Taxonomien nach *Katz*[468] sowie *Smith*, *Bruner* und *White*[469], besitzen Einstellungen vier Funktionen, die darauf abzielen, bestimmte Bedürfnisse des Individuums zu befriedigen. Der Ursprung der instrumentellen Funktion der *Anpassungsfunktion*[470] ist in der Lerntheorie zu finden. Betrachtet man die Anpassungsfunktion von Einstellungen wird deutlich, dass diese insbesondere bzgl. der Erreichung von Zielen sowie der Verhaltensvorhersage funktional sind.[471] Das Wissen über die Valenz eines Objekts reguliert Annäherungs- und Vermeidungsverhalten und gibt dem Individuum somit Sicherheit im Umgang mit der Umwelt. Die *Ich-Verteidigungs- oder Selbstbehauptungsfunktion*[472] dient der Aufrechterhaltung des Selbstwertgefühls. Hiermit werden die Abwehr sowie die Regulierung innerpsychischer Konflikte sowie die Verteidigung des Selbstbildes ermöglicht.[473] Dies führt zu einer verbesserten inneren Konfliktbewältigung und schützt das eigene Ego vor äußeren Gefahren.[474] Die *Selbstdarstellungs-* oder *Wertdarstellungsfunktion*[475] bezieht sich auf Aspekte des Ausdrucks der eigenen Persönlichkeit sowie der sozialen Identifikation. Sie ermöglicht es dem Individuum, das eigene Selbstbild sowie Wertvorstellungen zum Ausdruck zu bringen.[476] Sie dient dem Individuum dazu, sich positiv darzustellen und mit entsprechenden Bezugsgruppen zu identifizieren. Hingegen gilt die *Wis-*

467 Vgl. Breckler (1984), S. 1201 ff.; Braunstein (2001), S. 97. So postulierten beispielsweise Schlegel und Di Tecco, dass die Erfassung der Einstellung durch die affektive Komponente nur dann erfolgen sollte, wenn die relevanten Überzeugungen bezüglich des Objekts zahlenmäßig gering, einfach und widerspruchsfrei sind. Vgl. Schlegel/Di Tecco (1982), S. 17 ff.

468 Vgl. Katz (1960).

469 Vgl. Smith/Bruner/White (1956).

470 Auch als „instrumental", „adjustive" oder „utilitarian function" bezeichnet.

471 Vgl. Katz (1960).

472 Auch als „egodefensive function" bezeichnet.

473 Vgl. Schiffman/Kanuk (1991), S. 250.

474 Vgl. Lutz (1991), S. 329 ff.

475 Auch als „valueexpressive function" bezeichnet.

476 Vgl. Katz (1960).

sens- oder *Erkenntnisfunktion*[477] als die Basisfunktion, die mehr oder weniger allen Einstellungen zugeschrieben werden kann. Diese entsteht aus dem Bedürfnis heraus, die Umwelt zu strukturieren, um sich leichter darin zurechtzufinden.

So ermöglichen Einstellungen einem Individuum, eine positive oder negative Haltung zu einem Objekt zu bilden, um so direkt und angemessen auf dieses reagieren zu können. Dementsprechend muss nicht bei jeder Konfrontation mit einem Einstellungsobjekt das Verhalten gegenüber diesem neu taxiert und bestimmt werden.[478] Diese Art von konstantem Wissen ist ein Selektionsvorteil, der dem Individuum Zeit und Energie spart, welche es nicht in eine neue Bewertung investieren muss.[479] Aufgrund der beschränkten Kapazität zur Verarbeitung von Informationen vereinfachen Einstellungen demnach unsere Informationsverarbeitung, indem sie eine praktische Zusammenfassung von Überzeugungen gegenüber dem Einstellungsobjekt darstellen und sich somit als kognitives Schema nutzen lassen.[480] Es bleibt festzustellen, dass eine Einstellung mehrere Funktionen gleichzeitig erfüllen kann.[481] Je nachdem welcher Aspekt des Einstellungsobjekts in einer gegebenen Situation im Vordergrund steht, ist auch die Intensität der Auswirkungen einer bestimmten Funktion unterschiedlich stark ausgeprägt.[482]

Im Hinblick auf den Untersuchungsgegenstand der vorliegenden Arbeit lässt sich zusammenfassen, dass die Einstellung nach Überzeugung verschiedener Wissenschaftler als die Schlüsselvariable zur Erklärung und Prognose des Konsumentenverhaltens anzusehen ist.[483] Des Weiteren wird die Einstellungstheorie häufig zur Erklärung der Adoption von Innovationen herangezogen.[484] Der besondere Stellenwert der Einstellungsforschung zur Erklärung des menschlichen Kauf- und Konsumverhaltens kommt in der Fundamentalhypothese zum Ausdruck, die eine positive Korrelation zwischen der Kaufbereitschaft eines Individuums und dessen Einstellungsstärke unterstellt.[485] Somit dient die Einstellungstheorie insbesondere der Klärung von Forschungsfrage 2, also der Beantwortung der Frage nach dem Effekt der identi-

---

477 Auch als „knowledge function“ oder „economy function“ bezeichnet.
478 Vgl. Smith/Bruner/White (1956).
479 Vgl. Smith/Brunner/White (1956).
480 Vgl. Fazio/Ledbetter/Towles-Schwen (2000); Watt et al. (2007).
481 Vgl. Bohner (2003), S. 270.
482 Vgl. Shavitt (1989).
483 Vgl. Foscht/Swoboda (2005), S. 60; ähnlich Fishbein/Ajzen (1975), S. 368 f.: „The best predictor of an individual's behavior is the measure of his intention to perform that behavior."
484 Vgl. z. B. Vekantesh/Davis (2000); O'Cass/Fenech (2003); Wixom/Todd (2005).
485 Vgl. Regier (2007), S. 15.

fizierten Determinanten im Hinblick auf den zu bewertenden Designsprung. Dementsprechend kann angenommen werden, dass die Wahrscheinlichkeit eines Kaufs mit zunehmender Stärke positiver Einstellungen gegenüber Produkten, Marken oder Dienstleistungen steigt.[486] Von besonderem Interesse für marketingpolitische Aktivitäten ist die Veränderbarkeit von Einstellungen.[487] So lassen sich Einstellungen trotz ihres stabilen Charakters im Vergleich zu anderen konsumentenpsychologischen Konstrukten von Marketinginstrumenten beeinflussen.[488]

2.3.4 Theorie der kognitiven Dissonanz

Die Theorie der kognitiven Dissonanz wurde von *Festinger*[489] im Jahr 1957 entwickelt und lässt sich der Gruppe der Konsistenztheorien zuordnen,[490] die das Streben des Menschen nach Widerspruchfreiheit zu erklären versuchen. Die Theorie der kognitiven Dissonanz gilt hierbei als das in der Sozialwissenschaft am besten erforschte Konzept dieser Theoriengruppe.[491] Im Bereich des Marketings ist sie bereits seit über 30 Jahren fest etabliert.[492]

Der Fokus der Theorie liegt hierbei auf dem kognitiven System von Individuen.[493] Kognitionen umfassen alle Elemente des Bewusstseins, wie beispielsweise Einstellungen, Erfahrungen, Meinungen, Wünsche, Annahmen, Überzeugungen und Kenntnisse eines Individuums über sich selbst, sein Verhalten oder seine Umwelt.[494] Dabei wird die Struktur des kognitiven Systems aus den Eigenschaften einzelner Kognitionen sowie deren Verhältnis zueinander gebildet. Das bedeutet, dass zwischen Kognitionen mehr oder weniger vielfältige und intensive Beziehungen bestehen.[495] Enge Beziehungen bestehen z. B. zwischen Kognitionen, die das Streben nach Gesundheit oder das Essen von Obst und Gemüse sowie den Verzicht auf Zigaretten betreffen, wohingegen keine kognitive Beziehung zwischen der Präferenz hinsichtlich einer bestimmten Automarke und dem Wetter in Rom existiert. Die Theorie der kognitiven

486 Vgl. Hammann/Erichson (1994), S. 271.
487 Vgl. Eagly/Chaiken (1993).
488 Vgl. Trommsdorff (2002), S. 151.
489 Vgl. Festinger (1957, 1958, 1962, 1964, 1978); Festinger/Aronson (1960); Festinger/Bramel (1962).
490 Zu den Konsistenztheorien zählen neben der Theorie der kognitiven Dissonanz auch die Balancetheorie von Heider (1946); die Kongruenztheorie von Osgood/Tannenbaum (1955) und die Konsistenztheorie von Rosenberg/Abelson (1960). Zu den Konsistenztheorien vgl. Wiswede (1995), S. 83; Mayer/Illmann (2000), S. 201; Herkner (2003), S. 251 ff.
491 Vgl. Krech/Benesch (1992), S. 52; Kroeber-Riel/Weinberg (2003), S. 184.
492 Vgl. Berkowitz (1965); Cardozo/Bramel (1969).
493 Vgl. Festinger (1957, 1978); Wiswede (1995), S. 83; Mittal/Kumar/Tsiros (1999), S. 91; Kroeber-Riel/Weinberg (2003) S. 184.
494 Vgl. Festinger (1978), S. 17; Frey/Gaska (1993), S. 276; Keller (2002), S. 93.
495 Vgl. Raab/Unger/Unger (2010), S. 42.

Dissonanz geht davon aus, dass Individuen beim Auftreten widersprüchlicher kognitiver Elemente einen Spannungszustand erfahren,[496] was wiederum dem Streben des kognitiven Systems nach einem harmonischen Gleichgewicht entgegensteht.[497] Dabei ist die Höhe der kognitiven Dissonanz abhängig von der Anzahl und der Relevanz der beteiligten Kognitionen.[498]

Das Auftreten von kognitiven Dissonanzen ist umso wahrscheinlicher, je relevanter und irreversibler eine Entscheidung und je geringer der Entscheidungsdruck wahrgenommen wird. Außerdem steigert eine große Anzahl an Alternativen sowie ein hohes Maß an Attraktivität der entsprechenden Alternativen ebenfalls die Wahrscheinlichkeit des Auftretens kognitiver Dissonanz.[499] Dieses kognitive Ungleichgewicht löst bei dem Individuum eine innere Erregung aus, die als unangenehmer kognitiver Spannungszustand erlebt wird.[500] Diese sogenannte kognitive Dissonanz erhöht die Motivation der betreffenden Person zur Wiedererlangung der Konsistenz des kognitiven Systems, sobald eine subjektiv empfundene, kritische Toleranzschwelle überschritten wird.[501] Ein kognitives Gleichgewicht wird dann erreicht, wenn die in einer relevanten Beziehung zueinander stehenden kognitiven Elemente miteinander vereinbar bzw. konsonant sind.[502]

Im Hinblick auf die Marketingforschung sind die Bedingungen, unter denen Dissonanzen entstehen, als besonders relevant zu bewerten. Hierbei sind für die vorliegende Untersuchung insbesondere die Dissonanz durch Aufnahme von neuen Informationen als relevant zu bewerten.[503] So können Informationen in diesem Fall zumindest für eine bestimmte Zeitspanne zu Dissonanzen mit bestehendem Wissen, Erkenntnissen und Überzeugungen führen. Eine weitere Bedingung unter der kognitive Dissonanzen auftreten können ist nach getroffenen Wahlentscheidungen. In diesem Fall löst inkonsistentes Wissen nach dem Kauf Dissonanzen aus, wobei der Kunde die Entscheidung getroffen hat, die Nachteile der gewählten Alternative, den Vorteilen der abgelehnten Alternative vorzuziehen.[504] Dieser Fall findet für die vorlie-

496 Vgl. Festinger (1957, 1978).
497 Vgl. Nolte (1976), S. 373; Mayer/Illmann (2000), S. 201.
498 Vgl. Festinger (1957), S. 13.
499 Vgl. Cummings/Venkatesan (1976); Giering (2000), S. 55.
500 Vgl. Seilheimer (2001), S. 41; Sieben (2002), S. 58 f.
501 Vgl. Berndt (1996), S. 76; Nieschlag/Dichtl/Hörschgen (2002), S. 1025.
502 Vgl. Behrens (1991), S. 105; Sieben (2002), S. 58.
503 Vgl. Festinger (1957), S. 4, 14. Neben den zwei genannten Bedingungen existieren vier weitere Kontexte unter denen Dissonanzen auftreten können. Diese sind 1. Dissonanz durch logische Inkonsistenz, 2. Dissonanz durch kulturelle Gebräuche, 3. Dissonanz durch Meinungen auf verschiedenen Ebenen und 4. Dissonanz aus Erfahrungen.
504 Vgl. Kroeber-Riel/Weinberg (2003), S. 185.

gende Untersuchung jedoch keine Berücksichtigung, da Reaktionen nach der Kaufentscheidung nicht erfasst werden.

Nach *Festinger* entsteht kognitive Dissonanz ausschließlich nach getroffenen Entscheidungen, indem er feststellt, dass sich eine Person vor einer Entscheidung bzw. Handlung in einem Konflikt befindet, zwischen möglichen Alternativen wählen zu müssen. Erst danach befindet sich das Individuum im Zustand kognitiver Dissonanz, indem es die gewählte Alternative rechtfertigen muss. Diese Annahme konnte jedoch schon früh revidiert werden, indem nachgewiesen werden konnte, dass bereits während des Entscheidungsprozesses, d. h. vor der Kaufentscheidung, kognitive Dissonanzen entstehen können.[505] Die als dissonant empfundenen Informationen bzw. die potenziell auftretenden Bedenken hinsichtlich der Richtigkeit einer getroffenen Entscheidung und die damit einhergehenden, als unangenehm empfundenen Spannungszustände, kann das Individuum mit Hilfe verschiedener kognitiver Mechanismen minimieren.[506] Diese Strategien bewirken die Reorganisation des Umfangs, Inhalts und der Gewichtung des dissonanten Systems. So kann im Rahmen des Informationsprozesses durch selektive Informationssuche nach Hinweisen, welche die als dissonant empfundenen Informationen in konsonante Informationen umwandeln, die kognitive Dissonanz reduziert oder im Idealfall vollständig abgebaut werden.[507] Da alle Entscheidungen und Handlungen auch negative Aspekte aufweisen, stehen diese grundsätzlich im Widerspruch zu einer möglichen Entscheidung bzw. Handlung und lösen kognitive Dissonanz aus.[508]

In der Literatur werden zur Verminderung kognitiver Dissonanzen insbesondere Vermeidungs- und Konfrontationsstrategien angeführt.[509] Die Vermeidungsstrategien zielen darauf ab, widersprüchlichen Elementen durch Informationsselektion und Informationsverzerrung auszuweichen, um die eigenen Einstellungen, Intentionen und Verhaltensweisen zu rechtfertigen. Im Rahmen der Konfrontationsstrategie hingegen stellt sich das Individuum diesen Informationen ganz bewusst, um sie in einem weiteren Schritt so zu manipulieren, dass die gewählte Entscheidungsalternative positiver bewertet wird, als die nicht gewählte.[510]

505 Vgl. Nolte (1976), S. 381; Frey/Gaska (1993), S. 277.
506 Vgl. Oliver (1997), S. 253 f.; Kroeber-Riel/Weinberg (2003), S. 185 f.
507 Vgl. Silberer (1981), S. 35; Wiswede (2000), S. 324 f.
508 Warum Entscheidungen und daraus resultierende Handlungen neben erwünschten auch immer unerwünschte Folgen aufweisen stellen Raab, Unger und Unger ausführlich dar. Vgl. Raab/Unger/Unger (2010), S. 43.
509 Vgl. Cox (1967), S. 34 ff.; Raffée/Sauter/Silberer (1973), S. 47 f.
510 Vgl. Cox (1967), S. 34 ff.

Eine grundlegende Untersuchung zum Vermeidungsverhalten bei kognitiver Dissonanz stammt von *Ehrlich* und Kollegen.[511] Sie konnten beobachten, dass Käufer eines neuen Autos nach dem Kauf bevorzugt Werbeanzeigen der erworbenen Automarke betrachteten. Diese Beobachtung allein reicht jedoch nicht aus, um Dissonanzeffekte zu erklären. So kann ebenfalls die Tatsache, bereits ein Auto einer bestimmten Marke zu besitzen, die Aufmerksamkeit auf entsprechende markenspezifische Werbung lenken. Jedoch kann aus einer Vielzahl empirischer Studien abgeleitet werden, dass Individuen nach bestimmten Handlungen entsprechende handlungskonforme Informationen bevorzugen und handlungswidersprechende Informationen vermeiden.[512] Untersuchungen von *Mills* konnten in diesem Zusammenhang aufzeigen, dass das Interesse für Werbung der gewählten Marke gegenüber der nicht gewählten Marke besonders groß ist, wenn beide Marken sich stark ähneln.[513] Die Zuwendung des Interesses auf die Werbung der gewählten Marke kann somit als Effekt der Dissonanzvermeidung interpretiert werden. Daraus lässt sich schließen, dass Käufer eines *3er BMWs*, der als besonders ähnlich zur *Mercedes C-Klasse* wahrgenommen wird, Werbung für den Fahrzeugtyp des *3er BMWs* eindeutig gegenüber der Werbung für die *Mercedes C-Klasse* bevorzugen. Hingegen wird das Interesse gegenüber Werbung für einen *Opel Corsa* von der Kaufentscheidung für einen *3er BMW* nicht beeinflusst.

In Bezug auf das dieser Arbeit zugrunde liegende Untersuchungsmodell kann davon ausgegangen werden, dass die Theorie der kognitiven Dissonanz einen Erklärungsbeitrag zur Entstehung von Akzeptanz bzw. Resistenz gegenüber Designsprüngen auf Kundenseite leistet. Somit unterstützt die Theorie sowohl bei der Beantwortung von Forschungsfrage 1 hinsichtlich der Identifikation von Einflussfaktoren, als auch bei Forschungsfrage 2 in Bezug auf den Einfluss der identifizierten Determinanten auf die Bewertung von Designsprüngen. Daneben kann die vorgestellte Theorie auch zur Beantwortung der dritten Forschungsfrage eine Hilfestellung leisten. So argumentieren Vertreter dieser Theorie wie z. B. *Ram*, dass ein Individuum aus konsistenztheoretischer Sicht die Möglichkeit besitzt, durch Widerstand gegen den Designsprung ein kognitives Gleichgewicht herbeizuführen.[514] Entsprechend ist davon auszugehen, dass bei Vorliegen eines kognitiven Gleichgewichts bei einem Konsumenten, dieser eher Verhalten in Richtung Akzeptanz gegenüber dem Designsprung zeigt. Die Theorie trägt

---

511 Vgl. Ehrlich/Guttmann/Schönbach/Mills (1957).
512 Vgl. Raab/Unger/Unger (2010), S. 44.
513 Vgl. Mills (1965a, 1965b).
514 Vgl. Ram (1987), Ram (1989).

somit ebenfalls dazu bei, die aus der Akzeptanz resultierenden Verhaltensweisen bzw. -absichten auf Konsumentenseite im Sinne von Forschungsfrage 3 zu erklären.

3. Konzeptualisierung eines Modells zur Bewertung von Designsprüngen

3.1 Zum Begriff der Akzeptanz von Designsprüngen

Dieser Arbeit liegt die zentrale Annahme zugrunde, dass zur Beurteilung von Designsprüngen aus Kundensicht das Akzeptanzkonzept dient. Dementsprechend nimmt die Akzeptanz von Designsprüngen innerhalb des Untersuchungsmodells eine besondere Stellung ein.

Die Untersuchung der Akzeptanz gegenüber Designsprüngen und ihrer Bedingungen setzt die Klärung und Definition zentraler Begriffe voraus. Die Frage nach der Akzeptanz stellt sich grundsätzlich dann, wenn zum einen ein Objekt existiert, welches es zu akzeptieren gilt, und wenn zum anderen die Möglichkeit auf Seiten des Individuums besteht, dieses nicht zu akzeptieren.[515] Der Akzeptanzbegriff wurde zunächst in Organisationsstudien verwendet und bezeichnete die Einstellung der Mitarbeiter gegenüber neu eingeführten Organisationsstrukturen oder Infrastrukturen (z. B. die Einführung eines Intranets).[516] Innerhalb der deutschsprachigen Literatur stammen die grundlegenden Arbeiten zur Akzeptanz von *Lucke*. Die Wissenschaftlerin entwickelte eine soziologische Theorie der Akzeptanz, wobei ein Bezugsrahmen gebildet wird, indem in Akzeptanzsubjekt, Akzeptanzobjekt und Akzeptanzkontext unterschieden wird.[517] Dabei kann sich Akzeptanz beispielsweise auf Personen, Verhaltensweisen, Gebrauchsgegenstände oder Vorschläge beziehen. Akzeptanz ist dabei grundsätzlich an die akzeptierende Person gebunden, die Situationen oder Sachverhalte für sich selbst als relevant und gültig für ihre Handlungen anerkennt. Schließlich stehen Akzeptanzobjekte sowie Akzeptanzsubjekte in wechselnden sozialen Kontexten. Diesen Akzeptanzkontext können beispielsweise relevante Bezugsgruppen darstellen, die die Zielgruppe normativ beeinflussen.[518]

Aufbauend auf ihrer soziologischen Theorie der Akzeptanz entwickelte *Lucke* verschiedene Akzeptanzdefinitionen. Eine psychologische, auf dem Einstellungskonzept basierende Definition beschreibt *Akzeptanz* als Einstellung, die allenfalls die Bereitschaft (Intention) beinhaltet, sich der Einstellung gemäß verhalten zu wollen. Sie impliziert aber nicht, ob es tatsächlich zu diesem Verhalten kommen wird.[519] In dieser Definition wird der Unterschied von Einstellung

---

515 Vgl. Lucke (1995).
516 Vgl. Davis (1989); Karahanna/Straub/Chervanym (1999); Au/Enderwick (2000).
517 Vgl. Lucke (1995); Lucke/Hasse (1998).
518 Vgl. Lucke (1995).
519 Vgl. Lucke (1995), S. 103; Schade (2008), S. 31.

und Verhalten, der in vielen Definitionen unterlassen wird, deutlich herausgestellt.[520] In der Literatur herrscht Uneinigkeit hinsichtlich der Definition des Akzeptanzbegriffs, was dazu führt, dass verschiedene wissenschaftliche Disziplinen diesen Begriff äußerst heterogen verwenden.[521] So kommt *Pressmar*, der im Rahmen einer Meta-Studie mehr als fünfzig Nachschlagewerke und Wörterbücher nach dem Stichwort Akzeptanz durchsucht hat, zu der Feststellung, dass „[...] sich in Abhängigkeit von der Verwendung dieses Begriffes dessen Definitionen stark unterscheiden."[522]

Eine wesentliche Gemeinsamkeit der verschiedenen Modelle zur Erklärung der Akzeptanz besteht jedoch darin, dass die Akzeptanz als eine Einstellung und/oder als ein bestimmtes Verhalten gesehen wird.[523] Für die vorliegende empirisch orientierte Arbeit empfiehlt sich dementsprechend eine pragmatische Akzeptanzdefinition, die die psychologisch relevante Unterscheidung in Einstellungs- und Verhaltensaspekte berücksichtigt.[524] Im Rahmen dieser Arbeit wird daher dem Akzeptanzverständnis von *Binsack* sowie *Dethloff* gefolgt, die Akzeptanz als Kombination aus der positiven Einstellung gegenüber einer Innovation und einer Verhaltensintention ansehen.[525]

Innerhalb des Marketings wird Akzeptanz als eine Annahme von subjektiv als neuartig wahrgenommenen Produkten durch den Konsumenten verstanden.[526] Die marketingwissenschaftliche Akzeptanzforschung verfolgt das Ziel, Strategien zur erfolgreichen Einführung und Durchsetzung innovativer Produkte am Markt zu entwickeln, indem insbesondere produkt- und konsumentenspezifische sowie umweltbezogene Determinanten berücksichtigt werden, welche die Annahme (Akzeptanz) bzw. Ablehnung (Resistenz) neuartiger bzw. neugestalteter Produkte am Markt beeinflussen.[527]

520 Vgl. Anstadt (1994).
521 Vgl. Lucke (1995).
522 Pressmar (1982); zitiert nach Anstadt (1994), S. 68.
523 Einen aktuellen und umfassenden Überblick der in der Literatur vorherrschenden Akzeptanzmodelle unternehmen Venkatesh et al. (2003), S. 427 ff.
524 Zur Lösung des Einstellungs-Verhaltensproblems haben Schade/Schlag (2001) den Begriff „Akzeptierbarkeit" vorgeschlagen. Dieser beschreibt die prospektive Einschätzung von Maßnahmen, deren Einführung für die Zukunft geplant ist und mit denen die Zielgruppe deshalb bisher keine Erfahrungen haben kann. Der Begriff ist dementsprechend als Einstellungskonstrukt zu verstehen. „Akzeptanz" bezeichnet demgegenüber die nach erfolgter Einführung einer Maßnahme festzustellenden Stellungnahmen einschließlich ihrer verhaltensmäßigen Reaktionen. Allerdings kollidiert diese Definition der Akzeptierbarkeit mit der im deutschsprachigen Raum verbreiteten normativen Verwendung des Begriffs. Aus diesem Grund findet in der vorliegenden Arbeit ausschließlich der Begriff „Akzeptanz" Verwendung.
525 Vgl. Binsack (2003), S. 9; Dethloff (2004), S. 18.
526 Vgl. Hoffmann (2008), S. 98.
527 Vgl. Kollmann (1998), S. 51.

Im Bereich des Marketings dominieren zur Erfolgsmessung von Produkten zumeist Ansätze der Adoptions- und Einstellungsforschung,[528] dennoch erscheint ein akzeptanzorientiertes Konzept besonders im Hinblick auf den Erfolg von Designsprüngen sinnvoll. Im Gegensatz zur Adoptions- und Einstellungsforschung bezieht der Akzeptanzbegriff explizit die Nutzung des Produktes in die Betrachtung mit ein.[529] In diesem Zusammenhang zeigt der Vergleich mit angewandten Akzeptanzarbeiten jedoch, dass sich die Akzeptanz im Rahmen des Einstellungskonzepts weitestgehend durchgesetzt hat.[530] Dementsprechend wird auch in der vorliegenden Arbeit Akzeptanz als Einstellung verstanden. Dabei wird auf der Ebene der abstrakten Bewertung die Richtung der Einstellung (positiv/Akzeptanz vs. negativ/Resistenz) abgefragt. Neben der Richtung bewerten *Eagly* und *Chaiken* die Stärke der Einstellung als relevant für die Akzeptanz im Sinne der obigen Definition,[531] weshalb diese in der vorliegenden Arbeit ebenfalls Berücksichtigung findet.[532]

Auf der Einstellungsebene entspricht die Resistenz einer negativen Einstellung gegenüber dem Bewertungsobjekt, welches in der vorliegenden Untersuchung durch den Designsprung abgebildet wird. Auf intentionaler Ebene bildet sich die Absicht einer Person heraus, das Produkt, welches den Designsprung beinhaltet zu kaufen bzw. zu nutzen. Liegt Akzeptanz - Resistenz ausschließlich auf der intentionalen Dimension vor, spricht man von passiver Akzeptanz - Resistenz. Darüber hinaus kann sich die Akzeptanz - Resistenz gegenüber Designsprüngen auch in aktivem Verhalten äußern. So kann sich die sogenannte aktive Resistenz beispielsweise in Verhaltensweisen wie negativem Word-of-Mouth,[533] Boykotten,[534] Beschwerden,[535] Unzufriedenheit[536] und Vergeltungsreaktionen[537] widerspiegeln. Aktive Akzeptanz äußert sich hingegen in deutlich loyaleren Verhaltensweisen wie einer hohen Kauf- sowie Zahlungsbereitschaft, wobei in diesem Fall eher die intentionale Ebene angesprochen wird. In Anlehnung an die Definition von *Haber* wird Resistenz für diese Arbeit wie folgt definiert: „Resistenz wird grundsätzlich als eine negative Einstellung (Einstellungsebene) gegenüber eines Designsprungs sowie der Verhaltensintention, das Produkt mit dem Design-

528 Vgl. Kollmann (1999), S. 129 f.
529 Vgl. Döhl (1983), S. 125; Silberer/Hannecke (1999), S. 2 f.
530 Vgl. z. B. Renn (1984); Anstadt (1994); Van der Laan/Heino/De Waard (1997); Stoll (1999); Schlag/Schade (2000); Dinse (2000); Bamberg/Rölle (2003); Link (2003).
531 Vgl. Eagly/Chaiken (1998).
532 Zur Erhebung des Konstrukts der Akzeptanz - Resistenz vgl. Kapitel 5.3.2.2.
533 Vgl. z. B. Arndt (1967); Moldovan/Goldenberg (2004); Homburg/Fürst (2007), S. 46; Luo (2007).
534 Vgl. Penaloza/Price (1993), S. 123.
535 Vgl. z. B. Homburg/Fürst (2006), S. 4; Homburg/Fürst (2007), S. 42.
536 Für einen Überblick vgl. Homburg/Fürst (2006), S. 7.
537 Vgl. Huefner/Hunt (1994); Huefner/Hunt (2000).

sprung nicht zu kaufen bzw. zu nutzen (intentionale Ebene), verstanden. Zusätzlich kann sich die Resistenz in aktivem Verhalten gegenüber dem Designsprung in Form von geringer Kauf- und Zahlungsbereitschaft ausdrücken (Verhaltensebene).“ [538] Entsprechend der Definition wird Akzeptanz als eine positive Einstellung gegenüber einem Designsprung verstanden, einhergehend mit der Verhaltensintention, das Produkt mit Designsprung zu kaufen und zu nutzen.

Für die vorliegende Arbeit scheint es notwendig, den Begriff der Akzeptanz von dem der Adoption abzugrenzen. Dies erfolgt in der Adoptionsforschung sehr heterogen. So konstatiert *Wohlfahrt* beispielsweise, dass Akzeptanz eine Einstellung, Verhaltensabsicht und Nutzung voraussetzt und Akzeptanz somit erst nach einem gezeigten Verhalten auftritt.[539] Dieses Verhalten wird in der Konsumentenforschung jedoch als Adoption bezeichnet, wohingegen Studien aus dem Unternehmenskontext das gezeigte Verhalten als Akzeptanz beschreiben würden.[540] Daher ist die Akzeptanz einer Innovation im Konsumentenverhalten als Determinante der Adoption anzusehen und nicht als Adoption selbst.

Im Folgenden stellt sich nun die Frage, welche Relevanz das Akzeptanzkonstrukt im Rahmen der Konsumentenforschung besitzt. Die Wahrnehmung eines Produktdesigns löst zunächst kognitive und affektive Reaktionen aus, die ein Annäherungs- oder Vermeidungsverhalten bewirken, das sich schließlich in konkreten ökonomischen Ergebnisgrößen wie Gewinn und Umsatz niederschlägt. Ein ansprechend gestaltetes Produkt löst angenehme Reaktionen aus und wird dementsprechend vom Rezipienten eher mit einem Annäherungsverhalten belohnt (Akzeptanz). Im Gegensatz dazu resultiert ein Produktdesign, das missfällt, eher in Ablehnungsverhalten (Resistenz) auf Seiten des Konsumenten.[541] Übertragen auf den Kontext der vorliegenden Untersuchung, kann ein Konsument ein Design sowohl positiv als auch negativ beurteilen, was sich wiederum in der Akzeptanz bzw. Resistenz gegenüber dem Designsprung äußert. Vertreter der Adoptionsforschung sprechen daher bei einem positiven Urteil von Akzeptanz und bei negativer Bewertung von Resistenz gegenüber einer Innovation.

---

538 Haber (2008), S. 58.
539 Vgl. Wohlfahrt (2004), S. 64.
540 Vgl. Binsack (2003), S. 9; Dethloff (2004), S. 18.
541 Vgl. Csikszentmihalyi/Robinson (1990); Bloch (1995), S. 16 ff.

Wie bereits erwähnt, bildet die Akzeptanz die Vorstufe einer positiven Adoptionsentscheidung.[542] Unter dieser Bedingung zieht ein Individuum einen Designsprung prinzipiell als eine in Frage kommende Alternative für die Kaufentscheidung in Betracht.[543] Jedoch muss aus der Akzeptanz nicht zwangsläufig auch eine Adoption resultieren, oftmals korrigiert ein Individuum sein erstes Urteil und lehnt das Neuprodukt ab, sofern es neue, widersprüchliche Informationen erhält oder der Konsument eine gewisse Nachkaufresonanz antizipiert.[544] Dieses Verhalten kann durch die *Theorie der kognitiven Dissonanz* von *Festinger* erklärt werden.[545]

Ob ein Designsprung durch einen Konsumenten akzeptiert oder abgelehnt wird, ist in Anlehnung an die Innovationsforschung in den meisten Fällen von dem Innovationsgrad des Designsprungs selbst sowie von dessen Neuartigkeitsgrad abhängig.[546] Daher scheint an dieser Stelle eine Systematisierung von Innovationen im Sinne von Design angebracht, welcher sich diverse Wissenschaftler angenommen haben und so unterschiedliche Ansätze entwickeln konnten.[547] Obwohl der Neuartigkeitsgrad einen entscheidenden Faktor zur systematischen Kategorisierung von Innovationen darstellt, herrschen in der Literatur uneinheitliche Auffassungen darüber, wann ein Produkt als „neu“ anzusehen ist.[548] Die Spannweite der Neuartigkeit von Produkten erstreckt sich von der einfachen Produktdifferenzierung bis hin zur radikalen Innovation.[549] In der Adoptionsforschung wird der Grad der Neuartigkeit oftmals indirekt über den Grad der Abweichung des Neuprodukts zu vorhandenem Wissen untersucht. Ein Konsument nimmt demnach einen Designsprung wahr, wenn sich dieser stark von seinen vorhandenen Wissensstrukturen differenziert.[550] In diesem Zusammenhang wird in der Innovationsliteratur hinsichtlich der Akzeptanz von Produkten auch auf die Relevanz kognitiver Schemata hingewiesen, weshalb diese im Folgenden eine genauere Betrachtung erfahren.

Ein Schema ist ein Hilfsmittel des Menschen, um Informationen, die er über seine Sinnesorgane aufnimmt, eine Bedeutung zuzuordnen. Schemata sind für die Aufnahme, Verarbeitung

542 Vgl. Binsack (2003), S. 9.
543 Vgl. Schmalen/Pechtl (1996), S. 818.
544 Vgl. Bagozzi/Lee (1999), S. 221.
545 Zur Theorie der kognitiven Dissonanz vgl. Kapitel 2.3.4.
546 Vgl. Regier (2007), S. 5.
547 Vgl. z. B. Robertson (1971) zur Klassifizierung nach Konsumgewohnheiten; Hirschmann (1981) zur Ähnlichkeit von Innovationen zu bestehenden Produkten; Veryzer (1998) und Ziamou (1999) zur Klassifizierung nach Technologie, Funktionalitäten und Gewohnheiten und Binsack (2003) zur Klassifizierung nach kognitiven Strukturen.
548 Vgl. Hauschildt (2004), S. 3 ff.
549 Vgl. Sattler (2005), S. 507.
550 Vgl. Hirschmann (1981), S. 537 ff.; Lehmann (1994), S. 1 ff.; Veryzer (1998), S. 144.

und Speicherung von Informationen zuständig und steuern somit generell kognitive Vorgänge.[551] Diese ermöglichen dem Menschen, sich in jeglicher potenziellen Situation schnell und mühelos zurechtzufinden und sich entsprechend verhalten zu können. Zudem wirken diese aufmerksamkeitslenkend, da Individuen dazu tendieren, insbesondere schemakonsistente Reize aufzunehmen.[552] Reize werden dabei umso einfacher verarbeitet, je besser sie mit dem Schema übereinstimmen.[553] Nur in überraschenden oder besonders relevanten Situationen werden nicht Schemata, sondern kontrollierte, bewusste Kognitionen handlungsleitend.

Schemata sind Inhalte des impliziten Gedächtnisses und bestimmen durch Wiedererkennen über Auswahl bzw. Filterung die Bedeutung der eingehenden Informationen. Weiterhin füllen diese Informationslücken aus und entscheiden darüber, wie mehrdeutige Reize interpretiert werden. Somit wird die Wahrnehmung und Informationsverarbeitung des Menschen und in der Konsequenz sein Handeln durch Schemata gesteuert.[554] Fachlich werden Schemata als mentale Wissensstrukturen bezeichnet, die Informationen über ein bestimmtes Objekt oder Konzept in abstrakter, generalisierter Form enthalten. Schemata sind als Veranschaulichung zu verstehen, wie erlerntes Wissen in der Informationsverarbeitung genutzt werden kann.[555]

Ein Erklärungsansatz, der sich an die Schematheorie anlehnt argumentiert, dass typische, also schemakonsistente Produktdesigns, tendenziell bevorzugt werden, da sie unter anderem vertrauter wirken und so mit einem geringen sozialen Risiko verbunden sind.[556] Zur Analyse von Designwirkungen sind demnach aus Sicht der Schematheorie nicht nur die Bedeutungsinhalte des aktivierten Schemas relevant, sondern auch der Grad der Schemaabweichung zwischen dem Design und dem Produkt- bzw. Markenschema.[557] Dieser Argumentation stehen allerdings Untersuchungen entgegen, die darauf hinweisen, dass Designs mit einer moderaten Schemakongruenz bevorzugt werden,[558] da sie neben der Wiedererkennung vertrauter Elemente zusätzlich neuartige Komponenten aufweisen und damit anregender bzw. interessanter wirken.[559]

551 Vgl. Fiske/Linville (1980), S. 543; Rumelhart (1980), S. 45 ff.; Fiske/Dyer (1985); Zajonc (1985), S. 150 ff.; Mandl/Friedrich/Hron (1988), S. 127; Marcus/Meyer (2001), S. 91.
552 Vgl. Marcus/Zajonc (1985), S. 143; Hill/Raedtke/King (1997).
553 Vgl. Marcus/Zajonc (1985), S. 169; Meyer (2001), S. 91.
554 Vgl. Aronson/Wilson/Akert (2004).
555 Vgl. Smith/Queller (2002).
556 Vgl. Loken/Ward (1990); Campbell/Goodstein (2001).
557 Vgl. Kohler (2003), S. 115.
558 Vgl. Mandler (1982), S. 22 f.
559 Vgl. Berlyne (1971, 1974a); Holbrook/Hirschman (1982); Meyers-Levy/Tybout (1989); Loken/Ward (1990).

Im Kontext der Konsumentenverhaltensforschung wurde die schemainduzierte Beurteilung von Produkten bereits mehrfach untersucht.[560] Innovationen mit geringer Neuartigkeit unterscheiden sich nur geringfügig von bestehenden Wissensstrukturen und ermöglichen es dem Kunden verhältnismäßig leicht auf seine bisherigen Erfahrungen mit vergleichbaren Produkten zurückzugreifen.[561] Hingegen zeichnen sich Produkte mit hohem Neuigkeitsgrad besonders durch Diskrepanzen zu etablierten Wissensstrukturen aus und können dementsprechend in starkem Widerspruch zu bestehenden Erfahrungen und Überzeugungen des Konsumenten stehen.[562]

Da der Fokus der vorliegenden Arbeit auf der Entwicklung eines Erklärungsmodells der Bewertung von Designsprüngen liegt, sollen im Folgenden zunächst die Determinanten des vorgestellten Konzepts der Akzeptanz - Resistenz abgeleitet werden und dabei eine genauere Betrachtung erfahren.

3.2 Identifikation von Determinanten der Akzeptanz von Designsprüngen

Um der in Kapitel 1.2 aufgestellten Forschungsfrage 1 gerecht zu werden, sollen in vorliegendem Abschnitt die Determinanten der Bewertung von Designsprüngen identifiziert werden. Da das Konstrukt der Akzeptanz von Designsprüngen in der Literatur bisher keine Beachtung erfahren hat, ist eine direkte Ableitung von Einflussfaktoren der Bewertung von Designsprüngen auf Basis bisheriger Erkenntnisse kaum möglich. Es existieren jedoch einige theoretische wie auch empirische Arbeiten zum Produktdesign sowie zum Thema Innovation und damit verbundenem Adoptionsverhalten. Zwar finden Designsprünge sowie deren Bewertung keine explizite Betrachtung, jedoch liefern diese Arbeiten aufgrund ihrer thematischen Nähe, Anhaltspunkte zur Identifikation relevanter Determinanten. Ergänzend zur Literatur der Marketingforschung wurden Arbeiten verwandter Felder, insbesondere der Psychologie, in die Überlegungen mit einbezogen. Hierbei fand eine Überprüfung der Übertragbarkeit von Ergebnissen auf den Themenbereich der Bewertung von Designsprüngen statt. Insgesamt deuten die theoretischen Grundlagen, die Ergebnisse der Literaturanalyse aus Kapitel 2.2.4 sowie die eigenen konzeptionellen Überlegungen auf vier direkte Einflussfaktoren in Bezug auf die Bewertung von Designsprüngen hin, auf die nun im Folgenden näher eingegangen werden soll.

560 Vgl. Meyers-Levy/Tybout (1989), S. 39 ff.; Sujan/Bettman (1989), S. 454 ff.
561 Vgl. Binsack (2003), S. 3.
562 Vgl. Binsack (2003), S. 3.

3.2.1 Personenspezifische Faktoren

In Anlehnung an den Adoptionsprozess von *Rogers* lassen sich personenspezifische Faktoren als Determinanten der Übernahme von Innovationen identifizieren.[563] Da die psychographischen Faktoren einen größeren Einfluss auf das Konsumentenverhalten besitzen als sozioökonomische Größen, sollen diese in der vorliegenden Untersuchung Verwendung finden. Nach *Bloch* sind es unter anderem Persönlichkeitsmerkmale, die Designpräferenzen bestimmen,[564] weshalb das Konstrukt *Novelty-Seeking* in der vorliegenden Arbeit Verwendung findet. Auf der anderen Seite stellt die Einstellungstheorie ein bedeutendes Kriterium zur Erklärung von Konsumentenverhalten dar,[565] weshalb die *Einstellung gegenüber der Marke* als Einflussgröße auf die Bewertung von Designsprüngen gewählt wurde.

3.2.1.1 Einstellung gegenüber der Marke

Wie bereits in Abschnitt 2.3.3 zur Einstellungstheorie beschrieben, wird in Übereinstimmung mit einer Reihe von Einstellungstheoretikern das Konstrukt der *Einstellung gegenüber der Marke* in der vorliegenden Untersuchung definiert als eine gelernte und relativ überdauernde Bereitschaft, in einer entsprechenden Situation, gegenüber dem betreffenden Einstellungsobjekt, regelmäßig mehr oder weniger stark positiv bzw. negativ zu reagieren.[566] Die herausragende Bedeutung des Einstellungskonstrukts basiert auf dessen Eigenschaft als Verhaltensprädiktor.[567] Einstellungstheorien wie die E-V-Hypothese besagen, dass Einstellungen das Verhalten prägen[568] und dementsprechend angenommen wird, dass durch die Messung von Einstellungen bestimmte Verhaltensweisen vorhergesagt werden können. In der Konsumentenforschung stellt die Markeneinstellung eine der Variablen dar, die zur Erklärung des Kaufverhaltens besonders häufig herangezogen wird.[569] Vor dem Hintergrund der Theorie der kognitiven Dissonanz resultiert aus einer Einstellung gegenüber einer Marke entsprechendes einstellungskonsistentes Verhalten.

In dem von *Bloch* konzipierten Modell existieren kognitive, affektive und konative Reaktionen, die sich im Sinne der Dreikomponententheorie als Einstellung interpretieren lassen und

563 Vgl. Rogers (2003).
564 Vgl. Bloch (1996).
565 Vgl. Fishbein/Ajzen (1975), S. 368; Foscht/Swoboda (2005), S. 60.
566 Vgl. Eagly/Chaiken (1993), S. 1; Petty/Wegener/Fabrigar (1997), S. 610; Ajzen (2001), S. 28; Rosenstiel/Neumann (2002), S. 202; Trommsdorff (2002), S. 150.
567 Vgl. Franzoi (1996), S. 173; Braunstein (2001), S. 95; Kroeber-Riel/Weinberg (2003), S. 168.
568 Vgl. Foscht/Swoboda (2007), S. 64 f.
569 Vgl. Trommsdorff (1998), S. 142; Wirtz (2008), S. 100.

die durch das Produktdesign beeinflusst werden.[570] Dieser Einfluss beschränkt sich jedoch nicht auf die Einstellung gegenüber einer bestimmten Leistung, sondern richtet sich auch auf die Einstellung gegenüber der Marke.[571] Demnach beeinflusst das Produktdesign des zu beurteilenden Gegenstands auch die Markeneinstellung des Individuums.

Im Rahmen des interessierenden Untersuchungsobjekts soll an dieser Stelle die umgekehrte Transferrichtung, nämlich der Einstellungstransfer von der Marke auf das Design nicht unberücksichtigt bleiben. Hierbei steht der Einfluss der Einstellung gegenüber der Marke und der damit einhergehenden Übertragung von Markenassoziationen auf die Bewertung von Designsprüngen im Vordergrund. Bei diesem keinesfalls minder essenziellen Kausalzusammenhang wird die Annahme vertreten, dass die Beurteilung von Design durch die Markeneinstellung systematisch beeinflusst wird.[572]

Die bei einem Individuum ausgeprägte Markeneinstellung führt beispielsweise bei der Einführung eines neuen Automodells dazu, dass eine korrekte Zuordnung dieses Produkts in die entsprechende Markenkategorie durch das Markenlabel mit dem entsprechenden Namen der Automobilmarke erfolgt.[573] Da Personen über Wissen verfügen, das im semantischen Netzwerk der vorliegenden Marke verankert ist, verknüpfen sie dieses mit dem visuellen Reiz, der durch das Design bzw. den Designsprung ausgelöst wird. Basierend auf dieser Annahme wird das Automobildesign keinesfalls isoliert beurteilt, sondern diese Bewertung findet grundsätzlich im Kontext der zugrunde liegenden Markeneinstellung statt. Demnach sind es letztendlich Einstellungen, die beispielsweise die Vorliebe oder Ablehnung gegenüber einer Marke zum Ausdruck bringen und die objektive Bewertung des Designs eines Produktes ermöglichen.[574]

Darüber hinaus zeigt eine Definition der Akzeptanz von *Rentsch* auf, dass diese als Resultat einer positiven Einstellung zu verstehen ist: „Akzeptanz ist ganz allgemein Ausdruck einer positiven Einstellung eines Individuums einem Objekt gegenüber.“[575] Diese Begriffsdefinition beschreibt Akzeptanz als positive Ausprägung der psychologischen Größe Einstellung gegenüber einem nicht näher beschriebenen Objekt. In der vorliegenden Untersuchung ist

---

570 Vgl. Bloch (1995), S. 17.
571 Vgl. Bloch (1995), S. 19.
572 Vgl. Kohler (2003), S. 161.
573 Vgl. Buchner (2008), S. 42.
574 Vgl. Trumminelli (2004), S. 11.
575 Rentsch (1988), S. 10.

dieses Objekt durch den Designsprung eines Automobils dargestellt und die Einstellung bezieht sich konkret auf die entsprechende Marke des Automobilherstellers. Auf Basis dieser Ausführungen wird ein direkter Zusammenhang zwischen der Markeneinstellung und der Akzeptanz von Designsprüngen postuliert.

Hypothese 1: *Je positiver die Einstellung gegenüber der Marke, desto stärker beeinflusst dies die Bewertung von Designsprüngen in Richtung Akzeptanz.*

3.2.1.2 Novelty-Seeking

Aus der täglichen Erfahrung und Interaktion mit anderen Menschen ist bekannt, dass trotz gleichem Kulturkreis und ähnlichem sozialen Umfeld die Gefallensurteile zwischen verschiedenen Individuen unterschiedlich stark ausfallen können. Daraus lässt sich vermuten, dass eine Ursache für differierende Geschmacksauffassungen damit innerhalb der Person zu liegen scheint.[576]

In dem Modell zur Wirkung von Produktdesign von *Bloch* werden Persönlichkeitseigenschaften unter dem Punkt Konsumentencharakteristika zusammengefasst.[577] Nach *Bloch* sind Persönlichkeitseigenschaften maßgeblich dafür verantwortlich, dass Gefallensurteile zwischen Personen trotz ähnlicher Rahmenbedingungen unterschiedlich ausfallen können.[578] Vergleichbare Arbeiten zu Differenzen zwischen Konsumenten von *Bloch, Brunel* und *Arnold* kamen zu dem Ergebnis, dass die Beurteilung von Ästhetik signifikant zwischen den Individuen variiert.[579] Daraus lässt sich ableiten, dass Menschen unterschiedlich sensibel auf Produktdesign reagieren. Während einige Individuen in der Lage sind, Design sehr differenziert wahrzunehmen und feinfühlige Reaktionen darauf zu zeigen, scheinen andere diesbezüglich weniger ausgeprägte Neigungen aufzuweisen.

Es ist plausibel, dass neben den von *Bloch* postulierten individuellen Präferenzen, die durch das Sammeln von Erfahrungen im Umgang mit Design wesentlich geprägt werden, ebenso unterschiedliche Ausprägungen von Persönlichkeitsmerkmalen zwischen den Individuen existieren, die Einfluss auf Designpräferenzen nehmen. In diesem Kontext sind an dieser Stelle

576 Vgl. Holbrook (1986).
577 Vgl. Abbildung 6.
578 Vgl. Bloch (1995).
579 Vgl. Bloch/Brunel/Arnold (2003).

beispielhaft das Bedürfnis nach Neuem (Novelty-Seeking), das Bedürfnis nach Einzigartigkeit (Need-for-Uniqueness) oder auch das Bedürfnis nach Sensation und Abwechslung (Sensation-Seeking) zu nennen. Personen mit hohen Ausprägungen auf diesen Dimensionen bevorzugen eher unkonventionelle Produkte, die sich unter anderem durch ein ungewöhnliches, nicht alltägliches Design auszeichnen.[580]

Novelty-Seeking bezeichnet eine ererbte Tendenz zu intensiver und häufiger explorativer Aktivität auf der Suche nach Neuem sowie aktiver Vermeidung von Monotonie und potenzieller Bestrafung. Dementsprechend stellt der Kauf eines aus Kundenperspektive neuen Produktes Belohnung aus Sicht von Novelty-Seekern dar.[581] Novelty-Seeking kann somit als eine generelle Prädisposition gegenüber neuen Marktangeboten beschrieben werden.[582]

Novelty-Seeking ist eine ererbte Tendenz zur Hypersensitivität dopaminerger Rezeptoren[583], die damit einhergeht, dass betreffende Personen mit intensiver Erregung auf Belohnung im Sinne von neuen Stimuli oder Hinweisen auf neue Reize reagieren. Dies führt zu einem Verhalten, welches durch explorative Aktivität auf der Suche nach Belohnung und aktiver Vermeidung von Monotonie und Langeweile geprägt ist.[584] Menschen mit hohen Ausprägungen auf der Novelty-Seeking Skala sind impulsiv, explorativ, leicht erregbar, extravagant, unordentlich und leicht zu begeistern für neue Aktivitäten und Interessen. Sie vernachlässigen Details, sind leicht ablenkbar und schnell gelangweilt.[585] Menschen mit geringen Ausprägungen auf dieser Dimension entwickeln nur langsam neue Interessen, sorgen sich oft um die kleinsten Details und müssen Entscheidungen gründlich durchdenken. Diese Personen gelten als sehr durchdacht, loyal und beherrscht, können jedoch auch sehr rigide sein und lassen sich als ordentlich und ausdauernd beschreiben.[586]

Der Begriff des Novelty-Seekings ist semantisch mit dem des Sensation-Seekings verwandt und von ähnlichem Bedeutungsinhalt. Die Begriffe Novelty-Seeking und Sensation-Seeking

---

580 Vgl. Morganosky/Postlewait (1989).
581 Vgl. Tscheulin/Helmig (1999), S. 16.
582 Vgl. Hirschman (1980).
583 Novelty-Seeking wird teilweise genetisch bestimmt wobei der D4DR Polymorphismus für einige aber nicht alle genetischen Effekte verantwortlich ist.
584 Vgl. Cloninger (1987).
585 Vgl. Amelang/Bartussek (2006), S. 215.
586 Vgl. Amelang/Bartussek (2006), S. 215.

werden in der Literatur teilweise synonym gebraucht. Auch die neurophysiologischen Befunde sind mit denen des Sensation-Seeking vergleichbar.[587]

Hinsichtlich des Bedürfnisses nach Neuem besteht hierbei der Wunsch, ein neuartiges, zuvor nicht auf dem Markt verfügbares Produkt zu besitzen. Dementsprechend befriedigen Novelty-Seeker ihr Bedürfnis nach Neuem mittels der Suche nach immer aktuelleren, abwechslungsreichen und innovativen Produkten.[588] Basierend auf diesen Annahmen lässt sich vermuten, dass sich Novelty-Seeker insbesondere von Designsprüngen als einer Form der Produktinnovation angesprochen fühlen. Die Übernahme einer solchen Produktneuerung befriedigt einerseits das Bedürfnis nach Neuem und identifiziert den Konsumenten außerdem als Trendsetter, was ebenfalls zu einer Bedürfnisbefriedigung auf Seiten der Novelty-Seeker führt. Aus diesem Grund scheint die Persönlichkeitseigenschaft Novelty-Seeking insbesondere im Rahmen des Untersuchungsobjekts als Determinante für die Bewertung von Designsprüngen geeignet.

Als Erklärungsansatz des Novelty-Seeking Behavior kann das Konzept des *Optimum Stimulation Level* angewandt werden, nach dem jeder Käufer sein individuelles, als angenehm empfundenes Reizniveau (Stimulationslevel) anstrebt.[589] Nach dem von *Berlyne* entwickelten Ansatz kann insbesondere bei Personen mit hohen Ausprägungen des Persönlichkeitsmerkmals Novelty-Seeking Langeweile auftreten, wenn das individuelle optimale Stimulationslevel durch den Kauf wenig neuartiger bzw. bereits längere Zeit auf dem Markt verfügbarer Produkte unterschritten wird.[590] In diesem Fall kann der Kunde versuchen, durch die Suche nach neuen Produkten seine persönliche Kaufsituation zu optimieren.[591] Das Konzept des Optimum Stimulation Level erklärt demnach das Auftreten von Langeweile als Konsequenz der Unterschreitung eines individuellen Arousal-Niveaus, was mit einer zu geringen inneren Spannung des Individuums einhergeht.[592] Bevor es überhaupt zu einem Spannungsabbau kommt, strebt der Konsument an, ein bestimmtes Erregungsniveau aufrecht zu erhalten und meidet dementsprechend reizarme Situationen. Ebenso wie eine Unterschreitung des Reizniveaus, kann eine Überreizung in Folge zu starker Aktivierung bei Personen mit geringem Novelty-Seeking Ausprägungen Unwohlsein hervorrufen. Diese Personen werden reizüberfluteten Situationen mit einem Vermeidungsverhalten begegnen, um sich selbst vor einer Überreizung zu schützen

587 Vgl. Möller/Huber (2003).
588 Vgl. Hirschman (1980).
589 Vgl. Raju (1984), S. 204.
590 Vgl. Berlyne (1960, 1963); Helmig, (1997), S. 48.
591 Vgl. Helmig (1997), S. 50.
592 Vgl. Berlyne (1960, 1963); Fiske/Maddi (1961).

und ein optimales Arousal-Level zu gewährleisten.[593] Vor dem Hintergrund der genannten Konzepte sollte das Untersuchungsobjekt des Designsprungs betrachtet werden. So ist zu vermuten, dass Personen Produkte mit Designsprüngen entsprechend der Präferenz ihres eigenen Erregungsniveaus bewerten. Auf Basis dieser Annahme lässt sich schließen, dass Personen, die ein hohes Arousal-Level bevorzugen, Designsprünge positiver bewerten als Personen, die sich bei einem niedrigeren Erregungsniveau wohler fühlen.

Aufgrund der aufgeführten Erkenntnis kann davon ausgegangen werden, dass es individuelle Persönlichkeitsmerkmale sind, die in erster Linie Bedürfnisse beeinflussen und Verhalten steuern.[594] So argumentiert auch *Rogers* in seinem Adoptionsmodell, dass psychographische Faktoren, die insbesondere Persönlichkeitsmerkmale bzw. -eigenschaften beinhalten, einen Einfluss auf den Adoptionsprozess besitzen.[595] Übertragen auf den Untersuchungsgegenstand der vorliegend Arbeit kann aufgrund der vorhergehenden Erläuterungen vermutet werden, dass vor allem die Persönlichkeitseigenschaft Novelty-Seeking einen Einfluss auf die Bewertung und daraus resultierend auf die Übernahme eines Designsprungs durch den Konsumenten besitzt.

Hypothese 2: *Je stärker die Persönlichkeitseigenschaft Novelty-Seeking ausgeprägt ist, desto stärker beeinflusst dies die Bewertung von Designsprüngen in Richtung Akzeptanz.*

3.2.2 Produktspezifische Faktoren

Bei den produktspezifischen Faktoren handelt es sich nach *Rogers* um Eigenschaften einer Innovation bzw. eines neudesignten Automobils, die durch den Konsumenten als subjektiv wahrgenommen werden. Diese Produktmerkmale besitzen eine große Bedeutung im Hinblick auf die Befriedigung von Nutzerbedürfnissen und nehmen außerdem Einfluss auf die Wahrnehmung einer positiven Kosten-Nutzen-Bilanz auf Seiten des Konsumenten.[596] Die produktspezifischen Eigenschaften wirken auf die Bewertung des Designsprungs sowie dessen Übernahme, also der Adoption.[597] Aufgrund der Identifikation des *Relativen Vorteils* sowie der

593 Vgl. Koppelmann/Brodersen/Volkmann (2001), S. 60.
594 Vgl. Koch (2004), S. 201.
595 Vgl. Kapitel 2.3.2.
596 Vgl. Gerpott (2005), S. 116.
597 Vgl. Rogers (1983), S. 210.

Kompatibilität als besonders relevante Einflussfaktoren auf die Adoption von Innovationen,[598] finden diese beiden produktspezifischen Faktoren Eingang in die vorliegende Untersuchung.

3.2.2.1 Relativer Vorteil

Rogers definiert den Relativen Vorteil als „[...] the degree to which an innovation is perceived as being better than the idea it supersedes."[599] Demnach liegt ein Relativer Vorteil dann vor, wenn die Produktinnovation bzw. das Neuprodukt in der Lage ist, die individuellen Bedürfnisse des potenziellen Nachfragers besser zu befriedigen, als alternative Produkte.[600] Dem Relativen Vorteil werden neben den wahrgenommenen Eigenschaften des Produkts häufig auch ökonomische und soziale Aspekte zugesprochen. Dieser Vorteil kann dabei beispielsweise als wirtschaftlicher Nutzen in Form von Kostenvorteilen, Arbeits- oder Zeitersparnis, Preis-/Leistungsverhältnis oder Rentabilität wahrgenommen werden.[601] Zudem kann er auch in Form von Aspekten der Bedürfnisbefriedigung interpretiert werden, indem der Relative Vorteil soziale Anerkennung oder sozialen Status, soziales Prestige durch die Referenzgruppe oder auch einen möglichen Imagegewinn vermittelt.[602] Somit kann der Relative Vorteil, den der Kunde mit dem Produkt verbindet, von Individuum zu Individuum sehr unterschiedlich interpretiert werden. Demnach stellt der Relative Vorteil einen weit gefassten Begriff dar, der nach *Clement* nur schwer gegenüber anderen produktbezogenen Adoptionsdeterminanten abgrenzbar ist.[603]

Einigkeit besteht unter den Wissenschaftlern darin, dass die Wahrscheinlichkeit, eine Innovation oder ein Neuprodukt zu adaptieren, umso größer ist, je stärker der Relative Vorteil auf Seiten des Konsumenten wahrgenommen wird. Der Relative Vorteil kann somit auch als Ergebnis antizipierter positiver Konsequenzen durch den Kunden verstanden werden.[604] *Weiber* schreibt dem vom Individuum wahrgenommenen Relativen Vorteil einer Innovation sogar die größte Bedeutung unter den Determinanten innerhalb des Adoptionsprozesses zu.[605] Des Weiteren vertritt *Rogers* die Annahme, dass die Adoptionsgeschwindigkeit einer Innovation umso

598 Vgl. Iacovou et al. (1995); Jones/Beatty (1998).
599 Rogers (2003), S. 229.
600 Vgl. Rogers (1995), S. 212 ff.; Schmalen/Pechtl (1996), S. 818 ff.
601 Vgl. Ostlund (1974), S. 24 ff.; Pohl (1996), S. 61; Rogers (2003), S. 229 ff.
602 Vgl. Moore/Benbasat (1991); Schmalen/Pechtl (1996), S. 816; Mahler (2001), S. 28 f.; Harms (2002), S. 88.
603 Vgl. Clement (2000), S. 178.
604 Vgl. Bagozzi/Lee (1999), S. 218.
605 Vgl. Weiber (1992), S. 6.

höher ist, je größer der von den Individuen wahrgenommene Relative Vorteil eingeschätzt wird.[606]

Aufgrund des starken Einflusses individuell wahrnehmbarer Vorteile von Produkten, beschäftigen sich eine Reihe von Wissenschaftlern nicht mit den objektiven, sondern den subjektiven Eigenschaften von Konsumartikeln. *Yamamoto* und *Lambert*[607] sowie *Srinivasan*, *Lovejoy* und *Beach*[608] untersuchten die Wahrnehmung subjektiver Charakteristika eines Produktes auf Konsumentenseite und kamen zu dem Ergebnis, dass die subjektiv wahrgenommenen Merkmale eines Produktes einen großen Einfluss auf die Bewertung dieser besitzen. *Rogers* sowie *Moore* und *Benbasat* beschreiben das Image als einen weiteren wesentlichen Effekt des Relativen Vorteils.[609] „Perceptions of relative advantage have received strong support in research [...] in terms of the degree to which the innovation is perceived to enhance an individual's image [...]."[610] Hierbei ist der Begriff des Images von *Rogers* definiert als „[...] the degree to which use of a personal work station enhanced an individual's status in the organization."[611]

Eine Untersuchung im Rahmen des „Design Trends Report 2008" beschäftigt sich in diesem Zusammenhang mit der Frage, welcher Nutzen durch eine Veränderung bzw. vermeintliche Verbesserung des Designs eines Produkts gesehen wird.[612] Obwohl an der Funktionalität sowie den technischen Eigenschaften des Produkts keine Veränderungen vorgenommen wurden, gaben 56,8 % der Probanden an, den Hauptnutzen in einer verbesserten Leistung des Produkts zu sehen. Weitere 18,2 % erwarteten eine längere Produktlebensdauer und immerhin 1,7 % sahen in dem neu designten Produkt eine Verbesserung der Sicherheit.

Bezogen auf die Automobilbranche ist anzunehmen, dass ein neues und ungewöhnliches Design mit verschiedenen Nutzenaspekten in Verbindung gebracht wird, die als Relativer Vorteil gegenüber dem bisherigen Modell interpretiert werden können. So können verschiedene Aspekte von Design gezielt Assoziationen auf Kundeseite auslösen. Zum Beispiel führte die Einführung lackierter Stoßstangen dazu, dass diese Autos als wesentlich höherwertiger wahr-

606 Vgl. Moore/Benbasat (1991); Rogers (2003), S. 232 ff.
607 Vgl. Yamamoto/Lambert (1994).
608 Vgl. Srinivasan/Lovejoy/Beach (1997).
609 Rogers (2003), S. 224.
610 Crawford (2007), S. 137, in Anlehnung an Moore/Benbasat (1991); Rogers (2003).
611 Rogers (2003), S. 224.
612 Originalfrage: „What is the most common benefit seen in products after the design has been updated?" Vgl. Design Trends Report (March 2008).

genommen wurden als Modelle ohne lackierte Stoßstange.[613] Veränderungen im Design wie z. B. hochgezogene Scheinwerfer und ein nach unten verlaufender Kühlergrill vermitteln dem Konsumenten eine gewisse Aggressivität des Fahrzeugs[614] und können beim Konsumenten konkrete Assoziationen wie Dynamik, Sportlichkeit und Schnelligkeit hervorrufen.[615] Zusammenfassend lässt sich somit festhalten, dass solche Änderungen im Design dem Kunden bestimmte Eigenschaften des Automobils vermitteln, die dieser als Vorteilhaft im Vergleich zu anderen Modellen einschätzt. Basierend auf den Annahmen von *Rogers* ist davon auszugehen, dass der wahrgenommene Nutzen bzw. Relative Vorteil dazu führt, dass ein Produkt positiver bewertet wird.[616] In der vorliegenden Untersuchung drückt sich dies in einer erhöhten Akzeptanz gegenüber dem neu designten Automobil aus. Basierend auf den vorangegangenen Ausführungen lässt sich folgende Hypothese aufstellen:

Hypothese 3: *Je stärker ein Relativer Vorteil wahrgenommen wird, desto stärker beeinflusst dies die Bewertung von Designsprüngen in Richtung Akzeptanz.*

3.2.2.2 Kompatibilität

Es liegt in der Natur der visuellen Wahrnehmung, dass das Design eines Produktes vom Konsumenten beim ersten Anblick unmittelbar und intuitiv aufgenommen wird. In dieser Situation fällt der Beobachter direkt ein Urteil, das beispielsweise Gefallen oder Missfallen ausdrückt. Einflüsse auf Gefallensurteile besitzen neben ästhetischen Eigenschaften auch weitere Faktoren, die unabhängig von der Form des Objektes wirken.[617] Hierzu gehört unter anderem die „Authentizität" eines Designs. Dieser Thematik hat sich *Futschik* angenommen, er argumentiert, dass Design dann als authentisch bezeichnet wird, wenn es dem entspricht, was Konsumenten von einer bestimmten Marke erwarten.[618] Demnach ist neben dem individuellen ästhetischen Empfinden des Rezipienten auch der persönliche Eindruck von der Kongruenz bzw. der Inkongruenz zwischen dem Produktdesign und der Marke ausschlaggebend für die Beurteilung von Design.[619] Die Präferenz für die Kompatibilität eines Produktes mit der Herstellermarke bzw. mit dem Vorgängermodell kann durch die Theorie der kognitiven Disso-

613 Vgl. Brauer (2007).
614 Vgl. Landwehr/McGill/Herrmann (2011).
615 Vgl. Ebel/Hofer (2004).
616 Vgl. Rogers (2003), S. 232 ff. Wie erinnerlich geht Rogers davon aus, dass die Adoptionsgeschwindigkeit einer Innovation umso höher ist, je größer der von den Individuen wahrgenommene Relative Vorteil.
617 Vgl. hierzu auch das Modell von Bloch in Abschnitt 2.3.1.
618 Vgl. Futschik (2008), S. 12.
619 Vgl. Kohler (2003), S. 161.

nanz erklärt werden. Entsprechend streben Individuen danach, einen als dissonant wahrgenommenen Zustand abzubauen, wodurch es zu einer Vermeidung von Situationen oder von Informationen kommt, welche zu einer Erhöhung der kognitiven Dissonanz führen könnten. Kognitive Dissonanz auf Seiten des Konsumenten kann mittels Resistenz und entsprechenden Verhaltensweisen eliminiert werden.

So sollte beispielsweise sichergestellt sein, dass das Design eines neuen Automodells aus Kundensicht zu den Markenwerten des Herstellers passt.[620] Dieses Wissen macht sich auch die Automobilindustrie zu Nutze. Es ist bekannt, dass ein erfolgreiches Automobildesign sowohl am Produktnutzen als auch an der Markenstrategie orientiert sein sollte.[621] Demnach scheint es essenziell, dass ein neu designtes Automobil als zur jeweiligen Markenfamilie zugehörig wahrgenommen wird. Ein Blick auf verschiedene Automodelle unterschiedlicher Marken zeigt, dass Hersteller bestrebt sind, die jeweiligen markentypischen Elemente über ihre Modellreihen hinweg kontinuierlich beizubehalten. So setzen Automobilhersteller wie z. B. *Audi*, *BMW* und *Mercedes-Benz* auf eine modellreihenspezifische Ausprägung, die jedoch einen eindeutigen Bezug zur Markenfamilie erkennen lässt. Der Automobilhersteller *BMW* würde es wohl nicht riskieren ein Modell auf den Markt zu bringen, das nicht den charakteristischen Kühlergrill in Nierenform aufweist, da dieser als das markante Merkmal gilt, das eine direkte Assoziation mit *BMW* beim Kunden auslöst. Auch der Bohrmaschinenhersteller *Hilti* vertritt eine klare Designstrategie, wobei über eine eigenständige Formsprache und das leuchtende Rot die Wiedererkennung auf Kundeseite gewährleistet ist.

Diese Beispiele lassen vermuten, dass Design zunehmend zum Erkennungszeichen für Konsumgüter geworden ist.[622] Nach *Futschik* verfolgt diese Strategie zwei grundlegende Ziele. Einerseits wird der Transfer von Markenwerten sichergestellt, andererseits soll das Produktdesign einer bestimmten Marke als „authentisch“ wahrgenommen werden.[623] Das Produkt soll folglich dem entsprechen, was der Verbraucher von der jeweiligen Marke erwartet. Auch *Kohler* identifiziert in einer Untersuchung die Kongruenz zwischen Design und Marke als Maßstab für die Beurteilung der Attraktivität[624] eines Produktes.[625] Neben der Kongruenz verweist er auf den „Effekt der Umweltharmonie“, welcher als das sogenannte *Konzept des*

---

620 Vgl. Karjalainen (2007), S. 68.
621 Vgl. Karjalainen (2007), S. 67.
622 Vgl. Ebel/Hofer (2004), S. 341.
623 Vgl. Futschik (2008), S. 12.
624 Zur ausführlichen Erläuterung des Begriffs „Anmutung“ siehe Kohler (2003), S. 96 ff.
625 Vgl. Kohler (2003), S. 161.

Ensembles bezeichnet wird.[626] Daraus resultiert die Annahme, dass Reaktionen auf Design positiver ausfallen, je besser das neu gestaltete Produkt auf ästhetischer Ebene mit den bisherigen Produkten sowie der Marke an sich harmoniert.

Marken stellen eigene Kategorien dar, die mit verschiedenen Assoziationen verknüpft werden.[627] Wenn ein Automobilhersteller ein neues Modell auf dem Markt einführt, so wird dieses, da es mit dem Emblem der Marke versehen ist, von den Konsumenten als neues Mitglied in der Markenkategorie abgespeichert.[628] Dieses neue Modell ist mit einer Reihe von neuen Eigenschaften und Vorstellungen verknüpft, die entweder als konsistent oder aber als inkonsistent mit den bisherigen Assoziationen der Marke wahrgenommen werden können.[629] Die neu aufgenommenen Informationen können einerseits auf das neue Modell, andererseits auch rückwirkend auf die zugrunde liegende Marke Einfluss nehmen.[630]

Dass der Fit[631] bzw. die Passung zwischen neuem Model und Marke als zentraler Einflussfaktor hinsichtlich des Erfolgs neu designter Produkte zu bewerten ist, zeigen auch Untersuchungen zur Markenerweiterung.[632] So führen *Wänke*, *Bless* und *Schwarz* in ihrem Aufsatz zu Markenerweiterungen bei Automobilmarken den Erfolg auf den wahrgenommenen Fit[633] zwischen dem neuen Modell und der Stammmarke zurück.[634] Des Weiteren argumentieren die Autoren dass Markenerweiterungen positiver bewertet werden, wenn diese vom Kunden als markentypisch wahrgenommen werden, der Marke demnach entsprechen.[635] In diesem Zusammenhang argumentieren *Völckner*, *Sattler* und *Kaufmann*: „A new brand extension with high fit to the parent brand should elicit similar associations, which may reinforce the brand's existing image and lead to a more favorable parent brand attitude. An extension with poor fit may evoke associations dissimilar from those of the parent brand and hence damage

---

626 Vgl. Kohler (2003), S. 87.
627 Vgl. Kim/Lavack/Smith (2001), S. 212.
628 Vgl. Buchner (2008), S. 46.
629 Vgl. Kim/Lavack/Smith (2001), S. 212. In dieser Arbeit werden die Begriffe Konsistenz, Ähnlichkeit, Fit, Passung und Kongruenz synonym verwendet.
630 Vgl. Loken/Roedder-John (1993), S. 71 ff.; Kim/Lavack/Smith (2001), S. 212.
631 Unter dem Begriff des „Fits" ist die Passung zwischen zwei oder mehr Objekten bzw. Marken zu verstehen. Die Höhe des Fits ergibt sich aus dem Grad der Zugehörigkeit eines Objektes zu einer bestimmten Kategorie. Vgl. hierzu Park et al. (2005), S. 965.
632 Vgl. Aaker/Keller (1990); Broniarcyk/Alba (1994); Bhat/Reddy (2001); Gurhan-Canali (2003); Park et al. (2005).
633 Die Autoren verweisen jedoch darauf, dass dieser Fit zwischen Markenerweiterung und Stammmarke eine mehrdimensionale Größe ist (z. B. physisch, imagebasiert, konzeptbezogen), enger und weiter gefasst werden kann und kontextabhängig ist. Vgl. hierzu Wänke/Bless/Schwarz (1998), S. 301 f.
634 Vgl. Wänke/Bless/Schwarz (1998), S. 301.
635 Vgl. Wänke/Bless/Schwarz (1998), S. 300.

the brand's image."[636] Dementsprechend kamen auch *Kim*, *Lavack* und *Smith* in ihrer Untersuchung zu dem Ergebnis, dass eine Markenerweiterung, die im Bezug auf ihre Stammmarke als inkonsistent (im Sinne von unähnlich) empfunden wird, entsprechend negative Rückwirkung auf die Stammmarke ausstrahlt.[637]

Es kann also konstatiert werden, dass Produkte, die als markenuntypisch wahrgenommen werden nicht nur das positive Image der Marke einbüßen, sondern dieser sogar schaden können.[638] Dieses sogenannte Phänomen der „*brand dilution*" ist ein Risiko mit dem Automobilhersteller zu rechnen haben, wenn sie sich für die Einführung neuer Modelle unter einer Marke entschließen.[639] Je stärker ein Automodell demnach aus einer Kategorie ausbricht und somit beim Konsumenten als inkonsistent zum Markenkonzept erlebt wird, desto weniger wird dieser das Produkt als markentypisch wahrnehmen. Die Ergebnisse der empirischen Analyse von *Loken* und *Roedder-John* bestätigen diese Annahme. Markeneinstellungen können demnach negativ beeinflusst werden, wenn die Attribute der Markenerweiterung mit jener der Marke als inkonsistent bewertet werden.[640]

Zusammenfassend lässt sich festhalten, dass im Rahmen des Automobildesigns inkonsistentes Design einen negativen Einfluss auf die Bewertung von Designsprüngen besitzt.[641] In dem Modell zur Erklärung des Adoptionsverhaltens von *Rogers* wird der Kompatibilität eine wichtige Rolle zugeschrieben. Demnach wird eine Innovation umso eher adoptiert, je kompatibler diese mit vorhandenen Strukturen, Werten und Kulturen ist.[642] Eine Innovation ist bei wahrgenommener Kompatibilität also vereinbar mit Erfahrungen, Normen und Bedürfnissen des Nachfragers.[643] Aufgrund dieser Ausführungen kann angenommen werden, dass unter der Voraussetzung einer gewissen Kompatibilität des Designsprungs zur Marke das entsprechende Produkt auch positiver bewertet wird.

---

636 Völckner/Sattler/Kaufmann (2008), S. 113.
637 Vgl. Kim/Lavack/Smith (2001), S. 211 ff.
638 Vgl. Loken/Roedder-John (1993), S. 72; Wänke/Bless/Schwarz (1998), S. 301.
639 Vgl. Kim/Lavack (1996), S. 24; Kim/Lavack/Smith (2001), S. 211; Buchner (2008), S. 31.
640 Vgl. Loken/Roedder-John (1993), S. 71 ff.
641 Vgl. Buchner (2008), S. 37.
642 Vgl. Seufert (2008), S. 91.
643 Vgl. Hensel/Wirsam (2008), S. 23.

Hypothese 4: *Je stärker die Kompatibilität des Designsprungs mit der Marke wahrgenommen wird, desto stärker beeinflusst dies die Bewertung von Designsprüngen in Richtung Akzeptanz.*

3.3 Identifikation von Erfolgsgrößen für das Management von Designsprüngen

Nachdem bisher ausschließlich die Einflussfaktoren auf die Bewertung von Designsprüngen vorgestellt wurden, wird im Folgenden die Bereitschaft zur tatsächlichen Handlung gegenüber dem Designsprung auf Verhaltensebene analysiert. Dabei scheint es sinnvoll, sowohl ein Effektivitäts- als auch ein Effizienzmaß in die Untersuchung aufzunehmen.[644] Dementsprechend wird in der vorliegenden Untersuchung die *Kaufbereitschaft* zur Abbildung der Effektivität und die *Zahlungsbereitschaft* als Effizienzkriterium Verwendung finden.

3.3.1 Kaufbereitschaft

Basierend auf dem Modell von *Bloch* stellen die Akzeptanz bzw. die Resistenz gegenüber Designsprüngen kognitive Reaktionen der Bewertung von Designsprüngen dar, welche ein bestimmtes Verhalten auslösen. Dieses Verhalten kommt auf einem Kontinuum von Annäherung und Vermeidung zum Ausdruck.[645] Die Vermeidung eines Produktes aufgrund seines Designs wird durch negative Gefühle ausgelöst und führt dazu, dass der Kunde ein Produkt nicht in seine Kaufentscheidung mit einbezieht. Die Annäherung oder Hinwendung zu einem Produkt aufgrund seines Designs basiert auf positiven Gefühlen und zeichnet sich durch gesteigertes Interesse auf Kundenseite aus, das Produkt genauer zu betrachten. Folglich wird dieses in die Kaufentscheidung mit einbezogen. Aufgrund der Einstellungs-Verhaltens-Hypothese kann davon ausgegangen werden, dass ein Individuum, aufgrund der durch den Einstellungsgegenstand ausgelösten Motivation, zu einem bestimmten Verhalten angetrieben wird. Demnach besitzt der Kunde die Motivation, ein Produkt zu kaufen, wenn er eine positive Einstellung diesem gegenüber besitzt.[646] Wie bereits in Kapitel 2.3.3 erläutert, werden Einstellungen deshalb in der Marketingforschung häufig zur Vorhersage des Verhaltens herangezogen.[647] Die Resistenz gegenüber Designsprüngen entspricht einer solchen Einstellung mit

[644] Vgl. Witte (1995), S. 44, 263; Morgan/Rego (2009). Dabei wird die Effektivität als allgemeine Zielerreichung häufig mit dem Markterfolg in Verbindung gebracht, hingegen steht die Effizienz in einem engeren Bezug zur Profitabilität. Vgl. Clark (2000); Morgan/Clark/Gooner (2002); Homburg/Workman/Jensen (2002); Vorhies/Morgan (2003); Workman/Homburg/Jensen (2003); Vollhardt (2007), S. 93.

[645] Vgl. Bloch (1995).

[646] Vgl. Kroeber-Riel (2003), S. 171.

[647] Vgl. Mayer/Illmann (2000), S. 668; Kroeber-Riel/Weinberg (2003), S. 171f.

negativer Valenz. Es ist daher davon auszugehen, dass eine negative Einstellung gegenüber einer Innovation einen negativen Einfluss auf die Bereitschaft, eine Innovation zu Kaufen ausübt. Dieser Zusammenhang zwischen Einstellung und Kaufabsicht konnte in zahlreichen Studien empirisch bestätigt werden.[648]

Die Kaufbereitschaft spiegelt die grundsätzliche Neigung eines Individuums wider, ein bestimmtes Produkt bzw. eine bestimmte Marke in der Zukunft zu erwerben.[649] Demnach bringt die Verhaltensabsicht der Kaufbereitschaft die grundlegenden, auf das Einstellungsobjekt bezogenen Handlungstendenzen zum Ausdruck.[650] Die Kaufbereitschaft spiegelt damit die intentionale Komponente der Einstellung wider.[651] Nach *Fishbein* und *Ajzen* ist eine Intention definiert als die subjektive Wahrscheinlichkeit, mit der ein Individuum ein bestimmtes Verhalten ausführt.[652] In der vorliegenden Untersuchung wird diese Verhaltenstendenz über die Konstrukte Kaufbereitschaft und Zahlungsbereitschaft[653] konzeptualisiert.

Allerdings liefert die Beziehung zwischen Einstellung und Verhalten im Rahmen der Einstellungsforschung eine Menge Diskussionsbedarf und so wird im Folgenden der tatsächliche Einfluss des Einstellungskonstrukts auf das Verhalten erörtert. Aufgrund von Forschungsergebnissen basierend auf der Theorie des geplanten Verhaltens ist davon auszugehen, dass lediglich die „wahrgenommene Verhaltenskontrolle" einen direkten Einfluss auf das Verhalten ausübt.[654] Einstellungen hingegen besitzen ausschließlich einen Einfluss auf die Verhaltensabsicht, die ihrerseits wiederum einen Indikator für das tatsächliche Verhalten des Konsumenten darstellt.[655] Es existiert eine Vielzahl an Studien, die einen engen positiven Zusammenhang zwischen der Einstellung und der Verhaltensabsicht belegen.[656]

---

648 Vgl. hierzu die Meta-Analyse von Eckes/Six (1994).

649 Häufig wird statt der Kaufbereitschaft das Konstrukt der Kaufabsicht erhoben. Hier wird die Integration der Kaufbereitschaft jedoch als geeigneter erachtet, da das Untersuchungsdesign Produktkategorien/Marken enthält, die entweder nur sehr selten gekauft werden (z. B. Kühlschränke) oder aufgrund ihres hohen Kaufpreises für manche Befragte (noch) nicht finanzierbar sind (z. B. Luxus-Uhren). In solchen Fällen liegt vermutlich keine konkrete Kaufabsicht vor, was eine grundsätzliche Kaufbereitschaft jedoch nicht ausschließt. Zum Begriff der Kaufabsicht vgl. auch Kroeber-Riel/Weinberg (2003), S. 54.

650 Vgl. Braunstein (2001), S. 96.

651 Vgl. Fishbein/Ajzen (1975), S. 301f.

652 Vgl. Fishbein/Ajzen (1975), S. 288.

653 Vgl. Kapitel 3.3.2.

654 Zur Theorie des geplanten Verhaltens vgl. Ajzen (1989), S. 251.

655 Vgl. Ajzen (1987), S. 46 f.

656 Vgl. Cheung/Chang/Wong (1999); Shim et al. (2001).

Eine Metaanalyse von *Manstead* und *Parker* ergab, dass die Durchschnittskorrelation zwischen Einstellungen und Verhaltensabsicht anhand von 150 Stichproben 0,68 betrug. Die Durchschnittskorrelation zwischen Verhaltensabsicht und tatsächlichem Verhalten lag bei 0,62.[657] Eine umfassendere Analyse führten *Six* und *Eckes* durch, wobei 644 Studien Berücksichtigung fanden.[658] Die durchschnittliche Einstellungs-Verhaltens-Korrelation betrug hierbei 0,36, die zwischen Einstellung und Verhaltensabsicht 0,41 und die Korrelation zwischen Verhaltensabsicht und tatsächlichem Verhalten 0,40.

Auf Grundlage der obigen Studienergebnisse kann konstatiert werden, dass die Einstellung einen signifikanten, positiven Einfluss auf die Verhaltensabsicht besitzt und sich dementsprechend indirekt auf das Verhalten von Individuen auswirkt. Somit kann die Verhaltensintention als Vermittler zwischen Einstellung und Verhalten angesehen werden.[659] *Blackwell*, *Miniard* und *Engel* argumentieren, dass auch wenn eine positive Einstellung nicht zwangsläufig zu einer Handlung führt, sie doch eine zentrale Voraussetzung für eine positive Verhaltensintention des Konsumenten darstellt, die in der Regel dem tatsächlichen Kaufverhalten vorausgeht.[660] Aus diesem Grund wird in der wissenschaftlichen Literatur unterstellt, dass mit zunehmender positiver Einstellung die Kaufwahrscheinlichkeit steigt.[661]

Nach *Kuß* und *Tomczak* ist der geringere Einfluss von Einstellungen auf das Verhalten darauf zurückzuführen, dass Konsumenten eine positive Einstellung zu mehreren Produkten besitzen können, jedoch meist nur eines dieser Produkte erwerben. Andererseits besteht die Möglichkeit, dass sich Konsumenten trotz positiver Einstellung gegenüber einem Produkt gegen den Kauf entscheiden, da beispielsweise der Preis zu hoch erscheint oder bereits ein vergleichbares Produkt erworben wurde.[662]

Aufgrund der oben angeführten Argumentation wird in der vorliegenden Untersuchung auf das Konstrukt der Kaufbereitschaft zurückgegriffen, welches die Absicht für ein reales Kaufverhalten widerspiegelt. Dieses soll die aus der Bewertung des Designsprungs resultierende zu erwartende Kaufsituation zum Ausdruck bringen und damit näher am tatsächlichen Verhal-

[657] Vgl. Manstead/Parker (1995).
[658] Vgl. Six/Eckes (1996).
[659] Vgl. Bagozzi/Baumgartner/Yi (1989), S. 56; Trommsdorff (2004), S. 164.
[660] Vgl. Blackwell/Miniard/Engel (2001), S. 289.
[661] Vgl. Meffert (2000), S. 119; Bänsch (2002), S. 42; Kroeber-Riel/Weinberg (2003), S. 176.
[662] Vgl. Kuß/Tomczak (2004), S. 49.

ten liegen.[663] Dementsprechend wird in der vorliegenden Untersuchung ein direkter Zusammenhang zwischen der Bewertung des Designsprungs und der Kaufbereitschaft angenommen. Aus dieser Annahme ergibt sich folgende Hypothese:

Hypothese 5: *Je stärker ein Designsprung akzeptiert wird, desto höher fällt die Kaufbereitschaft gegenüber dem neugestalteten Produkt aus.*

3.3.2 Zahlungsbereitschaft

Neben der Kaufbereitschaft und den damit einhergehenden Absatzzahlen als Effektivitätsmaß, wird ein als Effizienzmaß geeignetes ökonomisches Zielkonstrukt in das Untersuchungsmodell integriert. Somit kann nicht nur abgeschätzt werden, inwieweit die Verhaltensintention ausgeprägt ist, sondern auch inwiefern ein Einfluss auf die Zahlungsbereitschaft vorliegt. Nach *Diller* beschreibt diese sogenannte Zahlungsbereitschaft eine Preisintention auf Seiten des Nachfragers, in einer potenziellen Kaufsituation einen bestimmten maximalen Betrag für ein Produkt oder eine Leistung zu zahlen.[664] Demnach stellt die Zahlungsbereitschaft die individuelle Preisobergrenze bzw. die absolute obere Preisschwelle dar.[665] Bekannte und häufig verwendete Synonyme für die maximale Zahlungsbereitschaft sind unter anderem Preisbereitschaft, Willingness-to-pay, Reservations-, Maximal- oder Prohibitivpreis.[666]

Kalish und *Nelson* argumentieren, dass die Zahlungsbereitschaft des Konsumenten unmittelbar mit dem Wert, den dieser einem Produkt zuschreibt, korreliert.[667] Der Wert eines Produktes lässt sich aus Kundensicht folglich über die Zahlungsbereitschaft ermitteln.[668] Die Zahlungsbereitschaft wird demnach als monetärer Ausdruck des wahrgenommenen Wertes des Produktes aufgefasst.[669]

Unternehmen wie *Bosch*, *MAN*, *MINI*, *Audi* und viele andere mehr haben in den letzten Jahren bewiesen, dass dem Design gerade auch im Industriegüterbereich eine wichtige Bedeutung zukommt. Dies gilt insbesondere für die allgemeine Unternehmensentwicklung, da das Design neben der Qualitätswahrnehmung und der Markenstärke, die Preisbereitschaft und

663 Vgl. Kroeber-Riel (2003), S. 176.
664 Vgl. Diller (2000), S. 168; Wertenbroch/Skiera (2002), S. 228; Diller (2008), S. 255.
665 Vgl. Balderjahn (2003).
666 Vgl. beispielsweise Simon (1992), S. 90.
667 Vgl. Kalish/Nelson (1991), S. 328.
668 Vgl. Richins (1994), S. 504 ff.
669 Vgl. Kalish/Nelson (1991), S. 328; Simon (1994), S. 723.

damit einhergehend auch den Umsatz und Gewinn von Industrieunternehmen positiv beeinflusst.[670] Ein gutes Produktdesign erhöht folglich die Zahlungsbereitschaft und senkt die Preissensitivität von Kunden.[671]

Im Konsumgüterbereich sind Informationen über die Zahlungsbereitschaft von Konsumenten besonders bei der Preisfestsetzung neuer Produkte relevant. Für Unternehmen ist es nicht nur wichtig, die anfallenden Kosten zu decken, sondern ebenfalls einen entsprechenden Gewinn zu erwirtschaften. Die Zahlungsbereitschaft von Kunden ist vor allem in Situationen relevant, in denen ein Hersteller plant, ein neues Modell oder ein neues Produkt auf den Markt zu bringen.[672] Untersuchungen, wie sich inkrementelle Produktänderungen im Hinblick auf das Design auf die Zahlungsbereitschaft auswirken, sind hierbei notwendig. Das Ziel eines Unternehmens sollte also sein, maximale Zahlungsbereitschaften abzuschöpfen, da so der Preis möglichst hoch gesetzt werden kann, ohne die Nachfrage negativ zu beeinflussen. Allerdings kann es nur gelingen, maximale Zahlungsbereitschaften abzuschöpfen, wenn bekannt ist, wie hoch die individuelle Zahlungsbereitschaft des einzelnen Nachfragers ist. Häufig verfügen Konsumenten nicht über objektive Preiskenntnisse der zu erwerbenden Produkte, dennoch können sie meist sehr genau einschätzen, wie hoch der Preis eines Produktes für sie persönlich sein darf.[673]

Esch identifizierte in wissenschaftlichen Studien Design als einen relevanten Faktor, der die Zahlungsbereitschaft der Verbraucher nach oben treibt. Der Wissenschaftler sieht in *Apple* ein Paradebeispiel, da das Unternehmen vormache, wie es mit Hilfe von gutem Aussehen einen deutlich höheren Preis erzielen könne als vergleichbare Produkte anderer Hersteller.[674] So bestätigten *Langner* und *Esch* in ersten explorativen Studien, dass Gefallenswirkungen in Bezug auf Produktverpackungen, einen positiven Einfluss auf die Zahlungsbereitschaft des Konsumenten haben.[675] Am Beispiel von Schokolade konnten die Wissenschaftler nachweisen, dass ansprechend verpackte Schokoladentafeln eine deutlich höhere Zahlungsbereitschaft (0,91 Euro) hervorrufen, als unattraktiv verpackte Tafeln (0,50 Euro).[676] Auch *Landwehr* konnte in verschiedenen wissenschaftlichen Untersuchungen den enormen Einfluss der De-

[670] Vgl. Herrmann et al. (2009).
[671] Vgl. Hartmann (2010), S. 4.
[672] Vgl. Schreier (2005).
[673] Vgl. Trommsdorff (2002), S. 100.
[674] Vgl. Esch (2010).
[675] Vgl. Langner/Esch (2004), S. 416 f.
[676] Vgl. Langner/Esch (2004), S. 416 f.

signpräferenz auf die Höhe der Zahlungsbereitschaft nachweisen.[677] Er kam in einer empirischen Studie zu dem Ergebnis, dass in Bezug auf Kompaktwagen eine Steigerung der Designpräferenz um ca. 7 % zu einer Erhöhung der Zahlungsbereitschaft um 5.785 Euro führt.[678] Dementsprechend wird in folgender Hypothese ein Zusammenhang zwischen der Akzeptanz von Designsprüngen und der Zahlungsbereitschaft angenommen.

Hypothese 6: *Je stärker ein Designsprung akzeptiert wird, desto höher fällt die Zahlungsbereitschaft gegenüber dem neugestalteten Produkt aus.*

3.4 Identifikation situativer Variablen zur Erklärung der Akzeptanz von Designsprüngen

In den bisherigen Ausführungen wurden ausschließlich die direkten Ursache-Wirkungszusammenhänge zur Erklärung der Akzeptanz gegenüber Designsprüngen berücksichtigt. Im Sinne der wissenschaftstheoretischen Orientierung ist davon auszugehen, dass die vorgestellten Wirkzusammenhänge keine universelle Gültigkeit besitzen, sondern durch bestimmte Rahmenbedingungen determiniert werden.[679] Nach *Huber et al.* stellen moderierende Variablen exogene Größen dar, die die Stärke des Zusammenhangs zwischen einer unabhängigen und einer abhängigen Variablen beeinflussen.[680] Im vorliegenden Untersuchungsmodell finden die *Markenstärke* und die *Intensität des Designsprungs* Verwendung als Moderatorvariablen. Diese gilt es im Folgenden näher zu beschreiben und ihren Effekt auf den Einfluss der Determinanten auf die Bewertung von Designsprüngen herzuleiten.

3.4.1 Markenstärke

Eine der bekanntesten Definitionen von konsumentenorientierter Markenstärke geht auf *Keller* zurück, der Markenstärke definiert „[...] as the differential effect of brand knowledge on consumer response to the marketing of the brand."[681] Die Definition betont den Einfluss von Markenwissen auf die Konsumentenreaktion in Bezug auf Einstellung und Verhalten. Dementsprechend zeichnen sich starke Marken dadurch aus, dass vorhandenes Markenwissen po-

---

677 Vgl. Landwehr (2008), S. 9.
678 Vgl. Landwehr (2008), S. 21.
679 Vgl. Kapitel 1.3.
680 Vgl. Huber et al. (2007), S. 48.
681 Keller (1993), S. 2.

sitive Reaktionen auslöst, das sich beispielsweise in einer höheren Akzeptanz gegenüber neuen Produkte, einem stärkeren Weiterempfehlungsverhalten oder auch in einer höheren Toleranz gegenüber Fehlern widerspiegelt.[682] Hingegen lösen schwache Marken insbesondere negative Emotionen auf Kundenseite aus.[683] Die konsumentenorientierte Markenstärke einer etablierten Marke bildet nach *Tauber* die Grundlage für den Erfolg eines Neu- bzw. Erweiterungsproduktes am Markt.[684] Damit liefert die Markenstärke einen imaginären sowie symbolischen Mehrwert eines Produktes oder einer Leistung, der über den praktisch-funktionalen Nutzen hinausgeht. Sie umfasst neben der Bekanntheit der Marke auch deren spezifisches Image sowie die Sympathie innerhalb relevanter Konsumentengruppen.[685] Zudem spiegelt die Markenstärke das Vertrauen in die Einhaltung von Leistungsversprechen der Marke sowie die daraus resultierenden Kaufpräferenzen und -absichten wider.[686] Die Markenstärke entsteht aus der subjektiven Wertschätzung der Marke heraus und wirkt verhaltensbeeinflussend.[687] Je höher die Markenstärke ausgeprägt ist, desto größer wird auch der antizipierte ökonomische Nutzen wahrgenommen, den eine Marke potenziell für einen Konsumenten besitzt.[688] Starke Marken zeichnen sich vor allem durch eine hohe Markenbekanntheit und herausragende Markenattribute, wie beispielsweise eine überragende Produktqualität im Vergleich zu Wettbewerbsmarken, aus.[689]

Hohe Markenstärke geht auf Seiten der Kunden mit einem geringeren funktionalen Risiko sowie einem geringeren produktbezogenen Informationsbedürfnis einher.[690] Darüber hinaus vermag sie auf Seiten der Konsumenten positive Emotionen und Gefühle auszulösen.[691] Es ist zu vermuten, dass im Rahmen des Kaufprozesses bei starken Marken das affektive Involvement im Entscheidungsprozess höher ausgeprägt ist, während das kognitive Involvement eine geringere Ausprägung besitzt.[692] In diesem Zusammenhang ist zu erwarten, dass die durch hohe Markenstärke ausgelösten positiven Emotionen dazu führen, dass sich Konsumenten stärker mit dem Hersteller und dem entsprechenden Produkt identifizieren.[693]

682 Vgl. Keller (1993), S. 2 f.
683 Vgl. Esch (2008), S. 28.
684 Vgl. Tauber (1988), S. 29.
685 Vgl. Esch (2008), S. 394.
686 Vgl. Esch/Langner/Brunner (2005), S. 1233 ff.
687 Vgl. Schimansky (2004), S. 99.
688 Vgl. Mann (2009), S. 578.
689 Vgl. Keller (1993).
690 Vgl. Erdem/Swait (1998).
691 Vgl. Keller (1993).
692 Vgl. Müller (2009), S. 92.
693 Vgl. Lassar/Mittal/Sharma (1995).

Als Resultat der gesteigerten Identifikation mit dem Produkt und dem Hersteller, ist zu vermuten, dass die Markenstärke eine grundlegende Rahmenbedingung für die Bewertung von Produkten und in diesem Sinne auch für die Akzeptanz von Designsprüngen bildet. Diese Vermutung wird durch die Tatsache unterstützt, dass Individuen bei starken Marken weniger kognitive Ressourcen zur Verarbeitung produktbezogener Informationen aufwenden müssen.[694] Ein Grund hierfür kann darin liegen, dass die Bewertung von Produkten mit hoher Markenstärke grundsätzlich bereits im Vorhinein positiver ausfällt als von Produkten mit geringer Markenstärke.[695] Demzufolge werden sich Kunden weniger auf die Funktionalität oder Leistungsfähigkeit eines Produktes mit hoher Markenstärke konzentrieren, sondern eher auf sein Äußeres, das Produktdesign.

Im Rahmen des Adoptionsmodells von *Rogers* kann die Markenstärke als Teil der wirtschaftlichen Umwelt abgebildet werden, welche somit indirekt Einfluss auf den Adoptionsprozess nimmt. Es ist also anzunehmen, dass die Markenstärke eine moderierende Größe hinsichtlich der Bewertung von Designsprüngen im vorliegenden Modell einnimmt.

Hypothese 7: *Das Modell zur Erklärung der Bewertung von Designsprüngen unterscheidet sich hinsichtlich der Stärke der Wirkzusammenhänge zwischen den Modellkonstrukten in Abhängigkeit der Markenstärke signifikant.*

3.4.2 Intensität des Designsprungs

Als zweite moderierende Variable wird die Intensität des Designsprungs in die Untersuchung aufgenommen. Im Folgenden sollen drei Konzepte vorgestellt werden, die als Rahmenbedingung für die Verwendung der Intensität von Designsprüngen als moderierende Variable dienen.

Nach dem Konzept des *Optimum-Stimulation-Levels* entsteht bei einer Person Langeweile, wenn sie einer zu geringen Aktivierung ausgesetzt ist, hingegen wird durch ein zu viel an Aktivierung eine Überstimulation ausgelöst, die als bedrohlich wahrgenommen wird. Aus diesem Grund wird ein umgekehrt U-förmiger Zusammenhang zwischen der Aktivierung und einem als angenehm empfundenen Erregungsniveau angenommen. Unter Berücksichtigung

694 Vgl. Müller (2009), S. 93.
695 Vgl. Washburn/Plank (2002).

des Optimum-Stimulation-Levels begründete *Berlyne* seine psychobiologische sowie motivationspsychologische *Theorie der neuen experimentellen Ästhetik*[696].[697] Die Theorie erklärt die optimale Aktivierung des Organismus in Bezug auf dessen ästhetisches Attraktivitätsempfinden, welches analog zum Optimum-Stimulation-Level verläuft. In diesem Rahmen identifizierte *Berlyne* die Dimension der „Neuartigkeit vs. Vertrautheit" als einen der wichtigsten Treiber des Betrachters von Produkten.[698] Der umgekehrt U-förmige Zusammenhang zwischen Neuartigkeit und Vertrautheit konnte in einer Vielzahl von Studien bestätigt werden, die das Phänomen unter anderem an Kunstwerken,[699] Nahrungsmitteln,[700] Möbeln[701] und Musik[702] untersuchten. Dabei wirken bekannte, dem Durchschnittsprodukt ähnliche Produkte gering aktivierend und werden als langweilig wahrgenommen, während unähnliche Produkte eine starke Aktivierung auf Seiten den Konsumenten bewirken und als anstrengend und bedrohlich bewertet werden können.[703] Eine als angenehm empfundene Stimulation erleben die Beobachter hingegen bei der Betrachtung eines Gegenstandes, der eine moderate Abweichung vom bekannten Produkt aufweist. Jedoch besteht einer der Kritikpunkte an der Theorie *Berlynes* darin, dass eine Vorstellung dahingehend fehlt, über welche Mechanismen die Aktivierung in ein evaluatives Urteil einfließt.[704]

Während *Berlynes* Konzept der Aktivierung im Rahmen der neuen experimentellen Ästhetik die Vertrautheit bzw. Neuartigkeit eines Reizes als Aktivierungsauslöser sieht, führt das Konzept der *kognitiven Flüssigkeit*[705] dazu, ästhetische Reaktionen auf einen sensorischen Input genauer zu untersuchen.[706] Im Zentrum dieses Konzeptes steht die Schwierigkeit des Reizverarbeitungsprozesses.[707] In diesem Zusammenhang postulieren *Reber*, *Schwarz* und *Winkielman*, dass die durch den Konsumenten subjektiv wahrgenommene Einfachheit eines Produktes, die zentrale Determinante der Bewertung darstellt.[708] So stellten die Autoren fest, dass einfache Informationsverarbeitung hinsichtlich eines Produktes zu positiven Gefühlen, eine

696 Die „Theorie der neuen experimentellen Ästhetik" ist auch unter der Bezeichnung der „Theorie der ästhetischen Präferenz" bekannt.
697 Vgl. Berlyne (1963, 1971, 1974a, 1974b).
698 Vgl. Berlyne (1972).
699 Vgl. Hekkert/van Wieringen (1990).
700 Vgl. Lévy/MacRae/Köster (2006).
701 Vgl. Whitfield/Slatter (1979).
702 Vgl. Steck/Machotka (1975).
703 Vgl. Snyder/Fromkin (1980), S. 57 ff.
704 Vgl. Landwehr (2008), S. 71.
705 Zum Konzept der kognitiven Flüssigkeit vgl. Schwarz (2004a, 2004b); Landwehr (2008), S. 4 f.
706 Vgl. Reber/Schwarz/Winkielman (2004).
707 Vgl. Schwarz (2004a, 2004b).
708 Vgl. Reber/Schwarz/Winkielman (2004).

schwierige und komplexe Verarbeitung hingegen zu negativen Empfindungen in Bezug auf das Produkt führt. Dieses Phänomen ist evolutionsbiologisch zu erklären, da eine einfache Verarbeitung in der Vergangenheit mit einem ungefährlichen und nützlichen Reiz in Verbindung gebracht wurde und demzufolge mit Annäherungsverhalten einhergegangen ist. Im Gegensatz dazu assoziiert man mit einer schwierigen Reizverarbeitung bedrohliche Situationen, die Gefahr signalisieren und somit Vermeidungsverhalten bei einem Individuum auslösen.[709] Die Vertrautheit eines Reizes sowie seine Prototypikalität sind zwei relevante Eigenschaften, die im Sinne des Konzepts der kognitiven Flüssigkeit auf die Einfachheit der Reizverarbeitung wirken.[710]

Als drittes Konzept wird der *Mere-Exposure-Effekt* herangezogen, um alltägliche Entscheidungsprozesse zu erklären. Das Konzept des Mere-Exposure-Effekts wurde 1968 von *Robert Zajonc* geprägt und beschreibt, dass allein die wiederholte Darbietung eines Reizes[711] zur Folge hat, dass diesem eine positivere Einstellung entgegengebracht wird.[712] Der Mere-Exposure-Effekt funktioniert nach dem Prinzip, dass bloße Vertrautheit Attraktivität und Sympathie im Hinblick auf das zu bewertende Objekt bzw. Subjekt erzeugt.[713] Die Relevanz dieses Effekts für die Marketingpraxis wurde bereits in zahlreichen Studien belegt,[714] so konnte eine Vielzahl an Experimenten bestätigen, dass die bloße wiederholte Wahrnehmung eines Objekts zu einer Einstellungsverbesserung gegenüber diesem führt.[715] Infolge der wiederholten Darbietung verbessert sich die evaluative Bewertung von Einstellungsobjekten, sei es dass ihre Bedeutung positiver beurteilt wird,[716] dass sie mehr gemocht werden,[717] dass sie besser gefallen,[718] oder dass sie attraktiver[719] und interessanter[720] erscheinen.

Bezugnehmend auf das Konzept der kognitiven Flüssigkeit kann das Auftreten des Mere-Exposure-Effekts mittels einer erhöhten Verarbeitungsflüssigkeit erklärt werden.[721] Diese

[709] Vgl. Garcia-Marquez/Mackie (2000).
[710] Vgl. Reber/Schwarz/Winkielman (2004).
[711] Z. B. Personen, Situationen, Sachverhalte oder Gegenstände.
[712] Vgl. Zajonc (1968), S. 5 ff.; Harrison (1977); Obermiller (1985); Anand/Holbrook (1990); Vanhuele (1995); Inman/Rindfleisch (1998); McKenna/Seamon/Binder (1998); Zajonc (2001), S. 226 ff.
[713] Vgl. Moreland/Zajonc (1982).
[714] Vgl. z. B. Zajonc (1968); Bornstein (1989); Landwehr (2008).
[715] Vgl. Festinger/Schachter/Back (1950); Zajonc (1968); Moreland/Beach (1992); Berscheid/Reis (1998).
[716] Vgl. Suedfeld et al. (1971); Harrison/Crandall (1972).
[717] Vgl. Zajonc et al. (1972); Hamid (1973).
[718] Vgl. Oskamp/Scalpone (1975); Stang (1975).
[719] Vgl. Zajonc/Markus/Wilson (1974); Moreland/Beach (1992).
[720] Vgl. Kail/Freeman (1973); Bornstein/Kale/Cornell (1990).
[721] Vgl. Reber/Winkielman/Schwarz (1998).

steigt mit der Häufigkeit der Verarbeitung, d. h. die Verarbeitung eines Reizes wird schneller, leichter und effizienter. Daraus resultiert ein positiver Affekt, also ein gutes Gefühl, welches zu einer positiveren Bewertung eines Stimulus zu führen scheint.[722] Dies lässt sich dadurch erklären, dass eine flüssige Verarbeitung eines Reizes dem Betrachter Wohlbefinden und damit Problem- und Gefahrenfreiheit signalisiert, was wiederum evolutionsbiologisch begründet zu einem positiven Affekt führt.[723]

Jedoch strebt der Betrachter nicht nach dem am einfachsten zu verarbeitenden Reiz, sondern in Übereinstimmung mit *Berlynes* Optimum-Arousal-Theorie nach einem optimalen Level an Flüssigkeit. Demzufolge ist die generelle Gültigkeit des Mere-Exposure-Effekts eingeschränkt durch den Prozess der Langeweile.[724] Eine extrem häufige Exposition des Stimulus führt zu einem „Zuviel" an kognitiver Flüssigkeit, was zu einer Unterforderung des Wahrnehmungsmechanismus des Betrachters führt und so mit einem Abfall in der Attraktivitätsbewertung des Reizes einhergeht.[725] Somit folgt der Mere-Exposure-Effekt einem umgekehrt U-förmigen Verlauf zwischen der Intensität der Exposition und der Attraktivität eines Reizes. Dieser Verlauf beruht, wie auch bei dem Konzept des Optimum-Stimulation-Levels, auf dem positiv belegten affektiven Gefühl der Vertrautheit und dem negativ belegten kognitiven Verlangen nach Neuartigkeit.[726]

Bezogen auf den in der vorliegenden Arbeit interessierenden Untersuchungsgegenstand kommt der Intensität des Designsprungs basierend auf den oben dargestellten Konzepten eine besondere Bedeutung als moderierende Größe zu. So kann davon ausgegangen werden, dass bezugnehmend auf den Mere-Exposure-Effekt und das Konzept der kognitiven Flüssigkeit geringe Intensitäten im Designsprung positiver bewertet werden als intensive Designsprünge. Da der Anblick eines Automodells mit geringem Designsprung zu einem stärkeren Gefühl der Vertrautheit führt als bei einem Fahrzeug mit starkem Designsprung, sollte auch die Präferenz für das Fahrzeugdesign steigen.[727] Auf der anderen Seite ist denkbar, dass in Bezug auf das Konzept des Optimum-Stimulation-Levels eher mittlere Intensitäten des Designsprungs bevorzugt werden, da ein Design, das sich vom aktuell am Markt verfügbaren Produkt nur ge-

722 Vgl. Reber/Wurtz/Zimmermann (2004).
723 Vgl. Bornstein (1989), S. 281 ff.; Winkielman/Cacioppo (2001).
724 Vgl. Bornstein/Kale/Cornell (1990).
725 Vgl. Berlyne (1974a, 1974b).
726 Vgl. Bornstein/Kale/Cornell (1990), S. 791.
727 Vgl. Bornstein (1989).

ringfügig differenziert, eher langweilig wirkt.[728] Basierend auf den vorgestellten Konzepten kann hinsichtlich der Intensität von Designsprüngen folgende Hypothese angenommen werden:

Hypothese 8: *Das Modell zur Erklärung der Bewertung von Designsprüngen unterscheidet sich hinsichtlich der Stärke der Wirkzusammenhänge zwischen den Modellkonstrukten in Abhängigkeit der Intensität des Designsprungs signifikant.*

3.5 Integration der Erkenntnisse in ein Gesamtmodell zur Erklärung der Akzeptanz von Designsprüngen

Im Rahmen der vorausgegangenen Ausführungen stand in Kapitel 2.3 zunächst die Identifikation eines für die Untersuchung geeigneten theoretischen Rahmens zur Bewertung von Designsprüngen im Fokus der Betrachtung. Da bisher keine wissenschaftlichen Arbeiten existieren, die Designsprünge explizit untersuchen, wurde sich dem Begriff auf Basis der Design- sowie der Innovationsliteratur genähert. Hierzu wurden das Modell zur Wirkung von Produktdesign von *Bloch*, das Phasenmodell des Adoptionsprozesses von *Rogers* sowie Einstellungstheorien und die Theorie der kognitiven Dissonanz vorgestellt, welche die Grundlage für die Modellentwicklung der vorliegenden Untersuchung bilden.

Anschließend interessierte in Abschnitt 3.2 die Eignung verschiedener Gestaltungsvariablen zur Bewertung von Designsprüngen. Hierbei konnte das Adoptionsmodell zur Übernahme einer Innovation auf Designsprünge übertragen werden, wobei einerseits für den Designsprung relevante Variablen auf Personenebene sowie auf Produktebene identifiziert werden konnten. Das Suchfeld für die Gestaltungsvariablen auf Personenebene konzentriert sich dabei auf die Dimensionen *Markeneinstellung* sowie die Persönlichkeitseigenschaft *Novelty-Seeking*.[729] Auf Produktebene stehen die Dimensionen *Relativer Vorteil* und *Kompatibilität* im Fokus des Interesses.[730]

Des Weiteren erfuhren die Erfolgsauswirkungen der Bewertung von Designsprüngen eine genauere Betrachtung, welche durch die beiden Konstrukte *Kaufbereitschaft* und *Zahlungsbe-*

---

728 Vgl. Bornstein/Kale/Cornell (1990).
729 Vgl. Kapitel 3.2.1.
730 Vgl. Kapitel 3.2.2.

reitschaft repräsentiert wurden.[731] Die hierzu resultierenden Ausführungen lassen vermuten, dass zwischen der Akzeptanz von Designsprüngen und den Konstrukten der Kaufbereitschaft sowie der Zahlungsbereitschaft ein positiver Zusammenhang besteht. Dementsprechend zeigt das Untersuchungsmodell erstmals auf, in welchen Effizienz- und Effektivitätsgrößen sich die Akzeptanz gegenüber Designsprüngen niederschlägt.

Darauf aufbauend galt es in Kapitel 3.4, entsprechend der Modelle von *Bloch* und *Rogers*, Kontextfaktoren zu identifizieren, die zu einer Variation der Zusammenhänge innerhalb des Modells führen. Vor diesem Hintergrund schienen insbesondere die *Markenstärke* sowie die *Intensität des Designsprungs* als Moderatoren geeignet. Dabei ist der Faktor der Neuartigkeit, welcher im Adoptionsprozess den produktspezifischen Faktoren zugeordnet wird,[732] im vorliegenden Modell durch die Intensität des Designsprungs abgebildet und findet als moderierende Größe Eingang in die Untersuchung. Es wird vermutet, dass beide Kontextfaktoren einen Einfluss auf die Wirkzusammenhänge im allgemeinen Modell besitzen. Die explizite Berücksichtigung von Kontextfaktoren, die auf den Bewertungsprozess von Designsprüngen wirken, bildet zudem die Grundlage für die Kundensegmentierung und Kundengruppenanalyse, die im Anschluss an die Analyse auf Gesamtmodellebene erfolgt.

Basierend auf der Forschungsliteratur, den vorgestellten Theorien sowie eigenen konzeptionellen Überlegungen konnte somit erstmals ein Rahmenmodell für die Bewertung von Designsprüngen aus Sicht der Konsumenten entwickelt werden. Eine Zusammenfassung des postulierten Wirkgefüges ist in Abbildung 10 dargestellt. Eine empirische Überprüfung des Modells erfolgt in Kapitel 4.

[731] Vgl. Kapitel 3.3.
[732] Vgl. Kapitel 2.3.2 sowie Schmalen/Pechtl (1996), S. 828 ff.

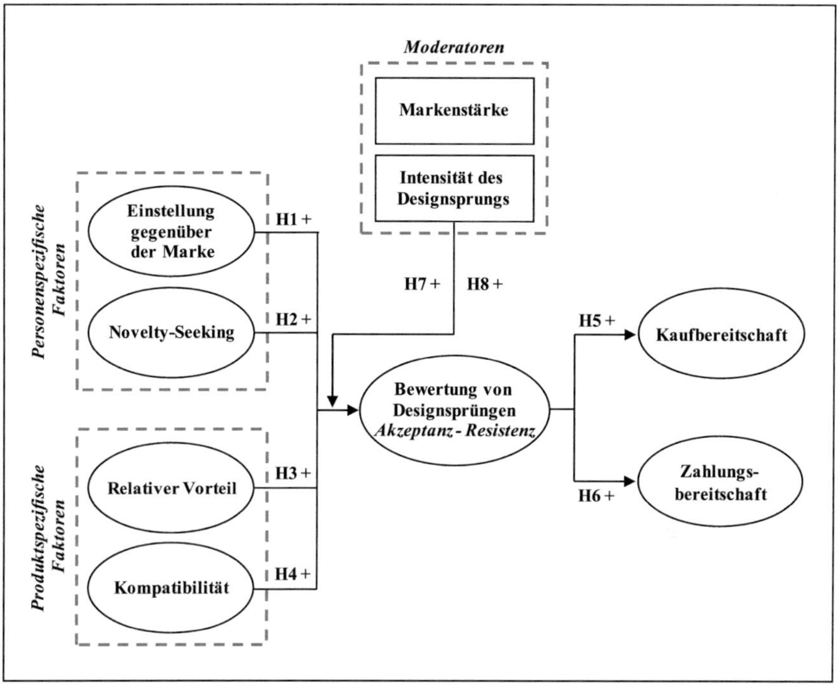

Abbildung 10: Das Hypothesensystem im Überblick

4. Methodische Grundlagen der Untersuchung

4.1 Zur Wahl einer geeigneten Methode der Modellschätzung

4.1.1 Zur Tauglichkeit multivariater Analyseverfahren

Zur empirischen Überprüfung der theoretisch hergeleiteten Hypothesen in Kapitel 3 und zur Beantwortung der in Kapitel 1.2 aufgestellten Forschungsfragen, bedarf es zum einen empirischen Datenmaterials und zum anderen geeigneter statistischer Methoden.[733] Vor diesem Hintergrund muss ein Verfahren, das die Überprüfung der Forschungsfragen gewährleistet nach *Ohlwein* folgende vier Kriterien erfüllen:

1. Das Analyseverfahren muss die Untersuchung kausaler Zusammenhänge zwischen hypothetischen Konstrukten[734] zulassen.

2. Das Analyseverfahren muss es gestatten, Messfehler explizit zu berücksichtigen.

3. Das Analyseverfahren muss in der Lage sein, Beziehungen zwischen den Variablen abzubilden, die zur Erklärung des im Mittelpunkt stehenden Konstrukts dienen.

4. Das Analyseverfahren muss eine simultane Überprüfung der postulierten Hypothesen ermöglichen.[735]

Diese Kriterien gilt es nun, den zur Analyse von Ursache-Wirkungs-Relationen geeigneten Verfahren gegenüber zu stellen. Regressionsanalytische Methoden, wie die klassische Regressionsanalyse, der Logit-Ansatz und Lineare Strukturgleichungsmodelle, kommen zu diesem Zweck prinzipiell in Frage.

Die klassische *Regressionsanalyse* zur Messung kausaler Beziehungen bringt einige Probleme mit sich, da die Abbildung der Abhängigkeitsstrukturen von latenten Konstrukten nur möglich ist, wenn vorher die betreffenden Indikatoren zu Faktoren zusammengefasst werden.[736] Mess-

---

733 Vgl. Ohlwein (1999), S. 218.

734 Hypothetische Konstrukte sind nicht direkt messbar und werden über Indikatoren operationalisiert. Diese werden nach *Bagozzi* und *Fornell* auch beschrieben als „[...] an abstract entity which represents the ‚true', non observable state or nature of a phenomenon". Bagozzi/Fornell (1982), S. 24.

735 Vgl. Ohlwein (1999), S. 220. Zur ausführlichen Herleitung der Anforderungskriterien vgl. Peter (1997), S. 128 ff.; Ohlwein (1999), S. 220 ff.

736 Vgl. Dichtl et al. (1997), S. 498 ff.

fehler bei der Datenerhebung bleiben weitgehend unberücksichtigt.[737] Noch schwerwiegender erscheint, dass die Forderung nach der Einbeziehung von kausalen Abhängigkeiten unter den exogenen Größen, der regressionsanalytischen Annahme unabhängiger Regressoren widerspricht, da hierbei Multikollinearität vorläge.[738] Das vierte Kriterium verlangt die simultane Schätzung aller Hypothesen, wobei die Regressionsanalyse dies nur in einem Spezialfall, nämlich unter der Voraussetzung der Existenz einer einzigen endogenen Variable, zu leisten imstande ist.[739] Das Verfahren der Regressionsanalyse kann dementsprechend nicht sicherstellen, dass die geforderten Kriterien hinreichend erfüllt werden.

Eine auf dem Grundprinzip des regressionsanalytischen Ansatzes beruhende Methode repräsentiert das *Logit-Verfahren*.[740] Dieses zeichnet sich jedoch durch drei elementare Unterschiede zur klassischen Regressionsanalyse aus:[741]

1. Der Regressand weist lediglich ein kategoriales Skalenniveau auf.
2. Anstelle eines linearen Zusammenhangs zwischen der abhängigen und der unabhängigen Variable wird eine S-förmige Beziehung angenommen.
3. Zur Parameterschätzung kommt die Maximum-Likelihood- anstelle der Kleinst-Quadrat-Methode zum Einsatz.[742]

Dieses Verfahren ermöglicht es, das komplette Hypothesensystem simultan zu schätzen, wodurch das vierte Anforderungskriterium erfüllt ist.[743] Allerdings vermag es dieser Ansatz nicht, die übrigen Schwächen der klassischen Regressionsanalyse zu beheben, so dass die verbleibenden drei Kriterien weiterhin als nicht oder nur unzureichend erfüllt gelten.[744] Somit kann das Logit-Verfahren die von *Ohlwein* aufgestellten Anforderungskriterien an ein geeignetes Analyseverfahren nur geringfügig besser erfüllen als die klassische Regressionsanalyse

737 Vgl. Homburg (1992), S. 499.
738 Vgl. Gujarati (2003), S. 341 ff.
739 Vgl. Ohlwein (1999), S. 220.
740 Die Grundzüge des Logit-Verfahrens (logistische Regression) beschreiben Krafft (1997), S. 625 ff. sowie Decker/Wagner (1999), S. 551 ff. Der Probit-Ansatz unterscheidet sich von der logistischen Regression nur in Bezug auf die Annahmen zur Verteilung des Stör- und Fehlerterms. Darum gelten die folgenden Ausführungen auch für das Probit-Verfahren. Vgl. hierzu Ohlwein (1999), S. 221.
741 Vgl. Gujarati (2003), S. 595 ff.
742 Vgl. z. B. Aldrich/Nelson (1984), S. 9 ff.; Elliott (1988), S. 122 ff.; Anderson (1997), S. 141 ff.
743 Vgl. Hagenaars (1993), S. 35 ff.; Agresti (1996), S. 150; Peter (1997), S. 130 ff.
744 Vgl. Ohlwein (1999), S. 222.

und stellt somit kein für diese Untersuchung geeignetes Verfahren zur Analyse von Kausalbeziehungen dar.

Aufgrund der Schwächen der beiden beschriebenen Ansätze muss eine geeignetere Alternative zur Schätzung von Ursache-Wirkungs-Beziehungen gefunden werden. Aus diesem Grund soll im Folgenden auf die Varianzanalyse als dependenzanalytischer Ansatz eingegangen werden, welcher die gerichtete Abhängigkeit zwischen Variablen untersucht. Mittels der Varianzanalyse kann die Wirkung einer (oder mehrerer) unabhängigen Variable(n) auf eine (oder mehrere) abhängige Variable(n) untersucht werden. Die Voraussetzung für die Anwendung der Varianzanalyse ist das Vorliegen eines metrischen Skalenniveaus für die abhängige(n) Variable(n).[745] Im Rahmen der Varianzanalyse lassen sich je nach Anzahl der Faktoren die ANOVA (analysis of variance) sowie die MANOVA (multiple analysis of variance) unterscheiden. Dabei ist die MANOVA durch mindestens zwei abhängige Variablen gekennzeichnet, währen bei der ANOVA nur eine abhängige Variable vorliegt.[746] Darüber hinaus ist innerhalb der ANOVA in eine einfaktorielle Varianzanalyse, die eine unabhängige Variable berücksichtigt und in eine mehrfaktorielle Varianzanalyse, die mehrere unabhängige Variablen einbezieht, zu unterscheiden.

Jedoch ermöglicht die Varianzanalyse im Vergleich zur im folgenden Abschnitt vorgestellten Kausalanlyse nicht die simultane Schätzung eines Strukturmodells sowie eines Messmodells, welches der Darstellung der latenten Variablen dient und Messfehler berücksichtigt.[747] Die Möglichkeit der parallelen Schätzung mehrerer kausaler Zusammenhänge ermöglicht es, die Wirkungen der identifizierten Determinanten auf die Akzeptanz von Designsprüngen sowie der daraus resultierenden Erfolgsgrößen in einem gemeinsamen Modell zu untersuchen. Ein weiterer Vorteil der Kausalanalyse im Vergleich zur Varianzanalyse besteht darin, dass hypothetische Konstrukte, die nicht direkt messbar sind, als latente Variable formuliert werden können.[748] Auf Basis empirisch erhobener Varianzen und Kovarianzen von Indikatoren können durch Anwendung der Kausalanalyse Rückschlüsse hinsichtlich der Abhängigkeitsbeziehungen zwischen nicht direkt messbaren theoretischen Konstrukten gezogen werden.[749]

---

745 Vgl. Backhaus et al. (2006), S. 121.
746 Vgl. Homburg/Krohmer (2006), S. 399 f.
747 Vgl. Bollen/Long (1993), S. 1.
748 Vgl. Hair et al. (1998), S. 577 f.
749 Vgl. Homburg/Pflesser (1999), S. 635.

Seit den 70er Jahren finden verstärkt *Lineare Strukturgleichungsmodelle* in der Marketingforschung Einsatz.[750] Diese Methode verbindet Elemente der Faktoren- und Regressionsanalyse und zielt darauf ab, Beziehungen zwischen latenten Variablen zu erfassen, weshalb oftmals in der Literatur auch der Begriff der Kausalanalyse Verwendung findet. Allerdings ist der Begriff der Kausalanalyse irreführend, da der Nachweis von Kausalität nicht allein durch die Anwendung von Analysemethoden gelöst werden kann, sondern einer wissenschaftstheoretischen Vorgehensweise bedarf.[751] Die Kausalanalyse wird häufig als eines der leistungsfähigsten multivariaten Analyseverfahren bezeichnet[752] und gewinnt zunehmend an Bedeutung für die Untersuchung komplexer betriebswirtschaftlicher Zusammenhänge,[753] weshalb sie auch in der vorliegenden Untersuchung Verwendung findet.

Die Evaluierung von Kausalbeziehungen zwischen latenten Konstrukten ist mit der Anwendung linearer Strukturgleichungsmodelle sichergestellt. Auch die weiteren Anforderungen können als erfüllt angesehen werden. So bezieht diese Methode explizit Messfehler ein und bietet zudem die Möglichkeit, Relationen zwischen Einflussgrößen des zentralen Konstruktes zu schätzen.[754] Das vierte Kriterium, welches die simultane Berücksichtigung aller Hypothesen fordert, gilt ebenfalls als erfüllt.[755] Aus den bereits angeführten Gründen soll in der vorliegenden Arbeit die Kausalanalyse bei der Parameterschätzung Anwendung finden. Der folgende Abschnitt dient der expliziten Beschreibung dieses Verfahrens.

Grundsätzlich stehen zur Schätzung der Parameter von Strukturgleichungsmodellen zwei unterschiedliche statistische Methoden der Kausalanalyse zur Verfügung, die einerseits ein *kovarianzbasiertes* und andererseits ein *varianzbasiertes* Vorgehen beschreiben.[756] Die *Kovarianzstrukturanalyse* ist das etabliertere und in der wirtschaftswissenschaftlichen Literatur weiter verbreitete der beiden Verfahren. Es verdankt seinen Erfolg insbesondere der frühen Verfügbarkeit des von *Jöreskog* und *Sörbom*[757] entwickelten Softwareprogramms LISREL (LInear Structural RELationships), das sich auf die Maximum-Likelihood-Methode[758]

[750] Vgl. Homburg/Baumgartner (1995a), S. 139 ff.; Steenkamp/Baumgartner (2000), S. 195 f.; Herrmann/ Huber/ Kressmann (2006), S. 35.
[751] Vgl. Homburg/Pflesser (2000b), S. 633 ff.
[752] Vgl. Homburg (1992), S. 499.
[753] Vgl. Ringle (2004), S. 1.
[754] Vgl. Homburg/Dobratz (1998), S. 450.
[755] Vgl. Homburg/Pflesser (2000), S. 636.
[756] Vgl. Huber et al. (2005), S. 1.
[757] Vgl. Jöreskog/Sörbom (1978); Jöreskog/Sörbom (1981); Jöreskog/Sörbom (1993).
[758] Zur Maximum-Likelihood-Methode vgl. Gujarati (2003), S. 114 ff.

stützt.[759] Als weitere kovarianzbasierte Computerprogramme sind beispielsweise EQS (Equations based Language) und AMOS[760] zu nennen. Im Fokus des Verfahrens steht die optimale Schätzung der Parameter mittels einer „Maximum-Likelihood-Schätzung".[761] Da alle in der Kovarianzmatrix vorhandenen Daten genutzt werden, wird dieses Verfahren auch als „Full Information Approach" bezeichnet.[762] Auf der anderen Seite steht mit dem von *Wold* propagierten PLS-Ansatz (Partial Least Squares) ein *varianzbasiertes* Schätzverfahren zur Verfügung.[763] Die varianzbasierten Verfahren zielen im Gegensatz zu den kovarianzbasierten auf die bestmögliche Reproduktion der tatsächlichen Datenstruktur und damit der Indikatorwerte ab. Zu diesem Zweck kommt die Kleinst-Quadrat-Methode[764] in einem iterativen Prozess zum Einsatz. Dabei wird das Gesamtmodell, ohne ein übergeordnetes Optimierungskriterium zu verwenden, in die einzelnen Regressionsgleichungen unterteilt und dann sukzessive geschätzt.[765]

Stellt man beide Verfahren gegenüber, zeigen sich des Weiteren Unterschiede in deren Anwendung. Kovarianzbasierte Verfahren konzentrieren sich ausschließlich auf reflektive Modelle und weisen den Mangel fehlender Einbindung formativ erfasster Modellkonstrukte auf.[766] Die Berücksichtigung formativer Konstrukte ist lediglich begrenzt und unter restriktiven Bedingungen möglich. Es ist allerdings notwendig hinsichtlich der Operationalisierung der Variablen in Strukturgleichungsmodellen ein passendes Messmodell auszuwählen.[767] Im Gegensatz dazu erlaubt das varianzbasierte Verfahren PLS die einfache Einbindung reflektiver und formativer Konstrukte in einen Modellzusammenhang. Eine wachsende Zahl an Untersuchungen fordert zudem, formative Indikatoren, bei denen die Kausalität vom Indikator zum Konstrukt verläuft, zu verwenden,[768] wobei dies einen wesentlichen Vorteil von PLS darstellt. Aber auch die folgenden Aspekte sprechen für den Einsatz des varianzbasierten Verfahrens.

[759] Vgl. Hahn (2002), S. 96.
[760] Vgl. Bentler/Wu (1995); Jöreskog/Sörbom (1996); Arbuckle (1999).
[761] Vgl. Hahn (2002), S. 96.
[762] Vgl. Huber et al. (2005), S. 12; Herrmann/Huber/Kressmann (2006), S. 37.
[763] Vgl. Wold (1966).
[764] Zur Kleinst-Quadrat-Methode bzw. OLS (Ordinary Least Squares) vgl. Gujarati (2003), S. 58 ff.
[765] Vgl. Hahn (2002), S. 103; Herrmann/Huber/Kressmann (2006), S. 38.
[766] Vgl. Herrmann/Huber/Kressmann (2006), S. 34.
[767] Vgl. Eggert/Fassott (2003), S. 2.
[768] Vgl. Diamantopoulos/Winklhofer (2001), S. 269 ff.; Jarvis/MacKenzie/Podsakoff (2003), S. 119 ff.

Während bei kovarianzbasierten Verfahren aufgrund des Einsatzes der Maximum-Likelihood-Methode große Stichproben benötigt werden, ist der Einsatz varianzbasierter Verfahren auch bei vergleichsweise kleinen Stichproben möglich und führt zu guten Ergebnissen.[769] Dies ist durch die Schätzung einzelner Regressionsgleichungen im Modellzusammenhang zu erklären. Ein weiteres Kriterium, das für die Verwendung von varianzbasierten, nicht-parametrischen Verfahren wie PLS spricht, ist die Tatsache, dass die Eingangsdaten nicht normalverteilt sein müssen.[770] Auch eine identische Verteilung der Residuen ist bei PLS nicht notwendig, so dass die Vermeidung von Heteroskedastizität nicht erforderlich ist.[771]

Vordergründig problematisch scheint bei PLS, dass die geschätzten Konstruktwerte sowie die darauf basierenden Parameterschätzungen des Modells inkonsistent sind.[772] Die Ursache dafür ist die Bildung der Konstruktwerte als lineare Kombination der mit Messfehlern behafteten Indikatoren.[773] Diese Inkonsistenz führt zu einer Überschätzung der Beziehungen in den Messmodellen und zu einer Unterschätzung der Zusammenhänge im Strukturmodell. Die Schätzer auf Strukturmodelebene werden deshalb auch als konservativ bezeichnet.[774] Da sich die Über- und Unterschätzung der Beziehungen in Struktur- und Messmodell jedoch gegenseitig aufheben, besitzen varianzbasierte Verfahren dennoch sehr gute Vorhersageeigenschaften.[775] Unsinnige Werte, wie z. B. negative Varianzen, können im Gegensatz zu kovarianzbasierten Schätzverfahren nicht auftreten.[776]

Letztendlich sollte aber auch der mit der Studie verfolgten Zielsetzung und dem anvisierten Anwendungsfeld Beachtung geschenkt werden. Steht die Motivation, die Parameter der Beziehungen in einem theoriegeleiteten Kausalmodell möglichst genau zu schätzen, im Mittelpunkt des Interesses, dann sollte zur kovarianzbasierten Analyse gegriffen werden.[777] Soll hingegen eher ein praxis- bzw. managementorientiertes als ein theorieorientiertes Ziel erreicht werden, so muss eine sehr gute Vorhersage im Sinne der Erklärung der Veränderung einer

[769] Vgl. Smith/Barclay/ (1997); Chin (1998), S. 295; Chin/Newsted (1999); Herrmann/Huber/Kressmann (2006), S. 38 ff. Dies ist insbesondere relevant bei der Durchführung von multiplen Gruppenvergleichen in Bezug auf die Moderatoren, da hierbei Teilstichproben vorliegen, die nur einen Bruchteil der Gesamtstichprobe darstellen. Vgl. Homburg/Klarmann (2006), S. 739.

[770] Vgl. Fornell/Bookstein (1982), S. 443.

[771] Vgl. Huber et al. (2007), S. 12.

[772] Vgl. Fahrmeir et al. (2001), S. 367.

[773] Vgl. Fornell/Cha (1994), S. 66.

[774] Vgl. Huber et al. (2007), S. 44.

[775] Vgl. Chin/Newsted (1999), S. 329.

[776] Vgl. Lohmöller (1989), S. 204 ff.

[777] Vgl. Fornell/Cha (1994), S. 73 f.; Chin/Newsted (1999), S. 337; Hahn (2002), S. 107 ff.

oder mehrerer Zielkonstrukte erfolgen. In diesem Fall bietet sich die varianzbasierte Kausalanalyse an.[778]

Nachdem zuvor die kovarianzbasierte LISREL-Analyse und der varianzbasierte PLS-Algorithmus auf ihre Eignung zur Schätzung des vorliegenden Modells hin überprüft wurden, lässt sich festhalten, dass für die vorliegende Problemstellung PLS das zweckmäßigere Verfahren darstellt. Tabelle 6 liefert einen Überblick über die relevanten Unterschiede zwischen den beiden vorgestellten Verfahren.

Kriterium	PLS	LISREL
Grundlage des Ansatzes	Varianzanalyse	Kovarianzanalyse
Schätzlogarithmus	Mehrere Kleinstquadratschätzungen	Verschiedene, z. B. Maximum-Likelihood-Schätzung
Verteilungsannahmen	Keine Verteilungsannahme	Bei Maximum-Likelihood i. d. R. Normalverteilung
Konstrukt-Indikatoren Beziehung	Reflektive und formative Modellierung möglich	Reflektive Modellierung, formativ nur bedingt möglich
Stichprobengröße	Gute Kleinstichprobeneigenschaft	Je nach Komplexitätsgrad große Stichproben erforderlich
Identifikation des Modells	i. d. R. identifiziert	Identifikationsprobleme
Zielsetzung	Vorhersageorientiert	Parameterorientiert
Anwendungsfeld	Praxisorientiert	Theorieorientiert

Tabelle 6: Vergleich der Eigenschaften von PLS vs. LISREL[779]

4.1.2 Der Partial Least Squares-Ansatz der Kausalanalyse

4.1.2.1 Grundlagen zu Strukturgleichungsmodellen

Strukturgleichungsmodelle werden in der wissenschaftlichen Forschung eingesetzt, um die aus theoretischen bzw. sachlogischen Überlegungen abgeleiteten Beziehungen zwischen latenten Variablen abzubilden. Hierbei werden die abhängigen latenten Variablen als endogene Größe und die unabhängigen latenten Variablen als exogene Größe bezeichnet. Ein Strukturgleichungsmodell besteht dabei grundsätzlich aus drei Submodellen: dem Strukturmodell sowie dem endogenen und exogenen Messmodell. Das exogene Modell erfasst die Beziehung zwischen den Indikatoren und den unabhängigen (exogenen) latenten Variablen, während das endogene Modell die Indikatoren und die abhängigen (endogenen) latenten Variablen er-

[778] Vgl. Fornell/Bookstein (1982), S. 443; Huber et al. (2005), S. 12.
[779] Eigene Tabelle in Anlehnung an Hahn (2002), S. 107; Ringle (2004), S. 34.

fasst.[780] Im Rahmen der Kausalanalyse stellt das Strukturmodell als Ebene der Konstrukte die *theoretische* Sprache und das Messmodell als Ebene der Indikatoren die *empirische* Sprache dar.[781] Abbildung 11 zeigt die verschiedenen Submodelle der Kausalanalyse im Überblick.

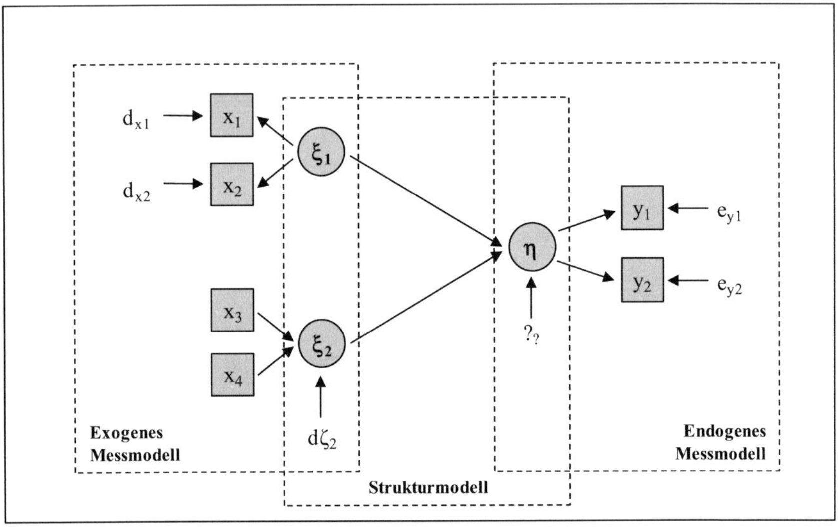

Abbildung 11: Kausalmodell mit Struktur- und Messmodellunterscheidung sowie Fehlertermen[782]

Das Strukturmodell lässt sich formal mit folgender Gleichung beschreiben:

$$\eta = B\eta + \Gamma\xi + \zeta \qquad \text{(Gleichung 1)}$$

In der dargestellten Formel repräsentiert η den Vektor der endogenen, erklärten, latenten Variablen und ξ den Vektor der exogenen, unabhängigen Konstrukte. Die Elemente b_{ij} und γ_{ij} der Matrizen der Strukturkoeffizienten B und Γ stehen für die direkten Effekte von endogenen Variablen auf andere endogene Variablen bzw. von exogenen Variablen auf endogene Variablen. ζ bezeichnet den Vektor der Messfehlervariablen (auch Residualvariablen) in den Strukturgleichungen.[783]

780 Vgl. Bollen (1989), S. 13 f.; Herrmann/Huber/Kressmann (2004), S. 37.

781 Vgl. Hildebrandt (1998), S. 95; Hahn (2002), S. 94.

782 Eigene Abbildung in Anlehnung an Vogel/Huber (2007), S. 84.

783 Vgl. Bollen (1989), S. 13 f.

Um die Beziehung zwischen Indikatoren und latenten Variablen zu beschreiben, ist eine Differenzierung zwischen reflektiven und formativen Indikatoren nötig.[784] So müssen für jeden Indikator grundsätzlich dessen kausale Relationen zum Konstrukt theoretisch er- und begründet werden.[785] Die Entscheidung für ein reflektives Messmodell basiert auf der Auffassung, dass zugeordnete, direkt beobachtbare Indikatoren von der latenten Variablen kausal beeinflusst werden.[786] Exogene Einflüsse auf die latente Variable wirken sich somit theoretisch gleichzeitig indirekt auf die reflektiven Indikatoren aus.[787] Reflektive Indikatoren spiegeln somit den Wert einer latenten Variablen wider. Es wird demnach unterstellt, dass die latenten Variablen ihre zugeordneten Indikatoren verursachen. Das Pfaddiagramm in Abbildung 12 verdeutlicht die reflektiven Beziehungen zwischen manifesten und latenten Variablen.

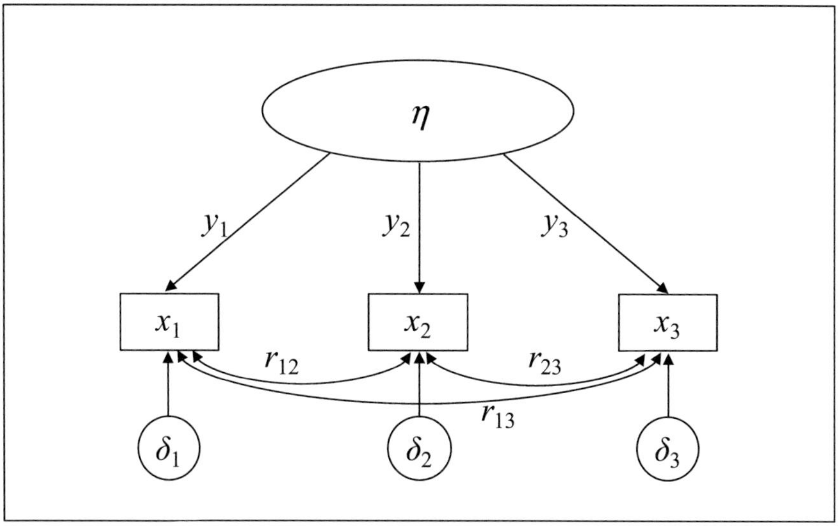

Abbildung 12: Reflektives Messmodell mit drei Indikatoren[788]

Durch die Berücksichtigung mehrerer Indikatoren zur Operationalisierung eines reflektiven Konstrukts können messfehlerbedingte Verzerrungen in einzelnen Indikatoren aufgefangen

784 Vgl. z. B. Curtis/Jackson (1962); Bagozzi/Fornell (1982); Fornell/Bookstein (1982); Cohen et al. (1990); Bollen/Lennox (1991); MacCallum/Browne (1993); Homburg/Giering (1996); Chin(1998); Chin/Newstedt (1999); Edwards/Bagozzi (2000); Diamantopoulos/Winklhofer (2001); Eggert/Fassott (2003); Götz/Liehr-Gobbers (2004); Albers/Hildebrandt (2006); Eberl (2006).

785 Vgl. Huber et al. (2005), S. 19.

786 Vgl. Edwards/Bagozzi (2000), S. 157 f.

787 Vgl. Eggert/Fassott (2003), S. 2.

788 Eigene Abbildung in Anlehnung an Fassott/Eggert (2005), S. 37.

werden.[789] Für den Fall, dass reflektive Indikatoren vorliegen, beschreiben die Gleichungen 2 und 3 die Zusammenhänge von Indikatorvariablen und latenten Variablen in den entsprechenden Messmodellen:[790]

Endogenes Messmodell:

$$y = \Lambda_y \eta + \varepsilon_y \qquad \text{(Gleichung 2)}$$

Exogenes Messmodell:

$$x = \Lambda_x \xi + \varepsilon_x \qquad \text{(Gleichung 3)}$$

Hierbei stehen die Vektoren x und y für die manifesten x_i - und y_i - Variablen, wohingegen die Vektoren ε_y und ε_x die entsprechenden Residualvariablen ($\delta_1,...,\delta_n$) repräsentieren. In den Gleichungen 2 bzw. 3 spiegeln Λ_y und Λ_x die Ladungen von y auf η bzw. von x auf ξ wider.[791] Änderungen in den Ausprägungen der latenten Variablen η oder ξ in einem reflektiven Messmodell ziehen Veränderungen in den Ausprägungen der entsprechenden Indikatoren x bzw. y nach sich. In einem reflektiven Messmodell sollten die Korrelationen r zwischen den Indikatoren möglichst hoch ausgeprägt sein, da diese austauschbare Messungen der latenten Variablen darstellen.[792] Vor diesem Hintergrund kann das Ausmaß der Korrelation der Indikatoren zur Beurteilung der Güte von reflektiven Messmodellen herangezogen werden. Das Vorliegen einer hohen Korrelation kann dabei als Hinweis auf ein reliables und valides Messmodell gelten.[793]

Im Gegensatz dazu unterstellt ein formatives Messmodell, dass die Indikatoren die latente Variable verursachen,[794] wobei die beobachtbaren Indikatoren (x bzw. y) die latenten Variablen ξ bzw. η bedingen. *Jarvis*, *MacKenzie* und *Podsakoff* argumentieren, dass „[...] changes in the measures are hypothesized to cause changes in the underlying construct."[795] Dies impliziert, dass durch Änderung des Werts eines Indikators sich notwendigerweise auch der Wert

789 Vgl. Homburg/Dobratz (1998), S. 450.
790 Vgl. Bollen (1989), S. 16 ff.
791 Vgl. Backhaus et al. (2006).
792 Vgl. Bollen/Lennox (1991), S. 308.
793 Vgl. Homburg/Giering (1996), S. 8 ff.
794 Vgl. Eggert/Fassott (2003), S. 2.
795 Jarvis/MacKenzie/Podsakoff (2003), S. 201.

der latenten Variablen verändert. Die Ausprägungen der übrigen Indikatoren können jedoch davon unbeeinflusst bleiben. Eine hohe Korrelation *r* zwischen den Indikatoren einer formativen Operationalisierung ist nicht notwendig.[796] Daraus schließend kann die Veränderung der latenten Variablen in einem formativen Messmodell ausschließlich auf der Veränderung eines einzelnen Indikators beruhen.[797]

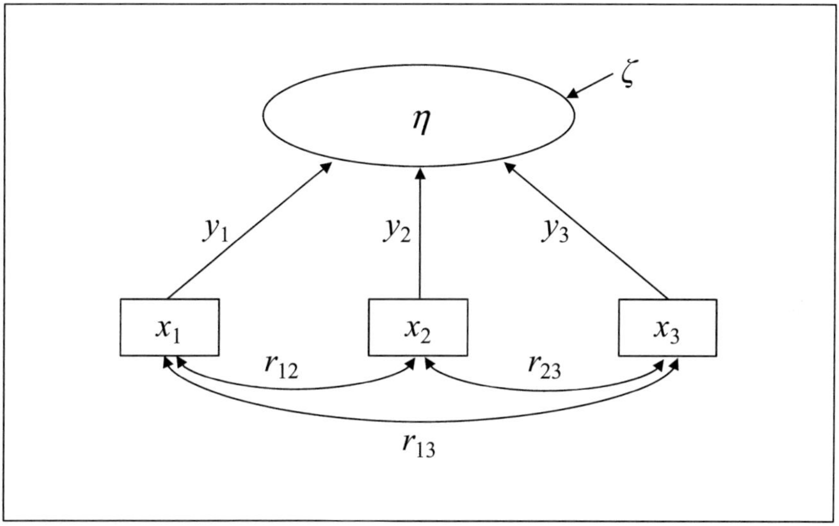

Abbildung 13: Formatives Messmodell mit drei Indikatoren[798]

Die Beziehungen zwischen den Indikatoren lassen sich formal wie folgt darstellen:[799]

Exogene latente Variablen:

$$\xi = \gamma_1 x_1 + \gamma_2 x_2 + ... + \gamma_n x_n + \zeta \qquad \text{(Gleichung 4)}$$

Endogene latente Variablen:

$$\eta = \gamma_1 x_1 + \gamma_2 x_2 + ... + \gamma_n x_n + \zeta \qquad \text{(Gleichung 5)}$$

796 Vgl. Fassott/Eggert (2005), S. 38 ff. Vgl. hierzu auch die Ausführungen in Abschnitt 3.4.3.2.
797 Vgl. Diamantopoulos/Winklhofer (2001), S. 271.
798 Eigene Abbildung in Anlehnung an Fassott/Eggert (2005), S. 39.
799 Vgl. Lohmöller (1989), S. 25 ff.; Chin/Newsted (1999), S. 323.

Die Koeffizienten $\gamma_1,...,\gamma_n$ stellen hierbei die Gewichtung der Indikatoren dar, die den Effekt der manifesten auf die latente Variable beschreiben. Wird die Messung als fehlerbehaftet angesehen, stellt ζ den Fehlerterm der Messung dar. Da jeder Indikator einen Teil des latenten Konstrukts darstellt, führen Fehlerterme zu einer Abweichung des wahren Konstruktwerts, da die Itembatterie nicht alle Facetten des Konstrukts zu messen vermag. Diese Abweichung ζ bezeichnet *Lohmöller* als „lack of validity.“[800]

Aus diesen Ausführungen wird deutlich, dass sich der Hauptunterschied der beiden Ansätze aus der Kausalität zwischen Konstrukt und Indikatoren ergibt.[801] Ein weiterer wichtiger Unterschied ist in der Auswahl der Indikatoren zu sehen. Bei reflektiven Messmodellen sollten die gewählten Indikatoren höchstmöglich miteinander korreliert sein. Indikatoren, die eine geringe Korrelation mit den übrigen Indikatoren aufweisen, werden eliminiert. Dieses Verfahren ist aus konzeptioneller Sicht als unproblematisch anzusehen, da die Indikatoren im reflektiven Messmodell grundsätzlich eine austauschbare Messung der latenten Variablen darstellen.[802] Die Elimination einzelner Indikatoren im formativen Messmodell ist hingegen nicht möglich, da hier die Indikatoren nicht hochgradig miteinander korreliert sein müssen. Da jeder Indikator einen Teil des latenten Konstrukts darstellt und somit ein formatives Konstrukt durch die Gesamtheit seiner Indikatoren definiert wird,[803] führt die Eliminierung eines Indikators zur Veränderung des konzeptionellen Inhalts.[804] Dementsprechend ist eine Eliminierung geringkorrelierter Indikatoren nicht vertretbar.[805] Die Auswahl der formativen Indikatoren muss sich somit an der Definition des zu operationalisierenden Konstrukts orientieren. Hierzu müssen alle Facetten des Konstrukts durch Indikatoren abgedeckt werden, um so eine inhaltliche Übereinstimmung zwischen der Definition und der Operationalisierung zu erreichen.

4.1.2.2 Grundlagen zur Schätzung von Strukturgleichungsmodellen mittels PLS

Die Partial Least Squares-Methode basiert auf varianzanalytischen Verfahren zur Schätzung von Kausalmodellen.[806] Im Gegensatz zu kovarianzbasierten Verfahren versucht die Methode

---

800 Vgl. Lohmöller (1989), S. 15, 83.

801 Vgl. Diamantopoulus (1999), S. 447; Eggert/Fassott (2003), S. 5. Zu einer Diskussion der Entscheidung zugunsten einer Form der Operationalisierung vgl. Jarvis/MacKenzie/Podsakoff (2003); Eberl (2006); Herrmann/Huber/Kressmann (2006).

802 Vgl. Bollen/Lennox (1991), S. 308; Fassott (2006), S. 69.

803 Vgl. Jarvis/MacKenzie/Podsakoff (2003), S. 201.

804 Vgl. Eggert/Fassott (2003), S. 6; Fassott (2006), S. 70.

805 Vgl. Bollen/Lennox (1991), S. 308.

806 Vgl. Ringdon (1998), S. 252 f.

eine bestmögliche Reproduktion der tatsächlichen Datenstruktur zu realisieren.[807] Das Ziel von PLS ist die Minimierung der Varianz aller abhängigen Variablen der zuvor aufgestellten Gleichungen 1 bis 5. Als abhängige Variablen gelten endogene Variablen auf Strukturmodell-ebene, formativ operationalisierte latente Größen sowie manifeste Indikatoren bei reflektiven Operationalisierungen. Zur Bestimmung der Schätzparameter nutzt der Schätzlogarithmus des PLS-Ansatzes so genannte Gewichte, die als Hilfsvariablen fungieren. Diese Gewichte dienen der Bestimmung von konkreten Werten für die latenten Variablen und ergeben sich wie folgt:

Endogene latente Variablen:

$$\eta = w_{\eta} y \qquad \text{(Gleichung 6)}$$

Exogene latente Variablen:

$$\xi = w_{\xi} x \qquad \text{(Gleichung 7)}$$

Grundsätzlich durchläuft die Schätzung von Kausalmodellen unter Verwendung des PLS-Verfahrens vier Schritte, auf die im Folgenden näher eingegangen werden soll.[808] In einem *ersten Schritt* werden auf Grundlage der Rohdatenmatrix Werte für die latenten Variablen geschätzt. Bei dieser sogenannten *äußeren Schätzung* werden gemäß den Gleichungen 6 und 7 die Konstruktwerte als Erwartungswerte der Indikatorvariablen ermittelt. Hierbei bilden zunächst willkürlich gewählte Gewichte den Ausgangspunkt für die Analyse. Anschließend beginnt die Schätzung der Gewichte in den Messmodellen, wobei ein unterschiedliches Vorgehen bei reflektiver und formativer Operationalisierung gewählt wird. Bei reflektiver Operationalisierung der Variablen repräsentieren die Gewichte einfache Regressionskoeffizienten der Indikatoren, die den Einfluss der latenten auf die manifeste Variable beschreiben.[809] Der geschätzte Konstruktwert stellt hierbei den besten Prädiktor für die Indikatoren dar. Im Gegensatz dazu nutzt PLS bei formativ operationalisierten Variablen die multiplen Regressionskoeffizienten als Gewichte, welche den Effekt der manifesten auf die entsprechende latente Variable beschreiben.[810]

---

807 Vgl. Wold (1980); Wold (1982).

808 Vgl. Lohmöller (1989), S. 29 f.; Fornell/Cha (1994), S. 64 ff.; Cassel/Hackl/Westlund (1999), S. 438; Betzin/Henseler (2005).

809 Vgl. Chin/Newsted (1999), S. 319.

810 Vgl. Hackl/Westlund (1999), S. 821 ff.

Im *zweiten Schritt*, der sogenannten *inneren Schätzung*, werden auf Basis der im ersten Schritt berechneten Werte für die latenten Variablen, verbesserte Werte für die endogenen latenten Variablen auf Basis der Konstruktwerte der exogenen latenten Variablen durch PLS bestimmt. Für diese Schätzung liegen verschiedene Gewichtungsschemata vor, welche annähernd dieselben Resultate liefern.[811] Die in Schritt 2 ermittelten Konstruktwerte agieren ihrerseits wiederum als Eingangswerte für Schritt 1. An dieser Stelle erfolgt erneut eine Berechnung der Gewichte.[812]

Im darauffolgenden *dritten Schritt* werden die vorhergehenden Schritte 1 und 2 so oft wiederholt, bis keinerlei weitere bedeutsame Änderungen hinsichtlich der Gewichte und folglich auch der Konstruktwerte auftreten.[813] In diesem Fall ist Konvergenz erreicht. Darauf aufbauend interessiert die Ermittlung der individuellen Werte für die latenten Variablen auf Basis der berechneten Gewichte. Die Schätzung der Ladungen zwischen latenten Variablen und Indikatoren (Gleichung 2 und 3) wie auch der Pfadkoeffizienten (Gleichung 1) kann daraufhin mit Hilfe der Ordinary Least Squares-Regression durchgeführt werden.[814] Im Falle formativ operationalisierter Konstrukte führt die Schätzung der multiplen Regressionskoeffizienten (Gleichungen 4 und 5) auf Basis der aus den Gewichten bestimmten Konstruktwerte, zwingend zu den Gewichten als Regressionskoeffizienten und einem Fehlerterm δ von Null. In einem abschließenden, *vierten Schritt* berechnet PLS die Mittelwerte für die latenten und die manifesten Variablen sowie die dazugehörigen Ordnungsparameter.

Die finale Beurteilung der Güte einer Modellschätzung stellt eine zentrale Herausforderung der Kausalanalyse dar. Aus diesem Grund werden in einem nächsten Schritt Kriterien identifiziert, die Aufschluss über die Gültigkeit (Validität) und Zuverlässigkeit (Reliabilität) der Modellbeziehungen sowie der Ergebnisse geben. Generell wird bei der Anwendung von PLS zwischen Kriterien zur Beurteilung der Güte auf Mess- und Strukturmodellebene unterschieden. Auf Messmodellebene ist grundsätzlich eine Unterscheidung zwischen formativ und reflektiv operationalisierten Indikatoren notwendig, da diesen unterschiedliche Gütekriterien zugrunde liegen.[815] Die Anwendung von Gütekriterien auf Messmodellebene hängt von der gewählten Operationalisierung der Indikatoren ab. Obwohl die für das vorliegende Untersu-

811 Vgl. Noonan/Wold (1982), S. 77 ff.; Chin/Newsted (1999), S. 318.
812 Vgl. Fornell/Cha (1994), S. 66.
813 Vgl. Lohmöller (1989), S. 29 f.; Cassel/Hackl/Westlund (1999), S. 438; Chin/Newsted (1999), S. 316.
814 Zur Ordinary Least Squares-Regression vgl. Fahrmeir et al. (2001), S. 463 ff.
815 Vgl. Huber et al. (2005), S. 31.

chungsmodell verwendeten Konstrukte ausschließlich reflektiv operationalisiert werden, sollen an dieser Stelle der Vollständigkeit halber, sowohl die Kriterien für reflektive als auch für formative Messmodelle vorgestellt werden.

4.2 Evaluation der Güte des Untersuchungsmodells

Die Modellbeurteilung nimmt bei der Schätzung von Kausalmodellen mit PLS eine zentrale Rolle ein. Aufgrund fehlender empirischer Verteilungsannahmen im Vergleich zur Kovarianzstrukturanalyse fällt die Anzahl möglicher Gütemaße jedoch deutlich geringer aus. Weil sich traditionelle parametrisch ausgerichtete Techniken für Signifikanztests zur Modellbeurteilung nicht für die PLS-Methode eignen, schlägt *Wold*[816] stattdessen die Verwendung von Tests vor, die dem verteilungsannahmefreien Charakter des Verfahrens Rechnung tragen.[817] Zunächst erfolgt die Beurteilung der Messergebnisse auf Messmodellebene, woraufhin die Überprüfung auf Strukturmodellebene vorgenommen wird.

4.2.1 Analyse der Gütekriterien auf Messmodellebene

Im *reflektiven Messmodell* stützt sich die Gütebeurteilung insbesondere auf die Höhe der Ladungen der einzelnen Indikatoren sowie deren Signifikanz und Plausibilität. Nach *Fornell* und *Larcker*[818] sollte die Ladung λ_{ij} einer Indikatorvariablen i von einer latenten Variable j mindestens den Wert 0,707 aufweisen, damit sichergestellt ist, dass mehr als 50 % der Varianz des Indikators durch die latente Variable verursacht werden. Des Weiteren sollten die Faktorladungen mit Hilfe der Vorzeichen auf Plausibilität überprüft werden.[819] Unter Verwendung der t-Werte lässt sich die Signifikanz der Ladungen abschätzen. Die t-Werte der Ladungen sollten bei einem einseitigen t-Test auf 5 %-Niveau signifikant sein. Bei der Verwendung von PLS erfolgt die Berechnung der t-Werte für die geschätzten Parameter über die

---

816 Vgl. Wold (1980); Wold (1982).
817 Vgl. Chin/Newsted (1999), S. 328.
818 Vgl. Fornell/Larcker (1981), S. 45; Sarkar et al. (2001), S. 365 f.; Johnson/Herrmann/Huber (2006), S. 126.
819 Vgl. Vollhardt (2007), S. 158.

beiden Prozeduren *Bootstrapping* und *Jackknifing*, da diesen keine parametrischen Verteilungsannahmen zugrunde liegen. Hierzu sei angemerkt, dass in der vorliegenden Arbeit die Methode des Bootstrapping aufgrund eines geringeren Standardschätzfehlers der des Jackknifing vorgezogen wird.

Zusätzlich zu den oben erwähnten Kriterien existieren weitere Gütekriterien zur Validierung reflektiver Konstrukte. Beispielsweise lässt sich die *interne Konsistenz* von Messinstrumenten im Rahmen der Strukturgleichungsanalyse durch Betrachtung der Reliabilität einer Messung untersuchen.[820] Hierzu kann neben den *Faktorladungen* auch die *Indikatorreliabilität* herangezogen werden, welche den Anteil der Varianz eines Indikators erklärt, die dieser zur Erfassung des Konstrukts beiträgt.[821] Die Indikatorreliabilität ist demnach ein Maß für die gemeinsame Varianz eines Indikators und der dazugehörigen latenten Variable und wird unter Berücksichtigung des Varianzanteils ermittelt, der durch den Messfehler verursacht wird.[822] Ein Wert von 0,40 für die Indikatorreliabilität kann als akzeptabel beurteilt werden.[823]

Unter den Reliabilitätsmaßen kommt neben der *Indikatorreliabilität* auch die *Faktorreliabilität* sowie die *durchschnittlich erfasste Varianz* (*DEV*) zur Beurteilung der Konvergenzvalidität eine bedeutende Rolle zu.[824] Des Weiteren findet das *Fornell-Larcker-Kriterium* Verwendung, welches zur Bestimmung der *Diskriminanzvalidität* beiträgt.[825] *Konvergenzvalidität* bezeichnet die Übereinstimmung der mit den verschiedenen Indikatoren eines Konstrukts gemessenen Werte, während die Diskriminanzvalidität den Unterschied zwischen den Indikatoren verschiedener Konstrukte analysiert.[826] Im Folgenden wird auf die erwähnten Gütemaße näher eingegangen. Durch die Konstrukt- oder Faktorreliabilität lässt sich feststellen, wie gut ein Konstrukt (latente Variable mit reflektivem Messmodell) durch die ihm zugeordneten Items (manifeste Variablen) gemessen wird.[827] Dafür ist die Untersuchung der internen Konsistenz bzw. der Homogenität der zusammengefassten manifesten Variablen von Bedeutung. Die Faktorreliabilität, wird formal wie folgt definiert:

---

820 Vgl. Bagozzi (1981), S. 196.
821 Vgl. Balderjahn (1986), S. 117; Korte (1995), S. 180 f.
822 Vgl. Fritz (1992), S. 131.
823 Vgl. Balderjahn (1985), S. 256 f.; Fritz (1992), S. 132.
824 Für den Begriff Faktorreliabilität findet der Begriff Konstruktreliabilität eine synonyme Verwendung.
825 Vgl. Fornell/Larcker (1981), S. 45; Fritz (1995), S. 136 ff.
826 Vgl. Hildebrandt (1998), S. 90; Hulland (1999), S. 199.
827 Vgl. Krafft/Götz/Liehr-Gobbers (2005), S. 74.

$$FR = \frac{\left(\sum_i \lambda_{ij}\right)^2}{\left(\sum_i \lambda_{ij}\right)^2 + \sum_i \mathrm{var}(\varepsilon_i)} \qquad \text{(Gleichung 8)}$$

In der Gleichung stellt λ_{ij} die Ladung einer Indikatorvariablen i einer latenten Variablen j dar, wobei $\mathrm{var}(\varepsilon_i)$ über $1-\lambda_{ij}^2$ bestimmt wird.[828] Hierbei kann die Faktorreliabilität Werte zwischen 0 und 1 annehmen, wobei Werte größer 0,70 vorliegen sollten, um von einer akzeptablen Güte des Messinstruments zu sprechen.[829] Im Gegensatz zu *Cronbach's Alpha*, das häufig zur Beurteilung der internen Konsistenz herangezogen wird, unterstellt der Reliabilitätskoeffizient *FR* keine τ-Äquivalenz der einzelnen Indikatoren und ist deshalb ein bevorzugtes Gütemaß.[830]

Neben der Faktorreliabilität leistet die durchschnittlich erfasste Varianz ihren Beitrag zur Beurteilung der Konvergenzvalidität. Anhand dieses Kriteriums wird überprüft, wie hoch der durch einen Faktor erklärte Varianzanteil manifester Variablen in Bezug zum nicht erklärten Varianzanteil ausgeprägt ist.[831] Folgende Formel entspricht der Definition der *DEV*:[832]

$$DEV = \frac{\sum_i \lambda_{ij}^2}{\sum_i \lambda_{ij}^2 + \sum_i \mathrm{var}(\varepsilon_i)} \qquad \text{(Gleichung 9)}$$

Der *DEV* liegt ebenfalls ein Wertebereich von 0 bis 1 zugrunde, wobei Werte von mindestens 0,60 als akzeptabel gelten.[833] Wie auch bei der Faktorreliabilität stellt in dieser Gleichung λ_{ij} die Ladung einer Indikatorvariablen i einer latenten Variablen j dar, mit $\mathrm{var}(\varepsilon_i)$ als $1-\lambda_{ij}^2$. Neben der Bestimmung der Konvergenzvalidität eignet sich die *DEV* auch zur Begutachtung der Diskriminanzvalidität. Diese liegt vor, wenn die *DEV* einer latenten Variablen größer ist, als jede quadrierte Korrelation dieser latenten Variablen mit einer anderen latenten Variablen

828 Vgl. Fornell/Larcker (1981), S. 45 f.
829 Vgl. Nunnally (1978), S. 245; Hulland (1999). Bagozzi und Yi erachten einen Wert größer 0,60 als ausreichend, vgl. Bagozzi/Yi (1988), S. 82.
830 Vgl. Chin (1998), S. 320.
831 Vgl. Fornell/Cha (1994), S. 69.
832 Vgl. Fornell/Larcker (1981), S. 45 f.
833 Vgl. Fornell/Cha (1994), S. 69; Herrmann/Huber/Kressmann (2006), S. 61.

im Untersuchungsmodell.[834] Dieses so genannte *Fornell-Larcker-Kriterium* lässt sich mathematisch wie folgt definieren:

$$DEV > Cor\lfloor \xi_i, \eta_j \rfloor, \qquad \text{(Gleichung 10)}$$

$$DEV > Cor\lfloor \xi_i, \xi_j \rfloor, \qquad \text{(Gleichung 11)}$$

$$DEV > Cor\lfloor \eta_i, \eta_j \rfloor. \qquad \text{(Gleichung 12)}$$

Das Gütemaß setzt somit voraus, dass die gemeinsame Varianz zwischen der latenten Variable und deren Indikatoren größer ist, als die gemeinsame Varianz mit anderen latenten Variablen.

Ein weiteres Kriterium, um die Vorhersagevalidität reflektiver Konstrukte zu beurteilen, ist *Stone-Geissers* Q^2.[835] Dieses vergleicht die Höhe der Residuen der Modellschätzung für die manifesten Variablen mit der Höhe der Residuen einer trivialen Vorhersage auf Basis der Mittelwerte der Indikatoren eines Konstrukts.[836] Die Bestimmung der Prognoserelevanz (Q^2) einer bestimmten latenten endogenen Variablen mit reflektivem Messmodell berücksichtigt die Ansätze der Kreuzvalidierung und stützt sich dabei auf eine Technik zur Wiederverwertung von Daten (Sample-Reuse-Technique). Die Bestimmung von Q^2 erfolgt über die *Blindfolding-Prozedur*.[837] Dabei werden in jeder Blindfolding-Runde Teile der empirisch erhobenen Daten für einen bestimmten Block manifester Variablen systematisch ausgelassen und anschließend mit den daraus resultierenden PLS-Ergebnissen geschätzt. Diese Prozedur erfolgt solange, bis eine Auslassung und Schätzung sämtlicher Datenpunkte vorliegt. Die Anzahl der Blindfolding-Runden resultiert aus dem Auslassungsabstand D zwischen zwei nacheinander auszulassenden und daraufhin zu schätzenden Fällen.[838]

Im Zuge der Blindfolding-Prozedur lässt sich die Summe quadrierter Fehler für die geschätzten Werte E ebenso wie für die Originalwerte O bestimmen. Mittels dieser Werte erfolgt die

834 Vgl. Fornell/Cha (1994), S. 69; Krafft/Götz/Liehr-Gobbers (2005), S. 75.
835 Vgl. Stone (1974); Geisser (1975); Fornell/Bookstein (1982), S. 450.
836 Vgl. Fornell/Cha (1994), S. 72.
837 Zur Blindfolding-Prozedur vgl. Tenenhaus et al. (2005), S. 174 ff.
838 Fünf oder zehn gelten als praktikable Werte für D; die Fallzahl darf kein Vielfaches von D sein.

Berechnung von Stone-Geissers Q^2 als Maß für die Prognoserelevanz eines Blockes manifester Variablen. Das Kriterium beschreibt dementsprechend, wie gut empirisch erhobene (beobachtete) Werte ohne Verlust an Freiheitsgraden durch das Modell und seine Parameterschätzungen rekonstruiert werden können:[839]

$$Q_j^2 = 1 - \frac{\sum_k E_{jk}}{\sum_k O_{jk}} \qquad \text{(Gleichung 13)}$$

Sofern Q^2 größer als Null ist, hat das Modell Prognoserelevanz. Dagegen liegt bei einem Q^2 von kleiner Null eine fehlende Prognoserelevanz für einen Block manifester Variablen vor.

In *formativen Messmodellen* erklären die manifesten (unabhängigen) Variablen die latente (abhängige) Variable im Sinne der (multiplen) Regressionsanalyse. Wie für alle standardisierten Pfade im PLS-Modell bringen Werte nahe eins bzw. minus Eins eine starke und Werte nahe Null eine schwache Beziehung zum Ausdruck. Somit ist die Höhe der äußeren Gewichte ein erster Anhaltspunkt zur Beurteilung der Relevanz manifester Variablen für die Erklärung der Varianz der zugeordneten latenten Variablen.

Parametrische Signifikanztests zur Modellbeurteilung eignen sich nicht für die PLS-Methode. Stattdessen kommen Techniken zum Einsatz, die dem verteilungsannahmefreien Charakter des PLS-Ansatzes Rechnung tragen. Mit dem Bootstrapping-Verfahren lassen sich Mittelwerte und Standardfehler für die Gewichte ermitteln, sodass robuste Konfidenzintervalle zur Verfügung stehen und mittels eines *t*-Tests die jeweilige Signifikanz der Schätzergebnisse festgestellt werden kann. Beim Bootstrapping-Verfahren werden N Subsamples (z. B. N = 500) geschätzt, wobei die einzelnen Datenpunkte eines Subsamples nach dem Prinzip des „Ziehens mit Zurücklegen“ aus den Originaldaten generiert werden. Die Anzahl der Fälle in einem Subsample entspricht dabei der Fallzahl der Originaldaten.

Multikollinearität liegt vor, wenn die Stärke des Zusammenhangs zwischen den formativen Indikatoren ein kritisches Maß überschreitet. In diesem Fall ist eine Modifizierung des Pfadmodells erforderlich. Das Vorliegen von Multikollinearität lässt sich über die Ungenauigkeit eines Regressionskoeffizientenschätzers feststellen, indem die Toleranz- und Varianzinflati-

839 Vgl. Chin (1998), S. 317.

onswerte überprüft werden. Dabei gibt der *Varianzinflationsfaktor* (*VIF*) an, um welchen Faktor die Varianz eines Parameterschätzers aufgrund von Multikollinearität „aufgebläht" ist (der *VIF* ergibt sich als Kehrwert der Toleranz):

$$VIF = \frac{1}{1 - R^2} \qquad \text{(Gleichung 14)}$$

Sofern alle Indikatorvariablen eines Blocks orthogonal sind, gilt *VIF* = Toleranzwert = 1. Besteht dagegen ein enger Zusammenhang zwischen den Indikatorvariablen, bewegt sich der *VIF* gegen unendlich (bzw. Toleranzwerte). Häufig wird angeführt, dass aufgrund von Multikollinearität Probleme entstehen, sobald die Varianzinflationswerte größer als zehn sind.[840] Formel (3) zeigt, dass dieser Wert erst dann überschritten wird, wenn die gemeinsame Varianz eines Indikators mit den anderen Indikatoren im Messmodell über 90 Prozent liegt. Bei der PLS-Pfadmodellierung mit kleineren Stichproben ist diese kritische Grenze deutlich konservativer auszulegen (z. B. *VIF* bei 3 oder 4).

4.2.2 Analyse der Gütekriterien auf Strukturmodellebene

Nachdem die Gütemaße für die Überprüfung der Messmodelle vorgestellt wurden, sollen abschließend die Kriterien zur Überprüfung der Güte auf Strukturmodellebene einer genaueren Analyse unterzogen werden. Auch hier sind insbesondere nicht-parametrische Tests von Bedeutung, da im Gegensatz zu kovarianzbasierten Verfahren keine inferenzstatistischen Tests durchgeführt werden können. Die erste Aufgabe hierbei ist es, eine Aussage über die nomologische Validität des postulierten Modells zu treffen. Es gilt, die hypothetischen Beziehungen zwischen den Modellelementen in Form der Pfadkoeffizienten zu betrachten, diese Strukturparameter geben Aufschluss über die Einflussstärke eines Konstrukts auf ein kausal Nachgelagertes.

Zur Identifikation der Güte der Pfadkoeffizienten dienen wie auch auf Messmodellebene die Höhe und Vorzeichen der Parameter sowie die Signifikanzen, welche auf Basis von t-Werten der *Bootstrapping-* bzw. *Jackknifing-Prozedur* ermittelt werden.[841] Die standardisierten Pfadkoeffizienten nahe Null bringen einen schwachen Erklärungsbeitrag einer latenten Variablen

---

840 Vgl. Diamantopoulos/Winklhofer (2001), S. 272.

841 Vgl. Herrmann/Huber/Kressmann (2006), S. 58.

zum Ausdruck, während ein Wert nahe Eins bzw. minus Eins einen starken Zusammenhang impliziert. Unter Verwendung von PLS als Verfahren zur Überprüfung eines Strukturgleichungsmodells, interessiert die erklärte Varianz einer Variablen als weiteres Gütekriterium. Diese kann der Wissenschaftler über das R^2-Kriterium abbilden,[842] welches den Anteil der Varianz der Zielvariablen angibt.[843] Hierbei wird die von *Chin* als substanziell bezeichnete Höhe von R^2 als anzustrebende Mindesthöhe in PLS-Pfadanalysen angesehen.

Eine Schwierigkeit bei der Anwendung des PLS-Verfahrens ist die Beurteilung der Messergebnisse, da kein globales Gütemaß existiert. Aus diesem Grund findet der hier vorgestellte Katalog von Gütekriterien zur Beurteilung von Teilstrukturen des Modells Anwendung. Sind die relevanten Gütemaße in allen Teilstrukturen des Modells erfüllt, wird das Modell insgesamt als zuverlässig bewertet. Ein Kriterium, das zur Evaluation der Vorhersagevalidität von Struktur- und Messmodell gemeinsam herangezogen werden kann, ist das auf Redundanzen basierende Q^2 nach *Stone-Geisser*.[844] Ausgangspunkt hierfür bildet die Bestimmung eines auf den antezedenten latenten Variablen basierenden Erwartungswertes der manifesten reflektiven Variablen. Hierfür folgt eine Multiplikation der Konstruktwerte mit den Pfadkoeffizienten sowie den Ladungen der reflektiven Indikatoren. Dies geschieht dadurch, dass Konstruktwerte mit Strukturkoeffizienten und Ladungen multipliziert werden. Für die so berechneten modelltheoretischen Werte lassen sich Residuen im Vergleich zu den tatsächlichen Werten ermitteln. PLS vergleicht die tatsächlichen Werte wiederum mit den Residuen der trivialen Schätzung eines arithmetischen Mittels der reflektiven Indikatoren und den tatsächlichen Werten. Liegt der Wert von Stone-Geissers Q^2 über Null, so besitzt das Modell Vorhersagerelevanz. Die Summe der auf Basis der Modellparameter bestimmten Residuen ist in diesem Fall kleiner als bei einer trivialen Schätzung. Im umgekehrten Fall liegt der Wert für Stone-Geissers Q^2 im negativen Bereich.[845]

Zum Schluss sollten die latenten Konstrukte des Strukturmodells hinsichtlich der Multikollinearität überprüft werden. Auf Messmodellebene interessieren bei der Multikollinearitätsprüfung die Indikatoren, hingegen stehen auf Strukturmodellebene die Faktoren im Fokus, die ein endogenes Konstrukt erklären. Auch hier wird das Vorliegen von Multikollinearität über den

842 Vgl. Sarkar et al. (2001).
843 Vgl. Chin (1998); Gefen/Straub/Boudreau (2000); Huber/Herrmann/Peter (2003).
844 Vgl. Fornell/Bookstein (1982), S. 450; Fornell/Cha (1994), S. 72 f.
845 Vgl. Fornell/Cha (1994), S. 73.

Variance Inflation Factor (*VIF*) gemessen, welcher den kritischen Wert von 10 nicht überschreiten sollte.

Die Schätzung des PLS-Pfadmodells erfolgte mit der statistischen Software-Applikation PLS-Graph 3.0.[846] Tabelle 7 liefert einen Überblick über die zuvor beschriebenen Gütekriterien auf Mess- sowie Strukturmodellebene.

Kriterien des Messmodells	**Reflektives Messmodell**	**Formatives Messmodell**
Ladung	> 0,70	(Irrelevant)
Gewichte	(Irrelevant)	Höhe: keine Vorgabe Plausibilität: Vorzeichen prüfen
***t*-Wert**	Einseitiger *t*-Test für Ladungen > 1,66	Zweiseitiger *t*-Test für Gewichte > 1,98
Multikollinearität	(Nicht möglich)	Variance Inflation Factor (*VIF*) < 10
Vorhersagevalidität	Stone-Geissers Q^2 (Kommunalität) > 0	(Nicht möglich)
Unidimensionalität	Faktorladungen > 0,40 Kreuzladungen < 0,40	(Nicht möglich)
Indikatorreliabilität	> 0,40	(Nicht möglich)
Konvergenz ▪ ***DEV*** ▪ **Konstruktreliabilität**	 > 0,60 > 0,70	 (Nicht möglich) (Nicht möglich)
Diskriminanzvalidität	Fornell-Larcker-Kriterium	Korrelationen < 0,90
Kriterien für Strukturmodell		
Strukturparameter	(Keine Vorgabe)	
***t*-Wert**	Zweiseitiger *t*-Test > 1,98	
R^2	> 0,30	
Multikollinearität	Variance Inflation Factor (*VIF*) < 10	
Vorhersagevalidität (bzgl. endogener reflektiver Konstrukte)	Stone-Geissers Q^2 (Redundanz) > 0	

Tabelle 7: Prüfkriterien für die Gütebeurteilung bei der Anwendung von PLS-Modellen[847]

[846] Vgl. Ringle/Wende/Will (2005).

[847] Eigene Tabelle in Anlehnung an Herrmann/Huber/Kressmann (2006), S. 61.

4.3 Multiple Gruppenanalyse zur Überprüfung moderierender Effekte

Die Durchführung einer multiplen Gruppenanalyse bietet sich an, um den Einfluss von moderierenden Konstrukten auf ein Strukturgleichungsmodell zu überprüfen.[848] Eine Moderatorvariable ist eine Drittvariable bzw. exogene Größe, welche die Stärke der Beziehung zwischen zwei Variablen beeinflusst, ohne selbst mit dem Prädiktor zu korrelieren.[849] Diesem sogenannten moderierenden Effekt liegt die Annahme zugrunde, dass der Zusammenhang zwischen einer unabhängigen und einer abhängigen Variablen nicht immer gleich stark ist. Die multiple Gruppenanalyse stellt eine wertvolle Vorgehensweise dar, um moderierende Effekte im Rahmen einer Varianzstrukturanalyse zu untersuchen. Die Analyse erfolgt auf Messmodellebene mittels der Ladungen für reflektiv operationalisierte Konstrukte und der Gewichte für formativ operationalisierte Konstrukte. Auf Strukturmodellebene findet die Untersuchung mit Hilfe der Strukturparameter statt.[850] Dabei wird die Differenz der einzelnen Pfadkoeffizienten sowohl auf Messmodell- als auch auf Strukturmodellebene berechnet.

Die Wahl der Methode hängt von den Eigenschaften der moderierenden Variable sowie der Anzahl der moderierten Beziehungen ab. Grundsätzlich eignet sich eine multiple Gruppenanalyse sowohl für kategoriale als auch für metrische moderierende Größen.[851] Die Aufteilung der Datensätze in die jeweiligen Gruppen kann dann direkt anhand der Kategorien der moderierenden Variablen erfolgen.[852] Kategoriale Variablen stellen dabei häufig Kontextfaktoren dar, die normalerweise nicht im Erklärungsbereich des Modells liegen. Bei kontinuierlichen Daten wird die Berechnung des Moderatoreffekts mithilfe von Interaktionsthermen empfohlen.[853] Die Datenanalyse anhand von Interaktionstermen bringt jedoch eine erhöhte Komplexität mit sich. Insbesondere wenn viele Beziehungen oder ganze Modelle dem moderierenden Einfluss unterliegen, ist die multiple Gruppenanalyse auch bei kontinuierlichen Variablen vorzuziehen.[854] Um die Datensätze in Gruppen aufzuteilen, müssen die intervallskalierten moderierenden Variablen in kategoriale Daten transformiert werden.

---

848 Zur Überprüfung des Effektes der moderierenden Variablen kommen in der Kausalanalyse zwei Ansätze, die multiple Gruppenanalyse und die Berücksichtigung von Interaktionstermen in den Strukturgleichungen, zum Einsatz. Vgl. Hayduk (1987), S. 219 ff.; Simonin/Ruth (1998), S. 33; Braunstein (2001), S. 238. Zur Entscheidung über den Einsatz der Ansätze vgl. Jaccard/Wan (1996), S. 23; Braunstein (2001), S. 238.

849 Vgl. Baron/Kenny (1986), S. 1174.

850 Vgl. Huber et al. (2007), S. 45.

851 Vgl. Jaccard/Wan (1996), S. 23 ff.

852 Vgl. Hayduk (1987), S. 281.

853 Vgl. Kenny/Judd (1984), S. 201.

854 Vgl. Braunstein (2001), S. 242.

In einem ersten Schritt erfordert die multiple Gruppenanalyse die Einteilung der Probanden in Subgruppen, in Abhängigkeit der Ausprägungen der interessierenden moderierenden Größe. Im Anschluss an diese Gruppenzuordnung bedarf es in einem zweiten Schritt der Berechnung der Strukturparameter über jede der einzelnen Gruppen. In einem dritten Schritt werden die gruppenspezifischen Modelle auf Unterschiede getestet.[855] Hierbei ist nach *Chin* zunächst sicherzustellen, dass die Messmodelle in den unterschiedlichen Gruppen statistisch nicht signifikant voneinander abweichen.[856] Auf diese Weise soll gewährleistet werden, dass die Verbindung zwischen latenten Variablen in den zu vergleichenden Gruppen auch auf dieselben Konstruktinhalte zurückgreifen. Nach Feststellung der Messmodellinvarianz kann der Wissenschaftler mit dem Vergleich der Pfadkoeffizienten innerhalb der Subgruppen fortfahren.[857] An dieser Stelle sei angemerkt, dass die Forderungen nach Invarianz zu hinterfragen sind, da sie, womöglich aufgrund geringfügiger Abweichung von einem strengen statistischen Kriterium, einen deutlichen Erkenntnisgewinn unterbindet.[858]

Die folgende Formel ermöglicht die Berechnung des t-Wertes für die Differenz zweier Schätzer unterschiedlicher Stichproben und lässt somit eine Aussage über die Signifikanz des Modellvergleichs zu.

$$t = \frac{p_x^1 - p_x^2}{S * \sqrt{\frac{1}{m} + \frac{1}{n}}} \qquad \text{(Gleichung 15)}$$

mit

$$S = \sqrt{\frac{(m-1)^2}{(m+n-2)} * (\sigma(p_x^1))^2 + \frac{(n-1)^2}{(m+n-2)} * (\sigma(p_x^2))^2} \qquad \text{(Gleichung 16)}$$

Hierbei stellt m die Größe der ersten Stichprobe und n die Größe der zweiten Stichprobe dar. p_x^1 und p_x^2 stehen für die Schätzgrößen des Originalsamples bezüglich der interessierenden Modellassoziationen x in den beiden Stichproben. x steht hierbei für die Modellassoziation, die entweder eine Ladung, ein Gewicht oder einen Strukturgleichungskoeffizienten repräsen-

855 Vgl. Chin (2000).
856 Vgl. Chin (2000).
857 Vgl. Chin (2000).
858 Vgl. Huber et al. (2005), S. 38 f.

tieren kann. $\sigma(p_x^1)$ und $\sigma(p_x^2)$ stellen die Standardfehler des für das Modell generierten Bootstrap-Samples dar. Der aus oben stehender Gleichung berechnete *t*-Wert folgt einer *t*-Verteilung mit $m+n-2$ Freiheitsgraden.[859]

Moderatoren sind Variablen, die als Drittvariablen agieren und die Stärke des Zusammenhangs zwischen einer exogenen und einer endogenen Variablen beeinflussen.[860] Ein positiver Moderatoreinfluss liegt vor, wenn der Zusammenhang zweier Variablen durch den Effekt der moderierenden Größe verstärkt wird.[861]

Obwohl die Methode des multiplen Gruppenvergleichs bei der Ermittlung des moderierenden Einflusses einer kategorialen Variable auf ein komplexes Ursache-Wirkungsgefüge besonders geeignet ist, lässt sich das Verfahren für metrisch skalierte nur unter bestimmten Voraussetzungen anwenden. Eine Voraussetzung für die Anwendung multipler Gruppenanalysen bei metrischen Variablen ist die Transformierung der metrischen in eine kategoriale Variable.[862] Trotz des möglichen Informationsverlusts der dabei entstehen kann, spricht einiges für die Anwendung der multiplen Gruppenanalyse. Diese Methode ist weitaus weniger komplex als die Schätzung von Interaktionseffekten, insbesondere dann, wenn der Einfluss der moderierenden Variable nicht allein auf einzelne Bedingungen, sondern für das gesamte Kausalmodell überprüft wird.[863]

4.4 Die Clusteranalyse als Methode zur Identifikation von Kundensegmenten

Zur Beantwortung von Forschungsfrage 6 wird das in der Literatur weit verbreitete multivariate Analyseverfahren der Clusteranalyse herangezogen, da der Einsatz von Strukturgleichungsmodellen für die hierzu benötigten Analysen ungeeignet erscheint.[864] Der Ursprung der Clusteranalyse ist in verschiedenen Wissenschaften wie der Psychologie, Soziologie oder

859 Vgl. Chin (2000).
860 Vgl. Sharma/Durand/Gur-Arie (1981); Baron/Kenny (1986), S. 1176; Giering (2000), S. 93 ff. Zur Unterscheidung von Moderator- und Mediatorvariablen vgl. Sauer/Dick (1993), S. 637.
861 Vgl. Meeder (2007), S. 188.
862 Zu beachten ist, dass die Transformation einer metrischen in eine nominal skalierte Moderatorvariable, einen erheblichen Informationsverlust darstellt. Vgl. Huber et al. (2007), S. 51. Für unterschiedliche Transformationsmöglichkeiten siehe Henseler/Fassott (2010), S. 720.
863 Vgl. Scholderer/Balderjahn/Paulssen (2006), S. 644.
864 Vgl. z. B. Bunn (1993); Cannon/Perreault (1999); Slater/Olson (2001).

auch der Biologie zu sehen. Begriffe wie Typologie oder numerische Taxonomie werden in der Literatur häufig synonym für Clusteranalyse verwendet.[865]

Die Clusteranalyse wird angewendet mit dem Ziel, eine Menge von Objekten derart in Gruppen (Cluster) zu unterteilen, dass die derselben Gruppe zugeordneten Objekte eine möglichst hohe Homogenität aufweisen, während gleichzeitig die Objekte unterschiedlicher Gruppen möglichst hohe Heterogenität aufweisen.[866] Dabei muss vor der Durchführung einer Clusteranalyse eine Vorstellung darüber bestehen, in welchem Sinne die Ähnlichkeit der Objekte für die vorliegende Fragestellung sinnvoll definiert und gemessen werden kann.[867] Handelt es sich bei den betrachteten Objekten beispielsweise um Personen, können diese sehr einfach in zwei in sich homogene und voneinander verschiedene Cluster unterteilt werden, indem beispielsweise alle Frauen dem einen und alle Männer dem anderen Cluster zugeordnet werden. In diesem Fall würde die Ähnlichkeit zweier Personen ausschließlich über das Geschlecht definiert.

Oftmals genügt es jedoch nicht, zur Messung der Ähnlichkeit eine einzelne Variable (wie in dem Beispiel die Variable Geschlecht) zu betrachten, sondern es ist eine Kombination aus mehreren Merkmalen erforderlich.[868] Clusteranalysen sind *explorative* Verfahren, mit denen zwar mehr oder weniger plausible, nützliche oder aufschlussreiche Gruppierungen erzeugt werden können,[869] im Gegensatz zur Diskriminanzanalyse oder logistischen Regression erlauben sie aber keine inferenzstatistische Prüfung von Gruppierungen bzw. der Wichtigkeit von Merkmalsvariablen für die Gruppierung. Sie beinhalten auch kein Vorhersagemodell, das für die Prognose von Gruppenzugehörigkeiten anderer Personen oder Objekte verwendet werden könnte. Streng genommen gelten die Ergebnisse insofern nur für die Personen bzw. Objekte, die selbst Bestandteil der Analyse sind, auch wenn natürlich im Falle einer repräsentativen Auswahl von Personen bei Persönlichkeitstypologien oder Milieuklassifikationen vermutet werden kann, dass das Klassifikationsergebnis auch außerhalb der untersuchten Stichprobe Bestand hat und beispielsweise bei Kreuzvalidierungen wieder ähnliche Strukturen gefunden würden. Es sollte an dieser Stelle betont werden, dass die Clusteranalyse trotz ihres Vorgehens der *aktiven Gruppeneinteilung* lediglich ein Instrument zur *Gruppenaufdeckung* darstellt.

865 Vgl. Vogel (1975), S. 4.
866 Vgl. Saunders (1994), S. 13; Sharma (1996), S. 185.
867 Vgl. Brosius (1998), S. 691.
868 Vgl. Brosius (1998), S. 691.
869 Vgl. Janssen/Laatz (2007), S. 487.

Sie soll im Datensatz vorhandene Strukturen aufdecken, die so ohne weiteres nicht sichtbar wären. Im Allgemeinen führen verschiedene Clustermethoden jedoch auch zu verschiedenen Ergebnissen. Die eigentliche Herausforderung bei der Clusteranalyse ist entsprechend zu wissen, welche Gruppen „wahr“ sind und welche den Daten durch die Clustermethode lediglich zugeschrieben wurden.[870] Darüber hinaus ist es möglich, Clusteranalysen zuerst für eine explorative Gruppierung von Personen oder Objekten heranzuziehen und diese Gruppierung anschließend mittels Diskriminanzanalyse oder logistischer Regression zu prüfen.

Bei der Verwendung von Clusteranalysen müssen vorab drei Entscheidungen bezüglich des Vorgehens bei der Analyse getroffen werden.[871] Zum einen muss ein Ähnlichkeits- bzw. Distanzmaß für die Analyse festgelegt werden, bevor im Anschluss daran ein geeigneter Algorithmus zur Gruppierung ausgewählt wird. In einem nächsten Schritt ist die Anzahl der Cluster bzw. Gruppen festzulegen, die abschließend eine Interpretation erfahren sollen. Demnach stellt die Clusteranalyse kein standardisiertes Verfahren dar, sondern wird stark von den Entscheidungen des Wissenschaftlers während der Analyse geprägt.[872] Im Folgenden werden nun die vier genannten Entscheidungskriterien vorgestellt:

1. Proximitätsmaße: Festlegung eines Ähnlichkeits- bzw. Distanzmaßes

Grundsätzlich ist es möglich, Personen bzw. Objekte sowohl aufgrund ihrer Ähnlichkeit zueinander als auch aufgrund ihrer Unähnlichkeit bzw. Distanz voneinander zu gruppieren.[873] Praktisch können Maße für Ähnlichkeit in Maße für Distanz/Unähnlichkeit umgerechnet werden und umgekehrt. Für Clusteranalysen werden beide Arten von Maßen daher unter dem Begriff der Proximitätsmaße zusammengefasst.[874]

In einem ersten Schritt müssen die Ähnlichkeiten zwischen allen Objekten der Gesamtheit paarweise bestimmt werden. Zur Quantifizierung der Ähnlichkeiten zwischen zwei Objekten stehen zwei Arten von Proximitätsmaßen zur Verfügung. Welches Proximitätsmaß in einer Clusteranalyse verwendet werden kann, ist häufig eine Frage des inhaltlichen Konzepts von Ähnlichkeit, das für die jeweilige Analyse angemessen wäre. Das Ziel von *Ähnlichkeitsmaßen* ist die Beschreibung der Ähnlichkeiten zweier Objekte. Je ähnlicher sich zwei Objekte sind,

---

870 Vgl. Aldenderfer/Blashfield (1984), S. 16.
871 Vgl. Backhaus et al. (2006).
872 Vgl. Milligan (1996), S. 343; Hair et al. (1998), S. 473 ff.; Jensen (2004), S. 106.
873 Vgl. Moosbrugger/Frank (1992).
874 Vgl. Moosbrugger/Frank (1992).

desto höher das zugehörige Ähnlichkeitsmaß. Ähnlichkeit liegt dann vor, wenn zwei Objekte über verschiedene Merkmale hinweg einen gleichen Verlauf der Skalenwerte aufweisen.[875] Hingegen stellen *Distanzmaße* die Beschreibung der Unähnlichkeit zweier Objekte in den Fokus. Distanz liegt dann vor, wenn die Abstände auf einer verwendeten Skala einer Gruppierungsvariablen möglichst hoch sind.[876] Je ähnlicher sich zwei Objekte sind, desto niedriger ist das Distanzmaß.

Die Entscheidung, welches Proximitätsmaß Anwendung finden soll, richtet sich in erster Linie nach der Art der Fragestellung. Demnach bieten sich Ähnlichkeitsmaße dann an, wenn „Profil-Ähnlichkeit" von Objekten untersucht werden sollen, bei denen die Betrachtung möglicher Niveauunterschiede der Merkmale besondere Relevanz besitzt (z. B. Untersuchung von Einkommensentwicklungen). Distanzmaße kommen zum Einsatz, wenn es gilt, absolute Unterschiede zwischen Objekten zu messen (z. B. Untersuchung von Einkommenshöhen).[877] Des Weiteren trägt auch das Skalenniveau der Merkmale zur Wahl bestimmter Proximitätsmaße bei. Liegen alle untersuchten Merkmale in Form binärer Variablen vor, so finden Ähnlichkeitsmaße Anwendung, bei metrischer Datenstruktur hingegen werden in der Regel Distanzmaße eingesetzt. In den folgenden Abschnitten werden für beide Fälle einige konkrete Maße vorgeführt.

Weisen alle untersuchten Variablen metrisches oder quasi-metrisches Skalenniveau auf, so werden in der Regel Distanzmaße zur paarweisen Bestimmung der Ähnlichkeit zwischen den Objekten eingesetzt.[878] Jedoch sind ergänzend insbesondere sachlogische Überlegungen zu berücksichtigen, wobei eine Entscheidung dahingehend getroffen werden muss, welches Proximitätsmaß dem Untersuchungsziel am ehesten gerecht wird. Da für die vorliegende Untersuchung der absolute Abstand der Objekte in Bezug auf Designsprünge von Interesse ist und nicht deren Gleichverlauf der Profile, soll hierbei ein Distanzmaß Verwendung finden.

Distanzmaße dienen der Bestimmung des Abstands zwischen zwei Einzelobjekten. Die Grundlage für die Distanzmessung bildet die sogenannte *Minkowski-Metrik*, die eine weite Verbreitung unter den Distanzmaßen findet und sich wie folgt berechnet:[879]

---

875 Vgl. Büschken/Thaden v. (2000), S. 345.
876 Vgl. Büschken/Thaden v. (2000), S. 345.
877 Vgl. Backhaus et al. (2006), S. 344 f.
878 Vgl. Schulze (2003), S. 222.
879 Vgl. Gruner (1997), S. 116.

$$d_{k,l} = \left[\sum_{j=1}^{J} (x_{kj} - x_{lj})^2 \right]^{\frac{1}{r}} \qquad \text{(Gleichung 17)}$$

Die entscheidende Größe in dieser Gleichung ist die *Minkowski*-Konstante r ($r \geq 1$), mit der die Art der *Minkowski*-Metrik festgelegt wird. Für $r = 2$ entspricht die obige Formel der Euklidischen Distanz, welche den geometrischen Abstand zwischen zwei Objekten repräsentiert.[880] d bezeichnet hierbei die Distanz zwischen den Objekten k und l und x_j die Ausprägungen der Variablen j für die Objekte k und l. Dabei ist zu beachten, dass es sich bei *Minkowski*-Metriken grundsätzlich um Unähnlichkeitsmaße handelt, d. h. je größer das Maß, desto unähnlicher sind sich die Objekte. Die euklidische Distanz, welche sozusagen die „Luftlinie" zwischen den Objekten angibt, gilt nach *Saunders* als das am häufigsten eingesetzte Distanzmaß in der betriebswirtschaftlichen Forschung.[881] Voraussetzung für die Anwendung der euklidischen Distanz ist die Vergleichbarkeit der Maßeinheiten (gleiche Skalierung), welche durch Standardisierung oder Anpassung der Skalenniveaus erreicht werden kann. Zur Standardisierung der Daten findet daher folgende Transformation auf einem Wertebereich von 0 bis 1 Anwendung:[882]

$$x' = \frac{x - \min(x)}{\max(x) - \min(x)} \qquad \text{(Gleichung 18)}$$

2. Auswahl eines Algorithmus zur Gruppierung

Auf Grundlage der Proximitätsmaße im vorangegangenen Abschnitt soll nun ein Fusionierungsprozess vorgenommen werden, der eine sinnvolle Zuordnung der einzelnen Objekte zu Gruppen liefert (Clustering). Dazu bestehen in der Literatur wiederum zahlreiche Verfahren, sogenannte Clusteralgorithmen,[883] von denen nun im Folgenden einige wenige vorgestellt werden. Diese lassen sich grundsätzlich in Verfahren mit eindeutiger Gruppenzuordnung und in Verfahren mit uneindeutiger Gruppenzuordnung einteilen.[884] Da zur Beantwortung der in Kapitel 1.2 aufgestellten Forschungsfrage eine eindeutige Zuordnung der Objekte zu den

880 Vgl. Gruner (1997), S. 117.
881 Vgl. Saunders (1994), S. 18.
882 Vgl. Jensen (2004), S. 112.
883 Vgl. Arabie/Hubert (1994), S. 167 ff.; Büschken/Thaden v. (2000), S. 351 ff.
884 Vgl. Vollhardt (2007), S. 145.

Clustern von Nöten ist, findet letztere Gruppe im Folgenden keine weitere Berücksichtigung.[885]

Generell werden Clusterverfahren mit eindeutiger Gruppenzuordnung in partitionierende und hierarchische Verfahren unterschieden. Partitionierende Clusterverfahren bauen auf einer gegebenen Gruppeneinteilung auf und tauschen so lange Objekte zwischen den Gruppen aus, bis eine optimale Einteilung gegeben ist.[886] Im Gegensatz dazu zeichnen sich hierarchische Clusterverfahren dadurch aus, dass die Gruppenanzahl und -verteilung erst durch schrittweise (und nicht revidierbare) Verteilung jedes einzelnen Objektes geschieht. Hierbei wird entweder von der größtmöglichen Gruppe ausgegangen, die alle Objekte umfasst und teilt diese sukzessive in kleinere Gruppen auf (diversive Verfahren) oder es wird mit den kleinstmöglichen Gruppen, nämlich allen einzelnen Objekten gestartet und verteilt diese nach und nach auf größere Gruppen (agglomerative Verfahren).[887] Agglomerative Verfahren sind die in der Praxis am weitesten verbreiteten.[888] Im Weiteren werden deshalb zunächst nur hierarchische, agglomerative Verfahren vorgestellt.

Die Gemeinsamkeiten der verschiedenen *hierarchisch-agglomerativen Verfahren* bestehen darin, dass sowohl Objekte mit der geringsten Distanz bzw. der höchsten Ähnlichkeit zusammengefasst werden als auch andere vorgenommene Clusterungen nicht mehr umsortiert werden.[889] Dagegen liegen die Unterschiede in der Berechnung der Distanz zwischen den neu gebildeten Gruppen und den übrigen Objekten bzw. Gruppen.[890] Den *Linkage-Methoden* kommt innerhalb der Gruppe der hierarchisch-agglomerativen Verfahren eine große Bedeutung zu.

Nach dem oben dargestellten Vorgehen, werden beim ersten Durchlauf agglomerativer Algorithmen die zwei ähnlichsten Objekte zu einem ersten Cluster vereinigt. In der Folge muss für dieses neu entstandene Cluster die Distanz zu allen verbleibenden Objekten (in späteren Durchläufen auch anderen Clustern) berechnet werden. Die vorgestellten Clusteralgorithmen unterscheiden sich in der Weise der Distanzberechnung zwischen zu Clustern zusammenge-

[885] Zu Verfahren mit uneindeutiger Gruppenzuordnung vgl. Arabie/Hubert (1994), S. 174 f.

[886] Bei diesen Verfahren ergibt sich je nach untersuchter Fragestellung unter Umständen das Problem, dass die Wahl der Startpartition (gegebene Gruppenanzahl und -aufteilung) oft nur subjektiv begründbar und das empirische Ergebnis damit verstärkt anfechtbar ist.

[887] Vgl. Späth (1977), S. 147; Milligan/Cooper (1987), S. 332.

[888] Vgl. Büschken/Thaden v. (2000), S. 352.

[889] Vgl. Jensen (2004), S. 107 f.

[890] Vgl. Büschken/Thaden v. (2000), S. 352.

fassten Objekten. Das weit verbreitete *Single-Linkage-Verfahren* basiert auf der Idee, dass die Distanz zwischen einem Cluster M und anderen Objekten bzw. Clustern der geringsten Distanz zwischen den einzelnen Objekten des Clusters M und anderen Objekten entspricht. In anderen Worten, wird einem neu gebildeten Cluster also die kleinste Distanz zugewiesen, die zwischen den einfachen Distanzen der „alten" (unvereinigten) Objekte dieses Clusters und einem anderen Objekt bestand.[891] Damit dürfte auch der synonym gebrauchte Begriff der „*Nearest-Neighbour-Method*" oder auch „*Minimum-Distance-Method*" für dieses Verfahren nachvollziehbar werden.

Für die Distanzberechnung zwischen neu generierten Clustern besteht eine Reihe weiterer Verfahren, von denen hier nur einige kurz skizziert werden sollen. Das *Complete-Linkage-Verfahren* bildet praktisch das Gegenstück zum Single-Linkage-Verfahren, da hierbei nicht die geringst mögliche, sondern die maximale Distanz zwischen den Clustern berechnet wird. Dies impliziert auch entsprechend gegenläufige Tendenzen der entstehenden Clusterlösung. Durch die Orientierung am „*furthest neighbour*" ist das Verfahren einerseits besonders anfällig für Ausreißer (diese sollten, um stark verzerrte Clusterlösungen zu vermeiden, also vor Berechnung ausgeschlossen werden), andererseits besteht bei diesem Verfahren die Tendenz zur Bildung relativ kleiner Gruppen (keine Kettenbildung). Das *Average-Linkage-Verfahren* bildet den Mittelweg zwischen dem Single- und dem Complete-Linkage-Verfahren. Das Average-Linkage-Verfahren berechnet die durchschnittlichen Distanzen zwischen den generierten Clustern. Bestehende Cluster werden hier also mit anderen Objekten bzw. Clustern fusioniert, wenn diese im Mittel hinreichend ähnlich sind. Ähnlich orientiert sich das *Zentroid-Verfahren* vorrangig für intervallskalierte Merkmale am jeweiligen Klassenschwerpunkt. Das *Ward-Verfahren* unterscheidet sich von den vorgestellten Linkage-Verfahren. Hier werden diejenigen Objekte bzw. Cluster vereinigt, die einen möglichst geringen Heterogenitätszuwachs (gemessen durch die Fehlerquadratsumme) im Cluster und folglich in der Gesamtheit zur Folge haben.[892]

Bei den nicht-hierarchischen Verfahren wird von einer Start-Partitionierung ausgegangen (einer Zuordnung von Personen bzw. Objekten zu vorgegebenen Clustern im Sinne von Startwerten). Hierbei wird iterativ versucht, durch das „Verschieben" von einzelnen Personen oder

---

891 Vgl. Gruner (1997), S. 117.

892 Vgl. Büschken/Thaden v. (2000), S. 358. Zu einer umfassenden Diskussion der unterschiedlichen Verfahren vgl. Hair et al. (1998), S. 493 ff.

Objekten zwischen der vorgegebenen Anzahl der Cluster die Ähnlichkeit innerhalb dieser Gruppen zu erhöhen bzw. zwischen den Clustern zu vermindern. Lässt sich die Clusterlösung durch das Verschieben der Objekte nicht weiter verbessern, ist das Verfahren beendet. In der Praxis ist auch die Verknüpfung von Algorithmen möglich, indem zuerst eine hierarchisch-agglomerative Clusteranalyse durchgeführt wird und anschließend eine hierbei sinnvoll erscheinende Clusterung mit einem nichthierarchisch-iterativen Verfahren weiter optimiert wird.

Der *k-Means-Algorithmus* ist das am weitesten verbreitete nicht-hierarchische Verfahren zur Gruppierung von Objekten,[893] da diese Methode schnell die Zentren der Cluster findet. Der Algorithmus berechnet die Ähnlichkeit zwischen den Gruppen mit Hilfe der euklidischen Distanz zwischen den Gruppenzentren.[894] Dabei wird aus einer Menge von ähnlichen Objekten eine vorher bekannte Anzahl von *k* Gruppen gebildet. Die Objekte werden dabei so lange umsortiert, bis diese sich in der Gruppe befinden, deren Zentrum ihnen am nächsten liegt. Diese Umsortierung wird so häufig durchgeführt, bis keine Verbesserung der Clusterzugehörigkeit mehr möglich ist.[895]

In der Literatur wird häufig ein sogenanntes hybrides Vorgehen empfohlen.[896] Dabei werden die partitionierenden Verfahren in Kombination mit den hierarchischen Verfahren angewendet. Dieses Verfahren wird als *Two-Stage-Clustering* bezeichnet und ermittelt in einem ersten Schritt mit einem hierarchisch-agglomerativen Verfahren eine erste Lösung. Darauf aufbauend erfolgt in einem zweiten Schritt, ausgehend von diesen Gruppen, eine Verbesserung des Ergebnisses mittels eines partitionierenden Verfahrens.[897]

Milligan und *Cooper* konnten in einer Meta-Analyse zeigen, dass die Kombination aus dem *Ward*-Algorithmus als Repräsentant der hierarchischen Verfahren und dem *k*-Means-Algorithmus als partitionierendes Verfahren die besten Ergebnisse liefert.[898] Aufgrund dieser Studienergebnisse findet die Kombination dieser beiden Verfahren auch in der vorliegenden Un-

893 Vgl. Forgy (1965).
894 Zur Berechnung der Clusterzentren vgl. Aaker/Kumar/Day (2003).
895 Vgl. Bacher (1996), S. 308 ff.
896 Vgl. z. B. Milligan/Sokol (1980); Punj/Stewart (1983).
897 Vgl. Punj/Stewart (1983), S. 145; Büschken/Thaden v. (2000), S. 364.
898 Vgl. Milligan/Cooper (1987); Jensen (2004), S. 109.

tersuchung Verwendung. Dabei wird zunächst mit Hilfe des *Ward*-Verfahrens eine Startlösung berechnet und diese im Anschluss daran durch die *k*-Means-Methode verfeinert.[899]

3. Bestimmung der Gruppen- bzw. Clusteranzahl

Nach der Durchführung einer Clusteranalyse stellt sich die Frage, in wie viele Gruppen die Gesamtheit von Objekten idealerweise unterteilt werden soll. Hierfür existiert jedoch kein absolutes Kriterium. Allerdings sollte sich vorwiegend an der Zielfragestellung orientiert werden und die dafür zweckmäßige Anzahl gebildet werden. Das sogenannte *Cubic Clustering Criterion* (*CCC*) ist für solche Clustermethoden wie den *Ward*-Algorithmus oder den *k*-Means-Algorithmus anwendbar, welche die Varianz (d. h. die Heterogenität) innerhalb der Gruppen minimieren. In einer Studie von *Milligan* und *Cooper* schneidet das *CCC* als eines der leistungsfähigsten Kriterien zur Festlegung der Clusterzahl ab,[900] weshalb es auch für die vorliegende Arbeit herangezogen wird. Das *CCC* lässt sich wie folgt berechnen:

$$CCC = \ln\left[\frac{1-E(R^2)}{1-R^2}\right] * \frac{\sqrt{\frac{np}{2}}}{(0{,}001+E(R^2))^{1,2}} \qquad \text{(Gleichung 19)}$$

Hierbei gibt R^2 den empirisch beobachteten Varianzanteil innerhalb der Gruppen und $E(R^2)$ den zu erwartenden Varianzanteil an, der auf der Annahme beruht, dass die Cluster die Form gleich großer mehrdimensionaler Würfel besitzen. p gibt dabei die Dimension der Varianz zwischen den Clustern an und n steht hierbei für die Stichprobengröße.[901]

Bei der Anwendung des *CCC* wird in dieser Untersuchung dem Vorgehen von *Cannon* und *Perreault* sowie *Homburg, Workman* und *Jensen* gefolgt.[902] Dabei wird das *CCC* auf eine Anzahl zufällig gezogener Teilstichproben angewendet, die jeweils etwa ein Drittel der Objekte enthalten.[903] Dabei wird die optimale Cluster- bzw. Gruppenanzahl jeweils durch das erste lokale Maximum des *CCC* angegeben. Im Fall, dass die Anwendung des *CCC* kein Ergebnis liefert, kann sich der Wissenschaftler für eine größere Anzahl an Clustern entscheiden

899 Vgl. Milligan/Sokol (1980).
900 Vgl. Milligan/Cooper (1985); Hair et al. (1998), S. 499; Jensen (2004), S. 112. Zu einer Diskussion weiterer Kriterien vgl. Hair et al. (1998).
901 Vgl. Jensen (2004), S. 112 f.
902 Vgl. Cannon/Perreault (1999); Homburg/Workman/Jensen (2002).
903 Vgl. Bunn (1993); Cannon/Perreault (1999); Jensen (2004).

oder falls keine Konsistenz erreicht wird sollte er die Hypothese in Betracht ziehen, dass sich keine signifikante Gruppierung aus den Daten ergibt.[904]

Nach der endgültigen Clusterzuordnung muss diese aufgrund der Variabilität der Gruppenlösung sowie der Uneindeutigkeit des Abbruchkriteriums stets auf Stabilität überprüft werden.[905] Zur Überprüfung der Stabilität der Clusterlösungen wird der Ansatz der Kreuzvalidierung angewendet. In der vorliegenden Arbeit wird dem Vorgehen von *Homburg, Workman* und *Jensen* gefolgt, wobei die Stichprobe zunächst in drei etwa gleich große Teilstrichproben (A, B und C) zerlegt wird.[906] Die oben beschriebene Clusterprozedur wird dann für zwei neue Teildatensätze $A \cup B$ und $B \cup C$ durchgeführt.[907] Der Anteil der Fälle aus Teilstichprobe B, die bei beiden Clusterungen jeweils denselben Clustern zugeordnet werden, ist ein Maß für die Stabilität der Clusterlösung.

4. Interpretation und Benennung der Cluster

Den vierten und abschließenden Schritt der Clusteranalyse stellt die Interpretation der Cluster dar. Zur Interpretation sowie zum Vergleich der Cluster untereinander, dienen die Mittelwerte der Clustervariablen. Relevant hierbei ist die Identifikation signifikanter Unterschiede zwischen den jeweiligen Clustern. Im Sinne der Veranschaulichung der Ergebnisse werden die identifizierten Cluster gemäß ihrer Charakteristika benannt. Zusätzlich dienen weitere Variablen der Beschreibung der Cluster, die jedoch nicht explizit zur Klassifikation in die Clusteranalyse eingegangen sind.[908]

---

904 Vgl. Milligan (1996), S. 365.
905 Vgl. Büschken/Thaden v. (2000), S. 363.
906 Vgl. Homburg/Workman/Jensen (2002).
907 Vgl. Cannon (1992); Jensen (2004), S. 113.
908 Vgl. Milligan (1996), S. 365.

5. Empirische Überprüfung des Modells zur Erklärung der Akzeptanz gegenüber Designsprüngen

5.1 Konzeption der empirischen Analyse

Zur Schaffung eines grundlegenden Verständnisses hinsichtlich der Vorgehensweise zur Untersuchung der postulierten Hypothesen, erfolgt in diesem Abschnitt die Darstellung der Konzeption der durchgeführten empirischen Untersuchung. In einem ersten Schritt soll zunächst die Datenerhebung der Hauptstudie vorgestellt werden.

Grundsätzlich werden zur Überprüfung des aufgestellten Kausalmodells zur Analyse der Wirkungszusammenhänge von Designsprüngen als auch zur Verifizierung der theoretisch abgeleiteten Hypothesen empirische Daten benötigt. Dem Grundsatz realwissenschaftlicher Forschung entsprechend, darf der Forscher nicht auf die Entwicklung theoretischer Konzepte sowie des Modells beschränkt bleiben, sondern muss sich dem Vergleich der theoriegeleiteten Erkenntnisse mit der Realität stellen. Das entwickelte theoretische Modell muss demnach mit der Realität konfrontiert werden. Hinsichtlich der Konzeption der empirischen Studie ist es zunächst notwendig, eine geeignete Methode der Datenerhebung festzulegen, auf deren Grundlage die Überprüfung des postulierten Modells stattfinden kann.

Eine Zielsetzung der vorliegenden Arbeit besteht darin, ein möglichst umfassendes sowie generalisierbares Erklärungsmodell zu den Wirkzusammenhängen der Bewertung von Designsprüngen zu entwickeln. Auf Basis dieses Modells soll der Forscher in der Lage sein, der Industrie Ansatzpunkte an die Hand zu geben, wie konkrete Handlungsempfehlungen zur Steigerung des Erfolgs von Designsprüngen aussehen können.

Hinsichtlich der Konzeption der empirischen Studie ist zunächst festzuhalten, dass das Zurückgreifen auf sekundärstatistische Daten für die vorliegende Untersuchung nicht möglich ist. Grundsätzlich besteht für die Beschaffung empirischen Datenmaterials die Möglichkeit auf Primärerhebungen zurückzugreifen, jedoch fand insbesondere das Kernkonstrukt der Bewertung des Designsprungs sowie dessen Wirkungsgefüge bisher keine wissenschaftliche Berücksichtigung. Die Erhebung der benötigten Daten konnte somit nur mit Hilfe einer Primärerhebung erfolgen. Nach *Nieschlag*, *Dichtl* und *Hörschgen* stehen für die Primärforschung die Erhebungsmethoden der Befragung und der Beobachtung zur Datenerhebung zur Verfügung.[909] Da jedoch bei der Methode der Beobachtung keine latenten Konstrukte erhoben werden können, wie sie im entwickelten Modell vorliegen, scheidet diese Erhebungsform in vorliegendem Fall aus.

Unter den möglichen Befragungsmethoden fiel die Wahl in der vorliegenden Untersuchung auf die schriftliche Online-Befragung mittels eines sogenannten *Web-Surveys*[910]. Für das Verfahren sprechen sowohl methodische als auch forschungsökonomische Gründe. So können zum einen mit vergleichsweise geringem Erhebungsaufwand eine große Anzahl an potenziellen Probanden aus der interessierenden Zielgruppe angesprochen werden,[911] da es sich beim Internet um ein Medium handelt, das eine hohe Erreichbarkeit sicherstellen kann. Zum anderen kann die Datenerfassung als preisgünstig, schnell und sicher angesehen werden, da die Antworten der Probanden direkt in eine Datenbank importiert werden. Auch können fehlende Antworten sowie unbeabsichtigte Falschantworten durch geeignete Programmierungsschritte ausgeschlossen werden, wobei unvollständig ausgefüllte Fragebögen von vornherein ausgeschlossen werden und somit nicht versehentlich in die Auswertung eingehen.[912] Des Weiteren unterliegen die Antworten der Personen nicht dem Einfluss des Interviewers, so dass der sogenannte Versuchsleiter-Bias ausgeschlossen werden kann.[913] Zudem bietet die Online-Befragung den Vorteil, dass eine Zusicherung der Anonymität gegenüber dem Probanden glaubwürdig gewährleistet werden kann, wobei einer Beantwortung der Probanden im Sinne der sozialen Erwünschtheit oder auch der eigenen Selbstdarstellung bzw. Idealisierung entgegengewirkt werden kann.[914] Ferner ist es als Vorteilhaft zu bewerten, dass der Testperson ausreichend Zeit zur Beantwortung der Fragen zur Verfügung steht. Den genannten Vorteilen steht

909 Vgl. Nieschlag/Dichtl/Hörschgen (2002), S. 442 ff. Für eine ausführliche Diskussion der Datenerhebungsmethoden im Rahmen der Primärforschung vgl. Hammann/Erichson (2000), S 96 ff.; Nieschlag/ Dichtl/Hörschgen (2002), S. 442 ff.

910 Unter einer Web-Survey versteht man einen programmierten Fragebogen, der mit einer Datenbank hinterlegt auf einem Web-Server für Probanden zur Verfügung gestellt wird und somit über das Internet ausgefüllt werden kann. Vgl. hierzu Schnell/Hill/Esser (2005), S. 382; Atteslander (2006), S. 156.

911 Zur Eignung der schriftlichen Befragung zur Überprüfung von Kausalmodellen vgl. Ohlwein (1999), S. 215. Zu den Nachteilen und Problemen der schriftlichen Befragung vgl. Kanuk/Berenson (1975), S. 440. Im Rahmen der schriftlichen Befragung wird insbesondere der Konstruktion des Fragebogens eine große Relevanz beigemessen. Hierfür eignen sich standardisierte Fragebogen, wobei sowohl der Wortlaut als auch die Reihenfolge der Fragen vorgegeben ist. Der Vorteil von standardisierten Fragebögen liegt darin, dass die Mehrzahl der gestellten Fragen aus einem als reliabel und valide getesteten Untersuchungsdesigns entstammen. Im Rahmen der vorliegenden Untersuchung erfuhren einige Fragen jedoch eine Anpassung an das Untersuchungsobjekt. Zu Kriterien der Fragebogengestaltung vgl. Böhler (1992), S. 89 f.

912 Vgl. Batnic (2001), S. 125 f.

913 Vgl. Ohlwein (1999).

914 Vgl. Meffert (2000), S. 156; Atteslander (2006), S. 147. Für eine ausführliche Diskussion der Vor- und Nachteile der Online-Befragung vgl. Ilieva/Barom/Healey (2000); McDonald/Adam (2003).

der Nachteil einer geringen Rücklaufquote sowie der fehlenden Möglichkeit der Probanden, Rückfragen an den Interviewer zu stellen, gegenüber. Das Problem der geringen Rücklaufquote kann jedoch dadurch kompensiert werden, dass über die gewählten Kanäle eine hohe Zahl an potenziellen Probanden erreicht werden kann.

Die Ansprache der Teilnehmer erfolgte über diverse Email-Verteiler, Netzwerke wie *XING* und *Facebook* sowie über verschiedene Newsletter. Eine repräsentative Stichprobe ist aus Gründen der externen Validität anzustreben, jedoch mittels Online-Befragung nur annähernd realisierbar.[915] Dieser Anspruch besitzt für eine erste Prüfung unerforschter Ursache-Wirkungszusammenhänge aber nicht höchste Priorität.[916] Der Fragebogen wurde mit der Sawtooth Software SSI v6.6 programmiert. Diese bietet eine ganzheitliche Plattform zur Durchführung von Online-Befragungen, wodurch sich die zusätzliche Programmierung eines Online-Fragebogens erübrigt.

Zur Erreichung des Ziels, die in Kapitel 3 formulierten Hypothesen zu überprüfen, erfolgte in einem ersten Schritt die Auswahl sowie Präzisierung des Untersuchungsobjekts, welches als Grundlage der vorliegenden Untersuchung dienen sollte. In diesem Fall liegt der Fokus auf Automobilen, da hierbei eine regelmäßige Konfrontation der Probanden mit dem Produkt vorausgesetzt werden kann. Des Weiteren zeigt sich, dass insbesondere die Ankündigung bzw. Beschreibung von neuen Automobilen auf dem Markt mit dem Begriff des Designsprungs einhergehen.[917] In der vorliegenden Arbeit stellen die Intensität des Designsprungs sowie die Markenstärke Rahmenbedingungen dar,[918] die es zunächst mit Hilfe zweier Vorstudien für die Hauptuntersuchung näher zu spezifizieren gilt. Für die empirische Studie ist es anschließend notwendig, das Untersuchungsobjekt zu definieren.

Um den Einfluss der moderierenden Variablen „Markenstärke" im Hinblick auf das Wirkungsgefüge der Bewertung von Designsprüngen zu evaluieren, soll zunächst ein Vergleich zwischen Marken stattfinden, die eine signifikant unterschiedliche Markenstärke aufweisen. Hierzu wurde in einer ersten Vorstudie die Markenstärke verschiedener Automobilhersteller

---

915 Ergebnisse der ARD/ZDF-Onlinestudie 2010 zeigen, dass die Internetnutzung in Deutschland derzeit bei 69,9 % (Einwohner über 14 Jahren) liegt. Die Ergebnisse zeigen, dass 49 Millionen Menschen wenigstens gelegentlich das Internet nutzen, dies entspricht einem Bevölkerungsanteil von 69,4 %. 76 % der deutschen Onliner sind täglich im Netz. Damit ist die Reichweite des Internets inzwischen fast vergleichbar mit der des Fernsehens.

916 Vgl. Kressmann (2007).

917 Vgl. Kapitel 2.2.2.

918 Vgl. Kapitel 3.4.

abgefragt, bevor anschließend eine Entscheidung hinsichtlich der in der Hauptuntersuchung Verwendung findenden Automobilmarken zu treffen ist.

5.2 Vorstudien

Im Folgenden erfahren zunächst der Aufbau und die Ergebnisse der ersten Vorstudie zur Identifikation der Markenstärke eine genauere Betrachtung, bevor anschließend auf die zweite Vorstudie eingegangen wird, welche die Identifikation verschiedener Intensitäten von Designsprüngen zum Ziel hat.

5.2.1 Vorstudie I: Zur Identifikation der Markenstärke

„Markenstärke bezeichnet die Kraft einer Marke, in den Köpfen der Verbraucher positive Assoziationen auszulösen und diese in Verhalten umzuwandeln."[919] Sie beschreibt somit einen imaginär-symbolischen Mehrwert einer Leistung, der über den praktisch-funktionalen Nutzen hinausgeht und aus der subjektiven Wertschätzung der Marke heraus entsteht und verhaltensbeeinflussend wirkt. Verursacht durch die Markenstärke lassen sich finanzielle Markengewinne erzielen, die den Markenwert ergeben und somit dem Unternehmen Gewinne einbringen.[920] Die Angleichung technischer Leistungsqualitäten und Funktionen der meisten Automobilhersteller lässt neben dem Design auch die Marke bei der Kaufentscheidung deutlich an Bedeutung gewinnen.[921]

Verschiedene wissenschaftliche Studien konnten bestätigen, dass die Marke in erster Linie eine Orientierungs- und Identifikationsfunktion für den Konsumenten übernimmt. Die Marke erleichtert das Sortieren und Wiedererkennen von Angeboten sowie die Identifikation von Unterschieden und erleichtert es Konsumenten, eine Entscheidung für oder gegen ein Produkt zu treffen.[922] Marken vermitteln dem Verbraucher eine bestimmte Leistungsqualität und stärken somit das Vertrauen in den Hersteller, bei gleichzeitiger Reduktion des durch den Nachfrager wahrgenommenen Kaufrisikos.[923] Die Markierung von Produkten führt außerdem zu einer erhöhten Markttransparenz, was wiederum eine möglichst schnelle und einfache Identifizierung der Produkte durch den Verbraucher ermöglicht. Die Marke besitzt einerseits eine

919 Fischer/Hieronimus/Kranz (2002), S. 9.
920 Vgl. Meffert/Koers (2005), S. 280.
921 Vgl. Kohler (2003), S. 3.
922 Vgl. Bauer/Huber (1998), S. 40.
923 Vgl. Voeth/Rabe (2004).

eigenständige Identität, um so die eigenen Produkte von Konkurrenzprodukten zu differenzieren, andererseits ist die Marke das Mittel, mit dem die Zusammengehörigkeit von Produkten desselben Anbieters ausgedrückt werden kann.[924] Eine weitere Funktion der Marke ist die des Imageträgers und dient somit dem Konsumenten als Mittel zur Selbstdarstellung, der Vermittlung eigener Wertvorstellungen und der Abgrenzung verschiedener sozialer Gruppen untereinander.[925] Die Marke bietet mit den genannten Eigenschaften dem Nachfrager einen Zusatznutzen, der sich meist in einer erhöhten Zahlungsbereitschaft widerspiegelt.[926]

Im Rahmen der Untersuchung der Markenstärke erscheint ein Blick auf die Unterteilung von Automobilmarken in niedrigpreisige, mittelpreisige und hochpreisige Segmente bzw. Marken sinnvoll, wie sie in der englischsprachigen Literatur zu finden ist. So schlagen beispielsweise *Verhoef*, *Langerak* und *Donkers et al.* eine Unterteilungen der automobilen Marken in die sogenannten „prestige brands", „volume brands" und „economy brands" vor.[927] *Prestige Brands*, zu denen bspw. *Mercedes-Benz* und *BMW* zählen, sind starke und hochpreisige Marken, die Wohlstand, Status und Exklusivität nach außen kommunizieren.[928] Zu den *Volume Brands* gehören Automobilhersteller wie *Volkswagen* und *Ford*, die das Ziel der Optimierung des Preis-Leistungsverhältnisses verfolgen und mit dieser Strategie relativ hohe Marktanteile errungen haben.[929] Automobilmarken wie z. B. *Suzuki*, *Kia* und *Hyundai* werden als *Economy Brands* bezeichnet und stellen damit das Segment der schwachen Marken dar. Diese Automobilhersteller verkaufen Modelle zu einem Preis, der meist unterhalb des Marktdurchschnitts liegt. Für die Kundengruppe der Economy Brands ist somit der Preis das ausschlaggebende Kriterium der Kaufentscheidung.[930]

Auch im deutschsprachigen Raum findet man eine Einteilung verschiedener Automobilmarken in unterschiedliche Klassen. Hierbei wird häufig eine Unterscheidung nach Luxus-, Premium- und (Massen- bzw.) Volumenmarken vorgenommen.[931] In die Kategorie der *Luxusmarken* fallen nach *Rosengarten* und *Stürmer* Automobilmarken wie *Rolls-Royce*, *Maserati*

924 Vgl. Rayport/Jaworski (2001), S. 185.
925 Vgl. Hohn (2008), S. 135.
926 Vgl. Ahlert (2007), S. 15.
927 Vgl. Verhoef/Langerak/Donkers (2007), S. 99.
928 Vgl. Bagwell/Bernheim (1996), S. 351.
929 Vgl. Verhoef/Langerak/Donkers (2007), S. 99.
930 Vgl. Verhoef/Langerak/Donkers (2007), S. 101.
931 Vgl. Rosengarten/Stürmer (2005), S. 21; Sonnenborn (2009), S. 445. Eine weitere Möglichkeit wäre anhand der Kriterien Markenwert und Marktanteil auch nach Premiummarken, Qualitätsmarken, Volumenmarken und Randmarken zu unterscheiden; vgl. Diez (2006), S. 573.

und *Lamborghini*.[932] Der Käufer von Luxusautomobilen fordert ein Unikat, das die Aura des Unverwechselbaren und Einmaligen versprüht und ihn somit vom Rest der Bevölkerung abhebt. Der Hauptnutzen für den Käufer dieser Automobile liegt demnach eindeutig in ihrer Prestige- und Statusfunktion.[933] In die Kategorie der *Premiummarken* fallen nach *Kapferer* solche Marken, denen es gelingt, am Markt einen höheren Preis durchzusetzen als Hersteller, deren Produkte vergleichbare Funktionen aufweisen.[934] Der höhere Kaufpreis der Premiummarken, lässt sich wie auch bei den Luxusmarken insbesondere durch das soziale Prestige rechtfertigen, welches durch das Produkt unterstrichen bzw. gestärkt wird.[935] Es sind überwiegend die deutschen Automobilmarken *Mercedes-Benz*, *Audi*, *BMW* und *Porsche*[936], die den klassischen Premiummarken zugeordnet werden können.[937] Diese Marken zeichnen sich durch Faktoren wie einen hohen Gebrauchtwagenwert, eine besondere Stärke auf dem Heimatmarkt, markentreue Kunden und eine weltweite Verbreitung aus.[938] Zudem stehen sie für Innovationsfähigkeit.[939] Im Unterschied zu Premium- und Luxusmarken stehen *Volumenmarken* für geringere Qualität, Komfort und damit einhergehend auch für niedrigere Preise. Klassische, auf dem deutschen Markt vertretene Automobilmarken dieses Segments sind *Volkswagen*, *Ford* oder *Opel*.[940] Solche Volumenhersteller schaffen es bestenfalls durchschnittliche Preise am Markt im jeweiligen Marktsegment zu erzielen.[941] Erfolgsentscheidend ist demnach für eine Volumenmarke insbesondere das geringe Kostenniveau und ein damit einhergehendes hohes Absatzvolumen.[942] Aufgrund der hohen Preissensibilität sind Volumenhersteller mit einer deutlich stärkeren Wettbewerbsintensität konfrontiert als Premium- oder Luxushersteller, für die der Preis als Wettbewerbsinstrument eine eher sekundäre Rolle spielt.[943]

Das Ziel der ersten Vorstudie ist es, eine Automarke mit hoher und eine Automarke mit niedriger Markenstärke zu identifizieren. Da eine Bewertung der Markenstärke von allen auf dem Markt verfügbaren Automarken aus ökonomischen Gründen nicht durchführbar wäre, wurde

---

932 Vgl. Rosengarten/Stürmer (2005), S. 21 ff. für die folgenden Ausführungen.
933 Vgl. Zimmermann/Aga (2004), S. 193; Verhoef/Langerak/Donkers (2007), S. 101.
934 Vgl. Kapferer (1997), S. 77; Diez (2006), S. 550.
935 Vgl. Liebl (2003), S. 223.
936 Porsche spielt im Bezug auf die abgesetzten Stückzahlen jedoch eine kleinere Rolle.
937 Vgl. Großkurth (2004), S. 8; Verhoef/Langerak/Donkers (2007), S. 99; Buchner (2008), S. 16; Dudenhöffer (2008), S. 83; Czaja (2009), S. 19; Sonnenborn (2009), S. 445.
938 Vgl. Rosengarten/Stürmer (2005), S. 17.
939 Vgl. Rosengarten/Stürmer (2005), S. 26; Sonnenborn (2009), S. 446.
940 Vgl. Rosengarten/Stürmer (2005), S. 21.
941 Vgl. Diez (2005), S. 125.
942 Vgl. Diez (2006), S. 566.
943 Vgl. Zimmermann/Aga (2004), S. 194.

zunächst eine Vorauswahl der zu bewertenden Marken getroffen. Hierbei dienten die Ergebnisse des *AutomarxX 2009*, einer Markenuntersuchung des *ADAC*[944] als Auswahlkriterium.[945] Der *ADAC*-Markenvergleich setzt sich aus zahlreichen Einzelkriterien wie Markenimage, Marktstärke, Kundenzufriedenheit und Produktstärke zusammen und bewertet anhand dieser 33 in Deutschland relevante Fahrzeughersteller.[946] Zur Identifikation der Markenstärke wurden aus den 33 vom *ADAC* untersuchten Marken acht Hersteller für die Vorstudie ausgewählt. Dabei wurden aus dem Ranking je zwei Marken aus dem ersten, dem zweiten, dem dritten und dem vierten Quartil ausgewählt, so dass gewährleistet wurden, dass aus allen Ebenen des Rankings Automarken vertreten waren. Zudem fand das Herstellerland Berücksichtigung, so dass nicht mehr als zwei Marken einer Nationalität in der Untersuchung vertreten waren. Folgende Automarken fanden dementsprechend in der Vorstudie Berücksichtigung: *Audi* und *Mercedes-Benz* (erstes Quartil), *Škoda* und *Mitsubishi* (zweites Quartil), *Citroën* und *Saab* (drittes Quartil) sowie *Daihatsu* und *KIA* (viertes Quartil).

Zur Operationalisierung der Markenstärke diente das Modell nach *Yoo* und *Donthu*,[947] welches in Anlehnung an *Fuchs* um die fehlende Komponente Image erweitert wurde.[948] Diese beinhaltet Indikatoren zur Vorteilhaftigkeit der Markenassoziationen und zur Sympathie[949] sowie zur Attraktivität und zur Identifikation mit einer Marke.[950] Das hieraus resultierende Markenstärkemodell setzt sich aus den vier Teilkonstrukten *Bekanntheit*, *Qualität*, *Loyalität* und *Image* zusammen. In Anpassung an die in der Forschungspraxis eingesetzten Messungen, sind alle vier Variablen bei der Modellierung des Konstrukts der Markenstärke gleichberech-

944 Der ADAC (Allgemeiner Deutscher Automobilclub) ist mit 17 Millionen Mitgliedern Europas größter Automobilclub und vertritt die Interessen deutscher Auto- und Motorradfahrer.

945 Der ADAC AutomarxX erscheint zweimal jährlich. Die 33 wichtigsten, auf dem deutschen Markt verfügbaren Automarken werden dabei in verschiedenen Kategorien durchleuchtet und verglichen. Die ADAC-Untersuchung ist das umfangreichste Informationssystem zur Messung der Leistungsfähigkeit der Automarken auf dem deutschen Markt.

946 Internationale Automobilstudien fanden für diese Untersuchung keine Berücksichtigung, da die Zielgruppe für die vorliegende Studie ausschließlich im deutschsprachigen Raum zu finden ist.

947 Vgl. Yoo/Donthu (2001), S. 14.

948 Vgl. Fuchs (2009), S. 23 f., 174.

949 Die Sympathie für eine Marke stellt ein elementares Verbindungsstück zwischen Markenbekanntheit und Markenimage dar. Vgl. Esch/Geus/Langner (2002), S. 474.

950 Die Messung der Sympathie kann nach Esch und Kollegen problemlos durch ein einzelnes Item erfolgen. Vgl. z. B. Esch/Langner/Brunner (2005), S. 1239. Auch die Attraktivität wird eindimensional abgefragt, was vor dem Hintergrund der Tatsache zu rechtfertigen ist, dass die Sympathie und die Attraktivität einer Marke als konkrete Eigenschaften zu sehen sind. So stellen Bergkvist und Rossiter single-Item- und multiple-Item-Messungen gegenüber und kommen zu dem Schluss, dass eine Eigenschaft, die sich auf ein konkretes Objekt (hier eine Marke) bezieht und die Eigenschaft nicht aus mehreren Komponenten zusammensetzt ist („doubly concrete"), durch eine single-Item messbar ist. Vgl. Rossiter (2002), S. 311 ff.; Bergkvist/Rossiter (2007), S. 178, 183.

tigt. Die vier Teilkonstrukte der Markenstärke und ihre Indikatoren sind in Tabelle 8 abgebildet, wobei „XY" als Platzhalter für die jeweils abgefragte Marke dient.

Item	Bitte geben Sie auf einer Skala von „stimme überhaupt nicht zu" (1) bis „stimme voll und ganz zu" (7) an, inwieweit Sie den folgenden Aussagen zustimmen:	Quelle
BK	**Bekanntheit**	Yoo/Donthu (2001), S. 14.
BK1	Ich kann die Marke XY aus einer Menge von Konkurrenzmarken heraus erkennen.	
BK2	Ich kenne die Marke XY gut.	
BK3	Wenn ich an die Marke XY denke, fallen mir schnell einige Eigenschaften der Marke ein.	
BK4	Ich erinnere mich leicht an das Symbol oder Logo der Marke XY.	
BK5	Es fällt mir leicht, mir die Marke XY mit ihren Eigenschaften im Kopf vorzustellen.	
LO	**Loyalität**	Yoo/Donthu (2001), S. 14.
LO1	Ich würde mich selbst als loyal gegenüber der Marke XY bezeichnen.	
LO2	Die Marke XY wäre in ihrer Produktkategorie meine erste Wahl.	
LO3	Ich würde nur Autos der Marke XY kaufen, selbst wenn andere Marken erhältlich wären.	
QU	**Qualität**	Yoo/Donthu (2001), S. 14.
QU1	Ich nehme an, dass die Qualität der Autos der Marke XY herausragend ist.	
QU2	Die Wahrscheinlichkeit, dass die Autos der Marke XY ohne Mängel sind, ist sehr hoch.	
IM	**Image**	Fuchs (2009), S. 174; in Anlehnung an Keller (2005), S. 1321.
IM1	Ich finde die Marke XY sympathisch.	
IM2	Ich finde die Marke XY attraktiv.	
IM3	Ich finde die Marke XY gut.	
IM4	Die Marke XY passt zu meiner Persönlichkeit.	
IM5	Meine Gefühle für die Marke XY sind positiv.	
IM6	Ich finde Menschen sympathisch, die Autos der Marke XY besitzen.	

Tabelle 8: Indikatoren zur Operationalisierung der Markenstärke

Wie bei der Hauptstudie, kam auch im Rahmen der ersten Vorstudie ein Online-Fragebogen, aufgrund der oben bereits erwähnten Vorteile, zum Einsatz. Jedem Proband wurden per Zufallsgenerator vier der acht genannten Marken in randomisierter Form vorgelegt und dazu jeweils die Markenstärke-Items abgefragt.

An der Vorstudie zur Identifikation der Markenstärke, die im Befragungszeitraum vom 17. bis 27. Mai 2010 online zur Verfügung stand, nahmen insgesamt 184 Probanden Teil. Hierbei waren 82 Probanden weiblich (44,6 %) und 102 Teilnehmer männlich (55,4 %), im Alter zwischen 18 und 63 Jahren (Durchschnittsalter: 31,5 Jahre). Die Ansprache der Probanden erfolgte ausschließlich über diverse Email-Verteiler. Die folgende Tabelle liefert einen Überblick über die Resultate der Vorstudie.[951]

Untersuchte Automarken	Anzahl (n) der Beurteilungen	Gesamt-Mittelwert	Standardabweichung
Audi	88	**4,95**	0,76
Mercedes-Benz	92	**4,52**	1,27
Škoda	89	3,56	1,19
Citroën	91	3,38	0,97
Saab	98	3,35	2,08
Mitsubishi	96	2,83	1,46
Daihatsu	87	2,64	0,94
KIA	95	**2,59**	0,89

Tabelle 9: Ergebnisse der Studie zur Identifikation der Markenstärke von acht ausgewählten Marken

Die Ergebnisse zeigen, dass *KIA* mit einem Gesamtmittelwert von 2,59 die geringste Markenstärke und *Audi* mit einem Mittelwert von 4,95 die höchste Markenstärke in der Untersuchung aufweist. Da die Marke *Audi*, als die am stärksten bewertete Marke, jedoch ein sehr markantes Design mit einem hohen Wiedererkennungswert aufweist und so befürchtet werden muss, dass die in der Hauptstudie zu bewertenden Abbildungen nicht mit der Marke *Audi* assoziiert werden könnten, wird *Mercedes-Benz* stattdessen als die am zweitstärksten bewertete Marke Eingang in die Untersuchung finden. Die Analyse der Mittelwertunterschiede zwischen *KIA* und *Mercedes-Benz* wurde mit Hilfe eines Chi-Quadrat-Tests berechnet (Chi-Quadrat-Wert von 0,47) und zeigt einen signifikanten Unterschied[952] zwischen beiden Marken.

Zusammenfassend kann aufgrund der Ergebnisse dieser ersten empirischen Vorstudie festgehalten werden, dass in der vorliegenden Untersuchung die Marken *Mercedes-Benz* (hohe

[951] Alle verwendeten Indikatoren sind signifikant. Die Berechnung der Mittelwerte erfolgte über eine Gleichgewichtung der einzelnen Teilkonstrukte der Markenstärke. Das heißt, die „Bekanntheit", die mit fünf Indikatoren gemessen wird besitzt den gleichen Anteil am Konstruktmittelwert, wie die „Qualität" die nur über zwei Items abgefragt wurde.

[952] Signifikant auf 5 %-Niveau.

Markenstärke) und *KIA* (niedrige Markenstärke) Verwendung finden. Die Ergebnisse dieser ersten Vorstudie bestätigen die Resultate der *ADAC*-Markenuntersuchung *AutomarxX* von November 2009, bei der *Audi* (Note: 1,90) denkbar knapp vor *Mercedes-Benz* (Note: 1,91) auf Platz 1 landete. *KIA* belegte mit der Note 3,34 hierbei den 28. von 33 Plätzen.

5.2.2 Vorstudie II: Zur Identifikation der Intensität von Designsprüngen

Zur Identifikation verschiedener Intensitäten von Designsprüngen wurde eine zweite Vorstudie durchgeführt. Zunächst bedarf es für die Durchführung der zweiten Vorstudie sowie der finalen empirischen Hauptuntersuchung der Auswahl eines geeigneten Automobildesigns, auf dessen Grundlage die postulierten Wirkungsbeziehungen des aufgestellten Modells überprüft werden sollen. Die Selektion des ausgewählten Designs beruhte auf folgenden Kriterien: a) das Automobil sollte eine etablierte Automarke repräsentieren, b) ein neues Modell dieser Marke darstellen und c) für den Großteil der Probanden zum Zeitpunkt der Befragung neu erscheinen. Diese Kriterien bilden essenzielle Anforderungen an das Untersuchungsobjekt, damit dieses für den Großteil der Probanden frei von jeglichen Markenassoziationen bleibt und die Designevaluierung der Teilnehmer zunächst neutral und ohne Wahrnehmungsverzerrung ablaufen kann.[953]

Nach Berücksichtigung der oben genannten Kriterien diente als Vorlage für das Untersuchungsobjekt eine Konzeptstudie des *Opel Merivas*,[954] die jedoch für die in der Untersuchung verwendete „Originalvorlage" ebenfalls graphisch verändert wurde, so dass eine direkte Zuordnung des Automobils zu einer Automarke nur einem sehr geringen Teil der Probanden möglich sein sollte. Die Entscheidung für den *Opel Meriva* Konzept als Vorlage für diese Untersuchung fiel aufgrund mehrerer Argumente. So ist der *Opel Meriva* ein klassischer Minivan, dessen Silhouette wenig auffallend oder prägnant ist. Das Modell ist im deutschen Straßenbild jedoch mit Zulassungen von 317.394 Autos (Zählung der Fahrzeuge zum 01. Januar 2010) recht häufig vertreten und sollte dementsprechend nicht fremd wirken, dennoch ist

[953] Denn erst nachdem diese Anforderung an das zu bewertende Design erfüllt ist, kann im nächsten Schritt die Manipulation des Designs anhand der Markierung mit dem Markenlogo einer anderen Automobilmarke erfolgen.

[954] Der Opel Meriva erfüllt die oben genannten Anforderungskriterien an das Untersuchungsobjekt, indem die Marke Opel einer etablierten Automarke entspricht, die Konzeptstudie des Merivas eine neue Generation des bisher auf dem Markt verfügbaren Modells darstellt und zudem, da es sich um eine Konzeptstudie handelt, die zum Untersuchungszeitpunkt noch nicht auf dem deutschen Markt verfügbar war, den Probanden neu erscheinen sollte.

es nicht so präsent, dass das Modell einer konkreten Marke zugeordnet werden könnte.[955] In der grafisch veränderten Vorlage, die in der vorliegenden Studie Verwendung findet, wirkt das Auto wie ein Kleinwagen. Für die Studie wurden zudem alle Logos auf den Abbildungen entfernt, die auf die Marke *Opel* hinweisen könnte.

Nachdem die Entscheidung für ein Automobildesign getroffen wurde, ist es Ziel des Experiments im Rahmen der zweiten Vorstudie, verschiedene Intensitäten von Designsprüngen zu identifizieren und diese in eine Rangreihe bringen zu lassen. Hierzu wurde zunächst von einem Grafikdesigner die Originalvorlage entwickelt und darauf aufbauend sieben Abbildungen von Automobilen graphisch so verändert, dass diese geringe bis starke Abweichungen von der Originalabbildung aufweisen. Die grafischen Veränderungen wurden zur besseren Vergleichbarkeit zwischen den einzelnen Abbildungen sowie zur leichteren Identifikation der einzelnen Veränderungen im Design ausschließlich in der Frontpartie des Automobils durchgeführt. Der übrige Teil des Modells wies keine Abweichungen von der Originalvorlage auf und war somit identisch. Die Abweichungen im Design lagen, wie Abbildung 14 verdeutlicht, in den vier verschiedenen Komponenten der Scheinwerfer, Nebelleuchte, Kühlergrill und Stoßstange vor.

Abbildung 14: Änderungen des Designs an Scheinwerfern, Nebelleuchten, Kühlergrill und Stoßstange

[955] Nach Auskunft des Kraftfahrt-Bundesamtes in Flensburg. Der Fahrzeugbestand enthält den „fließenden Verkehr“ einschließlich der Saisonkennzeichen, jedoch keine vorübergehenden Stilllegungen.

Folgende acht Abbildungen resultierten aus der grafischen Bearbeitung und wurden den Probanden vorgelegt:

Abbildung 15: Abbildung des Automobils, welche als Originalvorlage diente

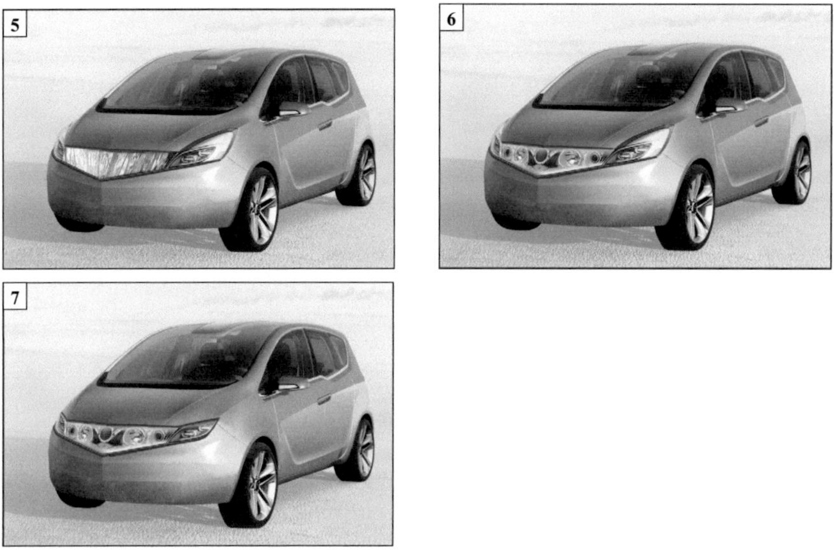

Abbildung 16: Sieben Abbildungen, die unterschiedliche Designs in der Frontpartie aufweisen

Um mögliche Störvariablen zu kontrollieren, kamen insbesondere instrumentelle Kontrolltechniken zum Einsatz. Die äußeren Rahmenbedingungen wurden bei allen Probanden konstant gehalten. Das Experiment wurde jeweils mit einem Probanden separat in einem Raum durch denselben Versuchsleiter durchgeführt. Im Rahmen des Experiments erhielten alle Probanden dieselbe Instruktion durch den Versuchsleiter. Im Hinblick auf versuchsplanerische Kontrolltechniken wurden vor allem die Techniken der Randomisierung angewendet, indem die Abbildungen jeweils in unterschiedlicher Reihenfolge vorgelegt wurden.

Die Probanden erhielten im Rahmen des Experiments folgende mündliche Arbeitsanweisung:
Hier sehen Sie die Vorlage eines Automobils [„Originalabbildung" wurde dem Probanden vorgelegt]. Bitte schauen Sie sich diese Abbildung in Ruhe an. Ihr Fokus sollte dabei insbesondere auf der Frontpartie des Autos liegen. Können Sie das Auto einer Automarke zuordnen? Wenn ja, welcher?
Jetzt werde ich Ihnen weitere Abbildungen desselben Automobils geben [sieben Abbildungen werden dem Probanden überreicht], an denen stärkere sowie weniger starke Veränderungen im Design durchgeführt wurden. Bitte schauen Sie sich diese Bilder in Ruhe an. Ihre Aufgabe wird es nun sein, diese Abbildungen in eine Rangreihe zu bringen. Dabei sollte die Abbildung

mit der geringsten Abweichung vom Original links und die Abbildung mit der intensivsten Abweichung vom Original rechts liegen. Bitte ordnen Sie die weiteren Bilder dazwischen an.

Das Experiment zur Identifikation dreier Abbildungen mit verschiedenen Intensitäten im Designsprung wurde im Zeitrahmen vom 02. bis 08. Juni 2010 durchgeführt. Die Stichprobe für dieses Experiment setzt sich zusammen aus 104 Probanden (53 weibliche, 51 männliche), verteilt auf alle Altersklassen zwischen 19 und 68 Jahren (Durchschnittsalter: 34,2 Jahre). Die Rekrutierung der Versuchsteilnehmer erfolgte durch direkte Ansprache mit der Bitte zur Teilnahme an dem Experiment. Die Dauer des Experiments betrug je nach Proband zwischen zwei und sieben Minuten. Im folgenden Abschnitt soll auf die Ergebnisse der zweiten Vorstudie eingegangen werden.

Zu Beginn der Vorstudie wurden die Probanden aktiv nach der Automarke der vorgelegten „Originalabbildung" befragt, um mögliche Verzerrungseffekte durch bisherige Erfahrungen mit der Marke auszuschließen. Hierbei hat sich gezeigt, dass keiner der Teilnehmer das abgebildete Automobil mit dem tatsächlich als Vorlage dienenden *Opel Merivas* in Verbindung gebracht hat. Daher kann davon ausgegangen werden, dass in der Vorstudie keine Verzerrungseffekte aufgrund bisheriger Erfahrungen mit der Marke vorliegen. Des Weiteren fiel im Rahmen der Untersuchung auf, dass 13 Probanden (entspricht 12,5 % der Gesamtstichprobe der Befragten) Abbildung 5 für „unrealistisch" oder „abnormal" hielten, weshalb diese nachträglich aus der Untersuchung ausgeschlossen wurde. Dies geschah, um Verwirrungen oder Unklarheiten in der Hauptuntersuchung auszuschließen. Alle weiteren sechs Abbildungen fanden Eingang in die Auswertung.

Bild	Position	Chi-Quadrat-Test
1	1,12	-
2	**2,00**	0,38*
3	3,04	-
4	**3,84**	0,92*
6	**5,60**	0,00*
7	5,40	-

Tabelle 10: Ergebnisse der Vorstudie zur Identifikation der Designsprung-Intensitäten

* Signifikant auf 5 %-Niveau

Zunächst wurden die Positionen berechnet, die den Bildern im Durchschnitt über alle Probanden hinweg zugeordnet wurden. Bei der Interpretation von Tabelle 10 ist jedoch zu berücksichtigen, dass nach Eliminierung von Bild 5 insgesamt nur noch sechs Positionen verbleiben. Auf Basis der Ergebnisse konnten drei Abbildungen ausgewählt werden, da sie offensichtlich eine geringe (Abbildung 2), mittlere (Abbildung 4) und hohe (Abbildung 6) Abweichung im Design von der „Originalvorlage" aufweisen. Zudem wurde mittels eines Chi-Quadrat-Tests überprüft, ob die Unterschiede zwischen den ausgewählten Bildern („Originalvorlage" zu Bild 2; Bild 2 zu Bild 4; Bild 4 zu Bild 6) tatsächlich signifikant sind. Diese Tatsache ließ sich für alle drei ausgewählten Abbildungen bestätigen. Zusammenfassend lässt sich festhalten, dass aufgrund der Ergebnisse die drei Abbildungen 2, 4 und 6 identifiziert werden konnten, die deutliche Unterschiede in der Intensität des Designs aufweisen, sowohl im Vergleich zu der „Originalvorlage" als auch untereinander und somit Eingang in die Hauptuntersuchung finden.

5.3 Hauptuntersuchung

5.3.1 Aufbau des Fragebogens

Der Fragebogen wurde auf Basis der existierenden Literatur sowie konzeptioneller Überlegungen gestaltet. Insgesamt kamen im Rahmen der Befragung sechs Fragebogenversionen zum Einsatz, welche sich aus der Kombination der zwei in der ersten Vorstudie identifizierten Marken zur Abbildung der Markenstärke und der drei aus der zweiten Vorstudie resultierenden Designsprungintensitäten zusammensetzen. Die Grafiken, die den Probanden vorgelegt wurden, sind in dem in Abbildung 17 dargestellten Untersuchungsdesign dargestellt.

Den Befragungsteilnehmern wurde mittels Randomisierung jeweils eine der sechs Fragebogenversionen vorgelegt. Solch eine Randomisierung hat den Vorteil, dass potenzielle unbekannte Störgrößen in etwa gleicher Weise auf alle Gruppen verteilt werden. Über den Einsatz von Quoten wurde die Zuordnung der Fragebögen so gesteuert, dass je einem Sechstel der Probanden jeweils eine Versuchsgruppe zugeordnet wurde. Für die Mehrzahl der Fragen konnten die Probanden das Ausmaß ihrer Zustimmung bzw. Ablehnung anhand einer 7-stufigen Likert-Skala bekunden.[956] Sowohl in den Wirtschaftswissenschaften als auch in den Sozialwissenschaften gilt die 7-stufige Skala als bester Kompromiss zwischen dem Ziel eine mög-

[956] Zu einer ausführlichen Diskussion der Likert-Skala vgl. Nieschlag/Dichtl/Hörschgen (2002), S. 406 ff.

lichst hohe Varianz in den Daten zu erreichen, dabei jedoch eine nicht zu große kognitive Belastung seitens der Probanden zu verursachen.[957]

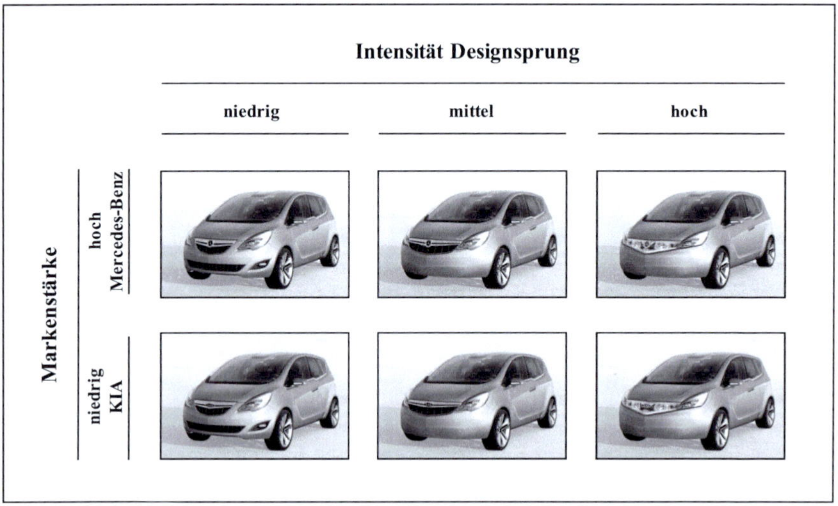

Abbildung 17: Darstellung des Untersuchungsdesigns mit sechs Versuchsgruppen

Generell wurde bei der Entwicklung des Fragebogens darauf geachtet, diesen möglichst einfach und selbsterklärend zu gestalten, da auf Verständnisprobleme seitens der Teilnehmer nicht unmittelbar eingegangen werden konnte.[958] Ferner wurde bei der Befragung auf eine möglichst klare Sprache, einfache Struktur sowie auf empirisch bewährte Antwortskalen zurückgegriffen.

Der für die Untersuchung verwendete Online-Fragebogen begann mit einer Einleitung, in welcher der Proband Informationen über den Anlass (Dissertation) sowie den Gegenstand der Untersuchung (Studie über Automobile) erhielt. Zudem wurde auf die Anonymität der Befragung hingewiesen und dem Teilnehmer die Möglichkeit gegeben, über einen „Kontakt-Button" mit der Wissenschaftlerin in Kontakt zu treten. Zusätzlich erhielt der Proband den Hinweis, dass die Befragung auf ca. 10 Minuten angesetzt ist.

957 Vgl. Vollhardt (2007), S. 152.
958 Vgl. Atteslander (2003), S. 148.

Zu Beginn der Befragung erfolgte zunächst eine Vorstellung bzw. Beschreibung des „Original-Modells" sowie des Modells mit der neu gestalteten Frontpartie, welches sowohl den abgebildeten Designsprung wie auch die Markenstärke in Form des entsprechenden Logos enthielt. Beide Grafiken wurden dem Probanden nebeneinander stehend auf einer Seite vorgelegt, sodass ein Vergleich zwischen beiden Modellen auf einen Blick möglich war. Den Probanden wurde mitgeteilt, dass sowohl die Grafiken als auch die dazugehörigen Beschreibungen fiktiv bzw. hypothetisch sind und ausschließlich der vorliegenden Befragung dienen. Die Beschreibung des „Original-Modells" beinhaltete lediglich die Aussage, dass dieses das aktuelle, seit 1 ½ Jahren auf dem Markt verfügbare Modell von *Mercedes-Benz/KIA* sei. Das Modell mit der neu gestalteten Frontpartie enthielt die Informationen, dass die ab sofort auf dem Markt verfügbaren, neuen Modelle von *Mercedes-Benz/KIA* nun eine neu gestaltete Frontpartie besitzen, technische Eigenschaften wie Motor und Leistung hingegen identisch bleiben.

5.3.2 Operationalisierung der Konstrukte

Bevor die Durchführung der Hauptuntersuchung möglich ist, müssen die latenten Konstrukte des zu überprüfenden Modells operationalisiert, das heißt über geeignete Indikatoren messbar gemacht werden.[959] Kommen Konstrukte zum Einsatz, die bereits in anderen empirischen Studien Verwendung fanden, kann bei der Operationalisierung auf bewährte Messinstrumente zurückgegriffen werden.[960] Voraussetzung hierfür ist die Tatsache, dass sich diese Skalen als valide und reliabel erwiesen haben.

In dem Fall, dass bisher kein geeigneter Messansatz existiert, besteht die Möglichkeit neue Skalen zu entwickeln. In der vorliegenden Studie lag die Problematik vor, dass zwar für alle Konstrukte bereits existierende Skalen vorlagen, diese jedoch auf die Thematik des Designsprungs bzw. Automobildesigns angepasst werden mussten. Um Verständnisprobleme bei den gewählten Formulierungen und Übersetzungen der Items zu umgehen sowie konzeptionelle Fehler bei der Fragebogengestaltung auszuschließen, wurde zunächst ein Pretest durchgeführt, bevor die Eignung des Fragebogens für die Hauptuntersuchung gewährleistet wurde. Mittels der *Think-Aloud-Methode* wurden Testpersonen aufgefordert, den Fragebogen zu be-

---

959 Vgl. Kapitel 4.1.1.

960 Vgl. Homburg/Pflesser (2000b), S. 640 ff. In dieser Arbeit finden für den Begriff Messinstrumente die Synonyme Messansatz, Inventar, Messinventar, Skala oder Itembatterie Verwendung.

antworten und dabei laut mitzudenken.[961] Aufgrund von 6 Experten- sowie 12 Konsumentenurteilen konnte darauf geschlossen werden, dass alle 31 Indikatoren, die zur Modellprüfung zum Einsatz kommen, für die Hauptuntersuchung geeignet sind und somit schließlich Verwendung finden. Ein weiterer Nutzen eines solchen Pretests ist darin zu sehen, dass zusätzlich die Zuverlässigkeit und Validität der Messinstrumentarien getestet werden.[962] Durch Anwendung des erläuterten Pretests wurde der wissenschaftlichen Forderung entsprochen, modifizierte Skalen sowohl von Experten als auch Konsumenten vorab beurteilen zu lassen, um die Eignung des Messinstruments aus der Sicht beider Gruppen zu gewährleisten. Die Ergebnisse des Pretests bieten wiederum Ansatzpunkte zur Verbesserung der Verständlichkeit der einzelnen Fragen sowie zur Optimierung der Güte der Skalen. Die so generierten finalen Messinstrumente werden zudem im Kontext der Hauptstudie einer umfassenden Güteüberprüfung unterzogen. Auch in diesem Schritt kann noch eine Skalenverbesserung beispielsweise durch Eliminierung von Items vorgenommen werden.[963] Die finale Güteüberprüfung erfolgt mit Hilfe der in Kapitel 4.2 vorgestellten Testgütekriterien. Die Anordnung der einzelnen Items innerhalb einer Skala erfolgte in randomisierter Form, um Reihenfolgeeffekte zu vermeiden. Einzelne ausgewählte Indikatoren wurden zudem revers[964] gepolt, um Antwortverzerrungen auf Probandenseite auszugleichen.[965] Im folgenden Abschnitt werden die einzelnen im Untersuchungsmodell Verwendung findenden Konstrukte einer Operationalisierung unterzogen.

5.3.2.1 Determinanten der Akzeptanz von Designsprüngen

5.3.2.1.1 Personenspezifische Konstrukte

Einstellung gegenüber der Marke

Das Konstrukt der Markeneinstellung erfasst die affektive Gesamtbeurteilung der Marke durch einen Konsumenten. *Osgood*, *Suci* und *Tannenbaum* stellten 1957 mit dem semantischen Differential ein Instrument zur Messung der Einstellung von Personen bereit, wobei auf einer Skala entgegengesetzte Eigenschaftsworte, wie beispielsweise „gut - schlecht“ in Bezug

961 Vgl. Kirchhoff et al. (2003). Zum Vorgehen bei Anwendung der Think-Aloud-Methode vgl. Hurrle/ Kieser (2005), S. 593 ff.

962 Vgl. Heitmann (2006), S. 201.

963 Vgl. Churchill (1979), S. 66; Homburg/Giering (1996), S. 12; Huber (2004), S. 180 f.

964 Vgl. Moosbrugger/Kelava (2008), S. 127. Revers formulierte Items werden oftmals verwendet, um Antworttendenzen (z. B. Akquieszenz oder sich „durchklicken“) zu eliminieren.

965 Vgl. Mummendey (1995), S. 65; Netemeyer/Bearden/Sharma (2003), S. 99. Um Flüchtigkeitsfehler der Probanden bei reversen Items auszuschließen, wurden die Wörter, die die negative Formulierung zum Ausdruck bringen (z. B. „nicht“) im Fragebogen unterstrichen.

auf das Einstellungsobjekt bewertet werden.[966] Die Beantwortung der Items erfolgt auch in der vorliegenden Untersuchung im Format des semantischen Differentials, wobei der linke Pol die negative Ausprägung (1) und der rechte Pol die positive Ausprägung (7) des Konstrukts beschreibt. Diese Operationalisierung ist die am häufigsten verwendete Operationalisierung des Konstrukts der Markeneinstellung.[967] Die Wahl der Eigenschaftsworte orientiert sich an empirischen Studien, die ebenfalls auf diese Form der Operationalisierung zurückgegriffen haben.[968] So verwenden in Untersuchungen von *Simonin* und *Ruth*[969] sowie *Lafferty*, *Goldsmith* und *Hult*[970] die Autoren jeweils die drei Indikatoren „bad - good", „negative - positive" und „unfavorable - favorable". Diese Indikatoren „schlecht - gut", „unvorteilhaft - vorteilhaft" und „negativ - positiv" gehen in der deutschen Übersetzung von *Baumgarth* in das Messmodell ein.[971] Eine bisherige Anwendung dieses Instrumentariums attestiert den Indikatoren ausreichend hohe Reliabilitäts- und Validitätswerte.[972]

Anschließend an die Operationalisierung stellt sich die Frage nach der Kausalität zwischen Konstrukt und Indikatoren. Ein Blick auf Tabelle 11 zeigt, dass jeder einzelne der abgeleiteten Indikatoren das Konstrukt der Einstellung gegenüber der Marke repräsentieren und sie somit das Ausmaß der Einstellung gegenüber der Marke darstellen. Dementsprechend wird für das Konstrukt der Einstellung gegenüber der Marke ein reflektives Messmodell vorgeschlagen.

Item	Bitte geben Sie im Folgenden an, wie Sie persönlich die Marke Mercedes-Benz/KIA einschätzen.	Quellen
ME1	schlecht ↔ gut	Andrews/Netemeyer/Burton (1998); Ahluwalia/Gürhan-Canli (2000); Bruner/Kumar (2000); Gürhan-Canli/Maheswaran (2000); Sorescu/Gelb (2000); Andrews/Burton/Netemeyer (2001); Krishnamurthy/Sivaraman (2002); Simonin/Ruth (1998).
ME2	unvorteilhaft ↔ vorteilhaft	
ME3	negativ ↔ positiv	

Tabelle 11: Indikatoren zur Operationalisierung der Einstellung gegenüber der Marke

966 Vgl. Osgood/Suci/Tannenbaum (1978), S. 189 ff.

967 Vgl. z. B. Rossiter/Percy (1980); Macklin/Bruvold/Shea (1985); Batra/Ray (1986); Batra/Stayman (1990); Miller/Marks (1992); Dabholkar (1994); Bauer et al. (2006); Haber (2008), S. 59.

968 Vgl. Andrews/Netemeyer/Burton (1998); Simonin/Ruth (1998); Ahluwalia/Gürhan-Canli (2000); Bruner/Kumar (2000); Gürhan-Canli/Maheswaran (2000); Sorescu/Gelb (2000); Andrews/Burton/Netemeyer (2001); Krishnamurthy/Sivaraman (2002).

969 Vgl. Simonin/Ruth (1998), S. 35.

970 Vgl. Lafferty/Goldsmith/Hult (2004), S. 518 f.

971 Vgl. Baumgarth (2003), S. 288.

972 Vgl. z. B. Rossiter/Percy (1980); Macklin/Bruvold/Shea (1985); Batra/Ray (1986); Batra/Stayman (1990); Miller/Marks (1992); Dabholkar (1994); Bauer et al. (2006); Haber (2008).

Novelty-Seeking

Allgemein ist Novelty-Seeking definiert als das Streben eines Individuums nach Abwechslung bzw. Neuem, unabhängig davon, ob die Person mit der Leistung des bisherigen Anbieters unzufrieden ist oder nicht.[973] Novelty-Seeker wechseln bei wiederholtem Produktkauf die Marke bzw. den Anbieter nicht aufgrund von Unzufriedenheit oder einer Veränderung der Präferenzen, sondern vielmehr deshalb, weil der Wechsel als solcher, unabhängig von der gewählten Marke bzw. dem Anbieter, für sie einen Nutzen stiftet.[974] Novelty-Seeker, die sich gerade durch die Suche nach immer neuen und abwechslungsreichen Produkten auszeichnen und dadurch häufig auch Trends kreieren, werden durch Produktinnovationen angesprochen. Diese Produktneuheiten eignen sich folglich sowohl zur Kundengewinnung als auch zur Kundenbindung der Novelty-Seeker.[975] Ein besonders prägnantes Beispiel lieferte *Daimler-Benz* mit der Einführung der *A-Klasse*. Bereits zwei Jahre vor der Produkteinführung wurde das Publikum auf das neue Konzept aufmerksam und neugierig gemacht, was insbesondere Novelty-Seeker dazu veranlasste, beispielsweise geplante Golf-Käufe zurückzustellen.[976] Das Bedürfnis nach Abwechslung und Neuerung kann dabei auch so stark ausgeprägt sein, dass Novelty-Seeker bereit sind, einen sehr hohen Preis zur Bedürfnisbefriedigung zu zahlen.[977]

Zur Messung des Konstrukts Novelty-Seeking wurde in der vorliegenden Untersuchung auf die Consumer Novelty-Seeking Skala von *Manning*, *Bearden* und *Madden* zurückgegriffen.[978] Dieses Inventar entstammt den Arbeiten von *Hirschman* sowie *Midgley* und *Dowling*[979] und weist ein Cronbachs Alpha von 0,92 auf.[980] Dabei wird Novelty-Seeking anhand von acht Indikatoren operationalisiert, wobei Item NS7 revers gepolt ist. Das resultierende Messinstrument gibt Tabelle 12 wieder.

Als nächstes gilt es, die Richtung der Kausalität zwischen den Indikatoren und dem Konstrukt festzulegen, wobei Novelty-Seeking über das Ausmaß gemessen wird, in dem Personen nach neuen Produkten Ausschau halten bzw. Informationen zu neuen Produkten suchen. Demnach spiegelt sich die Persönlichkeitseigenschaft des Novelty-Seeking in den Indikatoren wider.

---

973 Vgl. Peter (2001), S. 100.
974 Vgl. Peter (2001), S. 100.
975 Vgl. Absatzwirtschaft (vom 01.01.2002).
976 Vgl. Absatzwirtschaft (vom 01.01.2002).
977 Vgl. Absatzwirtschaft (vom 01.01.2002).
978 Vgl. Manning/Bearden/Madden (1995), S. 334.
979 Vgl. Midgley/Dowling (1978); Hirschman (1980).
980 Vgl. Manning/Bearden/Madden (1995).

Die Indikatoren sind folglich nicht als direkte Hebel zur Beeinflussung des Novelty-Seeking zu erachten, sondern werden selbst vielmehr durch die Ausprägungen des Konstrukts beeinflusst. Aufgrund dieser Argumentation kann davon ausgegangen werden, dass das Konstrukt die Ausprägungen seiner Indikatoren bestimmt. Daher wird ein reflektiver Zusammenhang zwischen Konstrukt und Indikatoren angenommen.

Item	Bitte geben Sie auf einer Skala von „stimme überhaupt nicht zu“ (1) bis „stimme voll und ganz zu“ (7) an, inwieweit Sie persönlich den folgenden Aussagen zustimmen:	Quelle
NS1	Ich bin häufig auf der Suche nach neuen Produkten und Marken.	Manning/Bearden/Madden (1995), S. 334.
NS2	Ich bin gerne an Orten, an denen ich neue Produkte und Marken sehe.	
NS3	Ich mag Zeitschriften, die neue Produkte und Marken vorstellen.	
NS4	Ich halte regelmäßig Ausschau nach neuen Produkten und Services.	
NS5	Ich bin gerne in Situationen, in denen ich neuen und verschiedenen Quellen von Produktinformationen ausgesetzt bin.	
NS6	Ich suche regelmäßig Erfahrung mit neuartigen Produkten.	
NS7	Wenn ich einkaufen gehe, verwende ich sehr wenig Zeit darauf, neue Produkte und Marken zu identifizieren.	
NS8	Ich nehme die erstbeste Gelegenheit wahr, mich über neuartige Produkte zu informieren.	

Tabelle 12: Indikatoren zur Operationalisierung von Novelty-Seeking

5.3.2.1.2 Produktspezifische Konstrukte

Relativer Vorteil

Zusätzlich zu den personenspezifischen Konstrukten können auch produktspezifische Faktoren die Bewertung von Designsprüngen beeinflussen. Der Relative Vorteil beschreibt den Grad, in dem die Innovation als Verbesserung gegenüber dem Konzept wahrgenommen wird, an dessen Stelle sie tritt.[981] Der Relative Vorteil kann somit ein Ausdruck des Verhältnisses von individuell wahrgenommenen Kosten und Nutzen angesehen werden.[982] Die Relativen Vorteile, die mit der Nutzung bzw. dem Erwerb der Innovation verbunden sind, können dabei von Individuum zu Individuum sehr unterschiedlich interpretiert werden. Solche Vorteile

981 Vgl. Rogers (2003), S. 229.
982 Vgl. Seufert (2008), S. 91.

können unter anderem in der sozialen Anerkennung des Nachfragers, oder auch in wirtschaftlichen Vorteilen bspw. in Kostenvorteilen liegen.

Zur Messung des Relativen Vorteils wurde ein Instrument von *Morel* und *Pruyn* eingesetzt.[983] Die aus drei Indikatoren bestehende Itembatterie, die ursprünglich zur Messung von Skeptizismus des Konsumenten gegenüber dem Relativen Vorteil von Neuprodukten Verwendung fand, wurde inhaltlich an das vorliegende Untersuchungsobjekt angepasst. Aufbauend auf diesen drei Indikatoren erfolgt die angepasste Operationalisierung des Konstrukts des Relativen Vorteils.

Die Bewertung hinsichtlich der Vorteilhaftigkeit des Neuproduktes im Vergleich zu bisher verwendeten oder sonstigen Produktalternativen wird durch die Indikatoren repräsentiert. Sie können dementsprechend nicht als konkrete Hebel für den Relativen Vorteil interpretiert werden. Aufgrund dieser Argumentation wird ein reflektiver Zusammenhang zwischen Konstrukt und Indikatoren des Relativen Vorteils angenommen.

Item	**Bitte geben Sie auf einer Skala von „stimme überhaupt nicht zu“ (1) bis „stimme voll und ganz zu“ (7) an, inwieweit Sie den folgenden Aussagen zustimmen. Die Aussagen beziehen sich auf das Automobil mit der neu designten Frontpartie im Vergleich zu dem aktuell auf dem Markt verfügbaren Automodell:**	**Quelle**
RV1	Ich denke, dass der neu designte Wagen besser ist als der Wagen in altem Design.	Morel/Pruyn (2003).
RV2	Ich denke, dass der neu designte Wagen mir mehr zu bieten hat als der Wagen im alten Design.	
RV3	Ich denke, es gibt genügend Menschen, die dieses neu designte Modell dem Modell mit altem Design vorziehen würden.	

Tabelle 13: Indikatoren zur Operationalisierung des Relativen Vorteils

983 Vgl. Morel/Pruyn (2003).

Kompatibilität

Ein weiterer Einflussfaktor der Bewertung von Designsprüngen ist die Kompatibilität, welche den Grad angibt, mit dem eine Innovation als vereinbar mit bestehenden Werten, Erfahrungen, Normen und Bedürfnissen des Nachfragers angesehen wird.[984] Unter Kompatibilität versteht *Rogers* „[...] the degree to which an innovation is perceived as consistent with the existing values, past experiences, and needs of potential adopters."[985] Auch die Kompatibilität mit bereits vorhandenen Produkten oder Dienstleistungen besitzt folglich Relevanz. Kompatibilität beschreibt demnach eine grundlegende Vertrautheit mit dem Gesamtzusammenhang der Innovation.[986] Die Adoptionsgeschwindigkeit ist dabei umso größer, je höher die Kompatibilität einer Produktinnovation wahrgenommen wird.[987] Dementsprechend ist die Bereitschaft auf Kundenseite eine Innovation anzunehmen umso höher, je kompatibler eine Innovation mit vorhandenen Strukturen, Werten und Kulturen ist. Innovationen, die nicht mit den Werten, Erfahrungen und Bedürfnissen des potenziellen Käufers übereinstimmen, werden zurückgewiesen oder nur sehr langsam angenommen.

Die Messung der Kompatibilität, ist stark von dem Objekt abhängig, für welches die Kompatibilität bewertet werden soll. Die Wahl fiel auf das Untersuchungsinstrument von *Völckner*, *Sattler* und *Kaufmann*, die den Fit eines neuen Produktes mit seiner „Parent Brand"[988] untersuchen.[989] Die Skala erreichte in der Untersuchung ein Cronbachs Alpha von 0,86. In der Studie wurden die Indikatoren ebenfalls anhand einer siebenstufigen Skala abgefragt. Weiterhin gilt es die Richtung der Kausalität der Indikatoren und dem Konstrukt zu bestimmen. Eine Betrachtung der fünf Indikatoren zeigt, dass diese austauschbar und nicht als konkrete Stellhebel zur Beeinflussung der Kompatibilität zu interpretieren sind. Demnach liegt in diesem Fall eine reflektive Operationalisierung vor. Die einzelnen Items wurden inhaltlich an das vorliegende Untersuchungsmodell angepasst.

---

984 Vgl. Rogers (2003), S. 240.

985 Rogers (2003), S. 240.

986 Vgl. Langert (2008), S. 152.

987 Vgl. Langert (2008), S. 152.

988 Das Konzept der Parent-Brand oder auch Familienmarke steht dafür, dass alle Produkte einer Produktgruppe oder Produktlinie unter einem Markennamen vereint sind. Die einzelnen Marken bilden gemeinsam ein produktgruppenspezifisches Markenimage und dienen einem übergeordneten Nutzenversprechen.

989 Vgl. Völckner/Sattler/Kaufmann (2008), S. 123.

Item	**Bitte geben Sie auf einer Skala von „stimme überhaupt nicht zu“ (1) bis „stimme voll und ganz zu“ (7) an, inwieweit Sie den folgenden Aussagen zustimmen. Die Aussagen beziehen sich auf das Automobil mit der neu designten Frontpartie:**	Quellen
K1	Das Automodell besitzt eine große Ähnlichkeit zu der Marke *Mercedes-Benz/KIA*.	In Anlehnung an Aaker/Keller (1990); Boush/Loken (1991); Keller/Aaker (1992); Klink/Smith (2001); Völckner/Sattler/Kaufmann (2008).
K2	Es existiert eine hohe Ähnlichkeit des Automodells zu anderen Modellen der Marke *Mercedes-Benz/KIA*.	
K3	Das Automodell ist ein logisches Produkt der Marke *Mercedes-Benz/KIA*.	
K4	Ich denke, dass *Mercedes-Benz/KIA* die Fähigkeiten besitzt, ein solch designtes Produkt zu entwickeln.	
K5	Das Automodell passt zur Marke *Mercedes-Benz/KIA*.	

Tabelle 14: Indikatoren zur Operationalisierung der Kompatibilität

5.3.2.2 Erfolgsgrößen im Untersuchungsmodell

Akzeptanz gegenüber dem Designsprung

Im Zentrum des entwickelten Modells steht das Konstrukt der Akzeptanz - Resistenz anhand dessen eine Bewertung des Designsprungs stattfindet. Basierend auf der Vorstellung des Akzeptanzkonzepts in Kapitel 3.1 besteht das Konstrukt der Akzeptanz - Resistenz in der vorliegenden Arbeit aus einer Einstellungsebene sowie einer intentionalen Ebene im Sinne der Verhaltensabsicht.[990]

Die Akzeptanz - Resistenz wurde für die vorliegende Untersuchung ausschließlich auf Einstellungsebene operationalisiert. Die intentionale Ebene wird im Folgenden durch die Konstrukte der Kauf- sowie Zahlungsbereitschaft abgefragt. Die Akzeptanz - Resistenz wird über acht Items abgebildet. Wobei die Indikatoren über ein siebenstufiges semantisches Differential abgefragt werden, um eine eindeutige Trennung zwischen Akzeptanz und Resistenz zu erreichen. Dabei bildet die linke Seite den Resistenz-Pol (1) und die rechte Seite den Akzeptanz-Pol (7). *Haber* eliminierte in seiner Untersuchung einerseits aufgrund zu hoher Querladungen sowie aufgrund stark redundanter Items die Indikatoren 1, 2, 4 und 8 und erhielt für die übrigen Items ein Cronbachs Alpha von 0,95.[991]

990 Vgl. Haber (2008), S. 58.
991 Vgl. Haber (2008), S. 75.

Aufgrund der in Kapitel 4.1.2.1 beschriebenen Auswirkungen der Spezifizierung des Zusammenhanges zwischen Indikator und Konstrukt auf die Gütebeurteilung und die Auswahl der Indikatoren, sollte die Entscheidung für ein reflektives oder ein formatives Messmodell besonders aufmerksam erfolgen. Jeder einzelne der abgebildeten Indikatoren repräsentiert das Konstrukt der Akzeptanz - Resistenz gegenüber Designsprüngen und verändert sich bei einer Variation des Konstruktwertes. Damit handelt es sich hierbei um ein reflektives Messmodell.

Item	Das neu designte Modell finde ich ...	Quellen
AR1	negativ ↔ positiv	Haber (2008), S. 59; in Anlehnung an Rossiter/Percy (1980); Macklin/Bruvold/Shea (1985); Batra/Ray (1986); Batra/Stayman (1990); Miller/Marks (1992); Dabholkar (1994); Bauer et al. (2006).
AR2	unvorteilhaft ↔ vorteilhaft	
AR3	wertlos ↔ wertvoll	
AR4	unnötig ↔ notwendig	
AR5	schlecht ↔ gut	
AR6	nutzlos ↔ nützlich	
AR7	unwichtig ↔ wichtig	
AR8	sinnlos ↔ sinnvoll	

Tabelle 15: Indikatoren zur Operationalisierung der Akzeptanz - Resistenz gegenüber Designsprüngen

Kaufbereitschaft

Abschließend gilt es zu identifizieren, welche Auswirkungen die Bewertung von Designsprüngen auf Kundenseite besitzt. In dem zuvor konzipierten Messmodell stellt die Kaufabsicht eine der beiden Zielvariablen dar. Da das in der Untersuchung vorgestellte Automobil rein hypothetisch ist und das Produkt in dieser Form am Markt nicht erhältlich ist, kann der tatsächliche Kauf des vorgestellten Automobils nicht gemessen werden. Aus diesem Grund steht hier die Kaufabsicht im Fokus des Interesses, die eine hohe Korrelation mit dem tatsächlichen Produktkauf aufweist.[992]

In der Marketingforschung erfolgt die Messung der Kaufabsicht häufig über lediglich ein einzelnes ausgewähltes Item.[993] Im Sinne der Vermeidung möglicher Verzerrungen empfehlen *Homburg* und *Dobratz* hingegen, einer latenten Variablen mehrere Indikatoren zuzuordnen.[994]

[992] Vgl. Ajzen (1991), S. 179 ff.; Ajzen (2005), S. 188. Für eine Meta-Analyse zum Zusammenhang wischen Verhaltensabsicht und Verhalten vgl. Sheeran (2002), S. 1 ff. Weitere empirische Evidenz liefern z. B. die Arbeiten von van den Putte (1993); Randall/Wolff (1994); Godin/Kok (1996); Hausenblas/Carron/Mack (1997); Notani (1998); Armitage/Conner (2001); Albarracín et al. (2001). Vgl. hierzu auch Kapitel 3.3.1.

[993] Vgl. z. B. McCarthy/Norris (1999), S. 267 ff.

[994] Vgl. Homburg/Dobratz (1998), S. 450.

Die Messung der Kaufbereitschaft lehnt sich in dieser Untersuchung daher an vorhandene Skalen zur Messung der Kaufabsicht oder der verhaltensbezogenen Loyalität an.[995] Die finale Messung des Konstrukts erfolgt über drei Items. Die Skala zur Kaufbereitschaft erreicht in der Studie von *Haber* ein Cronbachs Alpha von 0,93.[996] Die Kaufbereitschaft wird über das Ausmaß gemessen, in welchem sich die Absicht der Konsumenten widerspiegelt, ein Produkt besitzen zu wollen sowie die Vorstellung dieses zu erwerben. Die Indikatoren sind dementsprechend nicht als konkrete Hebel zur Beeinflussung der Kaufbereitschaft zu interpretieren. Die Höhe der Indikatoren ist vielmehr als Resultat der Konstruktausprägung zu sehen, weshalb ein reflektiver Zusammenhang zwischen Konstrukt und Indikatoren angenommen wird. Da es sich bei den beschriebenen Produkten um hypothetische Innovationen handelt, die in dieser Form nicht am Markt existieren, war eine leichte Modifikation der ursprünglichen Skala notwendig. Die Items zur Überprüfung der Kaufabsicht sind im Konjunktiv formuliert, da die Auskunftspersonen das Produkt nicht tatsächlich am Markt erwerben können.[997]

Item	**Bitte geben Sie auf einer Skala von „stimme überhaupt nicht zu“ (1) bis „stimme voll und ganz zu“ (7) an, inwieweit Sie den folgenden Aussagen zustimmen. Die Aussagen beziehen sich auf das Automobil mit der neu designten Frontpartie:**	**Quellen**
KB1	Ich könnte mir gut vorstellen in Zukunft dieses Automodell von *Mercedes-Benz/KIA* zu kaufen.	In Anlehnung an Dodds/Monroe/Grewal (1991); Bone/Ellen (1992); Exler (2008).
KB2	Falls ich den Kauf in dieser Produktkategorie tätigen wollte, würde ich den Erwerb dieses Automodells von *Mercedes-Benz/KIA* ernsthaft in Betracht ziehen.	
KB3	Es ist gut möglich, dass ich in Zukunft dieses Modell von *Mercedes-Benz/KIA* kaufe.	

Tabelle 16: Indikatoren zur Operationalisierung der Kaufbereitschaft

Zahlungsbereitschaft

Bei der einfachsten und zugleich ältesten Form der Erhebung von Zahlungsbereitschaften, der direkten Preisabfrage (auch „contingent valuation“) werden Zahlungsbereitschaftsinformationen vorwiegend mittels expliziter Fragen nach dem maximalen Betrag, den ein Nachfrager für ein bestimmtes Produkt oder eine bestimmte Leistung zu zahlen bereit ist, auf individuellem

995 Vgl. Dodds/Monroe/Grewal (1991), S. 318; Bone/Ellen (1992), S. 91; Steenkamp/Batra/Alden (2003), S. 64.

996 Vgl. Exler (2008), S. 139.

997 Vgl. Regier (2007), S. 110.

Niveau erhoben.[998] Die offene Frageform („Wie viel wären Sie bereit, für die Leistung/das Produkt XY zu bezahlen?“) ist die am weitesten verbreitete Abfrage der Zahlungsbereitschaft in praxisorientierten Marketingstudien.[999] Aufgrund der vollkommen freien Antwortmöglichkeit wird dieser Ansatz auch als *Open-Ended Approach* bezeichnet.[1000]

Trotz der langen Tradition im Rahmen der preisbezogenen Marktforschung ist diese einfache und kostengünstige Vorgehensweise allerdings aus konzeptioneller Sicht mit spezifischen Problemen behaftet.[1001] Die einseitige Frageformulierung lenkt die Aufmerksamkeit der Befragten sehr stark auf den Preis, wodurch die Preissensibilität und das Preisbewusstsein auf Seiten des Nachfragers künstlich erhöht werden,[1002] was in einem atypisch hohen Preisbewusstsein resultiert.[1003] Insgesamt führt dies häufig dazu, dass Probanden vielfach eine zu niedrige Zahlungsbereitschaft angeben.[1004] Die Validität dieser Methode ist letztendlich als eingeschränkt zu beurteilen.[1005] Auch wenn aus theoretischer Perspektive die indirekte Messung von Zahlungsbereitschaften verschiedene Vorteile gegenüber den direkten Methoden aufweist, konnte die empirische Forschung bislang die Überlegenheit einer bestimmten Erhebungsmethode nicht eindeutig nachweisen.[1006] Die verschiedenen Formen der Preisabfragen weisen insgesamt eine vergleichbare Reliabilität auf und bisherigen Forschungsarbeiten ist es nicht gelungen, einen signifikanten Reliabilitätsunterschied zu Gunsten der direkten oder der indirekten Befragungen zu identifizieren.[1007] Mit Blick auf die Validität offenbaren sich jedoch einige Unterschiede.

Nach *Holbrook* und *Howard* werden Automobile der Kategorie der Shopping-Güter zugeordnet.[1008] Diese Produkte werden in der Regel relativ selten erworben. Das Budget, das für diese Produkte aufgewendet wird, hat einen Umfang, der eine intensive Informationssuche des Konsumenten sinnvoll erscheinen lässt. Insbesondere zu Beginn des Kaufentscheidungsprozesses werden auf Seiten des Interessenten Preisvergleiche durchgeführt, da aufgrund der

---

998 Vgl. Kessler-Thönes (2008), S. 46.
999 Vgl. Koschate (2002), S. 144 ff.
1000 Vgl. Völckner (2006), S. 36.
1001 Vgl. Backhaus et al. (2005b), S. 441; Voeth/Niederauer (2007), S. 1083.
1002 Vgl. Niederauer (2009).
1003 Vgl. Simon (1992), S. 116; Monroe (2003), S. 116.
1004 Vgl. Frykblom (2000), S. 666.
1005 Vgl. Posavac (1998); Backhaus et al. (2005a), S. 546.
1006 Vgl. Kalish/Nelson (1991), S. 327 ff.; Sattler/Hensel-Börner (2000), S. 153 ff.; Sattler/Nitschke (2003); Völckner (2006), S. 43 f.
1007 Vgl. Sattler/Hensel-Börner (2000), S. 147 ff.
1008 Vgl. Holbrook/Howard (1977).

Neuartigkeit des infrage kommenden Produktes wenige Informationen zur Verfügung stehen. Vor dem Hintergrund, dass sich Nachfrager ihrer Zahlungsbereitschaft oftmals nicht direkt bewusst sind, fällt es ihnen schwer, diese aktiv zu äußern.[1009] Diese Unsicherheit in der konkreten Äußerung eines potenziellen Kaufpreises ist unter anderem auf die Tatsache zurückzuführen, dass in realen Beschaffungssituationen in der Regel zumindest eine Art Listen- oder Grundpreis der Leistung angegeben bzw. durch das Angebot des Anbieters vorgegeben ist („One-sided Posted Pricing").[1010] Somit ist für Nachfrager die kognitiv höchst anspruchsvolle Angabe ihrer maximalen Zahlungsbereitschaft in der Realität üblicherweise nicht notwendig. Empirische Erhebungen zeigen, dass bei der direkten offenen Frage ein nicht unerheblicher Teil der Probanden eine Zahlungsbereitschaft in Höhe von Null angibt, während andere eine zu hohe Preisangabe machen.[1011] Aus diesem Grund wird die Validität von direkten offenen Abfragen der Kaufbereitschaft als eher kritisch beurteilt.

Vor diesem Problem soll im Folgenden daher der Blick auf die psychologische Preisforschung zusätzliche Erkenntnisse für die vorliegende Untersuchung bringen. Nach *Monroe* und *Lee* beinhaltet das Forschungsprogramm der psychologischen Preisforschung, „[...] how buyers attend to, process, and use price information in their judgements and choices."[1012] Innerhalb der psychologischen Preisforschung stellt die Referenzpreisforschung einen Schwerpunkt dar.[1013] Im Wesentlichen gründet sich die Relevanz der Referenzpreisforschung auf einer Erkenntnis: Preise für eine Dienstleistung werden relativ zu einer Referenzgröße, dem Referenzpreis, bewertet.[1014] Kunden bewerten demnach Preise für ein Produkt oder eine Dienstleistung nicht absolut, sondern relativ zu einem Referenzpreis. *Mazumdar*, *Raj* und *Sinha* definieren den Referenzpreis wie folgt: „Reference prices are standards against which the purchase price of a product is judged."[1015] In den meisten Fällen wird der Referenzpreis als Punktgröße, konzeptualisiert.[1016] In der vorliegenden Befragung wird dementsprechend der Preis, den Probanden maximal bereit wären, für das ihnen vorgestellte Automobil zu zahlen, mittels eines Referenzpreises für das bisher auf dem Markt verfügbare Automobil, abgefragt. Somit existiert ein preislicher Anhaltspunkt für den Befragten, an dem er sich orientie-

---

[1009] Vgl. Voeth/Niederauer (2007), S. 1083.
[1010] Vgl. Woratschek/Roth/Schmieder (2005), S. 61.
[1011] Vgl. Boyle et al. (1996), S. 381 ff.
[1012] Monroe/Lee (1999), S. 207.
[1013] Vgl. Briesch et al. (1997), S. 202; Niedrich/Sharma/Wedell (2001), S. 339 ff.
[1014] Vgl. Kalyanaram/Winer (1995), S. 161.
[1015] Mazumdar/Raj/Sinha (2005), S. 84.
[1016] Vgl. Jacobson/Obermiller (1990), S. 420; Kalwani/Yim (1992), S. 90; Rajendran/Tellis (1994), S. 22 ff.; Kessler-Thönes (2008), S. 42.

ren kann, bevor eine Aussage zur Zahlungsbereitschaft getroffen wird. Dieser Referenzwert orientiert sich an vergleichbaren Modellklassen, die aktuell von *Mercedes-Benz* und *KIA* auf dem Markt vertreten sind. Dementsprechend wird für *Mercedes-Benz* ein Referenzwert von 22.000 Euro[1017] und für *KIA* ein Referenzwert von 15.000 Euro[1018] angegeben. Der Proband wurde darauf hingewiesen, dass die angegebenen Preise für die Basisausstattung des jeweiligen Modells gelten.

Item	Bitte tragen Sie die Antwort auf unten stehende Frage auf dem Preisstrahl ein.	Quelle
ZB1	Wie viel wären Sie bereit, maximal für das Automobil mit neuem Design zu bezahlen? Das aktuell auf dem Markt verfügbare Produkt kostet zur Zeit 22.000 Euro (Mercedes-Benz)/15.000 Euro (KIA).	In Anlehnung an Cameron/James (1987); Krishna (1991); Simonin/Ruth (1995); Homburg/Koschate/Hoyer (2005).

Tabelle 17: Indikatoren zur Operationalisierung der Zahlungsbereitschaft

5.3.3 Ergebnisse der empirischen Untersuchung

Nach erfolgreicher Operationalisierung der Konstrukte gilt es im Folgenden, die Ergebnisse der Auswertung vorzustellen. Dabei wird das in Kapitel 3 aufgestellte Hypothesensystem mit den durch die Untersuchung gewonnenen empirischen Daten konfrontiert. Zunächst sollen hierfür die Struktur und die Qualität der Stichprobe eine genauere Betrachtung erfahren, bevor anschließend Mess- und Strukturmodell auf Ihre Güte überprüft werden. Abschließend werden die Ergebnisse der Clusteranalyse zur Überprüfung der Gruppenunterschiede und zur Segmentierung vorgestellt.

5.3.3.1 Stichprobe und Datensatz

Zum Abschluss des Befragungszeitraums, der vom 04. August bis 01. September 2010 andauerte, sind 1.389 Fragebögen vollständig beantwortet worden. Insgesamt nahmen 2.027 Probanden an der Untersuchung teil, von denen jedoch 638 Personen die Befragung frühzeitig abgebrochen haben. Eine Rücklaufquote lässt sich aufgrund der gewählten Verbreitungsmethode des Fragebogens über E-Mail-Verteiler, Foren und Netzwerke nicht bestimmen. Die Daten der Online-Fragebögen waren zunächst auf Vollständigkeit zu überprüfen, zu codieren

1017 Aktueller Preis der zwischen der Mercedes A-Klasse und der B-Klasse liegt.
1018 Aktueller Preis des KIA Venga.

und in einer Datenmatrix zu erfassen.[1019] Um eine Verzerrung der Ergebnisse zu vermeiden, wurden 27 Fragebögen aufgrund inkonsistenter Beantwortung[1020] bzw. aufgrund einer äußerst geringen Bearbeitungszeit[1021] von der weiteren Analyse ausgeschlossen.[1022] Somit ergibt sich eine effektive Stichprobengröße von 1.362 Fragebögen, die im Rahmen der Auswertung Berücksichtigung fanden. Der erforderliche Mindeststichprobenumfang von 150 Datensätzen pro Versuchsgruppe wurde somit sogar deutlich überschritten.[1023]

Um zunächst einen Überblick über die Zusammensetzung, die Qualität sowie die Struktur der Stichprobe zu erhalten, wurden im Rahmen der empirischen Untersuchung die soziodemographischen Merkmale *Geschlecht*, *Alter*, *Familienstand* sowie *höchster Bildungsabschluss*, *berufliche Position* und das *Haushaltsnettoeinkommen* der Probanden erhoben. Tabellen 18 und 19 vermitteln einen Überblick über die Zusammensetzung der Teilnehmer der empirischen Studie und liefern einen kompakten Überblick über die Soziodemographika der Probanden.

Geschlecht			**Alter**			**Familienstand**		
männlich	1.024	75 %	< 20 Jahre	28	2 %	Verheiratet	486	36 %
			20-29 Jahre	476	35 %	In einer Partnerschaft lebend	450	33 %
			30-39 Jahre	440	32 %	Single	334	25 %
weiblich	338	25 %	40-49 Jahre	300	22 %	Geschieden/getrennt lebend	32	2 %
			50-59 Jahre	84	6 %	Verwitwet	6	0,5 %
			> 60 Jahre	32	2 %			

Tabelle 18: Häufigkeitsverteilung der soziodemographischen Merkmale Geschlecht, Alter und Familienstand (Angaben als Absolut- sowie Prozentwerte)

1019 Zur Codierung vgl. Bronner/Appel/Wiemann (1999), S. 206 ff.

1020 Ein inkonsistentes Antwortverhalten wurde unterstellt, wenn gegensätzlich formulierte (sog. reverse-coded) Items mit dem gleichen Skalenwert beurteilt wurden wie nicht revers formulierte Items eines Konstrukts.

1021 Die durchschnittliche Bearbeitungszeit des Fragebogens betrug circa acht Minuten, wobei diese bei Online-Befragungen verzerrt sein können, da der Proband hier die Möglichkeit hat, die Beantwortung des Fragebogens zu unterbrechen und zu einem späteren Zeitpunkt weiterzuführen. Aus diesem Grund wurden zur Berechnung der durchschnittlichen Bearbeitungsdauer, Fragebögen mit Bearbeitungszeiten von mehr als 20 Minuten ausgeschlossen. Eine Eliminierung von Fragebögen ausschließlich aufgrund der Bearbeitungsdauer fand jedoch nicht statt, sondern diente als Anhaltspunkt für eine genauere Betrachtung des Datensatzes. Dieser wurde daraufhin insbesondere mit Hinblick auf klassische Antworttendenzen, wie sie beispielsweise beim „Durchklicken" auftreten untersucht. Vgl. Kressmann (2007), S. 139.

1022 Diese Vorgehensweise schließt die Problematik der Behandlung einer zu großen Zahl fehlender Einzelwerte (Item-Non-Response) im Rahmen der späteren Modellschätzung von vornherein aus. Zur Problematik fehlender Werte in der Marktforschung vgl. Decker/Wagner/Temme (1999), S. 81-98.

1023 Um die von Chin (1998) formulierte ideale Stichprobengröße zu erreichen, sind 150 Datensätze notwendig, was im vorliegenden Fall deutlich realisiert ist. Vgl. Chin (1998), S. 297 ff.

Höchster Bildungsabschluss		
Hauptschulabschluss	6	0,5%
Realschulabschluss	56	4 %
Abitur	202	15 %
Abgeschlossene Berufsausbildung	124	9 %
Meister/Techniker	56	4 %
Fachhochschulabschluss/ Berufsakademie	308	23 %
Hochschulabschluss/ Universität	565	41 %
Kein Abschluss	8	0,6%

Berufliche Position		
Ausbildung/Schüler/Student	248	18 %
Arbeiter/Facharbeiter	22	2 %
Angestellter	507	37 %
Leitender Angestellter	272	20 %
Beamter	32	2 %
Selbstständig (Handwerk/Handel)	62	6 %
Selbständig (akademische Berufe)	146	11 %
Ohne feste Beschäftigung	16	1 %
Rentner/Pensionär	14	1 %

Netto-Haushaltseinkommen		
< 500 €	78	6 %
500 bis < 1.000 €	118	9 %
1.000 bis < 1.500€	88	6 %
1.500 bis < 2.000 €	120	9 %
2.000 bis < 2.500 €	124	9 %
2.500 bis < 3.000 €	122	9 %
3.000 bis < 3.500 €	76	6 %
3.500 bis < 5.000 €	202	15 %
5.000 bis < 6.500 €	118	9 %
6.500 € und mehr	86	6 %

Tabelle 19: Häufigkeitsverteilung der soziodemographischen Merkmale Bildungsabschluss, berufliche Position und Haushaltseinkommen (Angaben als Absolut- sowie Prozentwerte)

Wie in Tabelle 18 ersichtlich, nahmen an der Befragung 1.024 Männer sowie 338 Frauen teil. Dies entspricht einem Verhältnis von drei Vierteln zu einem Viertel der Befragten, was darauf zurückzuführen ist, dass die Thematik rund um das Automobil vermutlich eher auf männliches als auf weibliches Interesse stößt. Mit zwei Dritteln ist der Großteil der Befragten zwischen 20 und 39 Jahren alt, wobei die unter 20- sowie die über 60-Jährigen mit nur jeweils 2 % den kleinsten Teil der Stichprobe darstellen. Das Durchschnittsalter liegt bei ca. 35 Jahren. Nahezu 70 % der Probanden gaben an, in einer Partnerschaft zu leben bzw. verheiratet zu sein.

Darüber hinaus geht aus Tabelle 19 hervor, dass 41 % der Befragten einen Universitätsabschluss als höchsten Bildungsabschluss aufweisen. Nach Angaben des statistischen Bundesamts hatten im Jahr 2008 8 % der Deutschen einen universitären Hochschulabschluss oder eine Promotion als höchsten Bildungsabschluss, was für einen überproportional hohen Anteil an Studierten in der vorliegenden Befragung spricht. Eine Analyse der Positionen der befragten Personen legt dar, dass der überwiegende Teil der Probanden, wie zu erwarten, in einem Angestelltenverhältnis tätig ist, wobei 37 % auf „einfache" Angestellte und 20 % auf leitende Angestellte entfallen. Studenten bzw. Auszubildende und Schüler bilden mit 18 % die drittgrößte Gruppe der Befragten. Auf die einzelnen Einkommensstufen zwischen 500 und 6.500 Euro entfallen jeweils 6 bis 9 % der Probanden. Lediglich auf die Einkommenskategorie von 3.500 bis 5.000 Euro entfallen 15 % der Probanden, was vermutlich auf die breitere Spanne dieser Kategorie zurückzuführen ist. Bei der deskriptiven Auswertung der Stichprobe zeigt sich ein durchschnittliches Haushaltsnettoeinkommen von ca. 3.200 Euro, welches wahrscheinlich aufgrund des hohen Anteils der Hochschulabsolventen an der Befragung über dem deutschen Durchschnitt von 2.306 Euro liegt.[1024]

5.3.3.2 Güteprüfung auf Messmodellebene

Im folgenden Abschnitt werden die in der Untersuchung verwendeten Messinstrumentarien anhand des in Kapitel 4.2.1 beschriebenen Kriterienkataloges auf Reliabilität und Validität überprüft. Die Berechnung der hierfür relevanten Kriterien wird mittels der Software PLS-Graph 3.0 durchgeführt. Zunächst soll hierbei auf die Ergebnisse und Modifikationen auf Messmodellebene eingegangen sowie die Resultate der Güteprüfung der einzelnen Konstrukte und zugehörigen Indikatoren beschrieben werden, bevor im Anschluss daran das Gesamtmodell eine Überprüfung erfährt. Die durchgeführte Überprüfung auf Strukturmodell- sowie auf Messmodellebene zeigt auf, inwiefern das postulierte Hypothesensystem die Wirklichkeit in adäquater Weise widerspiegelt.

Einstellung gegenüber der Marke

Das aus drei Indikatoren bestehende Messmodell für das latente Konstrukt der Einstellung gegenüber der Marke weist ausnahmslos Faktorladungen von größer 0,70 auf. Auch die Gütekriterien der *t*-Tests zur Überprüfung der Signifikanz geben keinen Anlass zum Zweifel an der Verwendbarkeit der drei Indikatoren. Dafür spricht auch die Höhe der Indikatorreliabilitäten von größer 0,90. Die Plausibilität der Faktorladungen kann durch die vorliegenden Vorzeichen ebenfalls als erfüllt betrachtet werden.

Des Weiteren kann auch das Vorliegen von Konvergenzvalidität als gegeben angesehen werden, da neben der Konstruktreliabilität auch die durchschnittlich erfasste Varianz Werte von größer 0,90 annehmen und somit die geforderten Mindestwerte bei beiden Kriterien deutlich überschritten werden. Die Überprüfung der Diskriminanzvalidität mit Hilfe des *Fornell-Larcker*-Kriteriums bestätigt ebenfalls die Güte des Konstrukts der Markeneinstellung. Dafür sprechen auch die Ergebnisse zur Vorhersagevalidität sowie zur Unidimensionalität, die beide

[1024] Im Jahr 2009 verfügten die deutschen Internetnutzer über ein durchschnittliches Haushaltsnettoeinkommen von 2.306 Euro pro Monat. Vgl. Infratest (2009), S. 17 f.

als erfüllt gelten. Zusammenfassend sprechen die sehr zufrieden stellenden Gütekriterien für eine bedenkenlose Anwendung der drei Indikatoren zur Operationalisierung des Konstrukts der Einstellung gegenüber der Marke. Die oben beschriebenen Kriterien sind in Tabelle 20 zusammengefasst dargestellt.

Einstellung gegenüber der Marke			
Indikator	**Standardisierte Ladung**	***t*-Wert der Ladung**	**Indikatorreliabilität**
ME1	0,95	202,57	0,90
ME2	0,95	214,02	0,90
ME3	0,96	293,26	0,92
Faktorreliabilität (*FR*)	0,97	**Vorhersagevalidität (Q^2)**	0,73
Ø erfasste Varianz (*DEV*)	0,90	**Unidimensionalität**	erfüllt
Diskriminanzvalidität	$0{,}90 > 0{,}30^2$	**Plausibilität**	erfüllt

Tabelle 20: Güte des Messmodells des Konstrukts „Einstellung gegenüber der Marke"

Novelty-Seeking

Zur Operationalisierung des Persönlichkeitskonstrukts Novelty-Seeking wurden ursprünglich acht Indikatoren ausgewählt.[1025] Jedoch musste Item 7 „Wenn ich einkaufen gehe, verwende ich sehr wenig Zeit darauf, neue Produkte und Marken zu identifizieren." aufgrund der geringen Ladung von 0,30 eliminiert werden, da hierbei nicht der geforderte Mindestwert von 0,70 erreicht wurde. Diese geringe Faktorladung ist möglicherweise durch die reverse Formulierung des Items bedingt. Die verbliebenen sieben Items weisen hingegen ausreichend hohe Faktorladungen auf, die mit Hilfe des *t*-Tests ebenfalls als signifikant zu beurteilen sind. Zudem sprechen eine gute Indikatorreliabilität sowie die Vorzeichen der geschätzten Ladungen für eine Verwendung der sieben Indikatoren in der Untersuchung.

Auch die Faktorreliabilität von 0,94 und die durchschnittliche Varianz von 0,70 bestätigen die Verwendung des aus sieben Indikatoren bestehenden Messmodells für das Konstrukt Novelty-Seeking. Das Kriterium der Diskriminanzvalidität gilt aufgrund der *Fornell-Larcker*-Bedingungen als erfüllt. Auch die beiden verbliebenen Kriterien der Unidimensionalität sowie der Vorhersagevalidität bestätigen die oben beschriebenen Ergebnisse. Die explorative Faktorenanalyse zur Analyse der Unidimensionalität zeigt, dass alle Indikatoren des Inventars stark auf ein und denselben Faktoren laden und demnach Kreuzladungen zu anderen Faktoren ver-

[1025] Vgl. Kapitel 5.3.2.1.1.

nachlässigbar sind. Mit einem Wert von 0,59 liegt *Stone-Geissers* Q^2 im positiven Wertebereich, womit dem Modell Vorhersagevalidität attestiert wird. Abschließend kann auf Grundlage der beschriebenen Gütekriterien die Operationalisierung der Persönlichkeitseigenschaft Novelty-Seeking als valide und reliabel eingeschätzt werden.

Novelty-Seeking			
Indikator	**Standardisierte Ladung**	***t*-Wert der Ladung**	**Indikatorreliabilität**
NS1	0,87	75,09	0,76
NS2	0,80	44,15	0,65
NS3	0,81	56,01	0,66
NS4	0,86	76,08	0,75
NS5	0,81	53,01	0,65
NS6	0,84	72,95	0,70
NS8	0,84	55,53	0,70
Faktorreliabilität (*FR*)	0,94	**Vorhersagevalidität (Q^2)**	0,59
Ø erfasste Varianz (*DEV*)	0,70	**Unidimensionalität**	erfüllt
Diskriminanzvalidität	$0{,}70 > 0{,}16^2$	**Plausibilität**	erfüllt

Tabelle 21: Güte des Messmodells des Konstrukts „Novelty-Seeking"

Relativer Vorteil

Zur Operationalisierung des Konstrukts des Relativen Vorteils kommen drei Indikatoren zum Einsatz, die aufgrund von Ladungen über 0,70 sowie Indikatorreliabilitäten über 0,40 vollständig beibehalten werden können. Die Ladungen zeigten sich auf Grundlage des *t*-Tests als signifikant und die Plausibilitätsprüfung auf Basis der Vorzeichen bestätigt eine gute Eignung der Itembatterie zur Messung des Relativen Vorteils. Auch weitere Gütekriterien wie die Faktorreliabilität sowie die durchschnittlich erfasste Varianz bestätigen diese Annahme. Die Faktorreliabilität erreicht mit 0,86 einen deutlich höheren Wert als gefordert und die *DEV* liegt mit 0,38 über dem kritischen Wert von Null. Des Weiteren bestätigt die explorative Faktorenanalyse zur Analyse der Unidimensionalität die Qualität des gewählten Messansatzes. Auch das Kriterium der Diskriminanzvalidität kann aufgrund der *Fornell-Larcker*-Bedingungen als erfüllt bezeichnet werden. Demnach ist zu konstatieren, dass sämtliche Gütekriterien der verwendeten Itembatterie zur Messung des Relativen Vorteils, dieser eine hohe Validität und Reliabilität bescheinigen. Tabelle 22 liefert eine Gesamtübersicht zu den oben beschriebenen Kriterien.

Relativer Vorteil			
Indikator	**Standardisierte Ladung**	***t*-Wert der Ladung**	**Indikatorreliabilität**
RV1	0,89	150,34	0,79
RV2	0,85	80,78	0,72
RV3	0,73	44,99	0,53
Faktorreliabilität (*FR*)	0,86	**Vorhersagevalidität (Q^2)**	0,38
Ø erfasste Varianz (*DEV*)	0,68	**Unidimensionalität**	erfüllt
Diskriminanzvalidität	0,68 > 0,69²	**Plausibilität**	erfüllt

Tabelle 22: Güte des Messmodells des Konstrukts „Relativer Vorteil"

Kompatibilität

Zur Operationalisierung des Konstrukts der Kompatibilität lassen sich fünf Indikatoren heranziehen. Diese sollen im Folgenden anhand der Gütekriterien aus Kapitel 4.2.1 eine Überprüfung erfahren. Zunächst wurden die Indikatoren K4 „Ich denke, dass *Mercedes-Benz/KIA* die Fähigkeiten besitzt, ein solch designtes Produkt zu entwickeln." und K5 „Das Automodell passt zur Marke *Mercedes-Benz/KIA*." aufgrund zu geringer und nicht signifikanter Faktorladungen von der weiteren Untersuchung ausgeschlossen. Die letztlich für die Schätzung des Untersuchungsmodells verwendeten Indikatoren weisen ausschließlich Ladungen von über 0,80 auf. Die Signifikanz der Ladungen der drei Indikatoren ist ebenfalls ausnahmslos gewährleistet. Die Items erreichen Indikatorreliabilitäten von deutlich über 0,40 und die Plausibilität ist aufgrund der Analyse der Vorzeichen gewährleistet.

Neben den Gütekriterien auf Indikatorebene können auch die Kriterien der Konstruktreliabilität mit einem Wert von 0,89 sowie der durchschnittlich erfassten Varianz von deutlich über null die Stabilität des gewählten Messinstruments bestätigen. Die Berechnung von Stone-Geissers Q^2 ergibt einen Wert von 0,51 und auch die Unidimensionalität der Skala ist als erfüllt zu beurteilen, was ebenfalls für eine gute Qualität der vorliegenden Operationalisierung spricht. Durch die Überprüfung des *Fornell-Larcker*-Kriteriums lässt sich zudem die Diskriminanzvalidität bestätigen. Die gewonnenen Erkenntnisse zugrunde gelegt, kann die postulierte Operationalisierung des Konstrukts der Kompatibilität in der weiteren Untersuchung Berücksichtigung finden.

Kompatibilität			
Indikator	**Standardisierte Ladung**	***t*-Wert der Ladung**	**Indikatorreliabilität**
K1	0,89	122,66	0,79
K2	0,82	55,29	0,68
K3	0,87	87,01	0,75
Faktorreliabilität (*FR*)	0,89	**Vorhersagevalidität (Q^2)**	0,51
Ø erfasste Varianz (*DEV*)	0,74	**Unidimensionalität**	erfüllt
Diskriminanzvalidität	$0,74 > 0,36^2$	**Plausibilität**	erfüllt

Tabelle 23: Güte des Messmodells des Konstrukts „Kompatibilität"

Akzeptanz - Resistenz

Im Folgenden soll die Überprüfung des zentralen Konstrukts der Bewertung des Designsprungs im Zentrum des Interesses stehen. Da es sich bei der Akzeptanz - Resistenz um ein reflektiv operationalisiertes Konstrukt handelt, gilt es zunächst die Indikatoren mittels eines *t*-Tests auf Signifikanz zu überprüfen. Ursprünglich wurden acht Indikatoren ausgewählt, um das Konstrukt der Akzeptanz - Resistenz zu operationalisieren.[1026] Aufgrund der sehr geringen und nicht signifikanten Ladung von 0,32 des Indikators AR1 „negativ ↔ positiv" wurde dieser nicht in die weitere Berechnung mit aufgenommen. Für die zugrunde liegende Stichprobengröße von 1.362 ist ein kritischer *t*-Wert bei einseitigem *t*-Test mit fünfprozentiger Irrtumswahrscheinlichkeit von 1,98 anzunehmen. Die geschätzten Faktorladungen und Signifikanzwerte liegen für das Gesamtmodell im unkritischen Bereich. Neben den Faktorladungen, die positiv, signifikant und größer als 0,80 sind, kann auch die Plausibilität der Indikatorladungen aufgrund der positiven Vorzeichen als gewährleistet angesehen werden. Bezüglich der Indikatorreliabilitäten lässt sich konstatieren, dass ausschließlich Werte deutlich über der der Grenze von 0,40 vorliegen, was einer Erfüllung des Gütekriteriums entspricht.

Neben den Gütekriterien auf Indikatorebene können weitere Gütekriterien die gelungene Operationalisierung des Konstrukts der Akzeptanz - Resistenz gegenüber Designsprüngen unterstützen. Dementsprechend wurden in Kapitel 4.2.1 für ein reflektives Messmodell die Konstruktvalidität (Diskriminanz- und Konvergenzvalidität), die Vorhersagevalidität und die Unidimensionalität vorgestellt. Das Fornell-Larcker-Kriterium ist erfüllt und deutet auf Diskriminanzvalidität hin. Die Kriterien der Faktorreliabilität und der durchschnittlich erfassten Varianz zur Überprüfung der Konvergenzvalidität werden gleichfalls deutlich erfüllt. Das Q^2

[1026] Vgl. Kapitel 5.3.2.2.

nach *Stone-Geisser* erreicht einen Wert von 0,64, der damit deutlich über dem kritischen Wert von Null liegt, wodurch dem Messmodell Vorhersagevalidität bescheinigt wird. Die Unidimensionalität der Messung kann ebenfalls gewährleistet werden. Tabelle 24 stellt einen Überblick der relevanten Gütekriterien dar. Aufgrund der dargestellten Werte besteht kein Anlass zur Annahme, dass weitere Indikatoren von der Analyse ausgeschlossen werden sollten.

Akzeptanz - Resistenz			
Indikator	**Standardisierte Ladung**	***t*-Wert der Ladung**	**Indikatorreliabilität**
AR2	0,83	79,27	0,69
AR3	0,80	60,34	0,64
AR4	0,88	124,22	0,77
AR5	0,89	126,01	0,79
AR6	0,85	91,80	0,72
AR7	0,86	87,72	0,75
AR8	0,90	162, 98	0,82
Faktorreliabilität (*FR*)	0,95	**Vorhersagevalidität (Q^2)**	0,64
Ø erfasste Varianz (*DEV*)	0,74	**Unidimensionalität**	erfüllt
Diskriminanzvalidität	$0,74 > 0,69^2$	**Plausibilität**	erfüllt

Tabelle 24: Güte des Messmodells des Konstrukts „Akzeptanz - Resistenz“

Kaufbereitschaft

Zur Prüfung der Reliabilität des Konstrukts der Kaufbereitschaft, welches eine Operationalisierung anhand von drei Indikatoren erfährt, wird ebenfalls auf die zuvor beschriebenen Kriterien zurückgegriffen. Neben hohen Faktorladungen zeigt das Ergebnis der Schätzung der *t*-Werte, dass keine Notwendigkeit besteht, Indikatoren aufgrund nicht signifikanter Faktorladungen von der weiteren Untersuchung auszuschließen. Demnach finden alle drei Indikatoren in der weiteren Analyse Verwendung. Auch die Plausibilität der Ladungen ist aufgrund der Vorzeichenanalyse gegeben. Neben der Faktorreliabilität, die einen Wert von 0,92 erreicht, ist auch die Vorhersagevalidität sowie die Diskriminanzvalidität als erfüllt anzusehen. Beide Gütemaße liegen deutlich über dem vorgegebenen Mindestwert, was die Eignung des vorgeschlagenen Messinstrumentariums stützt. Auch die durchschnittlich erfasste Varianz übertrifft mit einem Wert von 0,80 die Normwerte bei weitem, womit eine hohe Konvergenzvalidität vorausgesetzt werden kann. Die explorative Faktorenanalyse zur Feststellung der Unidimensionalität zeigt, dass alle Indikatoren des Inventars stark auf ein und demselben Faktor laden und demnach Kreuzladungen zu anderen Faktoren vernachlässigbar sind. Wie in Tabelle 25 zusammenfassend dargestellt, zeigen die Ergebnisse der Güteprüfung, dass die Erfüllung der Prüfkriterien durchweg gegeben ist.

Kaufbereitschaft			
Indikator	**Standardisierte Ladung**	***t*-Wert der Ladung**	**Indikatorreliabilität**
KB1	0,91	100,69	0,84
KB2	0,88	115,84	0,78
KB3	0,89	77,05	0,79
Faktorreliabilität (*FR*)	0,92	**Vorhersagevalidität (Q^2)**	0,56
Ø erfasste Varianz (*DEV*)	0,80	**Unidimensionalität**	erfüllt
Diskriminanzvalidität	$0,80 > 0,44^2$	**Plausibilität**	erfüllt

Tabelle 25: Güte des Messmodells des Konstrukts „Kaufbereitschaft“

Zahlungsbereitschaft

Das Konstrukt der Zahlungsbereitschaft erfolgt mittels der Abfrage des konkreten Preises, den der Proband bereit wäre, für das entsprechend vorgestellte Produkt/Automodell zu zahlen. Wie in Kapitel 5.4.2.2 bereits ausführlich erläutert, erscheint für die vorliegende Untersuchung die Messung der Zahlungsbereitschaft mittels eines einzelnen Indikators sinnvoll. Die Operationalisierung von Konstrukten über nur einen Indikator ist in der Marketingforschung häufig zu beobachten.[1027] Dennoch sollte bei der Verwendung einzelner Indikatoren zur Erfassung einer Variablen darauf geachtet werden, dass insbesondere im Hinblick auf die Güte des Gesamtmodells nicht übermäßig viele Konstrukte auf diese Art und Weise operationalisiert werden. Dies könnte negative Auswirkungen für die Güte der Parameterschätzung zur Folge haben.[1028] Dieser Sorge wird in der vorliegenden Untersuchung Rechnung getragen, weshalb hier lediglich ein Konstrukt mittels eines einzelnen Indikators erfasst wird. Demnach ist davon auszugehen, dass es keine begründeten Einwände gegen die Verwendung des Messmodells der Zahlungsbereitschaft in der dargestellten Form gibt.

Konstrukten, die nur durch einen Indikator operationalisiert werden, steht zur Bewertung und Überprüfung der Reliabilität und Validität kein umfassender Kriterienkatalog zur Verfügung. Demnach findet ausschließlich das Kriterium der Unidimensionalität Eingang in die Prüfung

[1027] In deutschsprachigen Untersuchungen zum Marketing werden 46,5 %, in internationalen Studien rund 35 % der Konstrukte mittels eines einzelnen Indikators operationalisiert. Vgl. Homburg/Baumgartner (1995b), S. 1103 f.

[1028] Vgl. Vollhardt (2007), S. 169.

der Gütekriterien, welches als erfüllt anzusehen ist. Die übrigen Kriterien werden keiner weiteren Überprüfung unterzogen, da dies weder sinnvoll noch notwendig erscheint. Der Indikator, der zur Operationalisierung der Zahlungsbereitschaft herangezogen wurde, kann dementsprechend bedenkenlos Eingang in die Untersuchung finden.

Zahlungsbereitschaft			
Indikator	**Standardisierte Ladung**	***t*-Wert der Ladung**	**Indikatorreliabilität**
ZB1	1,00	---	1,00
Faktorreliabilität (*FR*)	1,00	**Vorhersagevalidität (Q^2)**	---
Ø erfasste Varianz (*DEV*)	1,00	**Unidimensionalität**	erfüllt
Diskriminanzvalidität	---	**Plausibilität**	---

Tabelle 26: Güte des Messmodells des Konstrukts „Zahlungsbereitschaft“

5.3.3.3 Schätzung der Wirkzusammenhänge im allgemeinen Modell

Nachdem zuvor die Güte auf Messmodellebene überprüft wurde, steht im folgenden Abschnitt das entwickelte Hypothesensystem als Ganzes im Fokus der Aufmerksamkeit. Dieses gilt es nun mit empirischen Daten zu konfrontieren. Das Strukturmodell umfasst die Konstrukte *Markeneinstellung*, *Novelty-Seeking*, *Relativer Vorteil*, *Kompatibilität*, *Akzeptanz - Resistenz* gegenüber Designsprüngen, *Kaufbereitschaft* sowie *Zahlungsbereitschaft*. Die Schätzung der Beziehungen innerhalb des vorliegenden Strukturmodells dient der Verifizierung der theoretisch abgeleiteten Hypothesen und damit der Identifizierung der Wirkzusammenhänge der Bewertung sowie der Wirkung von Designsprüngen. Ergebnisse dieser Schätzung werden in sogenannten Strukturparametern bzw. Pfadkoeffizienten angegeben, welche die Stärke des Zusammenhangs der Modellkonstrukte wiedergeben. Als Schätzalgorithmus findet wie auch auf Messmodellebene der varianzbasierte PLS-Ansatz Verwendung,[1029] welcher ebenfalls mit Hilfe des Softwareprogramms PLS-Graph 3.0 durchgeführt wird. Die Ermittlung der entsprechenden Gütekriterien erfolgte sowohl mit PLS-Graph 3.0 als auch mit SPSS 17.0 [1030].

Im weiteren Verlauf soll sorgfältig überprüft werden, ob das vollständig spezifizierte Strukturgleichungsmodell in seiner Gesamtheit die realen Gegebenheiten in angemessener Weise repräsentiert und somit einem Vergleich mit der Realität standhält. Hierfür bietet sich der

1029 Vgl. Kapitel 4.1.2.

1030 Statistical Package for the Social Sciences, ein Programmpaket zur statistischen Analyse von Daten, welches insbesondere in den Sozial- und Wirtschaftwissenschaften eine weite Verbreitung findet.

Rückgriff auf die in Kapitel 4.2.2 vorgestellten Gütekriterien an. Tabelle 27 liefert zunächst einen Überblick des zu testenden Hypothesensystems, welches anschließend eine empirische Überprüfung erfährt.

Hypothese	Postulierter Ursache-Wirkungszusammenhang
H_1	Je positiver die Einstellung gegenüber der Marke, desto stärker beeinflusst dies die Bewertung von Designsprüngen in Richtung Akzeptanz.
H_2	Je stärker die Persönlichkeitseigenschaft Novelty-Seeking ausgeprägt ist, desto stärker beeinflusst dies die Bewertung von Designsprüngen in Richtung Akzeptanz.
H_3	Je stärker ein relativer Vorteil wahrgenommen wird, desto stärker beeinflusst dies die Bewertung von Designsprüngen in Richtung Akzeptanz.
H_4	Je stärker die Kompatibilität des Designsprungs mit der Marke wahrgenommen wird, desto stärker beeinflusst dies die Bewertung von Designsprüngen in Richtung Akzeptanz.
H_5	Je stärker ein Designsprung akzeptiert wird, desto höher fällt die Kaufbereitschaft gegenüber dem neugestalteten Produkt aus.
H_6	Je stärker ein Designsprung akzeptiert wird, desto höher fällt die Zahlungsbereitschaft gegenüber dem neugestalteten Produkt aus.
H_7	Das Modell zur Erklärung der Bewertung von Designsprüngen unterscheidet sich hinsichtlich der Stärke der Wirkzusammenhänge zwischen den Modellkonstrukten in Abhängigkeit der Markenstärke signifikant.
H_8	Das Modell zur Erklärung der Bewertung von Designsprüngen unterscheidet sich hinsichtlich der Stärke der Wirkzusammenhänge zwischen den Modellkonstrukten in Abhängigkeit der Intensität des Designsprungs signifikant.

Tabelle 27: Überblick über das Hypothesensystem

Im Rahmen der Güteprüfung auf Strukturmodellebene ist insbesondere die Berechnung der Pfadkoeffizienten von besonderer Relevanz. Diese geben die Höhe und die Signifikanz der direkten Wirkung zwischen zwei verknüpften Größen an, was der Stärke des Einflusses eines Konstrukts auf ein kausal nachfolgendes entspricht. Signifikanzen werden für die Entscheidung herangezogen, ob eine Hypothese zutreffend ist oder verworfen werden muss. Des Weiteren muss die theoretische Plausibilität des Modells überprüft werden, indem eine Betrachtung der Vorzeichen der Strukturparameter stattfindet.

Erste Schätzergebnisse weisen eine insgesamt sehr gute Anpassung des zugrunde liegenden Modells an die empirischen Daten aus. Somit bestätigen die Schätzergebnisse, dass alle sechs aufgestellten Hypothesen nicht abgelehnt werden können, da sie als statistisch signifikant gelten.[1031] Auch die Plausibilität kann durch Betrachtung der Vorzeichen als gegeben angese-

[1031] Bei einer Irrtumswahrscheinlichkeit von 5 % liegt der kritische t-Wert bei 1,98. Somit ist bei allen Hypothesen der t-Wert überschritten und Signifikanz gewährleistet.

hen werden. Vor allem Hypothese 3 zeigt mit einem Pfadkoeffizienten von 0,59 einen starken Einfluss des wahrgenommenen Relativen Vorteils auf die Bewertung von Designsprüngen. Auch Hypothese 5 wird durch einen hohen Pfadkoeffizienten von 0,44 bestätigt. Demnach besteht eine relativ starke kausale Beziehung zwischen der Bewertung von Designsprüngen und dem intentionalen Konstrukt der Kaufbereitschaft. Je stärker die Bewertung des Designsprungs in Richtung Akzeptanz ausgeprägt ist, desto höher ist die Wahrscheinlichkeit, dass auf Seiten des Konsumenten eine Kaufbereitschaft hinsichtlich des bewerteten Produkts besteht. Die Ergebnisse der Hypothesenprüfung sind in Tabelle 28 abgebildet.

Hypothese	**Pfadkoeffizient**	***t*-Wert**	**Ergebnis**
H_1	0,14	6,75	beibehalten
H_2	0,06	2,85	beibehalten
H_3	0,59	26,87	beibehalten
H_4	0,18	7,85	beibehalten
H_5	0,44	19,92	beibehalten
H_6	0,29	11,45	beibehalten

Tabelle 28: Ergebnisse der Hypothesenprüfung im Gesamtmodell

Die Vorzeichen der Pfadkoeffizienten entsprechen durchgängig den theoretischen Vorgaben, was bedeutet, dass den geschätzten Beziehungen Plausibilität zu bescheinigen ist. Nach Prüfung der Signifikanzwerte sowie der Plausibilität der Schätzergebnisse, können alle unterstellten Zusammenhänge bestätigt werden. Abbildung 18 liefert einen Überblick in Bezug auf die identifizierten Zusammenhänge des aufgestellten Untersuchungsmodells, wobei die Pfadkoeffizienten sowie die *t*-Werte[1032] angegeben sind.

Von großem Interesse ist neben der statistischen Signifikanz und der Plausibilität des Strukturmodells auch die Beantwortung der Frage, wie gut das Modell die Bewertung von Designsprüngen (Akzeptanz - Resistenz) erklären kann. Die zweite Stufe der Modellevaluierung umfasst dementsprechend wiederum die Kenngrößen der Determinationskoeffizienten R^2, des Multikollinearitätsmaß *VIF* sowie Stone-Geissers Q^2 (Vorhersagevalidität). Die relevanten Zielkonstrukte Akzeptanz - Resistenz, Kaufbereitschaft sowie Zahlungsbereitschaft zeichnen sich hierbei abermals durch sehr gute Erklärungsgrade aus.

[1032] t-Werte sind in Klammern angegeben.

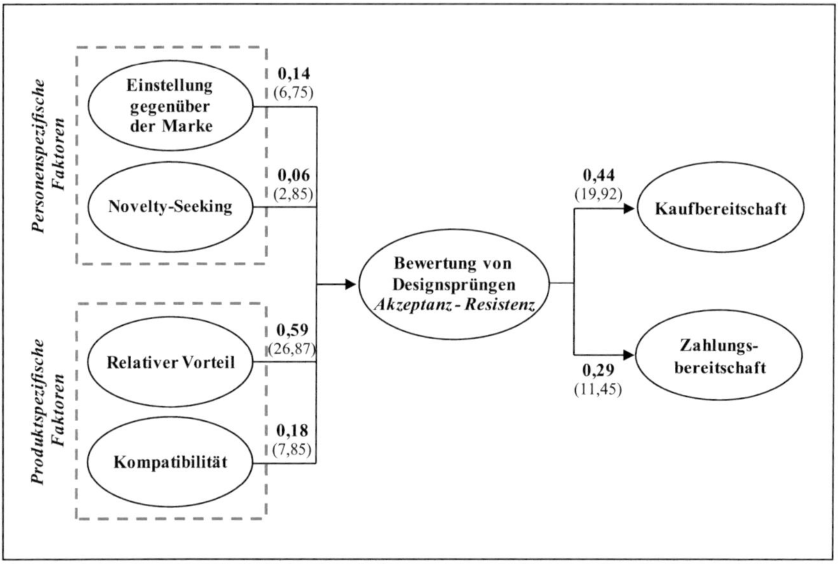

Abbildung 18: Strukturmodellschätzung für die Gesamtstichprobe

Zunächst soll unter Verwendung des varianzbasierten PLS-Verfahrens das R^2-Kriterium Berücksichtigung finden. Dieses gibt den Anteil der Varianz der Zielvariablen an, den determinierende Variablen zu erklären vermögen.[1033] Die PLS-Schätzung liefert für das zentrale endogene Konstrukt der Akzeptanz - Resistenz von Designsprüngen ein R^2 mit einem Wert von 0,52. Demnach kann davon ausgegangen werden, dass die in dem Modell existierenden, der Akzeptanz - Resistenz vorgelagerten Konstrukte, 52 % der zentralen Variable erklären. Besonders vor dem Hintergrund, dass bisher keine empirischen Erkenntnisse zur Bewertung von Designsprüngen existieren, ist ein R^2 von 0,52 als sehr hoch zu bewerten. Für die Konstrukte Kaufbereitschaft sowie Zahlungsbereitschaft liegen die R^2-Werte mit 0,20 bzw. 0,09 unter der geforderten Grenze von 0,30.[1034] Demnach muss davon ausgegangen werden, dass das Konstrukt der Akzeptanz - Resistenz nur einen sehr geringen Anteil der Varianz der Kauf- sowie Zahlungsbereitschaft erklären kann. Jedoch ist vor dem Hintergrund der Zielsetzung der Untersuchung nicht vorgesehen, die in dem Strukturmodell verwendeten latenten Variablen umfassend zu erklären. Aus diesem Grund ist es nicht verwunderlich, dass das geforderte R^2-Kriterium zum Teil nicht erfüllt ist. Zudem steht im Zusammenhang mit der Akzeptanz - Re-

[1033] Vgl. Chin (1998); Gefen/Straub/Boudreau (2000).
[1034] Vgl. Herrmann/Huber/Kressmann (2006), S. 61; Huber et al. (2007), S. 45.

sistenz sowie der Kauf- und Zahlungsbereitschaft vielmehr die Kausalität zwischen den Variablen im Fokus der Untersuchung als weniger die Erklärung der latenten Variablen. Dieser Kausalzusammenhang konnte bereits anhand der zuvor beschriebenen Pfadkoeffizienten bestätigt werden.

Neben dem R^2-Kriterium dient das auf Redundanzen basierende Q^2-Kriterium nach *Stone-Geisser* als weiteres Gütemaß auf Strukturmodellebene. Dieses überprüft die reflektiven, endogenen Konstrukte des Modells auf Vorhersagevalidität und erlaubt eine Aussage über die gemeinsame Vorhersagevalidität von Struktur- und Messmodell. Die Berechnung *von Stone-Geissers* Q^2 ergab für das Konstrukt der Akzeptanz - Resistenz einen Wert von 0,32, der somit über Null liegt und dem Konstrukt damit Vorhersagevalidität zuschreibt. Auch hier erfüllen die Konstrukte der Kauf- und der Zahlungsbereitschaft mit negativen Werten von -0,09 bzw. -0,42 nicht die Kriterien für *Stone-Geissers* Q^2. Es deutet darauf hin und erschient zudem äußerst plausibel, dass für beide Variablen weitere Determinanten existieren, die jedoch im vorliegenden Untersuchungsmodell nicht berücksichtigt werden. Zusammenfassend kann jedoch festgehalten werden, dass trotz der Verletzung der Gütekriterien durch die beiden Variablen, keinerlei Einschränkungen bezüglich der Aussagekraft der vorliegenden Untersuchung im Hinblick auf die in Kapitel 1.2 formulierten Forschungsfragen resultieren.

Zur Überprüfung auf Multikollinearität wird auch auf Strukturmodellebene der Variation Inflation Factor (*VIF*) herangezogen. Der *VIF* weist im vorliegenden Modell für das Konstrukt der Akzeptanz - Resistenz einen Wert von 2,27 auf und liegt somit deutlich unter dem kritischen Wert von 10,0. Demnach wird kein kritisches Maß der Multikollinearität erreicht. Tabelle 29 stellt die beschriebenen Ergebnisse noch einmal zusammenfassend dar.

Konstrukt	R^2	Q^2	*VIF**
Akzeptanz - Resistenz	0,52	0,32	2,27**
Kaufbereitschaft	0,20	- 0,09	-
Zahlungsbereitschaft	0,09	- 0,42	-
			****höchster Wert*

Tabelle 29: Evaluation der endogenen Konstrukte im allgemeinen Modell mittels Determinantionskoeffizient (R^2), Vorhersagevalidität (Q^2) und Multikollinearitätsmaß (*VIF*)

* *VIF* lässt sich nur für endogene Konstrukte mit mindestens zwei Einflussgrößen berechnen

Nachdem die Beurteilung der Modellgüte hiermit abgeschlossen ist, steht im folgenden Abschnitt die inhaltliche Betrachtung der Ergebnisse im Mittelpunkt der Analyse, wobei hier die Wirkbeziehungen zwischen den Konstrukten auf Strukturmodellebene von besonderem Interesse sind. Der Hauptfokus liegt dabei auf der Beantwortung der Frage, welche Faktoren die Bewertung von Designsprüngen beeinflussen und welchen Einfluss dies hinsichtlich des Verhaltens auf Kundenseite besitzt. Dieser Fragestellung wird sich mit Hilfe der Ergebnisse der Parameterschätzung im Folgenden angenommen.

Determinanten der Bewertung von Designsprüngen

Im Zentrum des Untersuchungsmodells steht das Konstrukt der Bewertung von Designsprüngen. Neben den Wirkungen des Konstrukts auf nachgelagerte Variablen interessieren zunächst die Determinanten der Akzeptanz - Resistenz gegenüber Designsprüngen. Vorab kann festgehalten werden, dass sich alle vier identifizierten Einflussgrößen als signifikant erweisen, was in einer Bestätigung der Hypothesen 1 bis 4 resultiert.

Im Rahmen der empirischen Auswertung kann das Konstrukt des Relativen Vorteils mit einem Pfadkoeffizient von 0,59 als stärkster Einflussfaktor hinsichtlich der Akzeptanz - Resistenz gegenüber Designsprüngen bewertet werden. Je höher demnach der Relative Vorteil bei einem Produkt wahrgenommen wird, desto positiver fällt die Bewertung des Designsprungs aus, bzw. desto eher wird der Designsprung akzeptiert. Dieses Ergebnis bestätigt die empirischen Analysen zum Relativen Vorteil in Bezug auf Innovationen.[1035] Den zweitwichtigsten Stellhebel repräsentiert mit einem Pfadkoeffizenten von 0,18 die Kompatibilität, die in der vorliegenden Untersuchung den Fit des Produktes mit der Marke beschreibt. Je höher die Kompatibilität des neudesignten Automodells mit der Herstellermarke wahrgenommen wird, desto positiver wird der Designsprung bewertet und desto höher ist die Akzeptanz des Kunden gegenüber diesem ausgeprägt. Dieses Ergebnis bestätigt die Bedeutung, die dem Konstrukt der Kompatibilität in den Modellen zur Adoption von Innovationen zukommt.[1036] Interessanterweise sind die beiden Einflussfaktoren mit den höchsten Pfadkoeffizienten den produktspezifischen Faktoren zuzuordnen. Dieses Ergebnis steht in Übereinstimmung mit Untersuchungsergebnissen von *Jones* und *Beatty* sowie *Iacovou et al.*, die ebenfalls den produktspezifischen Faktoren einen höheren Stellenwert hinsichtlich der Übernahme von Inno-

[1035] Vgl. Kapitel 3.2.2.1.
[1036] Vgl. Kapitel 2.3.2.

vationen bzw. der Bewertung des Designsprungs konstatiert haben als den beiden personenspezifischen Faktoren.[1037]

In Bezug auf personenspezifische Faktoren zeigt sich, dass die Einstellung gegenüber der Marke den höchsten Einfluss auf die Bewertung von Designsprüngen besitzt. Somit kann die Vermutung unterstützt werden, dass es letztendlich Einstellungen sind, die die Vorliebe oder Ablehnung gegenüber einer Marke zum Ausdruck bringen, die es wiederum ermöglichen, das Design eines Produktes objektiv zu bewerten.[1038] Der in Hypothese 2 aufgestellte Zusammenhang zwischen der Persönlichkeitseigenschaft Novelty-Seeking sowie der Akzeptanz - Resistenz gegenüber Designsprüngen bestätigt sich trotz des geringen Einflusses von 0,06 ebenfalls als signifikant. Dieses Resultat untermauert die Theorie zum Optimum-Stimulation-Level,[1039] wonach Novelty-Seeker neue, veränderte Designs positiver bewerten als Menschen mit geringen Ausprägungen auf der Novelty-Seeking-Skala, da sie ein höheres Stimulationsniveau bevorzugen. Annahmen des Adoptionsmodells von *Rogers*, nach denen psychologische Variablen Einfluss auf die Akzeptanz bzw. Resistenz von Innovationen besitzen,[1040] können in diesem Fall mittels des Konstrukts der Persönlichkeitseigenschaft Novelty-Seeking ebenfalls bestätigt werden.

Einfluss der Bewertung von Designsprüngen auf nachgelagerte Konstrukte

Beide postulierten Verbindungen zwischen der Akzeptanz - Resistenz gegenüber Designsprüngen und der Kauf- sowie der Zahlungsbereitschaft erweisen sich als signifikant und bestätigen demnach Hypothesen 5 und 6. Den stärkeren Einfluss übt die Akzeptanz - Resistenz mit einem Pfadkoeffizienten von 0,44 auf die Kaufbereitschaft aus. Der Einfluss auf die Zahlungsbereitschaft ist mit einem Pfadkoeffizienten von 0,29 etwas geringer ausgeprägt. Diese Ergebnisse zeigen, dass die Bewertung von Designsprüngen in der Ausprägung Akzeptanz - Resistenz die Erfolgsfaktoren der Kauf- und Zahlungsbereitschaft bedingen. Demnach kann die Kaufbereitschaft durch eine positive Bewertung von Designsprüngen und einer damit einhergehenden gesteigerten Akzeptanz gegenüber diesen gestärkt werden. Diese Ergebnisse stützen die Einstellungs-Verhaltens-Hypothese, die besagt, dass ein Individuum, aufgrund der durch den Einstellungsgegenstand angesprochenen Motivation, zu einem bestimmten Ver-

---

1037 Vgl. Iacovou et al. (1995); Jones/Beatty (1998).

1038 Vgl. Kapitel 2.3.3.

1039 Vgl. Kapitel 3.2.1.2.

1040 Vgl. Kapitel 2.3.2.

halten angetrieben wird. Demnach besitzt der Kunde die Motivation ein Produkt zu kaufen, wenn er eine positive Einstellung diesem gegenüber besitzt. Die positive Einstellung drückt sich in der vorliegenden Untersuchung in einer gesteigerten Akzeptanz gegenüber dem Designsprung aus.

5.3.3.4 Schätzung der Wirkzusammenhänge im allgemeinen Modell unter Berücksichtigung der moderierenden Variablen

Im Fokus der folgenden Ausführungen stehen die moderierenden Einflüsse der Markenstärke sowie der Intensität der Designsprünge auf die Wirkbeziehungen des Untersuchungsmodells. Zur Überprüfung der Hypothesen 7 und 8 sollen im nächsten Abschnitt die Modellzusammenhänge in Abhängigkeit der untersuchten Moderatorvariablen mittels multipler Gruppenvergleiche analysiert werden.

5.3.3.4.1 Markenstärke als Moderator

Zunächst stellt sich im Rahmen von Hypothese 7 die Frage, ob die Zusammenhänge innerhalb des Modells in Bezug auf hohe vs. niedrige Markenstärke signifikant differieren. In einem ersten Schritt ist für diese Analyse eine Einteilung der Gesamtstichprobe in Teilgruppen vorzunehmen, die gemäß der betrachteten Moderatorvariablen Markenstärke gebildet werden. Im Anschluss daran wird eine Modellschätzung für jede Teilstichprobe vorgenommen, mit dem Ziel einen *t*-Wert für die Differenzierung zweier Schätzparameter zu erhalten. Um sicherzustellen, dass eine uneingeschränkte Anwendung des Gruppenvergleichs möglich ist, muss im nächsten Schritt zunächst Modellinvarianz festgestellt werden.[1041] Aus diesem Grund finden auch für die Teilstichproben die Gütekriterien Verwendung, die bereits auf Struktur- und Messmodellebene des Gesamtmodells Berücksichtigung fanden und in Kapitel 4.2 als reliable und valide Messinstrumente identifiziert wurden.

Die Zuordnung zu den verschiedenen Teilstichproben fand in randomisierter Weise statt und ergab eine Verteilung von 670 Probanden in der *Mercedes-Benz*-Stichprobe und 692 Befragten in der *KIA*-Stichprobe. Bevor in einem weiteren Schritt die Überprüfung von Hypothese 7 erfolgen kann, soll das Modell zunächst für beide Teilstichproben geschätzt werden. An-

[1041] Zur Durchführung des Gruppenvergleichs ist nach Auffassung einiger Forscher Messmodellinvarianz sicherzustellen.

schließend lässt sich ein Gruppenvergleich auf Basis der von *Chin* postulierten Formel die Differenz zwischen zwei Schätzern unterschiedlicher Stichproben mit Hilfe des *t*-Werts berechnen.[1042] Eine Voraussetzung für die Durchführung des Gruppenvergleichs ist die Tatsache, dass die Messmodelle in den unterschiedlichen Gruppen nicht signifikant voneinander differieren. Durch die Forderung nach Messmodellinvarianz lässt sich sicherstellen, dass derselbe Konstruktinhalt für die Assoziationen zwischen Konstrukten innerhalb zweier Stichproben verantwortlich ist.[1043] Um im Rahmen der vorliegenden Untersuchung der Forderung nach Messmodellinvarianz nachzukommen, findet für beide Teilmodelle das identische Messinstrumentarium aus der Gesamtschätzung Verwendung, welches bereits zuvor im Rahmen der Gütebeurteilung als reliabel und valide bestätigt wurde. Vor diesem Hintergund ist einer uneingeschränkten Anwendung des Gruppenvergleichs zur Überprüfung von Hypothese 7 nichts entgegenzusetzen.

Zunächst gilt es jedoch vor der Interpretation der Schätzergebnisse der beiden Teilstichproben, die Güte der Modellschätzung auf Strukturmodellebene sowie die Plausibilität der endogenen Konstrukte festzustellen. Das Bestimmtheitsmaß (R^2), welches die Höhe der Varianzerklärung beschreibt, ist mit einem Wert von 0,53 für *Mercedes-Benz* wie auch für *KIA* hinsichtlich des Konstrukts der Akzeptanz - Resistenz als gut zu beschreiben. Hingegen ist die Varianzaufklärung für die Konstrukte der Kauf- sowie der Zahlungsbereitschaften in beiden Teilstichproben als ungenügend zu bewerten, da die R^2-Werte zwischen 0,05 und 0,23 liegen. Demnach kann festgehalten werden, dass analog zum Gesamtmodell der geforderte Schwellenwert von 0,30 bei den beiden Konstrukten der Kauf- sowie der Zahlungsbereitschaft nicht erreicht werden kann. Auch an dieser Stelle sei noch einmal darauf hingewiesen, dass es nicht Ziel der vorliegenden Arbeit ist, die in der Untersuchung Verwendung findenden Konstrukte vollständig zu erklären. Um eine uneingeschränkte Anwendung des Gruppenvergleichs im Sinne von Hypothese 7 zu gewährleisten, findet in der vorliegenden Untersuchung die Überprüfung auf Messmodellinvarianz mittels des in Kapitel 5.4.2 als reliabel und valide identifizierten Messinstrumentariums Anwendung.

Auf Basis des *Stone-Geissers* Q^2 von 0,34 für *Mercedes-Benz* sowie 0,32 für *KIA* kann dem Konstrukt der Akzeptanz - Resistenz Vorhersagevalidität bescheinigt werden. Auch die Q^2-Werte für die Konstrukte der Kauf- sowie der Zahlungsbereitschaft unterschreiten in beiden

---

1042 Vgl. Chin (2000).

1043 Vgl. Chin (2000).

Teilstichproben *Mercedes-Benz* und *KIA* den kritischen Wert von Null und erfüllen damit nicht das Kriterium der Vorhersagevalidität. Des Weiteren kann für das endogene Konstrukt der Akzeptanz - Resistenz in beiden Teilstichproben Multikollinearität ausgeschlossen werden, da die Werte des *VIF* jeweils unter der kritischen Marke von 10,0 liegen. Tabelle 30 bildet zusammenfassend die genauen Ergebnisse der Gütebeurteilung auf Strukturmodellebene ab.

Konstrukt	***Mercedes-Benz***			***KIA***		
	R^2	Q^2	***VIF****	R^2	Q^2	***VIF****
Akzeptanz - Resistenz	0,53	0,34	2,52	0,53	0,32	2,17**
Kaufbereitschaft	0,16	-0,17	-	0,23	-0,03	-
Zahlungsbereitschaft	0,05	-0,57	-	0,23	-0,28	-
						***höchster Wert*

Tabelle 30: Evaluation der verwendeten Konstrukte in den Teilstichproben „*Mercedes-Benz*“ und „*KIA*“
* *VIF* lässt sich nur für endogene Konstrukte mit mindestens zwei Einflussgrößen berechnen

Ergänzend sollen nun die Pfadkoeffizienten und *t*-Werte der Teilstichproben sowie die *t*-Werte der Strukturkoeffizienten der zwei Gruppen einer genaueren Analyse unterzogen werden. Hierzu findet der in Kapitel 4.3 vorgestellte Gruppenvergleich Verwendung, der die Signifikanzen der vermeintlichen Unterschiede zwischen den Teilstichproben testet. Die Ergebnisse in den Teilstichproben bestätigen überwiegend die Ergebnisse, die bereits für das Gesamtmodell resultierten.

Tabelle 31 liefert einen Überblick über Pfadkoeffizienten und *t*-Werte der beiden Teilstichproben *Mercedes-Benz* und *KIA*. Des Weiteren ist der *t*-Wert der Abweichungen der Pfadkoeffizienten angegeben, welcher Auskunft über die Signifikanz der Gruppenunterschiede liefert. Nach *Chin* wird für den vorliegenden *t*-Test bei fünfprozentigem Signifikanzniveau in der gegebenen Stichprobe ein kritischer Wert von 1,97 verwendet.[1044]

[1044] Vgl. Chin (2000).

Hypothese	*Mercedes-Benz* (n = 670)		*KIA* (n = 692)		*t*-Wert zum Gruppenvergleich
	Pfadkoeffizient	*t*-Wert	Pfadkoeffizient	*t*-Wert	
H_1	0,20	6,63*	0,10	3,51*	- 2,65*
H_2	0,08	3,43*	0,03	0,98	- 1,12
H_3	0,58	19,59*	0,60	20,47*	0,48
H_4	0,12	4,04*	0,19	6,52*	1,73
H_5	0,40	13,46*	0,48	17,21*	2,06*
H_6	0,21	6,02*	0,37	10,03*	3,05*
					**signifikant (p = 0,05)*

Tabelle 31: Gegenüberstellung der Ergebnisse der Hypothesenprüfung für die Gruppe mit hoher Markenstärke und die Gruppe mit niedriger Markenstärke

Der in *Hypothese 1* postulierte positive Effekt der Markeneinstellung auf die Bewertung von Designsprüngen konnte bei Vorliegen einer starken Marke wie in diesem Fall *Mercedes-Benz* mit einem signifikanten Pfadkoeffizienten von 0,20 bestätigt werden. Im Gegensatz dazu ist der Einfluss der Markeneinstellung auf die Bewertung von Designsprüngen in der Teilstichprobe *KIA* mit einem Pfadkoeffizienten von 0,10 signifikant schwächer ausgeprägt. Demnach ist der Einfluss der Markeneinstellung auf die Bewertung von Designsprüngen bei Marken mit hoher Markenstärke doppelt so hoch wie bei Marken mit geringer Markenstärke. Die Ergebnisse bestätigen die Annahme, dass sich die Wirkzusammenhänge in Abhängigkeit der Markenstärke signifikant unterscheiden.

Analog zu den Ergebnissen im Gesamtmodell ist auch in den Teilstichproben für *Hypothese 2* die Wirkung von Novelty-Seeking auf die Bewertung von Designsprüngen zu identifizieren. Wie im Gesamtmodell ist dieser Zusammenhang mit einem signifikanten Pfadkoeffizienten von 0,08 für das Modell mit hoher Markenstärke repräsentiert. Keinen signifikanten Einfluss auf Designsprünge weist Novelty-Seeking in der Teilstichprobe mit geringer Markenstärke auf. Der geschätzte Parameter weist einen Effekt von 0,03 auf sowie den dazugehörigen *t*-Wert, der deutlich unter dem kritischen Wert auf 5 %-Niveau liegt. Dies führt zu einer Falsifizierung von Hypothese 2 für die Stichprobe mit geringer Markenstärke. Aufgrund der sehr geringen Ausprägung des Einflusses von Novelty-Seeking in beiden Gruppen, zeigt sich auch der Gruppenvergleich mittels der *t*-Werte als nicht signifikant.

Als weitere Determinante findet der Relative Vorteil Eingang in die Untersuchung. Entsprechend *Hypothese 3* wird der positive Einfluss des Relativen Vorteils auf die Bewertung von

Designsprüngen in beiden Teilstichproben deutlich bestätigt. Wie auch im Gesamtmodell, zeigen sich hohe signifikante Effekte von 0,58 bei *Mercedes-Benz* und 0,60 bei *KIA*. Der *t*-Wert zeigt keine signifikante Abweichung der Pfadeffizienten der beiden Gruppen so dass keine Unterschiede im Einfluss des Relativen Vorteils zwischen den beiden Teilstichproben zu erwarten sind.

Die vierte und letzte Determinante der Bewertung von Designsprüngen stellt die Kompatibilität des Designsprungs mit der Marke dar. Auch *Hypothese 4* lässt sich in den Teilstichproben mit signifikanten Pfadkoeffizienten von 0,12 für *Mercedes-Benz* sowie 0,19 für *KIA* bestätigen. Demnach stehen die Ergebnisse im Einklang mit den Resultaten auf Gesamtmodellebene. Es lassen sich jedoch aufgrund des nicht signifikanten *t*-Werts zum Gruppenvergleich von 1,73 keine statistischen Unterschiede zwischen den Teilstichproben mit hoher und geringer Markenstärke ausmachen. Dies unterstreicht noch einmal das Ergebnis des allgemeinen Modells hinsichtlich der hohen Relevanz von produktspezifischen Faktoren.

Ein ähnliches Bild ergibt sich bei der Analyse der Konsequenzen der Bewertung von Designsprüngen. Der positive Einfluss auf die Kaufbereitschaft, wie in *Hypothese 5* postuliert, bestätigt sich mit signifikanten Pfadkoeffizienten von 0,40 sowohl für die Teilstichprobe mit hoher Markenstärke sowie mit einem Effekt von 0,48 für die Gruppe mit geringer Markenstärke. In den geschätzten Parametern kommt die postulierte Richtung der Kausalität deutlich zum Ausdruck. Aufgrund des *t*-Werts zum Gruppenvergleich von 2,06 ist entsprechend *Hypothese 7* ein signifikanter Unterschied im Einfluss der Bewertung von Designsprüngen auf die Kaufbereitschaft zwischen den beiden untersuchten Gruppen anzunehmen. Demnach ist davon auszugehen, dass unter der Rahmenbedingung „geringe Markenstärke" ein signifikant höherer Einfluss der Akzeptanz - Resistenz auf die Kaufbereitschaft besteht als in der Bedingung „hohe Markenstärke". Ein vergleichbares Bild ergibt sich für den Einfluss der Bewertung von Designsprüngen auf die Zahlungsbereitschaft wie in *Hypothese 6* postuliert. Auch hier bestätigt sich ein positiver Effekt sowohl in der Teilstichprobe *Mercedes-Benz* mit einem signifikanten Pfadkoeffizienten von 0,21 sowie in der Teilstichprobe *KIA* mit einem ebenfalls signifikanten Effekt von 0,37. Analog zu Hypothese 1 und 5 können hier ebenfalls signifikante Unterschiede zwischen den Gruppen identifiziert werden. Demnach bestätigen für Hypothesen 1, 5 und 6 die Ergebnisse die Annahme, dass sich die Wirkzusammenhänge im Untersuchungsmodell in Abhängigkeit der Markenstärke signifikant unterscheiden.

Zusammenfassend lässt sich festhalten, dass in drei der sechs aufgestellten Hypothesen der Moderator der Markenstärke einen signifikanten Einfluss besitzt. Daraus ergibt sich, dass bei 50 % der postulierten Hypothesen signifikante Abweichungen bestehen und somit Hypothese 7 zum moderierenden Einfluss der Markenstärke nicht verworfen werden kann. Im Detail ergibt sich aus der Hypothesenprüfung, dass Hypothese 2 für das Modell unter Verwendung geringer Markenstärke zu verwerfen ist.[1045] Hypothesen 1, 3, 4, 5 und 6 lassen sich sowohl für die *Mercedes-Benz-* als auch für die *KIA*-Stichprobe beibehalten. Abbildung 19 soll noch einmal bildhaft die Einflüsse des Moderators Markenstärke im Untersuchungsmodell darstellen. Signifikante Unterschiede zwischen den Gruppen *Mercedes-Benz* und *KIA* sind grau hinterlegt.

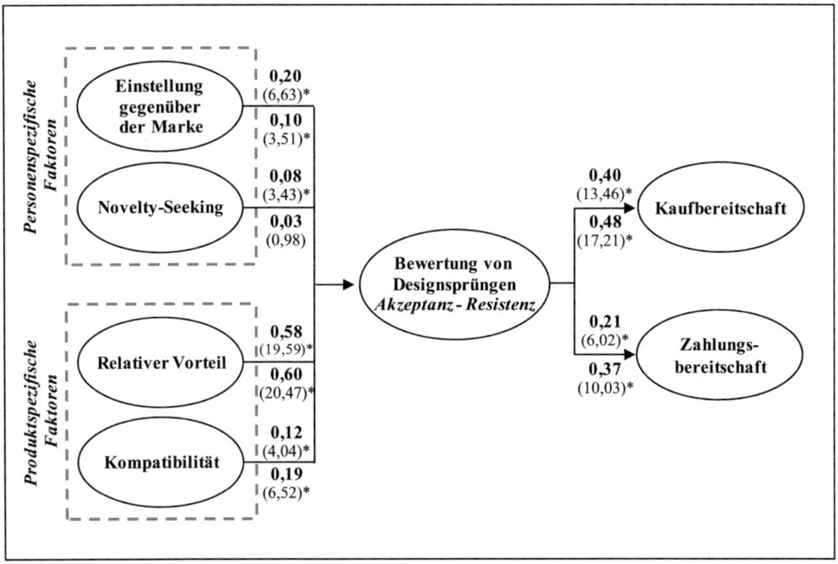

Abbildung 19: Strukturmodellschätzungen für die Teilstichproben *Mercedes-Benz* (obere Pfadkoeffizienten und *t*-Werte) und *KIA* (untere Pfadkoeffizienten und *t*-Werte)
* Signifikant auf 5 %-Niveau

5.3.3.4.2 Intensität des Designsprungs als Moderator

Zur Überprüfung der zweiten Moderatorvariablen, der Intensität des Designsprungs, werden drei getrennte Modellschätzungen vorgenommen. Hierbei entfallen 432 Probanden auf die

1045 Auf Basis des nicht signifikanten Pfadkoeffizienten kann Hypothese 2 nicht angenommen werden.

Teilstichprobe mit geringem Designsprung, 440 Teilnehmer wurden mit mittleren Intensitäten konfrontiert und 490 Befragte entfallen auf die Gruppe mit starkem Designsprung. Zur Überprüfung der Frage, ob die Zusammenhänge innerhalb des Modells in Bezug auf geringe, mittlere und hohe Abweichungen in der Designintensität signifikant differieren, sollen die gleichen Kriterien wie zur Analyse von Hypothese 7 Verwendung finden. So gilt es vor der Überprüfung von Hypothese 8 das Vorliegen von Messmodellinvarianz sicherzustellen. Auch hier findet das in Kapitel 5.4.2 vorgestellte reliable sowie valide Messinstrument Eingang in die Untersuchung. Dementsprechend kann Messmodellinvarianz als gegeben vorausgesetzt werden und somit steht einer weiteren Überprüfung von Hypothese 8 nichts im Wege.

Bezüglich des Kernkonstrukts der Akzeptanz - Resistenz von Designsprüngen kann konstatiert werden, dass die Höhe der Varianzerklärung mit einem R^2 von 0,42 in der Rahmenbedingung geringer Designsprung, von 0,49 bei mittlerem Designsprung und von 0,48 bei hohem Designsprung den kritischen Wert von 0,30 überschreiten. Wie auch unter der Rahmenbedingung Markenstärke können auch unter dem Moderator der Intensität des Designsprungs die Konstrukte der Kaufbereitschaft sowie der Zahlungsbereitschaft die Varianz nicht ausreichend erklären. Sämtliche Werte liegen zwischen 0,05 und 0,25, dementsprechend wird der kritische Wert von 0,30 nicht überschritten. Die Vorhersagevalidität auf Grundlage des *Stone-Geissers* Q^2 ist bei sämtlichen endogenen Konstrukten der drei Teilstichproben als erfüllt zu bewerten. Die Werte für Q^2 liegen durchgehend über dem kritischen Wert von Null. Der *VIF* des Konstrukts Akzeptanz - Resistenz weist über alle drei Teilstichproben hinweg Werte auf, die darauf hinweisen, dass Multikollinearität auch im vorliegenden Modell ausgeschlossen werden kann. Die Ergebnisse der Güteprüfung sind in Tabelle 32 noch einmal veranschaulicht.

Konstrukt	**geringer DS**			**mittlerer DS**			**starker DS**		
	R^2	Q^2	*VIF**	R^2	Q^2	*VIF**	R^2	Q^2	*VIF**
Akzeptanz - Resistenz	0,42	0,20	1,80**	0,49	0,26	1,97**	0,48	0,25	2,13**
Kaufbereitschaft	0,12	- 0,25	-	0,16	- 0,14	-	0,25	- 0,01	-
Zahlungsbereitschaft	0,09	- 0,41	-	0,05	- 0,54	-	0,16	- 0,21	-

* *VIF* lässt sich nur für endogene Konstrukte mit mindestens zwei Einflussgrößen berechnen *******höchster Wert*

Tabelle 32: Evaluation der verwendeten Konstrukte in den Teilstichproben „geringer Designsprung", „mittlerer Designsprung" sowie „starker Designsprung"

Nachdem zuvor die Gütekriterien der drei Teilstichproben untersucht wurden, soll anschließend eine Diskussion der Wirkungszusammenhänge folgen. Tabelle 33 liefert zunächst einen Überblick über Pfadkoeffizienten, *t*-Werte und Gruppenvergleiche hinsichtlich der drei untersuchten Gruppen.

Hypothese	geringer DS (n = 432)		mittlerer DS (n = 440)		starker DS (n = 490)		*t*-Wert zum Gruppenvergleich		
	Pfad-koeff.[1]	*t*-Wert	Pfad-koeff.[1]	*t*-Wert	Pfad-koeff.[1]	*t*-Wert	geringer DS/ mittlerer DS	mittlerer DS/ hoher DS	hoher DS/ geringer DS
H_1	0,25	5,76*	0,12	3,25*	0,15	5,23*	- 2,16*	0,59	1,89
H_2	0,08	2,03*	0,08	1,78	0,06	1,93	- 0,38	- 0,03	0,45
H_3	0,45	12,29*	0,60	17,22*	0,53	13,33*	3,02*	- 1,42	- 1,42
H_4	0,14	3,14*	0,16	3,56*	0,25	6,62*	1,70	0,33	- 2,06*
H_5	0,34	9,34*	0,41	10,40*	0,50	11,29*	1,54	1,24	- 2,72*
H_6	0,29	5,37*	0,23	5,23*	0,40	10,92*	- 0,84	2,86*	- 1,63
									**signifikant (p = 0,05)*

Tabelle 33: Gegenüberstellung der Ergebnisse der Hypothesenprüfung für die Gruppen „geringer Designsprung“, „mittlerer Designsprung“ sowie „starker Designsprung“

[1] Pfadkoeffizient

Die Effekte der Einstellung gegenüber der Marke auf die Bewertung von Designsprüngen, welche in *Hypothese 1* postuliert werden, sind in allen drei Teilstichproben signifikant mit Pfadkoeffizienten von 0,25 (geringer DS), 0,12 (mittlerer DS) sowie 0,15 (starker DS). Den stärksten Einfluss besitzt demnach die Markeneinstellung in der Rahmenbedingung mit geringer Designsprungintensität. Im Rahmen der Gruppenvergleiche lässt sich feststellen, dass die Einstellung gegenüber der Marke in der Gruppe mit geringen Designsprüngen einen signifikant höheren Einfluss auf die Akzeptanz - Resistenz von Designsprüngen besitzt als in den Teilstichproben mit mittleren Designsprungintensitäten. Demnach kann konstatiert werden, dass sich entsprechend der Annahme die Wirkzusammenhänge in Abhängigkeit der Markenstärke zumindest zwischen den Gruppen „geringer DS“ und „mittlerer DS“ signifikant unterscheiden. Entsprechend der Ergebnisse auf Gesamtmodellebene zeigt sich auch unter dem Moderator der Intensität des Designsprungs nur ein sehr geringer Einfluss der Persönlichkeitseigenschaft Novelty-Seeking auf die Bewertung von Designsprüngen. Mit Effektwerten zwischen 0,06 und 0,08 stellt sich lediglich der Einfluss von Novelty-Seeking in der Teilstichprobe mit geringer Designsprungintensität als signifikant heraus. Die Analyse zum Gruppenvergleich liefert ausschließlich nicht signifikante *t*-Werte, wonach die Unterschiede in der Wirkung von Novelty-Seeking auf die Bewertung von Designsprüngen keine statistische Relevanz besitzen. Aufgrund der vorgestellten Ergebnisse muss *Hypothese 2* unter Berücksichtigung der Intensität des Designsprungs abgelehnt werden.

Bezugnehmend auf die produktspezifischen Faktoren lässt sich auch bei getrennter Modellschätzung ein deutlicher Einfluss des Relativen Vorteils auf die Bewertung von Designsprüngen identifizieren. Die Pfadkoeffizienten von 0,45 (geringer DS), 0,60 (mittlerer DS) sowie 0,53 (starker DS) können durchweg als signifikant bezeichnet werden. Im Gruppenvergleich zeigt sich ein signifikanter Unterschied im Einfluss des Relativen Vorteils zwischen den Teilstichproben mit geringer und mittlerer Designsprungintensität. Demnach bestätigen die Ergebnisse für *Hypothese 3* die Annahme, dass sich die Wirkzusammenhänge im Untersuchungsmodell in Abhängigkeit der Intensität des Designsprungs zumindest zwischen zwei Untersuchungsgruppen signifikant unterscheiden. Auch der in *Hypothese 4* postulierte Einfluss der Kompatibilität auf die Akzeptanz - Resistenz des Designsprungs bestätigt sich für sämtliche Teilstichproben signifikant. Die Pfadkoeffizienten liegen hierfür bei Werten zwischen 0,14 und 0,25. Die berechneten *t*-Werte zum Gruppenvergleich zeigen sich lediglich für den Vergleich zwischen den Modellen mit geringem im Vergleich zum starken Designsprung als signifikant.

Die beiden untersuchten Hypothesen zu den Konsequenzen der Bewertung von Designsprüngen können aufgrund der durchweg signifikanten Pfadkoeffizienten in den drei Teilstichproben bestätigt werden. Die Effektwerte der Akzeptanz - Resistenz gegenüber Designsprüngen auf die Kaufbereitschaft liegen bei 0,34 in der Stichprobe mit geringer Designsprungintensität, bei 0,41 mit mittlerer Designsprungintensität sowie bei 0,50 mit starker Intensität. Die *t*-Werte zum Gruppenvergleich zeigen, dass ausschließlich die Differenzen zwischen den Untersuchungsgruppen mit starker Intensität und der mit geringer Intensität als signifikant gelten. Dieses Ergebnis bestätigt die Annahme, dass sich die Wirkzusammenhänge in Abhängigkeit der Markenstärke zumindest zwischen den Gruppen starker DS und geringer DS signifikant unterscheiden. Ähnliches Bild ergibt sich für *Hypothese 6*. Neben den signifikanten Pfadkoeffizienten von 0,29 (geringer DS), 0,23 (mittlerer DS) sowie 0,40 (starker DS) zeigt sich ein signifikanter Unterschied im Gruppenvergleich zwischen den Teilstichproben mit mittleren und starken Designsprüngen.

Abschließend lässt sich konstatieren, dass der Moderator der Markenstärke bei fünf von sechs Hypothesen, zumindest bei jeweils einem von drei Gruppenvergleichen je Hypothese, einen signifikanten Einfluss besitzt. Demnach existieren bei einem Drittel der postulierten Hypothesen signifikante Abweichungen zwischen den einzelnen Gruppen, basierend auf dem Einfluss des Moderators „Designsprungintensitäten". Hypothese 2 wird, wie auch für das Modell mit der Rahmenbedingung Markenstärke, aufgrund der überwiegend nicht signifikanten Gütemaße sowie der geringen Effektstärken verworfen. Die durch PLS geschätzten Pfadkoeffizienten sowie die dazugehörigen *t*-Werte sind in Abbildung 20 noch einmal zur Veranschaulichung dargestellt.

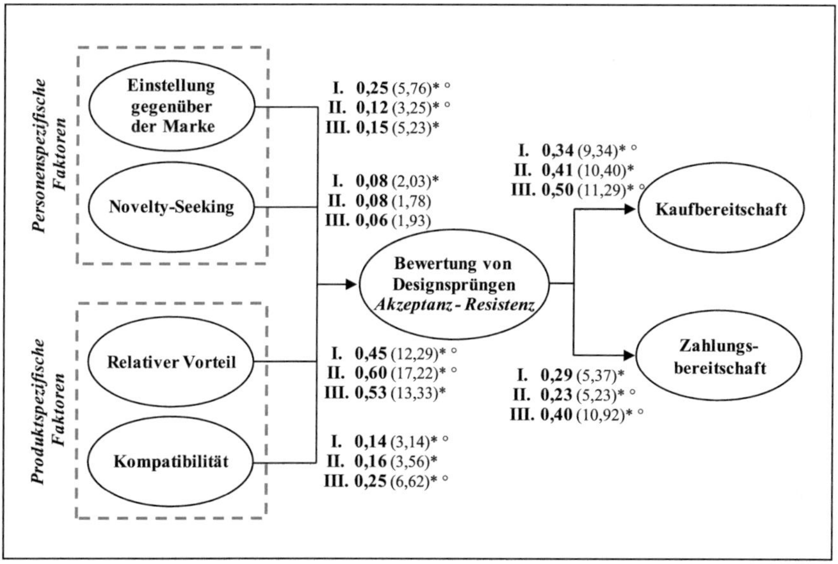

Abbildung 20: Strukturmodellschätzungen für die Teilstichproben „geringer Designsprung" (I.), „mittlerer Designsprung" (II.) und „hoher Designsprung" (III.) mit Pfadkoeffizienten und *t*-Werten (in Klammern).

* Signifikant auf 5 %-Niveau

° Teilstichproben, zwischen denen signifikante Gruppenunterschiede existieren

5.4 Analyse möglicher Kundengruppen auf Basis neugestalteter Produkte

5.4.1 Identifikation von Kundensegmenten im Bezug auf Designsprünge

Die bisherige Analyse der Ergebnisse beschäftigte sich ausschließlich mit den Wirkzusammenhängen im aufgestellten Untersuchungsmodell sowie den moderierenden Einflussgrößen. Im folgenden Abschnitt steht nun die Identifikation der Kundensegmente von Designsprüngen in der Automobilbranche im Fokus der Untersuchung. So argumentieren *Xue* und *Yen* „For the past fifty years, the idea of successful marketing has involved an effort to see products from the customer's or user's point of view. One possible route into the mind of the customer/user, often recommended in the literature, is the study of market segmentation variables."[1046] Dieser Denkansatz liefert eine Methode zur Identifikation von Subgruppen von Konsumenten, die sich in ihrem Verhalten und ihren Einstellungen gegenüber Marken oder Produkten ähneln.[1047]

Entsprechend der Ausführungen in Kapitel 4.4 erscheint der Einsatz der Clusteranalyse zur Identifikation dieser Kundensegmente sinnvoll. Die Clusteranalyse stellt ein geeignetes Instrumentarium dar, um Strukturen in großen Datenmengen zu erkennen und die relevanten Charakteristika herauszufiltern, mit dem Ziel einer anschließenden Typenbildung. Statistisch gesehen kann die Clusteranalyse als Struktur-entdeckendes Verfahren der multivariaten Analysemethoden bezeichnet werden.[1048] Das Vorgehen der Clusteranalyse ist darauf ausgerichtet, eine Gesamtmenge von Objekten so in Teilmengen zusammenzufassen, dass die Mitglieder innerhalb einer Gruppe möglichst homogen, die Gruppen untereinander jedoch möglichst heterogen sind.[1049] Das Zielkriterium ist hierbei die Minimierung der Fehlerquadratsumme,[1050] wobei die Minimierung der Zuwächse der Fehlerquadratsumme gleichbedeutend mit der Minimierung der quadrierten euklidischen Distanz ist, die bei Verwendung des *Ward*-Verfahrens implizit vorausgesetzt wird.[1051] Durch diese Gruppierung wird die Anzahl der möglichen Varianten auf nur wenige Grundformen reduziert. Dies resultiert in dem Ergebnis, dass tendenziell in sich homogene, gleich große Cluster gebildet werden.

1046 Xue/Yen (2007), S. 11.

1047 Vgl. Schiffman/Kanuk (1994); Brennan (1995).

1048 Neben den Struktur-entdeckenden Verfahren existieren noch Struktur-prüfende Verfahren, zu denen beispielsweise die Regressionsanalyse oder die Diskriminanzanalyse gehören. Vgl. Backhaus et al. (2000), S. XXI.

1049 Vgl. Kaufmann/Pape (1984), S. 371.

1050 Vgl. Anderberg (1973).

1051 Vgl. Arabie/Hubert (1994), S. 176.

In einem ersten Schritt müssen zunächst Variablen identifiziert werden, die zur Beschreibung typischer Gestaltungsformen von Designsprüngen dienen. In der vorliegenden Untersuchung finden die in Abschnitt 5.2 als reliabel und valide identifizierten Gestaltungsvariablen zur Erklärung des Erfolgs von Designsprüngen Verwendung. Als nächstes gilt es ein geeignetes Maß zur Bewertung der Ähnlichkeiten zwischen den zu klassifizierenden Objekten auszuwählen. Bei Vorliegen metrischer Daten gelten in der Regel die Distanzen zwischen den Objekten als Proximitätsmaß.[1052] *Punji* und *Stewart* argumentieren jedoch, dass die Auswahl des Distanzmaßes keinen relevanten Einfluss auf das Ergebnis der Gruppierung besitzt.[1053] In der vorliegenden Untersuchung kommt die quadrierte euklidische Distanz als Proximitätsmaß zum Einsatz.[1054] Aufgrund der Tatsache, dass die quadrierte euklidische Distanz von den Maßeinheiten der Clustervariablen abhängt, muss vor der Anwendung eine Standardisierung der Daten auf einen Wertebereich von Null bis Eins durchgeführt werden.[1055]

Die agglomerative Clusteranalyse nach dem Single-Linkage-Verfahren mit der quadrierten euklidischen Distanz als Distanzmaß eignet sich besonders dafür, mögliche Ausreißer zu identifizieren.[1056] Diese sind aus der weiteren Analyse auszuschließen. Als Ausreißer werden Clustermitglieder verstanden, die am Ende des Fusionierungsprozesses eine hohe Fehlerquadratsumme aufweisen und meist keinem Cluster im Datensatz zugeordnet werden können.[1057] *Milligan* und *Cooper* befürworten dieses Vorgehen und argumentieren, dass es sinnvoll ist Ausreißer zu eliminieren, da diese die Ergebnisse bzw. Performance des Algorithmus verschlechtern.[1058] Auf Basis des Single-Linkage-Verfahrens werden für die folgenden Analysen 378 der insgesamt 1.362 Fälle als Ausreißer identifiziert, die somit keinen Eingang in die weitere Untersuchung finden.[1059]

Die Clusteranalyse wird im Folgenden dazu verwendet, Aussagen über die Struktur der Datenmenge zu treffen. Dabei müssen jedoch nicht notwendigerweise Parameter festgelegt oder alle Objektvariablen simultan berücksichtigt werden.[1060] Im Anschluss an die Clusteranalyse

---

[1052] Vgl. Schulze (2003), S. 222.

[1053] Vgl. Punji/Stewart (1983), S. 144.

[1054] Vgl. Wishart (1987), S. 18 f.; Raffée/Effenberger/Fritz (1994), S. 385.

[1055] Zur Standardisierung der Clustervariablen vgl. Abschnitt 4.4.

[1056] Zur Diskussion der Vorteilhaftigkeit des Single-Linkage-Verfahrens zur Identifikation von Ausreißern vgl. Büschken/Thaden v. (2000), S. 353 ff.

[1057] Vgl. Backhaus et al. (2006), S. 329 ff.

[1058] Vgl. Milligan/Cooper (1987), S. 350.

[1059] Zur Diskussion der Vorteilhaftigkeit des Single-Linkage-Verfahrens zur Identifikation von Ausreißern vgl. Büschken/Thaden v. (2000), S. 353 ff.

[1060] Vgl. Forst (1977), S. 161.

findet eine Typisierung statt, mittels derer Objekte zu Typen zugeordnet werden, wobei ein Typ jeweils eine homogene Gruppe darstellt. Somit werden zuvor identifizierte Gruppen konkret benannt. *Vogel* sieht das Hauptziel dieses Vorgehens einerseits darin, die wesentlichen Charakteristika der Gruppen zu erhalten, andererseits die Vielzahl an Ausprägungen der Rohdaten auf das Wesentliche zu beschränken.[1061]

Problematisch bei allen Clusterverfahren ist die Bestimmung der optimalen Anzahl an Clustern. Für die vorliegende Untersuchung wurde der Algorithmus von *Ward*[1062] ausgewählt, welcher es ermöglicht, in Verbindung mit dem von *Sarle* vorgeschlagenen Cubic Clustering Criterion (*CCC*)[1063] die Anzahl der Cluster zu identifizieren. Hierzu werden in Anlehnung an das Vorgehen von *Bunn* sowie *Cannon* und *Perreault* zehn zufällig gezogene Teildatensätze, auf die jeweils zwei Drittel der Fälle entfallen, mit Hilfe des *Ward*-Algorithmus geclustert.[1064] Somit wird das *CCC* für die Clusterlösungen 1 bis 10 berechnet. In Tabelle 34 sind die Clusterlösungen für alle zehn gezogenen Teilstichproben abgebildet, wobei das erste lokale Maximum fett gedruckt ist.

Anzahl Cluster	**Zufallsstichprobe**									
	Nr. 1	**Nr. 2**	**Nr. 3**	**Nr. 4**	**Nr. 5**	**Nr. 6**	**Nr. 7**	**Nr. 8**	**Nr. 9**	**Nr. 10**
1	0,00	0,00	0,00	0,00	0,00	0,00	0,00	0,00	0,00	0,00
2	-12,81	-13,12	-13,36	-12,42	-12,86	-14,91	-11,52	-10,11	-14,44	-12,98
3	-8,13	-9,56	-10,81	-7,99	-9,21	-12,83	-8,18	**-3,77**	-9,32	-8,49
4	**-4,36**	**-4,16**	-5,45	**-3,71**	**-4,58**	**-8,54**	**-4,98**	-3,99	**-3,51**	-6,95
5	-5,87	-4,89	**-3,89**	-5,39	-6,21	-9,18	-5,42	-2,21	-4,13	-6,31
6	-6,13	-3,51	-4,46	-5,61	-3,83	-6,92	-4,10	-0,57	-3,10	-5,42
7	-4,33	-2,01	-4,11	-2,89	-2,49	-4,52	-1,37	0,79	-1,99	-2,81
8	-2,78	0,23	-2,28	-0,52	-0,11	-1,29	-0,01	1,82	-0,43	-0,59
9	-0,58	1,28	-0,45	0,98	1,74	0,23	1,37	3,55	1,25	0,53
10	1,40	3,59	2,14	2,63	3,49	3,00	3,92	4,21	2,19	1,92

Tabelle 34: Ergebnisse der Analyse zum Cubic Clustering Criterion (*CCC*)

Über alle zehn Teilstichproben hinweg wird eine klare Clusterlösung von vier Clustern deutlich. So befindet sich nach Durchführung der *CCC* das erste Lokale Maximum bei sieben von zehn Stichproben bei einer vier-Cluster-Lösung. Bei je einer Stichprobe wird eine drei- bzw.

1061 Vgl. Vogel (1975), S. 5.
1062 Vgl. Ward (1963).
1063 Vgl. Sarle (1983).
1064 Vgl. Bunn (1993); Cannon/Perreault (1999).

eine fünf-Cluster-Lösung vorgeschlagen. Stichprobe 10 weist bis zu einer zehn-Cluster-Lösung keine eindeutige Clusterstruktur auf. Insgesamt können 984 der 1.362 Probanden eindeutig einem Cluster zugeordnet werden, was einer Zuordnungsquote von 72,25 % entspricht.

Nachdem die Ergebnisse der Clusteranalyse auf eine Lösung mit vier Clustern hindeuten, soll im Folgenden die Stabilität der Clusterzuordnung überprüft werden. Anschließend wird ein hybrides Clusterverfahren angewendet,[1065] wobei zunächst anhand des *Ward*-Verfahrens eine Startlösung berechnet wird, welche in einem weiteren Schritt unter Zuhilfenahme des *k*-Means-Verfahrens verfeinert wird.[1066]

In Anlehnung an die Vorgehensweise von *Cannon* soll zunächst die Stabilität der Clusterzuordnung eine Überprüfung erfahren.[1067] Hierzu wird die aus der Clusterung resultierende Gesamtstichprobe (n = 984) in drei gleich große Teildatensätze (A, B, C) mit je 328 Probanden unterteilt. Anschließend wird das hybride Vorgehen der Zuordnung der Probanden zu den einzelnen Clustern sowohl für die Teildatensätze $A \cup B$ sowie für $B \cup C$ durchgeführt.[1068] Der Anteil der Fälle aus Teildatensatz B, die sowohl bei der Clusterung der Teildatensätze $A \cup B$ als auch bei $B \cup C$ demselben Cluster zugeordnet werden, stellt ein Maß für die Stabilität der Clusterung dar.

Clusterung von Gruppe B …	**… mit Gruppe C**					
	Cluster	**1**	**2**	**3**	**4**	**Gesamt**
… mit Gruppe A	**1**	**25**	**4**	**0**	**42**	**71**
	2	**0**	**132**	**2**	**22**	**156**
	3	**24**	**9**	**37**	**1**	**71**
	4	**0**	**8**	**9**	**13**	**30**
	Gesamt	**49**	**153**	**48**	**78**	**328**

Tabelle 35: Kreuzvalidierung der Clusterzuordnung

Wie in Tabelle 35 dargestellt, können für die vorliegende Untersuchung 207 der 328 Fälle korrekt zugeordnet werden. Dies entspricht einem prozentualen Anteil von 63,11 %, welcher

[1065] Vgl. hierzu Abschnitt 4.4 sowie Jensen (2004), S. 143.
[1066] Die Ergebnisse hierzu sind in Tabelle 36 dargestellt.
[1067] Zur Notwendigkeit der Anwendung zusätzlicher Verfahren zur Überprüfung der Clusterung vgl. Ketchen/ Shook (1996), S. 143.
[1068] Vgl. Cannon (1992); Jensen (2004), S. 143.

in Anbetracht vergleichbarer empirischer Studien als akzeptabel bewertet werden kann.[1069] Besondere Relevanz für die Interpretation der Ergebnisse der Clusteranalyse besitzen die Mittelwerte der Clustervariablen in den einzelnen Clustern.[1070] Zum besseren Verständnis werden hierzu die ursprünglichen, nicht standardisierten Clustervariablen herangezogen. Zusätzlich erfolgt eine Überprüfung auf Signifikanz der Unterschiede in den Mittelwerten der Clustervariablen innerhalb der Gruppen. Zu diesem Zweck wird eine ANOVA[1071] durchgeführt sowie der *Student Newman Keuls*-Test[1072] für multiple Mittelwertvergleiche. Die Ergebnisse dieser Analyse sind in Tabelle 36 abgebildet. Zum leichteren Verständnis sind die Mittelwerte, die sich innerhalb einer Zeile nicht signifikant zwischen den Clustern unterscheiden, mit einem Sternchen gekennzeichnet.

Gestaltungsvariable	**Gesamt-mittelwert**	**Cluster 1 n = 240**	**Cluster 2 n = 326**	**Cluster 3 n = 250**	**Cluster 4 n = 168**
Einstellung ggü. der Marke	4,59	4,06	5,42*	5,39*	2,59
Novelty-Seeking	4,47	5,17	4,11*	4,67	3,89*
Relativer Vorteil	3,26	3,14	4,57	2,44	2,08
Kompatibilität	3,11	4,34	3,71	1,53	2,55
Mittelwerte mit Sternchen (*) innerhalb einer Zeile unterscheiden sich nicht signifikant (p = 0,05)					

Tabelle 36: Ausprägungen der Mittelwerte der Clustervariablen in den Clustern sowie Mittelwertvergleiche

Auf Basis der bisherigen Analyse sollen die identifizierten Cluster im Folgenden eine Benennung sowie eine genauere Beschreibung erfahren.[1073]

Cluster Nr. 1: Der „Novelty-Seeker"

Das erste Cluster zeichnet sich durch eine hohe Ausprägung der Persönlichkeitseigenschaft Novelty-Seeking sowie der Wahrnehmung von Kompatibilität aus. Beide Werte sind signifikant höher als in den drei anderen Clustern. Hingegen weisen die Gestaltungsvariablen der

1069 Z. B. weisen Cannon, Jensen und Vollhardt in vergleichbaren empirischen Studien eine Übereinstimmungsrate von 68 %, 55 % sowie 57 % auf. Vgl. Cannon (1992); Jensen (2004), S. 143; Vollhardt (2007), S. 195.

1070 Vgl. Slater/Olson (2001), S. 1058.

1071 Zur Diskussion der ANOVA vgl. Kohler (2002), S. 650 ff.; Aaker/Kumar/Day (2003), S. 474 ff.

1072 Der Student Newman Keuls-Test (SNK-Test) führt paarweise Vergleiche zwischen den Gruppen durch um signifikante Differenzen zu identifizieren. Hierzu werden die Gruppen nach der Größe der Mittelwerte sortiert und t-Tests zwischen Gruppen durchgeführt, die sich stark in den Mittelwerten unterscheiden. Vgl. Brosius (2008), S. 497; Hatzinger/Nagel (2009), S. 269.

1073 Die Analyse der soziodemographischen Merkmale zwischen den vier identifizierten Clustern ergab ein sehr homogenes Bild der verschiedenen Kundengruppen hinsichtlich der Merkmale Geschlecht, Alter, Bildungsabschluss und Haushaltseinkommen. Aus diesem Grund finden die soziodemographischen Variablen keine Verwendung im Rahmen der differenzierenden Beschreibung der Cluster.

Einstellung gegenüber der Marke sowie der Relative Vorteil mittlere Werte im Clustervergleich auf. Interpretiert man die Werte der Clustervariablen in ihrer Gesamtheit, können Personen in diesem Cluster folgendermaßen beschrieben werden: Trotz leicht unterdurchschnittlich positiver Einstellung gegenüber der Marke wird von diesen Personen, vermutlich ausgelöst durch besonders hohe Novelty-Seeking Ausprägungen, insbesondere eine hohe Kompatibilität sowie eine durchschnittliche Wahrnehmung des Relativen Vorteils angegeben.

Cluster Nr. 2: Der „Fan"

Die diesem Cluster zugeordneten Personen zeichnen sich besonders durch hohe Werte in der Einstellung gegenüber der Marke sowie in der Wahrnehmung des Relativen Vorteils aus. Die Werte für Kompatibilität sind als leicht überdurchschnittlich, die für Novelty-Seeking als leicht unterdurchschnittlich im Vergleich zu den anderen Clustern, zu bewerten. Zusammenfassend können Personen in diesem Cluster in Anlehnung an *Hoffmann et al.* als „Fans" bezeichnet werden.[1074] Sie nehmen neue Designs sowie Technologien grundsätzlich positiv auf und bewerten diese besser als Personen in anderen Segmenten. Konsumenten in diesem Cluster sind der Marke gegenüber positiv eingestellt und bewerten Eigenschaften wie Kompatibilität oder den Relativen Vorteil als positiv. Sie können leicht durch neue Designs angesprochen werden, da das grundsätzliche Commitment und die positive Einstellung als gegeben vorausgesetzt werden können.

Cluster Nr. 3: Der „Skeptiker"

Diese Gestaltungsform weist wie Cluster 2 eine besonders positive Einstellung gegenüber der Marke auf. Jedoch zeichnen sich Personen in diesem Segment durch eine sehr niedrige Wahrnehmung der Kompatibilität und einem geringen Relativen Vorteil aus. Die Gestaltungsvariable Novelty-Seeking weist im Vergleich zu den anderen Clustern durchschnittliche Werte auf. Diese Ergebnisse lassen vermuten, dass Personen in diesem Cluster trotz einer positiven Einstellung mit einer gewissen Skepsis gegenüber Neuerungen im Design eines Automobils reagieren. Eventuell zeichnen sich Personen innerhalb dieses Clusters durch eine besonders konservative Haltung aus. Das Vertrauen in die Marke, einhergehend mit einer positiven Einstellung, existiert zwar in dieser Zielgruppe, jedoch ist die Toleranz gegenüber Abweichungen von der klassischen Designvorstellung nur sehr gering ausgeprägt.

1074 Vgl. Hoffmann et al. (2008).

Cluster Nr. 4: Der „Detractor"

Die auffälligste Eigenschaft in diesem Cluster besteht darin, dass nahezu alle Gestaltungsvariablen die niedrigsten Ausprägungen aufweisen. Insbesondere bei der Einstellung gegenüber der Marke sowie dem Relativen Vorteil sind die Ausprägungen signifikant niedriger als bei allen anderen Clustern. Aufgrund dieser Ergebnisse kann diese Personengruppe in Anlehnung an *Hoffmann et al.* als „Detractor" bezeichnet werden.[1075] Sie zeichnet sich dadurch aus, dass negative Einstellungen überwiegen und grundsätzlich Bedenken gegenüber neuen Designs und Technologien geäußert werden. Personen innerhalb dieses Clusters reagieren überwiegend ablehnend bzw. kritisch und können nur schwer vom Gegenteil überzeugt werden.

Zusammenfassend lässt sich festhalten, dass sich im Rahmen des Managements von Designsprüngen vier Konsumententypen identifizieren lassen, die in der Unternehmenspraxis wiederholt anzutreffen sind. Während „Novelty-Seeker" und „Fans" positive Werte in den Gestaltungsvariablen aufweisen, fallen diese bei „Skeptikern" sowie „Detractors" deutlich geringer aus.

Nachdem nun die einzelnen Konsumentengruppen beschrieben wurden, soll in einem weiteren Schritt untersucht werden, inwieweit die unterschiedlichen Gestaltungsformen einen Einfluss auf die Erfolgsgrößen besitzen. Diese Analyse soll eine Antwort auf Forschungsfrage 6 liefern.

5.4.2 Erfolgsauswirkungen innerhalb der Kundensegmente

Unter Zuhilfenahme einer Varianzanalyse wird im Folgenden die Frage nach den Erfolgsunterschieden zwischen den einzelnen Clustern in Bezug auf das Management von Designsprüngen beantwortet.[1076] Mittels der ANCOVA wird überprüft, inwieweit die vier identifizierten Gestaltungsformen signifikante Unterschiede im Hinblick auf die drei überprüften Erfolgsgrößen von Designsprüngen aufweisen. Tabelle 37 bildet die Mittelwerte in den Erfolgsvariablen zwischen den einzelnen Clustern ab. Die Mittelwerte innerhalb einer Zeile, die sich nicht signifikant zwischen den Clustern unterscheiden, sind wiederum mit einem Sternchen gekennzeichnet. Die *F*-Werte bestätigen, dass alle vier Gestaltungsformen einen signifikanten Einfluss auf die drei konzeptualisierten Erfolgsvariablen besitzen. Demnach kann all-

[1075] Vgl. Hoffmannn (2008).

[1076] Vgl. Jensen (2004), S. 163. Zur ANCOVA vgl. Howitt/Cramer (2008), S. 270 ff.

gemein davon ausgegangen werden, dass Automobilkonzerne durch eine gezielte Ansprache bestimmter Kundengruppen unter Berücksichtigung der jeweiligen Personeneigenschaften und -einstellungen, wie Sie für das jeweilige Cluster typisch sind, das Marketing und den Vertrieb effizienter und effektiver gestalten können. Im Folgenden gilt es nun zu identifizieren, welche Kundengruppe für Automobilhersteller die größte Relevanz im Hinblick auf zu erwartende Absatzprognosen in Bezug auf Designsprünge besitzt.

Erfolgsvariable	***F*-Statistik**	**Cluster 1 „Novelty-Seeker“ n = 240**	**Cluster 2 „Fan“ n = 326**	**Cluster 3 „Skeptiker“ n = 250**	**Cluster 4 „Detractor“ n = 168**
Bewertung des DS	3,24	3,45	4,15	2,53	2,21
Kaufbereitschaft	2,60	1,91*	2,70	1,72*	1,26
Zahlungsbereitschaft	4,53	4,68*	4,83*	4,50*	3,73
Mittelwerte mit Sternchen (*) innerhalb einer Zeile unterscheiden sich nicht signifikant (p = 0,05) Alle F-Werte sind signifikant (p = 0,05)					

Tabelle 37: Mittelwerte in den Erfolgsvariablen der unterschiedlichen Gestaltungsformen

Anhand der Mittelwerte soll nun diskutiert werden, welche Kundengruppen für Automobilhersteller erfolgversprechender sind als andere. Als besonders auffällig ist hierbei *Cluster 2* zu bewerten. Dieses erreicht bei allen Ausprägungen der Erfolgsvariablen die höchsten Werte. Insbesondere die Bewertung von Designsprüngen sowie die Kaufbereitschaft der „Fans“ fallen deutlich positiver aus als in den übrigen Clustern. Automobilhersteller, die Ihre Kunden nach den hier vorgestellten Clustern ansprechen, könnten die Gruppe der „Fans“ als ihre priorisierte Kundengruppe bezeichnen, da diese den größten Erfolg verspricht. Im Gegensatz dazu lässt sich *Cluster 4* als die unattraktivste Kundengruppe für die Automobilbranche beschreiben. Bei der Interpretation der Daten fällt auf, dass die Ausprägungen über alle drei Erfolgsgrößen hinweg die niedrigsten Werte besitzen. Weiterhin lässt sich in Tabelle 37 ablesen, dass die Kundengruppe aus *Cluster 1* über alle Erfolgsvariablen hinweg die zweithöchsten Werte erreicht, was sie für Automobilhersteller ebenfalls attraktiv macht. Die Gruppe der „Skeptiker“ in *Cluster 3* erreicht über alle Ausprägungen hinweg die zweitniedrigsten Werte. Ergänzend bleibt anzumerken, dass sich die Werte hinsichtlich der Zahlungsbereitschaft zwischen Cluster 1, 2 und 3 nicht signifikant unterscheiden und lediglich Cluster 4 diesbezüglich abfällt.

Diese Ergebnisse bestätigen die Annahme, dass nicht ausschließlich ein Kundensegment für Automobilhersteller als attraktiv einzustufen ist. Eventuell müssen für Personengruppen aus Cluster 3 und 4 besondere Marketingstrategien entwickelt werden, die auf eine Einstellungsänderung abzielen oder besonders skeptischem Verhalten auf Kundenseite entgegenwirken.

5.4.3 Erfolgsauswirkungen von Designsprüngen in den identifizierten Kundensegmenten

Nachdem sich die vorangegangenen Abschnitte mit der Identifikation der Cluster sowie der Analyse der Ausprägungen von Erfolgs- und Segmentierungsvariablen beschäftigt haben, liegt der Fokus des Interesses im Folgenden in der Betrachtung der Auswirkungen unterschiedlicher Designsprung-Intensitäten auf die Erfolgsgrößen. Ziel dabei ist es zu identifizieren, wie ein Designsprung gestaltet sein muss, um in einer spezifischen Kundengruppe den größtmöglichen Erfolg zu erreichen.

Bevor auf die Erfolgsauswirkungen der Designsprungintensitäten in den vier Clustern eingegangen wird, soll zunächst ein Überblick über die Verteilung der Designsprungintensitäten innerhalb der Kundensegmente gegeben werden. In Tabelle 38 sind die in der Untersuchung verwendeten Designsprünge (niedrig, mittel, hoch) den vier identifizierten Clustern der Kundensegmente gegenübergestellt. Dabei ist ersichtlich, dass in dem Cluster der „Fans“ die niedrigen Designsprünge deutlich überrepräsentiert sind. Auch in dem Cluster der „Novelty-Seeker“ sind deutlich mehr niedrige sowie mittlere Designsprünge zu finden im Vergleich zu hohen Designintensitäten. Dagegen findet man in den Clustern der „Skeptiker“ und „Detractor“ einen deutlich höheren Anteil an starken Designsprüngen, hier sind es niedrige Designsprünge, die deutlich unterrepräsentiert sind. Aufgrund der dargestellten Ergebnisse lässt sich zusammenfassend festhalten, dass auf die „positiven“, für Automobilhersteller attraktiven Kundengruppen insbesondere Personen entfallen, die die Abbildungen mit geringen Designsprüngen zu bewerten hatten. Hingegen setzen sich die „negativen“ Gruppen eher aus Personen zusammen, die Abbildungen mit starken Designsprungintensitäten vorgelegt bekamen.

Intensität des Designsprungs	**Cluster 1 „Novelty-Seeker" n = 240**	**Cluster 2 „Fan" n = 326**	**Cluster 3 „Skeptiker" n = 250**	**Cluster 4 „Detractor" n = 168**	**Gesamt**
Niedriger DS	90	150	34	44	318
Mittlerer DS	96	86	88	56	326
Hoher DS	54	90	128	68	340

Tabelle 38: Verteilung der Designsprung-Intensitäten innerhalb der identifizierten Cluster

Zur Identifikation der Erfolgsunterschiede über die einzelnen Cluster sind in Tabellen 39-41 die durchschnittlichen Ausprägungen der Erfolgsvariablen für die drei Designsprungintensitäten in den identifizierten Kundengruppen abgebildet. Hierzu sind einerseits die Mittelwerte sowie die Signifikanzen der Mittelwertunterschiede zum einfacheren Vergleich innerhalb einer Zeile angegeben.[1077] Zum leichteren Verständnis sind zusätzlich die Werte, die sich innerhalb eines Clusters nicht signifikant unterschieden mit einem Sternchen markiert. Die Ergebnisse zeigen besonders für die Erfolgsvariable Akzeptanz - Resistenz eine klare Tendenz.

Akzeptanz - Resistenz	**Niedriger DS**	**Mittlerer DS**	**Hoher DS**
Cluster 1 „Novelty-Seeker"	4,10 (1,04)	2,99 (0,93)*	3,19 (0,88)*
Cluster 2 „Fan"	4,73 (1,02)	3,39 (1,31)	3,92 (1,21)
Cluster 3 „Skeptiker"	3,56 (1,14)	2,34 (0,09)*	2,38 (1,10)*
Cluster 4 „Detractor"	2,74 (1,24)	1,82 (0,74)*	2,19 (0,82)*
Gesamtmittelwert	4,15	2,72	2,88
*Mittelwerte mit * innerhalb einer Zeile unterscheiden sich nicht signifikant (p = 0,05)*			

Tabelle 39: Mittelwerte und Standardabweichungen der Designsprung-Intensitäten für die Erfolgsvariable der Akzeptanz - Resistenz von Designsprüngen

Wie in Tabelle 39 zu sehen, werden über alle vier identifizierten Cluster hinweg Designsprünge am positivsten bewertet, wenn diese gering ausfallen. Zwischen mittlerem und hohem Designsprung ist diesbezüglich kein signifikanter Unterschied festzustellen. Lediglich in der Kundengruppe der „Fans" ist ein signifikanter Unterschied zu erkennen, wobei der mittlere Designsprung hierbei am negativsten bewertet wird. Auch hierbei ist wie in den vorherigen Ergebnissen erkennbar, dass der Designsprung in den Clustern der „Novelty-Seeker" sowie der „Fans" deutlich positiver bewertet wird als in den Kundengruppen der „Skeptiker" und der „Detractor".

[1077] Die Signifikanz der Mittelwertunterschiede wurde mit Hilfe des Student Newman Keuls-Tests berechnet.

In Tabelle 40 zeigt das Bild über alle Cluster hinweg die höchsten Ausprägungen für die Erfolgsgröße der Kaufbereitschaft in der Rahmenbedingung mit niedrigen Designsprüngen. Diese Werte sind jedoch bis auf das Kundensegment der „Skeptiker" im Vergleich zu den anderen Designsprungintensitäten als nicht signifikant zu bewerten. Dennoch zeichnet sich eine Tendenz zur stärkeren Kaufbereitschaft bei geringem Designsprung ab. Wie zu erwarten, äußert der „Detractor" über alle Designsprungintensitäten hinweg die geringste Kaufbereitschaft.

Kaufbereitschaft	**Niedriger DS**	**Mittlerer DS**	**Hoher DS**
Cluster 1 „Novelty-Seeker"	2,05 (1,43)*	1,93 (1,15)*	1,64 (0,08)*
Cluster 2 „Fan"	2,87 (1,50)*	2,51 (1,37)*	2,61 (1,49)*
Cluster 3 „Skeptiker"	2,27 (1,32)	1,73 (1,06)*	1,57 (0,88)*
Cluster 4 „Detractor"	1,41 (0,81)*	1,31 (0,86)*	1,13 (0,53)*
Gesamtmittelwert	2,22	1,92	1,77
*Mittelwerte mit * innerhalb einer Zeile unterscheiden sich nicht signifikant (p = 0,05)*			

Tabelle 40: Mittelwerte und Standardabweichungen der Designsprung-Intensitäten für die Erfolgsvariable Kaufbereitschaft

Die in Tabelle 41 dargestellten Ergebnisse verdeutlichen auf den ersten Blick, dass hinsichtlich der Erfolgsgröße der Zahlungsbereitschaft keine signifikanten Unterschiede zwischen den Designsprungintensitäten innerhalb der einzelnen Cluster existieren. Zwar tendieren auch hierbei Personen aus Cluster 1 und 2 zu einer höheren Zahlungsbereitschaft als Kunden in den Segmenten der „Skeptiker" und der „Detractor", jedoch kann das Gesamtbild als relativ homogen bezeichnet werden. Dieses Ergebnis wird durch die Gesamtmittelwerte bestätigt, die sich ebenfalls über die drei Designsprung-Intensitäten kaum unterscheiden.

Zahlungsbereitschaft	**Niedriger DS**	**Mittlerer DS**	**Hoher DS**
Cluster 1 „Novelty-Seeker"	4,67 (1,79)*	4,75 (1,82)*	4,56 (1,18)*
Cluster 2 „Fan"	4,84 (1,85)*	4,86 (1,60)*	4,80 (1,93)*
Cluster 3 „Skeptiker"	4,41 (1,91)*	4,57 (1,68)*	4,47 (1,75)*
Cluster 4 „Detractor"	4,23 (1,88)*	3,50 (1,72)*	3,59 (1,80)*
Gesamtmittelwert	4,66	4,52	4,40
*Mittelwerte mit * innerhalb einer Zeile unterscheiden sich nicht signifikant (p = 0,05)*			

Tabelle 41: Mittelwerte und Standardabweichungen der Designsprung-Intensitäten für die Erfolgsvariable Zahlungsbereitschaft

Zusammenfassend bleibt festzuhalten, dass durch Anwendung der Clusteranalyse vier verschiedene Typen von Kundensegmenten identifiziert werden konnten, die sich hinsichtlich ihrer Gestaltung sowie der Bewertung von Designsprüngen deutlich unterscheiden. Die Untersuchungsergebnisse im Hinblick auf Erfolgsvariablen und Designsprungintensitäten führen zu interessanten Erkenntnissen. So scheint insbesondere die Erfolgsvariable der Bewertung von Designsprüngen bei niedrigen Designsprüngen besonders positiv ausgeprägt zu sein. Diese Tendenz lässt sich auch hinsichtlich des Konstrukts der Kaufbereitschaft erkennen. Zudem ist ein Unterschied zwischen den „positiven" Clustern 1 und 2 sowie den „negativen" Clustern 3 und 4 festzustellen. Über alle Gestaltungs- sowie Erfolgsvariablen hinweg sind die Ausprägungen der Kundensegmente der „Novelty-Seeker" sowie der „Fans" deutlich höher bzw. positiver als in den Kundengruppen der „Skeptiker" und „Detractor". Die Interpretation der Ergebnisse zeigt, dass Automobilhersteller bei der Konzeption neuer Automobildesigns die Eigenschaften sowie Präferenzen der relevanten Kundensegmente kennen und berücksichtigen sollten, um eine möglichst hohe Erfolgsquote mit dem neudesignten Automodell auf dem Markt zu erzielen. Mit den Interpretationen und den daraus abgeleiteten Handlungsempfehlungen für Marketing-Praktiker und -Wissenschaftler beschäftigt sich das folgende Kapitel der marketingpolitischen Implikationen.

6. Marketingpolitische Implikationen

Vor dem Hintergrund der Tatsache, dass der Markterfolg eines Produktes heutzutage zu einem großen Teil durch sein Design bestimmt ist,[1078] und Designsprünge in der wissenschaftlichen Literatur bisher keine Berücksichtigung erfahren haben, wurden die in Kapitel 1.2 definierten Forschungsfragen untersucht. Die Designbemühungen in der Automobilindustrie stellen ein in der Branche besonders wichtiges Aufgabenfeld für die Markenführung von Automobilherstellern dar. Aus diesem Grund verwundert es umso mehr, dass Automobilhersteller vermeintlich verkaufsfördernde designbezogene Veränderungen im Sinne von Designsprüngen an Automodellen durchführen, diese bisher jedoch nie Gegenstand wissenschaftlicher empirischer Studien waren. Die in der vorliegenden empirischen Untersuchung gewonnenen Erkenntnisse erlauben erstmals eine Ableitung konkreter Handlungsempfehlungen für die unternehmerische Praxis der Automobilindustrie. Hierzu soll zunächst das allgemeine Modell als Basis dienen. Die angeführten Empfehlungen zielen darauf ab, die Effektivität von Designsprüngen unter Berücksichtigung von personen- sowie produktspezifischer Eigenschaften positiv zu beeinflussen und letztendlich den gewünschten Markterfolg von Automodellen mit einem Designsprung sicherzustellen. Darüber hinaus wird unter Berücksichtigung situativer Variablen sowie einer Kundensegmentierung auf weitere Ansatzpunkte hingewiesen, die für ein erfolgreiches Management von Designsprüngen hilfreich sind.

6.1 Implikationen für die Marketingpraxis

Wenn Automobilkonzerne neue Modellvarianten mit Designsprüngen erfolgreich auf dem Markt einführen wollen, ist es für das Unternehmen von besonderer Relevanz, diejenigen Faktoren zu kennen, welche die Akzeptanz und die daraus resultierende Kaufbereitschaft auf Kundenseite beeinflussen. Sind diese Faktoren bekannt, ist eine zielgerichtete Beeinflussung der einzelnen Komponenten durch das Management möglich. Die Relevanz der Identifikation von Bedingungen für die Akzeptanz von Designsprüngen wird durch die Erfolgsauswirkungen der Kundensegmente deutlich belegt.[1079] Die Resultate der empirischen Studie zeigen, dass die Kundengruppe der „Fans“ sowie der „Novelty-Seeker“ deutlich positivere Ausprägungen in den Erfolgsvariablen aufweisen, als Personen die den Clustern der „Skeptiker“ oder „Detractor“ zugeordnet sind.

[1078] Vgl. Cox/Cox (2002); Kreuzbauer/Malter (2005).

[1079] Vgl. Abschnitt 5.4.

Aus diesen Erkenntnissen lassen sich Möglichkeiten sowie Strategien ableiten, ein effektives Management von Produkten mit Designsprüngen zu gestalten und, damit einhergehend die Profitabilität des Unternehmens zu steigern. Daraus resultierend stellt sich die Frage, wie ein möglichst effektives Management von Designsprüngen erreicht werden kann. Auf Basis der Ergebnisse der empirischen Untersuchung bietet sich für Unternehmen an, die Stärkung der wesentlichen Determinanten in den Fokus der Aktivitäten zu legen. Im allgemeinen Modell besitzen alle vier in der Untersuchung verwendeten Einflussfaktoren einen signifikanten Effekt auf die Erfolgsvariablen, wobei den produktspezifischen Eigenschaften aufgrund höherer Pfadkoeffizienten eine größere Relevanz zugeschrieben werden kann als den personenspezifischen Faktoren. Die Resultate der PLS-Schätzung zeigen, dass die Akzeptanz zu 52 % durch die im Modell identifizierten Determinanten erklärt wird. Dieser Wert ist vor dem Hintergrund, der bisher fehlenden empirischen Ergebnisse zur untersuchten Thematik, als sehr hoch zu bewerten.

Folglich lässt sich aus dieser Erkenntnis ableiten, dass eine Manipulation der Kundengruppen mit Hilfe geeigneter Maßnahmen durch das Unternehmen in einem positiven Effekt für den Erfolg von Designsprüngen am Markt resultiert. Im Folgenden sollen Aktivitäten bzw. Handlungsempfehlungen vorgestellt werden, die in diesem Zusammenhang den größten Beitrag zur Erreichung der entsprechenden Unternehmensziele versprechen.

Einstellung gegenüber der Marke

Im Rahmen der vorliegenden empirischen Studie weist die in der ersten Hypothese formulierte Kausalbeziehung mit einem Einfluss von 0,14 einen signifikanten Effekt auf. Hierbei wird bestätigt, dass die Einstellung gegenüber der Marke zur Akzeptanz von Designsprüngen beitragen kann. Dies weist darauf hin, dass Designsprünge bzw. Automobildesign im Allgemeinen keinesfalls isoliert betrachtet werden sollte, sondern grundsätzlich im Kontext der jeweiligen Markeneinstellung der Konsumenten. Trotz einer relativ konstanten Stabilität der Markeneinstellung im Zeitverlauf,[1080] konnten bereits in früheren Studien signifikante Spillo-

[1080] Zur Stabilität von Einstellungen vgl. Simonin/Ruth (1998), S. 32.

ver-Effekte[1081] sowohl vom Design auf die Marke[1082] als auch, wie in der vorliegenden Studie, von der Marke auf das Design festgestellt werden.[1083]

Für Unternehmen von besonderem Interesse ist hierbei, welche Maßnahmen ergriffen werden müssen um die Einstellung der Kunden gegenüber der Marke und die Akzeptanz gegenüber Design zu optimieren. Dabei sind unter der Prämisse der beschriebenen Spillover-Effekte drei mögliche Optionen vorstellbar, wobei die Marke und das Design mögliche Stellgrößen für Unternehmen darstellen:

Option 1: *Änderung der Marke und unverändertes Design*

Diese Option wird von Unternehmen gewählt, deren (Produkt-)Design von den Konsumenten akzeptiert wird, die jedoch das Ziel verfolgen, die Markeneinstellung und den Markenwert zu optimieren. Ein bekanntes Beispiel ist die Namensänderung von *Raider* in *Twix*. Der Hersteller *Mars Inc.* vertrat die Annahme, dass sich der Schokoriegel unter dem moderneren Namen *Twix* einer größeren Beliebtheit erfreuen würde. Zudem sollte das Produkt, das 1976 als *Raider* auf dem deutschen und 1979 unter dem Namen *Twix* auf dem amerikanischen Markt erschien weltweit den gleichen Namen tragen und somit internationalisiert werden.[1084] Durch aktive Kommunikation („Raider heißt jetzt Twix, sonst ändert sich nix") und entsprechender Öffentlichkeitsarbeit, welche die Konsumenten auf die Namensänderung vorbereitete, gelang es *Mars Inc.* ein erfolgreiches Renaming durchzuführen.[1085] Zur Unterstützung des Renaming wurden verschiedene Kommunikationsinstrumente benutzt. Ein besonders bekanntes Beispiel ist die „Let´s Twix"-Schallplatte mit der die Firma *Mars* damals die Namensänderung bekannt gegeben hat.[1086]

Option 2: *Änderung der Marke und verändertes Design*

Werden Veränderungen sowohl in der Marke, als auch im Design durchgeführt kann man auch von einer Markenneuschaffung sprechen, wobei einerseits der Ursprungsname eliminiert wird und andererseits ein neuer Markenname eingeführt wird.[1087] Mit einer solchen gravierenden Maßnahme wird häufig das Ziel verfolgt, auf einen Neubeginn aufmerksam zu ma-

1081 Zu detaillierteren Ausführungen bzgl. Spillover-Effekten bzw. Einstellungstransfers vgl. bspw. Simonin/Ruth (1998).
1082 Vgl. Herrmann et al. (2007); Herrmann/Moeller (2008), S. 5.
1083 Vgl. Kohler (2003), S. 161.
1084 Vgl. Puttenat (2009), S. 119.
1085 Vgl. Kapferer (2008), S. 422 f.
1086 Vgl. www.markenmuseum.com (abgerufen am 08.04.2011).
1087 Vgl. Esch et al. (2006), S. 201 ff.; Jaju/Joiner/Reddy (2006), S. 208.

chen.[1088] Einen Nachteil stellen jedoch die mit dem Markenaufbau verbundenen hohen Kosten dar, sowie die Schwierigkeit unter heutigen Markt- und Kommunikationsbedingungen eine hinreichende Bekanntheit sowie ein positives Image auf Seiten der Konsumenten zu entwickeln.[1089] Ein Beispiel hierfür ist die *Targo Bank*, welche aus der ursprünglichen *Citibank* entstanden ist.

Option 3: *Unveränderte Marke und verändertes Design*

Häufig sehen sich Unternehmen der Herausforderung gegenüber gestellt, dass die Einstellungen der Konsumenten gegenüber der Marke positiv sind, die Akzeptanz gegenüber dem Design jedoch als ungenügend zu bewerten ist. In diesem Fall sind die Markenwerte nicht optimal im Design umgesetzt. Dementsprechend müssen Überarbeitungen im Design durchgeführt werden, um die Akzeptanz gegenüber diesem zu erhöhen. Hierbei sollte es die Zielsetzung sein, entsprechende Markenwerte in langlebige und für die Marke typische Designelemente zu übersetzen und kontinuierlich fortzuführen.[1090] Markentypische Designelemente können etabliert werden, die sich positiv auf die Bewertung des Designs und folglich auch auf die Markeneinstellung auswirken.[1091] Veränderungen im Design ohne dabei Änderungen im Bezug auf die Marke vorzunehmen sind beispielsweise im Rahmen von Designsprüngen zu beobachten. So gehen Designsprünge im Automobilbereich zumeist nicht mit einer Markenänderung einher. Jedoch können z. B. durch einen Designsprung neue Markenwerte vermittelt werden, da Konsumenten möglicherweise Rückschlüsse auf die Marke ziehen, die durch den Designsprung als innovativer oder moderner bewertet wird.

Daneben exisitiert auch der Fall, dass die Marke optimal im Design umgesetzt wurde und das Design die entsprechenden Markenwerte widerspiegelt. Zu dieser Gruppe sind Marken zu zählen, die in ihren Produktkategorien am erfolgreichsten sind. Beispiele für Marken, bei denen über Jahrzehnte hinweg keine oder nur geringste Änderungen sowohl in der Marke als auch im Design stattgefunden haben sind *Maggi*, *Nivea*, *Haribo* oder *Coca Cola*. Diese Marken haben eine lange Tradition aus Konsumentensicht, sind etabliert und besitzen einen gewissen „Kult-Faktor". Kultmarken lösen positive Gefühle aus wirken besonders über die emo-

[1088] Vgl. Ringeisen (2011), S. 457.
[1089] Vgl. Esch et al. (2006), S. 217.
[1090] Vgl. Herrmann et al. (2009), S. 62.
[1091] Vgl. Herrmann et al. (2009), S. 62.

tionale Ebene auf den Konsumenten.[1092] Eine Änderung im Design oder in der Marke könnte bei diesen Produkten einen negativen Effekt zur Folge haben.

Des Weiteren können auch im Rahmen von Co-Branding[1093]-Maßnahmen gezielt Markenwerte über das Design vermittelt und damit einhergehend Einstellungsänderungen ausgelöst werden. Als erfolgreiches Beispiel ist der *Metabo* Bohrhammer im *Porsche*-Design zu nennen, der einen Designsprung im Werkzeugbereich darstellt. Dieses Werkzeug ist grundsätzlich als relativ unemotionales Produkt zu bewerten, welches insbesondere auf seine Funktionen bohren, hammerbohren und meißeln reduziert wird. Das *Porsche*-Design sorgt hingegen mit einem Gehäuse aus Aluminium und Carbon sowie der revolutionären Ergonomie der Griffposition für ein ungewöhnlich gestaltetes Elektrowerkzeug, welches durch das ausgefallene Design auch die entsprechenden Markenwerte des Premium-Automobilherstellers vermittelt und das Produkt emotionalisieren. *Porsche* dient ebenfalls als attraktiver Co-Branding-Partner mit *Siemens*. Der Elektroartikelhersteller konnte durch hochwertige Elektrogeräte wie Toaster, Kaffeemaschinen und Wasserkocher im *Porsche*-Design seinen Markenwert in diesem Bereich deutlich steigern.[1094] Neben der Erhöhung des Markenwerts durch entsprechende Designs im Rahmen des Co-Brandings, ist hierbei ebenfalls ein Einstellungstransfer zu erwarten. So konnten zahlreiche Studien einen direkten Einstellungstransfer im Co-Branding bestätigen.[1095] Bezogen auf das Beispiel bedeutet dies, dass Einstellungen der Konsumenten gegenüber der Marke *Porsche*, sich auf die Einstellung in Bezug auf die Marke *Siemens* übertragen und dementsprechend zu einer positiven Einstellungsänderung führen können.

In dem dieser Studie zugrundeliegenden Kontext, sind Handlungsempfehlungen hinsichtlich einer gewünschten Einstellungsänderung auf Konsumentenseite dahingehend auszusprechen, dass diese Einstellung gegenüber der Automobilmarke zunächst mit geeigneten Marktforschungsinstrumenten (z. B. Onlinebefragung, Telefoninterviews, Fokusgruppen) bei Kunden sowie nicht-Kunden erhoben werden sollte. Hierbei ist von Relevanz, auf welcher Grundlage die Einstellung gebildet wurde. Grundsätzlich gilt für den Versuch, Einstellungen zu ändern, dass hierbei die besten Chancen bestehen, wenn man die Herkunft einer Einstellung berück-

---

1092 Vgl. Kilian/Langner (2010), S. 322.

1093 Zur Definition von Co-Branding vgl. Huber (2005), S. 20 ff.

1094 Vgl. Gad (2005), S. 162.

1095 Vgl. Simonin/Ruth (1998); McCarthy/Norris (1999); Voss/Tansuhaj (1999); Janiszewski/Osselaer v. (2000); Vaidyanathan/Aggarwal (2000); Hadjicharalambous (2001); Baumgarth (2003).

sichtigt.[1096] Demnach lassen sich affektiv basierte Einstellungen am leichtesten über eine gezielte Ansprache der Affekte ändern, indem man beispielsweise den Ansatz wählt, bestimmte gewünschte Emotionen zu einem Einstellungsobjekt zu erzeugen.[1097] Dementsprechend können kognitiv basierte Einstellungen besonders durch überzeugende Argumente verändert werden,[1098] während verhaltensbasierte Einstellungen eher durch Verhaltensmaßnahmen modifiziert werden.[1099]

Zu den am intensivsten beforschten Themengebieten in Bezug auf Einstellungen gehört die persuasive Kommunikation.[1100] Anhand einer Segmentierungsstrategie auf Basis der in der Marktforschungsphase gewonnenen Daten, können die relevanten Kundensegmente sowie die möglicherweise zu erobernden Kundengruppen spezifisch angesprochen werden. Für eine Zielgruppe ist möglicherweise eine überzeugende Kommunikation auf der Basis glaubhafter Argumente relevant, die vor allem Kompetenz und Qualität des Unternehmens sowie des Produkts widerspiegeln. Hingegen steht für eine andere Zielgruppe eher der emotionsbezogene Aspekt eines Produkts im Vordergrund, wobei hier die Gruppenzugehörigkeit zur favorisierten Peer-Group mittels entsprechender Bilder betont wird. So ist an dieser Stelle der Einsatz von Testimonials denkbar, mit denen sich die entsprechende Zielgruppe besonders assoziiert.[1101]

Relevante Kriterien für eine Einstellungsänderung stellen auch die in der entsprechenden Situation vorherrschenden Emotionen dar. Um die gewünschten Emotionen beim Konsumenten auszulösen, kann weiterhin ein Fokus auf die entsprechende emotionsauslösende Musik gelegt werden, wie es in der emotionalen *Vodafone*-Werbung „Where are you?“ der Kampagne 2010 sowie der *Peugeot*-Werbung „Motion & Emotion“ ebenfalls aus dem Jahr 2010 gelungen ist.[1102] Über Musik lassen sich Gefühle transportieren wie über kaum ein anderes Medium, zudem ist sie besonders assoziativ, wodurch sie auf kürzestem Weg in das Unterbewusstsein des Rezipienten gelangt.[1103]

1096 Vgl. Fabrigar/Petty (1999).
1097 Vgl. Edwards (1990); Edwards/Hippel v. (1995).
1098 Vgl. Aronson/Wilson/Akert (2008), S. 200.
1099 Vgl. Aronson/Wilson/Akert (2008), S. 196.
1100 Zur persuasiven Kommunikation vgl. Aronson/Wilson/Akert (2004), S. 238 ff.
1101 Zu Testimonial in der Werbung vgl. Haase (2001); Sohn/Welling (2002); Fanderl (2005).
1102 Zu Sound-Branding vgl. Steiner (2009).
1103 Vgl. Elke (2008), S. 42.

Persönlichkeitseigenschaft Novelty-Seeking

Mit einem Pfadkoeffizienten von 0,06 stellt Novelty-Seeking den geringsten Einfluss der Determinanten auf die Bewertung von Designsprüngen im Gesamtmodell dar. Im Gegensatz zu Einstellungen sind Änderungen der Persönlichkeitseigenschaft Novelty-Seeking durch Marketingmaßnahmen nur schwer zu realisieren. So liegen zu diesem Konstrukt beispielsweise Befunde vor, nach denen 58-61 % der Varianz in Novelty-Seeking auf genetische Einflüsse zurückzuführen ist.[1104]

Ein Kritikpunkt bzgl. des Novelty-Seeking-Konstrukts ist in den Korrelationen mit anderen Traits zu sehen. So konnten Korrelationen sowohl mit *Psychotizismus* bestätigt werden, die sich in ordnungswidrigen und impulsiv-aggressiven Verhaltensweisen äußern als auch mit *Extraversion*, wobei hier das Verhalten durch gesellige, aktive und sorglose Aktionen geprägt ist.[1105] Auch die Konstrukte *Impulsiveness* und *Venturesomeness* weisen Korrelationen zum Novelty-Seeking-Konstrukt auf.[1106] Dabei ist Impulsiveness als Maß der Impulsivität im engeren Sinne und geringer Planungsneigung im weiteren Sinne zu sehen, wohingegen Venturesomeness für eine erhöhte Risikoneigung steht. Des Weiteren sind Überschneidungen hinsichtlich des *Sensation-Seeking*-Konzepts mit dem Novelty-Seeking-Konzept auffallend.[1107] Auf Basis der genannten Studienergebnisse ist festzustellen, dass das Konstrukt des Novelty-Seeking Zusammenhänge mit weiteren Traits aufweist, und es sich somit offenbar um ein heterogenes Konstrukt handelt. So weist es zwei Schwerpunkte auf, die einerseits auf Exploration und Abenteuer im Sinne einer Responsivität gegenüber Neuheit liegen und andererseits in Impulsivität im Sinne etwa einer geringen Planungsneigung verankert sind. Diese Faktoren können als Ursachen für die in Validierungsstudien resultierende inkonsistente Befundlage angesehen werden und erklären die geringe Effektstärke im untersuchten Modell.

Trotz der Kritik am Konstrukt Novelty-Seeking kann es für einen Hersteller sinnvoll sein, insbesondere bei der Einführung eines Produktes explizit Novelty-Seeker anzusprechen. Novelty-Seeker gelten als Trendsetter,[1108] die nicht davor zurückschrecken, neuartige und innovative Produkte auszuprobieren bzw. anzunehmen. Hierbei sollten vor allem kommunikationspolitischen Maßnahmen ein hoher Stellenwert beigemessen werden. So bietet sich das

1104 Vgl. Heath/Cloninger/Martin (1994).
1105 Vgl. Eysenck (1967); Brocke/Battmann (1992); Benjamin et al. (1996).
1106 Vgl. Eysenck/Eysenck (1977, 1978).
1107 Vgl. Beauducel et al. (1999).
1108 Vgl. Domning/Elger/Rasel (2009), S. 62.

Kommunikationsinstrument der Werbung an, die Aufmerksamkeit der Novelty-Seeker gezielt auf Produkteigenschaften zu lenken, die das Bedürfnis nach Neuem ansprechen. Eine weitere Alternative könnte in der direkten Konfrontation des Neuproduktes mit Konkurrenzprodukten des Herstellers liegen, um durch diese Art der vergleichenden Werbung Produktnutzen hervorzuheben.[1109] Um gezielt das Neugier- sowie Aufmerksamkeitsverhalten von Novelty-Seekern hervorzurufen, kann eine Werbungs- und Vermarktungsstrategie gewählt werden, die eine vom Produkt bzw. spezifischen Produkteigenschaften losgelöste Kommunikation vertritt. Dementsprechend sollte die Werbung für ein Neuprodukt dort platziert sein, wo sich die Zielgruppe, in diesem Fall Novelty-Seeker, aufhalten. So zeigt das Beispiel des im Jahr 1999 auf dem deutschen Markt eingeführten Kickboard von *K2*, dass eine gezielte Platzierung der Werbung auf Musiksendern wie *VIVA* oder *MTV* besonders erfolgversprechend waren.[1110]

Relativer Vorteil

Aufgrund seines in der vorliegenden empirischen Studie identifizierten starken Einflusses auf die Bewertung von Designsprüngen, sollte dem Faktor des Relativen Vorteils besondere Aufmerksamkeit geschenkt werden. Nachdem dem Konstrukt des Relativen Vorteils in der Adoptionsforschung die größte Bedeutung unter den produktspezifischen Adoptionsfaktoren für die Adoptionsentscheidung der Konsumenten zugeschrieben wird,[1111] konnte sich diese Vermutung auch für die vorliegende Untersuchung bestätigen lassen.

So konnten beispielsweise bereits verschiedene Studien nachweisen, dass das auf Kundenseite wahrgenommene Kaufrisiko umso geringer ausfällt, je stärker der Relative Vorteil einer Innovation wahrgenommen wird.[1112] Nach *Gruner* manifestiert sich der Relative Vorteil eines Produkts nicht nur in der besseren Befriedigung der Bedürfnisse des Nachfragers, sondern auch in einem höheren Nutzen in Relation zum Preis der Produktinnovation.[1113] Relative Vorteile entstehen, indem den Adoptern unterschiedliche Anreize geboten werden. So werden durch den Hersteller direkte oder indirekte Anreize eingesetzt, um durch die Steigerung des wahrgenommenen Grades an Relativen Vorteilen auf Kundenseite die Adoptionsrate einer

---

[1109] Vgl. Absatzwirtschaft (am 01.01.2002), S. 44.
[1110] Vgl. Absatzwirtschaft (am 01.01.2002), S. 44.
[1111] Vgl. Kotzbauer (1992), S. 44; Weiber (1992), S. 5; Conzelmann (1995), S. 362; Gruner (1996), S. 40; Schmalen/Pechtl (1996), S. 819.
[1112] Vgl. Klophaus (1995), S. 67.
[1113] Vgl. Gruner (1996), S. 66.

Innovation zu erhöhen.[1114] So argumentiert *Rogers*, dass „[...] offering incentives is one diffusion strategy that affects the perceived attributes of innovations, especially relative advantage, and thus an innovation's rate of adoption."[1115] Die Gestaltung der Anreize kann dabei ganz unterschiedlich aussehen.

Zum Beispiel kann durch den Kauf eines neuen Automodells mit Designsprung das Image bzw. soziale Ansehen in der sozialen Bezugsgruppe erhöht werden, was meist in positiver Richtung geschieht.[1116] So stellt das Bedürfnis einer Person, einen möglichst guten Eindruck auf seine Mitmenschen zu machen und sich selbst möglichst positiv darzustellen, eines der wichtigsten menschlichen Motive dar.[1117] Diese Aspekte menschlichen Verhaltens werden unter dem Konzept des „Impression Management" zusammengefasst und nehmen auf verschiedenste Bereiche des menschlichen Lebens Einfluss.[1118] *Rogers* geht davon aus, dass die Steigerung des sozialen Status einer Person einen wichtigen möglichen Aspekt des Relativen Vorteils einer Innovationsadoption darstellt. Hierzu ist anzumerken, dass die Erhöhung des sozialen Status bei manchen Innovationen auf dem Markt auch den einzig möglichen Nutzen darstellt, den der Adopter erzielen kann.[1119] Die Motivation der Kunden, aus Statusgründen eine Innovation zu übernehmen ist vor allem bei Adoptern anzutreffen, die den Kundengruppen der „Innovatoren", der „frühen Übernehmer" und der „frühen Mehrheit" angehören.[1120]

Weiterhin können Anreize über die Strategie der „Meaningless Brand Differentiation" gestaltet werden. Mit Hilfe von Attributen können Produkte differenziert werden, die bei den Nachfragern logisch mögliche, aber falsche Assoziationen hervorrufen und somit nur dem Anschein nach einen bedeutungsvollen Unterschied generieren.[1121] Ein klassisches Beispiel hierfür ist die Beigabe von Seidenproteinen in Shampoos, die aus Sicht des Konsumenten das Haar geschmeidiger und glänzender machen, obwohl sie nachgewiesenermaßen keinen Effekt auf das Haar ausüben. In der Automobilbranche können solche Attribute durch Design-Features im Sinne von Designsprüngen eingesetzt werden, um dem Kunden bestimmte Eigenschaften zu suggerieren. So können beispielsweise schmalere Scheinwerfer und eine verbrei-

---

1114 Vgl. Rogers (1995), S. 219.
1115 Rogers (1995), S. 220.
1116 Vgl. Bähr-Seppelfricke (2000), S. 3.
1117 Vgl. Goffman (1959).
1118 Vgl. Schlenker (1980); Belk (1988, 2003).
1119 Vgl. Rogers (1995), S. 213 f.
1120 Vgl. Rogers (1995), S. 214. Zur Einteilung der Adopterklassen vgl. Kaas (1973), S. 23 ff.; Weiber (1992), S. 10 ff.; Rogers (2003).
1121 Vgl. Bauer et al. (2005), S. II.

terte, flache Motorhaube dem Kunden eine aggressivere und schnellere Fahrweise implizieren, während ein „lächelnder Kühlergrill" und runde Scheinwerfer eher die Assoziationen niedlich und lustig auslösen und mit moderatem Fahrverhalten assoziiert werden. Die in der empirischen Untersuchung von *Bauer et al.* gefundenen Ergebnisse deuten darauf hin, dass die mit irrelevanten Attributen differenzierten Produkte zu einer signifikant höheren Kaufbereitschaft auf Kundenseite führen.[1122] Demnach ist für den Konsumenten nicht die Existenz eines technisch-objektiven Vorteils einer Leistung entscheidend, sondern vielmehr deren subjektiv wahrgenommene Vorteilhaftigkeit.[1123] So gelten Produkte mit einer „Unique Selling Proposition" (USP) als erfolgversprechend, da sie dem Kunden einen einzigartigen Verkaufsvorteil bieten.[1124] Die Einführung eines neuen irrelevanten Attributs wird durch den Kunden als zusätzlicher Wert interpretiert, der zur Ableitung eines zusätzlichen Nutzens führt.[1125] Es scheint plausibel, dass irrelevante Attribute dem Konsumenten Anlass geben, diese als Erklärung für eine bessere Leistung der Marke heranzuziehen und dahingehende Attributionen zu entwickeln.[1126] Verschiedene Studien konnten zeigen, dass speziell ungewöhnliche Merkmale die Wahrnehmung seitens der Konsumenten beeinflussen.[1127]

Forschungsergebnisse von *Nowlis* und *Simonson* sowie *Mukerjee* und *Hoyer* belegen zudem, dass sich die Existenz neuartiger Merkmale günstig auf die Produktbeurteilung auswirkt.[1128] Die Erkenntnis, dass neuartigen Informationen im Rahmen des Wahrnehmungsprozesses grundsätzlich eine hohe Bedeutung zukommt, ist in der Wahrnehmungspsychologie bereits seit langem bekannt.[1129] Auch die Salienz, d. h. die Auffälligkeit irrelevanter Merkmale, ist ein weiterer Grund für die Präferenz gegenüber einem Produkt.[1130] Salienz entsteht unter anderem dadurch, dass sich der Stimulus vom Kontext abhebt und durch seine Distinktivität differenziert.

Da der Verbraucher selbst auf kleinste Veränderungen im Design sensibel reagiert,[1131] gilt insbesondere die Entwicklung neuer Designelemente im Sinne von Designsprüngen sowie

1122 Vgl. Bauer et al. (2005), S. 29.
1123 Vgl. Trommsdorff/Zellerhoff (1994), S. 351.
1124 Vgl. Bauer et al. (2005), S. 1.
1125 Vgl. Friestad/Wright (1994).
1126 Vgl. Bauer et al. (2005), S. 16.
1127 Vgl. Einhorn/Hogarth (1986); McGill (1989).
1128 Vgl. Nowlis/Simonson (1996); Mukerjee/Hoyer (2001).
1129 Vgl. Wyer (1970).
1130 Vgl. z. B. Houston/Sherman/Baker (1989).
1131 Vgl. Ufelmann (2010), S. 54.

deren Vereinigung mit traditionellen markentypischen Attributen als anspruchsvoller wie auch komplexer Prozess. Anfällig für Fehleinschätzungen über die Marktakzeptanz in Bezug auf Designsprünge sind vor allem die Volumenhersteller, da solche Fehleinschätzungen für sie gravierende finanzielle Folgen haben.[1132]

Zur Vermarktung von Produkten mit Designsprüngen ist zu empfehlen, die irrelevanten Attribute mit eindrucksvoll klingenden Slogans zu bewerben, was den Rezipienten dazu veranlasst, diesen eine positive Wirkung beizumessen.[1133] Diese Form der Werbung eignet sich für verschiedene Medien. So liegt der Vorteil der Fernsehwerbung in der Kraft der bewegten Bilder und in einer multisensorischen Zuschaueransprache.[1134] Dabei kann der Rezipient die Botschaft sowohl über visuelle als auch über akustische Kanäle aufnehmen. Ein großer Nachteil der Fernsehwerbung ist jedoch in den hohen Streuverlusten zu sehen, die durch fehlende Zielgruppendifferenzierung entstehen.[1135] Online-Werbung scheint eine weitere gute Lösung darzustellen, da sie neben den Vorteilen der Fernsehwerbung auch die entsprechende Zielgruppenansprache bietet. So sind es die sogenannten Social Media, die sozialen Medien, die in Form von sozialen Netzwerken (z. B. Facebook, Xing, Linkedin) eine interaktive „Community" bilden, „[...] where users can communicate, share, post, blog and create content in real time."[1136] Im Gegensatz zu dieser beschriebenen dualen Gemeinschaft in Netzwerken, gilt die einseitige Kommunikation in den traditionellen Massenmedien wie Fernsehen, Rundfunk und Printmedien, als einer der Hauptkritikpunkte. So besitzen die sozialen Medien zusätzlich den Vorteil der Verwendung von Video-Streams, welche dem Betrachter ermöglichen, visuelle Inhalte in Form von Videos flexibel abzurufen, ohne zeitlich an ein bestimmtes Fernsehprogramm gebunden zu sein.[1137] Dieses neue Feld der individualisierten Werbung bietet Unternehmen die Möglichkeit, sich direkt an den Social Media Profilen der User zu orientieren. So werden persönliche Daten zur personalisierten Werbung genutzt, wodurch diese besonders zielgerichtet und kosteneffizient ist. Innerhalb der Netzwerke besteht sogar die Möglichkeit, Werbung nur anhand der Profildaten auf den für das werbende Unternehmen relevanten Profilen zu schalten. Hierbei ist das Kosten-Nutzen-Verhältnis der Werbung als ideal zu bewerten. Dementsprechend verwundert auch die Prognose des *Bundesverbandes Digitaler Wirtschaft*

1132 Vgl. Ebel/Hofer (2004), S. 344.
1133 Vgl. Carpenter/Glazer/Nakamoto (1994).
1134 Vgl. Winkelmann (2010), S. 439.
1135 Vgl. Winkelmann (2010), S. 439.
1136 Brennan (2010), S. 8.
1137 Vgl. Brennan (2010), S. 8.

(BVDW) nicht, dass Online-Werbung im Social Media-Umfeld auch in Zukunft weiter zunehmen wird.[1138]

Neben den zuvor beschriebenen Werbemaßnahmen, die überwiegend eine passive Rolle des Kunden voraussetzen, fällt den Teilnehmern von Marketingevents eine aktive Rolle zu, indem der Dialog und Kontakt zwischen Kunde und Unternehmen gezielt gefördert werden. So beschreibt *Nufer*, dass die Aufgaben des Event-Marketings darin bestehen, „[...] die künstliche Welt der klassischen Werbung in eine reale Erlebniswelt zu transferieren, um damit eine emotionale Aktivierung der Rezipienten in Bezug auf die zu vermittelnde Botschaft zu erzielen."[1139] Potenzielle Kunden werden hierbei mit dem Produkt und der Marke multisensual in Berührung gebracht, da alle Sinne bei einem solchen Event beansprucht werden. So gilt der jährlich stattfindende „*Porsche*-Fahrtag" als ein Musterbeispiel des Event-Marketings. Hier sind ausgewählte Kunden eingeladen, ausgiebig alle Sportwagen von Porsche auf einer abgeschlossenen Rennstrecke oder auf ausgesuchten Autobahnen und Landstraßen Probe zu fahren. Dabei können folgende Sinneswahrnehmungen angesprochen werden: *sehen* der Silhouette und der Ausstattung, *fühlen* der Form der Karosserie oder des Lenkrads, *hören* der Motorengeräusche, *riechen* des neuen Interieurs, *schmecken* der von exklusiven Caterern angebotenen kulinarischen Verköstigungen. Der Hersteller achtet dabei penibel darauf, dass der Mythos *Porsche* in jedem Detail des Events umgesetzt wird. Im Anschluss an das Event werden die Teilnehmer anhand von Fragebögen zu ihren Eindrücken und zu Segmentierungskriterien befragt. Marketing-Events schaffen ein Wir-Erlebnis, wobei sich der Kunde in die Bezugsgruppe integriert fühlt und sich mit der Marke sowie dem Produkt leichter identifizieren kann.

Der Point-of-Sale wird bei einer solchen Art Event direkt zu einem Point-of-Interest für den Endverbraucher gemacht und Werbung wird zu einem glaubwürdigen Vermittler einer erlebnisorientierten Marketingstrategie. Solche Marketingevents können beispielsweise als Incentives bei Preisausschreiben, Gewinnspielen oder Bonusaktionen eingesetzt werden, wodurch Händler bzw. Kunden die Möglichkeit erhalten, exklusiv an solchen Events teilzunehmen;[1140] zum anderen schlägt der Hersteller mit solchen Maßnahmen zwei Fliegen mit einer Klappe, da er zusätzlich Kontaktdaten potenzieller Käufer über die Gewinnspiele bzw. Preisausschreiben erhält. Des Weiteren kann die Inszenierung eines Marketingevents auch am Point-of-

[1138] Vgl. BVDW (2010), S. 1.
[1139] Nufer (2007), S. 91.
[1140] Vgl. Nufer (2007), S. 91.

Purchase stattfinden, um der direkten Unterstützung des Verkaufs in Autohäusern zu dienen.[1141]

Für solche aufwändigen Werbemaßnahmen stehen Unternehmen meist große Budgets zur Verfügung. Aus diesem Grund sollte die betriebswirtschaftliche Wirkung von Kommunikationsmaßnahmen nicht außer Acht gelassen werden. So existieren eine Reihe von Instrumenten zur Messung von Kommunikationsergebnis- und Kommunikationswirkung, um zu identifizieren, welchen Beitrag die Werbung für die erfolgreiche Vermarktung des neu designten Produktes leistet. Hier sind neben Instrumenten auf der Output-Ebene wie beispielsweise Medienresonanzanalysen, Projekt- und Veranstaltungsauswertungen, Webtracking sowie Usability-Studien von Internet-Medien auch Instrumente auf der Outcome-Ebene aus dem Bereich der Markt- und Meinungsforschung zu nennen.[1142] Den limitierenden Faktor für die Anwendung solcher Controlling-Instrumente bildet jedoch zumeist das Budget.

Neben Werbemaßnahmen, die darauf abzielen, die relevanten Vorteile eines Produkts in das richtige Licht zu rücken, existiert eine Reihe weiterer Maßnahmen, die direkt am Point-of-Sale zum Einsatz kommen. Im Hinblick auf Incentives wäre es vorstellbar, direkte Anreize einzusetzen, die thematisch zu dem neudesignten Automodell passen. So könnten z. B. spezielle vergünstigte Sonderausstattungen, mit der Argumentation „damit nun auch das Innere zum Äußeren passt“, beworben werden. Des Weiteren wäre es denkbar, Kunden mit einem Einkaufsgutschein eines Bekleidungsgeschäfts zu „locken“, den der Käufer bei Kaufabschluss überreicht bekommt, so dass dieser nicht nur ein neudesigntes Auto erhält, sondern auch gleich sein eigenes Äußeres in Form neuer Kleidung „modernisieren“ kann. Hingegen sind spezielle Leasing- und Finanzierungskonditionen sowie Nachlässe auf die Mehrwertsteuer nicht als Anreize zu empfehlen, da solche Incentives und Kaufargumente nichts Innovatives vermitteln, sondern eher abgedroschen klingen.

Neben den direkten Anreizen, die am Point-of-Sale eingesetzt werden können, stellen auch indirekte Anreize eine Möglichkeit dar, um Konsumenten von den Vorteilen des Automobils zu überzeugen. So können „pfiffige“ Werbeslogans wie beispielsweise in der *MINI*-Kampage („All Revolutions start small“, „What are you doing for fun this weekend“, „Bist Du offen für Neues“ → *MINI Cabrio*) eingesetzt werden, die darauf abzielen, das Image und den sozialen

[1141] Vgl. Nufer (2007), S. 91.
[1142] Vgl. Lautenbach/Sass (2005), S. 487 f.

Status des Käufers zu erhöhen sowie dessen Zugehörigkeit zu einer gewünschten Bezugsgruppe zu betonen. Auch im Design können, wie zuvor angesprochen, bestimmte Features (z. B. Design der Scheinwerfer, Form der Motorhaube, Verwendung von Seitenlinien) dazu führen, dass auf Kundenseite bestimmte, durch den Hersteller gewünschte Assoziationen ausgelöst werden, obwohl diese Designmerkmale nichts an der eigentlichen Funktion des Automobils verändern.

Kompatibilität

Der in Hypothese 4 formulierte Einfluss der Kompatibilität auf die Bewertung von Designsprüngen konnte durch die vorliegende Untersuchung ebenfalls als signifikant bestätigt werden. Es scheint somit von großer Relevanz für den Verbraucher zu sein, dass das Modell mit dem Designsprung zur jeweiligen Automarke zugehörig wahrgenommen wird und man es mit dem Vorgängermodell identifizieren kann. So ist zu vermuten, dass ein zur Marke und Vorgängermodell inkonsistentes bzw. inkompatibles Design einen negativen Einfluss auf die Bewertung von Designsprüngen besitzt. Auf Basis der in Kapitel 3.1 dargestellten Schematheorie, sind eine tendenziell positive Bewertung des Designsprungs sowie eine damit einhergehende erhöhte Kauf- und Zahlungsbereitschaft dann zu erwarten, wenn der Konsument das Produkt in bestehende Schemata einordnen kann. Somit sollte eine erfolgreiche Designstrategie für Unternehmen zum Ziel haben, für die Marke typische Designkonstanten kontinuierlich fortzuführen.[1143] So vermitteln markentypische Designzüge[1144] wie beispielsweise die *BMW*-Niere oder der *Mercedes*-Kühlergrill mit Stern einen für den Konsumenten wahrnehmbaren Fit zwischen den verschiedenen Fahrzeuggenerationen und damit zwischen Design, Marke und Produkten. Dieser Fit bzw. diese Kompatibilität wirkt sich signifikant auf die Bewertung von Produktdesign sowie Designsprüngen aus. Für Automobilhersteller bedeutet dies im Hinblick auf Designsprünge, sich erfolgreich zwischen Tradition und Innovation zu bewegen und neue Designelemente mit traditionellen, markentypischen Features zu vereinigen.

Demnach bezieht sich das Kriterium der Kompatibilität einerseits auf die Makroebene andererseits auf die Mikroebene des Konsumenten.[1145] So sind auf Mikroebene die von *Rogers* beschriebenen Werte, Überzeugungen, Ziele, Lebensstil und etablierte Erfahrungen aus-

[1143] Vgl. Herrmann et al. (2009), S. 62.
[1144] Vgl. Braess/Seiffert (2007), S. 118; Herrmann et al. (2009), S. 62.
[1145] Vgl. Huber (2004), S. 302 f.

schlaggebend,[1146] hingegen besitzen auf Makroebene Aspekte wie die Vereinbarkeit mit existierenden Management- und Marktstrukturen oder die Kompatibilität mit der gegebenen industriellen Infrastruktur und deren Fähigkeiten besondere Relevanz.[1147] Ein weiteres entscheidendes Kriterium ist die Kompatibilität des Designsprungs mit Werten und Überzeugungen der potenziellen Adopter, da andernfalls die Übernahme gehemmt oder gar verhindert wird.[1148] Allerdings sollten Innovationen bzw. Designsprünge auch nicht zu kompatibel mit den bestehenden bzw. den vorhergehenden Modellen sein, da sie sonst durch den Konsumenten nicht als Neuheit wahrgenommen werden. Für potenzielle Nutzer ist es ansonsten schwierig zu erkennen, warum sie auf die Weiterverwendung des bereits von ihnen beschafften und genutzten, vorhergehenden Produkts verzichten und das Neuprodukt erwerben sollten.[1149] Zudem gilt ein Mindestmaß an Inkompatibilität einer Innovation zu vorhergehenden Modellgenerationen als eine Voraussetzung zur Erschließung zusätzlicher Nutzergruppen und -märkte.[1150] Somit befinden sich Designer bei der Entwicklung von Designsprüngen auf einem schmalen Grat zwischen Neuartigem und Bestehendem. Allerdings argumentiert *Gerpott*, dass für bereits am Markt bekannte Angebotskategorien auch ein Mindestmaß an Inkompatibilität zuträglich für den Innovationserfolg ist.[1151] Als letzter Aspekt der Kompatibilität ist die Kompatibilität einer Innovation mit den Bedürfnissen der potenziellen Adopter zu nennen. Hierbei ist es für Hersteller von Automobilen besonders wichtig, die Bedürfnisse ihrer (potenziellen) Kunden zu identifizieren, um dementsprechend kompatible Innovationen zur Befriedigung dieser anbieten zu können.[1152]

Um Kompatibilität bereits in der Entwicklungsphase zu testen, könnten Automobilhersteller mit Hilfe von Ähnlichkeitsskalen überprüfen, inwieweit das neue Design bzw. der Designsprung zur Marke und zu Vorgängermodellen passt. Mit dem Ziel, eine effektive Ansprache der Zielgruppen zu erreichen, sollte die Entwicklung eines marken- sowie produktkompatiblen Designs anhand von Akzeptanztests sowie in enger Zusammenarbeit der Bereiche Design, Marketing, technische Entwicklung sowie Händlern und Endkunden erfolgen.

1146 Vgl. Rogers (1995), S. 224.
1147 Vgl. Langert (2008), S. 162 f.
1148 Vgl. Rogers (1995), S. 224.
1149 Vgl. Rogers (2003), S. 245.
1150 Vgl. Sheremata (2004), S. 366.
1151 Vgl. Gerpott (2005), S. 117.
1152 Vgl. Rogers (1995), S. 228.

Einen weiteren wichtigen Ansatzpunkt für Designer stellt die Rückmeldung zur Wirkung und Bewertung von Designsprüngen auf Seiten der Kunden dar. Damit wird die Notwendigkeit aufgezeigt, die Bewertung von Designsprüngen bzw. deren Akzeptanz auf Kundeseite messbar und damit aus Unternehmenssicht auch steuerbar zu machen. In der Designliteratur existieren hierfür einige Instrumente, Methoden und Verfahren, die im Rahmen des strategischen und operativen Designmanagements eine große Relevanz besitzen, da mit ihrer Hilfe Designer in der Lage sind, noch während der Produktgestaltung abgesicherte Informationen über die Wirkung bestimmter Designelemente bzw. Designsprünge zu erhalten. Um bereits im Frühstadium der Produktentwicklung zu beurteilen, ob sich die Investitionen für das geplante Modell auch lohnen, existieren im modernen Marketing einige zuverlässige Methoden, die im Folgenden eine genauere Betrachtung erfahren sollen.

Hierbei kann in designbezogene Analyse- und Planungsinstrumente sowie in Steuerungs- und Kontrollinstrumente unterschieden werden. Zur ersten Gruppe gehören beispielsweise branchenspezifische Trendstudien, Designleitbilder sowie Produkt- und Markenroadmaps, hingegen sind Meilensteinmodelle und Projektmanagement-Tools zur zweiten Gruppe zu zählen.[1153] Speziell für die Automobilbranche sind an dieser Stelle Fahrzeugkliniken als Analyse- und Planungsinstrument zu nennen, anhand derer Automobilhersteller in verschiedenen Phasen der Fahrzeugentwicklung mit relativ überschaubarem Aufwand Rückmeldung bzw. Informationen über die Akzeptanz sowie Verbesserungsmöglichkeiten im Design und der Ausgestaltung der neuen Fahrzeugmodelle erhalten.[1154] Innerhalb der Fahrzeugklinik sind je nach Entwicklungsphase die Design-, Positionierungs- und Marketingklink zu identifizieren. Innerhalb der Designklinik geht es darum, neue Fahrzeuge mittels Computersimulationen bzw. Modellen nachzustellen und anhand dessen Präferenzen und Vorstellungen zukünftiger Kunden vor der Markteinführung zu diskutieren und zu verstehen. Dabei kommen psychologische Ansätze zum Einsatz, die es ermöglichen, potenzielle Trends und Entwicklungen vorherzusagen. In der Positionierungs- sowie in der Marketingklinik stehen bereits beschlossene Konzepte bzw. Designs oder sogar ein fertiges Fahrzeug im Fokus der Untersuchung. Diese werden, gemeinsam mit für den Hersteller relevanten Wettbewerbsfahrzeugen, ausgewählten Kunden vorgestellt, welche in einem anschließend stattfindenden, computergestützten Interview die Stärken und Schwächen der einzelnen Fahrzeuge bewerten. Ergänzend findet eine

[1153] Vgl. Herrmann/Moeller (2010), S. 445. Zu Analyse- und Planungsinstrumenten sowie zu Steuerungs- und Kontrollinstrumenten vgl. Bruce/Bessant (2002); Borja de Mozota (2003); Stamm v. (2003); Karjalainen (2004); Herrmann et al. (2009).

[1154] Vgl. Ebel/Hofer (2004), S. 344.

Diskussion zur möglichen Positionierung des Fahrzeugs sowie der Analyse der Wertschätzung gegenüber diesem auf Kundenseite statt.[1155] Diese Methode unterstützt Designer dahingehend, Misserfolge zu vermeiden, die schlimmstenfalls schwerwiegende eventuell existenzbedrohende Folgen haben können.

Die vorgestellten Instrumente ermöglichen es Herstellern bereits in der Entwicklungsphase ein Feedback darüber zu erhalten, wie das Produkt bei unterschiedlichen Kundengruppen ankommen könnte. Somit kann die Gestaltung des Designsprungs auf die ästhetischen Bedürfnisse des Konsumenten ausgerichtet werden. Die Beantwortung der Frage, in welche Richtung sich der Markt und die Nachfrage auf Konsumentenseite zukünftig entwickeln, fordert jedoch viel mehr eine Designstrategie, die sich mit der langfristigen Erscheinung neuer Produktgenerationen beschäftigt. Hierzu ist eine enge Zusammenarbeit und Abstimmung zwischen Designern und Marketing innerhalb des Unternehmens notwendig. Grundlegende Inhalte sind dabei die Marken- und Produktpositionierung sowie die produktsprachliche Kommunikation zielgerichtet auf relevante Kundengruppen auszurichten. Vor dem Hintergrund der Anforderungen an das Produktdesign, die in der heutigen Zeit durch Globalisierung, Wettbewerbsdruck und steigende ästhetische Ansprüche auf Kundenseite geprägt sind, sind ausschließlich die Erfahrung und Intuition der Designer und Produktmanager im Hinblick auf die Gestaltung eines Produktdesigns nicht mehr ausreichend. Vielmehr benötigt man neue Ansätze und Strategien, um den „idealen“ Designsprung zu entwickeln, Vorteile des Produktes designsprachlich zu vermitteln sowie eine effektive Ansprache von Zielgruppen sicherzustellen.

Um dem Kunden die notwendige Kompatibilität eines Produktes zu vermitteln, bietet sich Werbung als kommunikationspolitische Maßnahme an. In Anlehnung an den Mere-Exposure-Effekt ist davon auszugehen, dass Produkte mit Designsprüngen schneller akzeptiert werden, wenn sie vertrauter wirken. Dieser Effekt kann durch geeignete Werbemaßnahmen erreicht werden. Solche Werbemaßnahmen erhöhen über den Zeitverlauf jedoch nicht nur die Akzeptanz gegenüber einem Produkt, sondern ermöglichen auch eine zielgerichtete Vermittlung des Kompatibilitätsaspekts. Um eine Verbindung zur Marke bzw. zu den Vorgängermodellen herzustellen, könnte das Modell mit dem Designsprung beispielsweise als Spitze oder Krönung der „Modellevolution“ des Herstellers vermarktet wird. Hierbei eignen sich insbesondere Print- und Onlinewerbung in Zeitschriften, Zeitungen sowie auf Homepages und Netz-

[1155] Zu Produktkliniken bei der Einführung neuer Produkte am Beispiel der Automobilindustrie vgl. Al-Sibai (2004).

werkseiten, welche von der relevanten Kundenzielgruppe regelmäßig genutzt werden. So vermittelt z. B. das in Abbildung 21 dargestellte Beispiel sehr übersichtlich die Entwicklung des Designs des *5er BMW*. Auf einen Blick ist es hierbei möglich, die Zugehörigkeit zu der Marke *BMW* und die Kompatibilität zum Vorgängermodell zu erkennen. Für die Übermittlung der Kompatibilität sind in diesem Beispiel keine bewegten Bilder notwendig.

Abbildung 21: Die Evolution des *5er BMWs*[1156]

Nachdem nun in diesem Abschnitt eine Reihe möglicher Handlungsempfehlungen für die Marketingpraxis in Bezug auf die Bewertung, die Konzeption sowie den Vertrieb von Designsprüngen vorgestellt wurden, soll abschließend auf die Voraussetzung zur Umsetzung dieser Handlungsempfehlungen in Unternehmen eingegangen werden. Unabdingbar hierfür sind ein strategisch organisiertes Designmanagement sowie dessen angemessene organisatorische Verankerung im Unternehmen. Im Rahmen des Entwicklungsprozesses eines Produktes sind grundsätzlich mehrere Abteilungen wie z. B. Forschung und Entwicklung, Konstruktion, Marketing, Vertrieb, Produktmanagement und Controlling involviert. Die Frage, in welchem Bereich das Design angesiedelt ist, kann jedoch nicht eindeutig beantwortet werden. Aufgrund seiner zahlreichen Schnittstellen wird auch die strategische Bedeutung des Designmanagements in Unternehmen deutlich. So sind hier beispielhaft Verknüpfungen zu den Bereichen Produkt- und Markenpolitik, Forschung und Entwicklung, Unternehmenskommunikation sowie Preis- und Distributionspolitik zu nennen.[1157]

Eine Lösung, um eine möglichst effiziente und effektive Designstrategie sicherzustellen und die Schnittstellen bzw. den kommunikativen Aufwand zwischen den einzelnen Bereichen zu reduzieren, könnte in der Einrichtung eines sogenannten Designboards im Unternehmen liegen. Hier wären entscheidungsbefugte Vertreter der oben genannten Abteilungen versammelt,

[1156] Bildquelle: http://www.mykarre.com/file/pic/gallery/5135.jpg (abgerufen am 22.02.2011).
[1157] Vgl. Herrmann/Moeller (2010), S. 440.

die gemeinsam über ein Produktdesign bzw. die Intensität sowie die Ausgestaltung eines möglichen Designsprungs diskutieren und entscheiden. An dieser Stelle fließen alle relevanten Informationen zu einem neu designten Produkt zusammen. Dies erleichtert eine gemeinsame Maßnahmenplanung, um beispielsweise eine segmentspezifische Kundenansprache zu entwickeln. Des Weiteren führt eine verlässliche Berichterstattung dazu, dass das gesamte Team kontinuierlich mit Informationen versorgt ist und alle Teammitglieder auf den aktuellsten Stand gebracht werden. Dies resultiert darin, dass Entscheidungen z. B. über die Anwendung von branchenspezifischen Trendstudien erleichtert werden.

Abschließend bleibt festzustellen, dass es vor dem Hintergrund der Relevanz des Designs für den Erfolg eines Produktes bzw. Unternehmens sinnvoll erscheint, die Verteilung des Budgets für Designzwecke zu überdenken.[1158] So argumentiert *Landwehr*, dass es scheint, als seien „[...] sowohl die Marktforschung mit Fokus auf Produktdesign als auch die Designabteilung in Relation zu den anderen Abteilungen eines Unternehmens unterfinanziert [...].“[1159] Nur mit einem ausreichend hohen Budget können die notwendigen Marktforschungsaktivitäten durchgeführt werden, auf deren Grundlage zielgerichtete Werbung produziert wird. Letztendlich werden nach jeder Werbekampagne erneut Gelder benötigt, um ein adäquates Controlling durchzuführen, inwieweit das neugestaltete Produkt sowie das entsprechende Marketing erfolgreich waren, bzw. aus welchen Gründen dies nicht der Fall war.

Ausgewählte Implikationen hinsichtlich der untersuchten moderierenden Variablen

Die Schätzung des Wirkungsgefüges unter Berücksichtigung moderierender Variablen hat gezeigt, dass der Einfluss der untersuchten Gestaltungsvariablen auf die Bewertung von Designsprüngen abhängig von bestimmten Kontextfaktoren ist. Es lässt sich also festhalten, dass die Vermutung, nach der situative Variablen zu einer Veränderung der Einflussstärke der Gestaltungsvariablen führen, bestätigt werden konnte. Somit besitzen Unternehmen im Hinblick auf die Bewertung von Designsprüngen zwei weitere Anhaltspunkte, wie diese Erfolgsgröße positiv beeinflusst werden kann: die Markenstärke und die Intensität des Designsprungs.

1158 Vgl. Landwehr (2008), S. 22.
1159 Landwehr (2008), S. 22.

Obwohl unter der Rahmenbedingung mit hoher Markenstärke der Einfluss der Einstellung gegenüber der Marke deutlich höher ist als unter der Bedingung mit geringer Markenstärke, zeigt sich hier ein signifikant höherer Effekt der Akzeptanz von Designsprüngen auf die beiden Erfolgsgrößen. Bei der Betrachtung des Kontextfaktors Intensität des Designsprungs zeigten sich ebenfalls Unterschiede zwischen den drei Rahmenbedingungen. So konnte in der Gruppe mit hohem Designsprung ein deutlich größerer Einfluss der Kompatibilität auf die Bewertung von Designsprüngen identifiziert werden als in der Gruppe mit geringem Designsprung. Zudem zeigte sich ein signifikant höherer Einfluss der Akzeptanz auf die Erfolgsgrößen der Kauf- und Zahlungsbereitschaft in der Rahmenbedingung mit hoher Designsprungintensität.

Auf Basis der Analyse der Moderatorvariablen bleibt festzuhalten, dass Designsprünge bei Automobilherstellern mit geringer Markenstärke erfolgversprechender sind, als bei Herstellern mit hoher Markenstärke. Dies kann auf verschiedene Faktoren zurückzuführen sein. Beispielsweise zeichnen sich Automobilhersteller mit hoher Markenstärke meist durch eine lange Tradition innerhalb der Branche aus. So werden bei Herstellern wie *Audi*, *BMW* und *Mercedes-Benz* die verschiedenen Generationen der einzelnen Modelle nur geringfügig verändert. Deutliche Modifikationen im Design finden fast ausschließlich in der Erweiterung von Produktlinien statt, wie beispielsweise in Form des *Mercedes SLK* als Sportwagen oder die *A/B-Klasse* im Kleinwagensegment von *Mercedes-Benz*. Dennoch ist auch in diesen Modellen der allen *Mercedes-Benz*-Fahrzeugen gemeinsame Kühlergrill mit eingelassenem Mercedesstern vertreten (was wiederum die Kompatibilitätswahrnehmung der Fahrzeuge unterstützt). Bei diesen starken Marken ist es so, dass der Kunde eine ziemlich genaue Vorstellung darüber besitzt, wie „der *Mercedes*", „der *Audi*" oder „der *BMW*" klassischerweise auszusehen hat. Im Gegensatz dazu weisen Automobilhersteller mit geringer Markenstärke eine meist kürzere Präsenz am deutschen Automobilmarkt auf.[1160] Durch die geringere Tradition dieser Marken hat der Verbraucher keine klare Vorstellung darüber, wie beispielsweise ein klassischer *Daihatsu*, *KIA* oder *Suzuki* aussieht. Auch bei genauerer Betrachtung der verschiedenen Modelle eines Herstellers lassen sich nur wenige Gemeinsamkeiten innerhalb einer Automarke finden. Somit ist ein Designsprung bei Automobilherstellern mit geringer Markenstärke als erfolgreicher zu bewerten als bei Herstellern mit hoher Markenstärke. Automobilherstellern

[1160] Erstes Automobil auf dem deutschen Markt von Mercedes (1900), Audi (1910) und BMW (1929) im Vergleich zu Daihatsu (1979), Suzuki (1980) und KIA (1993).

mit hoher Markenstärke ist dementsprechend tendenziell von der Konzeption von Designsprüngen abzuraten.

Da der Einfluss der Einstellung gegenüber der Marke auf die Bewertung von Designsprüngen in der Rahmenbedingung mit hoher Markenstärke jedoch sehr hoch war, kann vermutet werden, dass Designsprünge bei diesen Herstellern zwar nicht besonders erfolgreich sind, das Image des Unternehmens dank des starken Einflusses der Einstellung gegenüber der Marke in Verbindung mit der hohen Markenstärke jedoch auch nicht besonders leidet. Dies könnte auch eine Chance für Unternehmen mit hoher Markenstärke bieten, die Konzeption eines Designsprungs „auszuprobieren“ bzw. zu wagen. Da in der vorliegenden Untersuchung *Mercedes-Benz* als Hersteller mit hoher Markenstärke untersucht wurde, kann vermutet werden, dass möglicherweise ein Hersteller wie *Audi*, der als nicht ganz so traditionsbewusst und konservativ gilt, einen Designsprung besser, glaubhafter und damit einhergehend auch erfolgreicher vermarkten kann.

Des Weiteren lässt sich aus den Ergebnissen ableiten, dass bei der Konzeption starker Designsprünge dem Faktor der Kompatibilität mit dem Vorgängermodell sowie mit der Marke besondere Beachtung geschenkt werden muss. Nur so kann ein Hersteller mit der Akzeptanz der Konsumenten hinsichtlich des neudesignten Modells rechnen. Unter Voraussetzung der Kompatibilität kann ein intensiver Designsprung als erfolgreicher bewertet werden als ein geringer Designsprung.

Ausgewählte Implikationen zu den Kundensegmenten

Im Rahmen der Identifikation von Kundensegmenten im Hinblick auf Designsprünge, lassen sich gezielte Handlungsempfehlungen für die einzelnen Kundengruppen ableiten. Im Folgenden soll daher näher auf die vier Cluster der „Novelty-Seeker“, „Fans“, „Skeptiker“ und „Detractor“ eingegangen werden.

„Novelty-Seeker“ gehören zu der Kundengruppe, die für Hersteller besonders attraktiv ist. Gerade wenn es darum geht, ein Neuprodukt auf den Markt zu bringen bzw. am Markt zu etablieren fungieren „Novelty-Seeker“ als Trendsetter.[1161] Dementsprechend ist davon auszu-

[1161] Vgl. Domning/Elger/Rasel (2009), S. 62.

gehen, dass diese Personen eine Nachahmungswirkung auf die breite Masse besitzen.[1162] Die Ansprache von „Novelty-Seekern" funktioniert in besonderem Maße über das Belohnungssystem. Um „Novelty-Seeker" als Trendsetter für das eigene Produkt zu gewinnen, können diese zu Produktpräsentationen in ein Autohaus, Automobilmessen oder Events wie beispielsweise einer Rallye eingeladen werden, auf denen das Neuprodukt erstmals vorgestellt wird. Solche Aktionen wirken in mehrfacher Hinsicht auf das Belohnungssystem. So fühlt sich der „Novelty-Seeker" durch eine Einladung zu einem solchen Event zunächst geschmeichelt, dass ihm die „Ehre" des Gastes zu Teil wird. Die Vorfreude auf das Event sowie das neue Produkt wirken ebenfalls belohnend. Im Rahmen des Events kann das Belohnungssystem aktiviert werden, indem der Kunde ein Gastgeschenk erhält, welches adäquat und in einer Relation zu dem Event bzw. dem Produkt steht.[1163]

Auch die Kundengruppe der „Fans" gehört zur präferierten Zielgruppe der Hersteller. Personen innerhalb dieses Clusters akzeptieren und kaufen neuartige Produkte, innovative Designs und Technologien bedenkenlos. Diese Kunden zeichnen sich durch eine besonders positive Einstellung gegenüber dem Hersteller aus und besitzen ein hohes Commitment gegenüber der Marke. Sie haben Erfahrung mit den Produkten und vertrauen der Qualität bzw. den Leistungsversprechen. Da bei dieser Kundengruppe das Konstrukt des Relativen Vorteils besonders stark ausgeprägt ist, sollten Hersteller bei der zielgerichteten Ansprache dieser Kunden, den Nutzen bzw. die Vorteile des neu gestalteten Produktes zum Fokus der Aufmerksamkeit machen. Diese Vorteile können besonders im Rahmen vergleichender Werbung hervorgehoben werden. Die Wahrnehmung dieser Vorteile führt auf Kundenseite wiederum zu einer Bestätigung des Vertrauens, den dieser in die Produkte und Marken des Herstellers besitzt.

Personen, die der Kundengruppe der „Skeptiker" angehören, weisen zwar eine positive Einstellung gegenüber einer Marke bzw. einem Hersteller auf, stehen dem neugestalteten Produkt jedoch skeptisch gegenüber. Sie brauchen Zusatzinformationen um eine Kaufentscheidung zu treffen,[1164] die es gilt in Form von überzeugenden und informativen Werbebotschaften zu verpacken. Da diese Kundengruppe möglicherweise eher konservative Ansichten vertritt, sollte der Schwerpunkt von Werbemaßnahmen auf Printmedien in Tages- oder Wochenzeitungen (z. B. *FAZ*, *Die Zeit*), Zeitschriften (z. B. *Der Spiegel*, *Focus*) und Fernsehen gelegt werden.

1162 Vgl. Domning/Elger/Rasel (2009), S. 62.
1163 Vgl. Domning/Elger/Rasel (2009), S. 62.
1164 Vgl. Hoffmann et al. (2008).

Investitionen auf Seiten des Herstellers zur Gewinnung von Kunden aus dem Segment der „Detractor" sind als Zeit- und Ressourcenverschwendung zu bewerten.[1165] Personen in dieser Kundengruppe haben grundsätzlich Bedenken gegenüber neuen Produkten, Designs und Technologien. Sie zeichnen sich überwiegend durch eine negative Einstellung gegenüber Produkten und Marken sowie ablehnendem und kritischem Verhalten gegenüber diesen aus.

6.2 Implikationen für die Marketingforschung

Die vorliegende Arbeit hatte zum Ziel, das Thema Designsprünge im Automobilbereich näher zu beleuchten, Einflussgrößen zu identifizieren und Kundensegmente zu bilden. Neben den umfangreichen Handlungsempfehlungen, die sich aus den Untersuchungsergebnissen für die Marketingpraxis hinsichtlich Designsprüngen ableiten lassen, soll der folgende Abschnitt eine Diskussion der Ergebnisse im Hinblick auf einen möglichen Erkenntnisfortschritt für die Marketingforschung liefern sowie eine Reihe von Anknüpfungspunkten für weitere Forschungsaktivitäten darstellen. Diese gilt es im Folgenden zur Vertiefung des Forschungsfeldes vorzustellen.

Aus inhaltlicher Sicht kann die vorliegende Untersuchung vor allem durch die Identifikation zentraler Gestaltungsvariablen und moderierender Kontextfaktoren sowie durch die Segmentierung der Kundengruppen einen grundlegenden Beitrag zur Konkretisierung des Forschungsfeldes Designsprünge leisten. Die theoretisch fundierte Vorgehensweise bei der Konzeptualisierung ermöglicht eine umfassende Darstellung relevanter Gestaltungsvariablen im Hinblick auf die Bewertung von Designsprüngen. Hierbei ließen sich die Einstellung gegenüber der Marke sowie die Persönlichkeitseigenschaft Novelty-Seeking als personenspezifische Determinanten und der Relative Vorteil sowie die Kompatibilität als produktspezifische Determinanten der Akzeptanz gegenüber Designsprüngen identifizieren. Diese vier Konstrukte zeichneten sich ausschließlich durch einen signifikanten Einfluss aus. Auch im Hinblick auf die Erfolgsgrößen zeigte sich, dass diese ebenfalls signifikant durch die Bewertung von Designsprüngen determiniert werden. Des Weiteren wurden die situativen Variablen Markenstärke und Intensität des Designsprungs identifiziert, welche die Relevanz der Kontextfaktoren hinsichtlich der Analyse der Bewertung von Designsprüngen betonen. Anschließend an die Identifikation wurde das Untersuchungsmodell unter Berücksichtigung der beiden Moderatorvariablen untersucht.

[1165] Vgl. Hoffmann et al. (2008).

Als bedeutender wissenschaftlicher Fortschritt ist die Identifikation sowie die empirische Bestätigung des Konstrukts der Akzeptanz des Designsprungs als zentrale Größe im Wirkungsprozess neugestalteter Produkte zu nennen. Das in die Produktentwicklung eingebettete Element des Designsprungs findet in bisherigen Forschungsarbeiten keinerlei Betrachtung. Obwohl dieses Konzept in der unternehmerischen Praxis ein regelmäßig eingesetztes Instrument darstellt, fehlen jegliche empirische Befunde hinsichtlich relevanter Erfolgsgrößen. In der Analyse dieses Zusammenhangs liegt ein wesentlicher Beitrag der vorliegenden Arbeit.

Ein weiterer inhaltlicher Fokus liegt in der Entwicklung von Zielgruppen für Designsprünge. Mit Hilfe einer Segmentierung auf Basis der Stärke der Modellzusammenhänge konnten vier Kundengruppen identifiziert werden, von denen zwei eine relevante Zielgruppen für Designsprünge darstellen („Fans" und „Novelty-Seeker") und zwei weitere („Detractor" und „Skeptiker"), die eher negative Ausprägungen im Kontext von Designsprüngen aufweisen. Auf Basis der untersuchten Moderatorvariablen konnte ein Gruppenvergleich zwischen hoher und niedriger Markenstärke stattfinden. Die Ergebnisse sprechen dafür, dass der Einfluss der Bewertung von Designsprüngen in dem Modell mit geringer Markenstärke deutlich höher ausgeprägt ist als in dem Modell mit hoher Markenstärke.

Neben den inhaltlichen Erkenntnissen liefert die vorliegende Arbeit auch einen Beitrag zur theoretischen Durchdringung des Themenfeldes Designsprung und dessen Bewertung. Dies gilt als Grundlage der vorliegenden Arbeit, da bisher keine wissenschaftlichen Untersuchungen zum Thema Designsprünge existieren. Bezugnehmend auf die Orientierung der Untersuchung an der Konzeption des theoretischen Pluralismus, konnten zur Beantwortung der aufgestellten Forschungsfragen verschiedene theoretische Ansatzpunkte aufgezeigt werden. Hierbei liefern besonders das Modell zur Wirkung von Produktdesign von *Bloch*, das Adoptionsmodell von *Rogers,* die Einstellungstheorie sowie die Theorie der kognitiven Dissonanz erste Hinweise auf potenzielle Gestaltungsvariablen, die es im Rahmen der Bewertung von Designsprüngen zu berücksichtigen gilt.

Nicht zuletzt konnten anhand der vorliegenden Untersuchung auch methodische Fortschritte erzielt werden. Hierbei ist zunächst das der finalen empirischen Untersuchung vorgelagerte Vorgehen hervorzuheben. Zum Zwecke der Identifikation der Ausprägungen der beiden moderierenden Variablen wurden zwei Vorstudien durchgeführt. So konnten in einem ersten Schritt auf der Basis verschiedener Automobilmarken diejenige mit der geringsten sowie die mit der höchsten Markenstärke identifiziert werden. In einem zweiten Schritt wurden anhand sieben grafisch veränderter Abbildungen eines Automobils, diejenigen drei identifiziert, die eine geringe, mittlere und hohe Designsprungintensität aufweisen. Ein weiterer Schwerpunkt der Untersuchung ist in der sorgfältigen Spezifizierung und Operationalisierung der verwendeten Konstrukte zu sehen, welche sich durch eine hohe Güte auszeichnen. Die Beurteilung der Konstruktmessung erfolgte mit Hilfe eines bewährten Kriterienkatalogs für reflektive Messmodelle. Zudem kamen zur Klärung der aufgestellten Forschungsfragen fortgeschrittene multivariate Verfahren zum Einsatz. Die verwendeten Variablen weisen sowohl auf Mess- als auch auf Strukturmodellebene einen signifikanten Einfluss auf. Ergänzend zur Kausalanalyse, bei der das varianzbasierte Schätzverfahren PLS zum Einsatz kam, fand die Clusteranalyse Verwendung. Sie leistete ihren Beitrag in der Segmentierung der Kundengruppen in Bezug auf Designsprünge.

Zusammenfassend lässt sich festhalten, dass so belegen die Ergebnisse der empirischen Studie, das entwickelte Untersuchungsmodell durchaus in der Lage ist, einen signifikanten Erklärungsbeitrag zu den Wirkzusammenhängen zwischen der Akzeptanz - Resistenz gegenüber Designsprüngen, Determinanten, situativen Variablen und Erfolgsgrößen zu leisten. Das Modell besitzt Vorhersagerelevanz für die Bewertung von Designsprüngen im Automobilbereich. Der Forschungsbeitrag der vorliegenden Arbeit stellt neben einem konzeptionellen auch einen methodischen und empirischen Erkenntnisgewinn dar.

Allerdings weist die Untersuchung auch gewisse *Restriktionen* auf, die wiederum Ansatzpunkte für zukünftige Forschungsbemühungen bieten. So war es aufgrund der sehr komplexen Abhängigkeitsbeziehungen zwischen, Marke, Design, Einstellung und Persönlichkeit nicht möglich, alle potenziellen Wirkungszusammenhänge abzubilden und empirisch zu überprüfen. Hierbei sollte in zukünftigen Forschungsarbeiten insbesondere der formalästhetische Aspekt im Rahmen der Untersuchung von Design Berücksichtigung finden. Der formalästhetische Aspekt kommt besonders in subjektiven Gefallensurteilen zum Ausdruck, wobei insbesondere der persönliche Geschmack und aktuelle Trends zu berücksichtigen sind.[1166] Das im Rahmen der vorliegenden Arbeit aufgestellte Untersuchungsmodell verfolgte das Ziel, zunächst einen allgemeinen Erklärungsrahmen für die Akzeptanz gegenüber Designsprüngen zu liefern und sich dem Untersuchungsobjekt Designsprung generell zu nähern. Aus diesem

[1166] Vgl. Kapitel 2.1.2.2.

Grund wurde das subjektive Gefallen im Sinne des formalästhetischen Aspekts nicht bei der Modellentwicklung berücksichtigt, da bewusst die Bewertung der Schönheit des Designsprungs außen vorgelassen wurde. Designsprünge müssen nicht per se schön sein, sondern sie wirken durch ihre optische Differenzierung und Abgrenzung zu anderen Produkten. Lediglich das subjektive Gefallen macht die Schönheit eines Produktes aus – ohne Gefallen kann etwas nicht als schön bewertet werden.[1167] Die Gefahr in der Verwendung des subjektiven Gefallen könnte darin zu sehen sein, dass das Konstrukt eine Art Halo-Effekt einnimmt, der das Gesamtmodell „überstrahlt“ und somit das eigentliche Ziel des Modells, einen allgemeinen Erklärungsrahmen der Akzeptanz gegenüber Designsprüngen abzubilden, durch einen Wahrnehmungseffekt verzerrt wird.

Zudem wurden in der vorliegenden Untersuchung Designsprünge ausschließlich anhand von Automobilen untersucht. Innerhalb dieser Produktkategorie ist zu vermuten, dass bei einem möglichen, aus der positiven Bewertung des Designsprungs resultierenden, Automobilkauf üblicherweise ein hohes Involvement auf Seiten des Konsumenten besteht.[1168] Demnach interessiert für weitere Untersuchungen, inwieweit sich die gefundenen Ergebnisse auch auf andere Produktkategorien übertragen lassen, für die das Design ebenfalls eine große Rolle spielt. Auch die Übertragbarkeit auf Low-Involvement-Produkte, die durch einen meist niedrigeren Kaufpreis auch häufig mit einem geringeren finanziellen Kaufrisiko assoziiert sind, ist dabei von Interesse. So könnten künftige Studien beispielsweise Kompaktkameras, Mobiltelefone und Fernsehgeräte oder auch elektrische Zahnbürsten und Fernbedienungen in den Fokus der Analysen rücken. Diese Produkte haben in den vergangenen Jahren, neben ihrem primären Nutzen, zusätzlich auch im Bereich des Designs einen großen Entwicklungsschritt vorzuweisen. Weiterhin ist durch künftige Forschung zu klären, inwieweit unterschiedlich intensive Designsprünge im direkten Vergleich zu dem aktuell auf dem Markt verfügbaren Produkt bewertet werden. Weitere Forschungsaktivitäten könnten demnach dahingehend stattfinden, dass eine exakte prozentuale Abweichung des Designsprungs von dem ursprünglichen Design identifiziert wird, mit dem am Markt der größte Erfolg erzielt werden kann. Mit einem solchen Wert könnte Herstellern ein ganz konkretes Instrument für die erfolgreiche Gestaltung von Designsprüngen an die Hand gegeben werden.

[1167] Vgl. Kutschera (1988), S. 125 f.

[1168] Vgl. Meffert/Burmann/Kirchgeorg (2008), S. 203. Zu High- und Low-Involvement-Käufen vgl. Meffert/Burmann/Kirchgeorg (2008), S. 109 f.

Bei der Betrachtung des idealen Abstands zwischen Designsprung und Referenzprodukt müssen individuelle Vorstellungen verschiedener Personen hinsichtlich dieser Abweichung berücksichtigt werden. So präferieren einige Konsumenten besonders ausgefallene Designs, da sie stark nach Individualisierung streben, wohingegen andere Kundengruppen besonders das gewohnte, altbewährte Design bevorzugten Diese Idee wurde in der vorliegenden Studie mit Hilfe des Faktors Novelty-Seeking überprüft, jedoch existieren in der persönlichkeitspsychologischen Literatur weitere, für die Marketingforschung interessante Konzepte, wie beispielsweise „Consumer's Need for Uniqueness“[1169] oder „Variety-Seeking“[1170], die es zu berücksichtigen gilt.

Neben den in der vorliegenden Studie betrachteten Konstrukten, denen ein Einfluss auf die Bewertung von Designsprüngen nachgewiesen werden konnte, sollten zukünftig weitere, dem künstlerischen Bereich zuzuordnende Faktoren Berücksichtigung finden. So fehlen bislang empirisch fundierte Kenntnisse bezüglich der Frage nach optimalen Proportionen, Farben, Materialien, Formen etc. Diese gilt es wissenschaftlich zu beantworten, wobei hier eine Zusammenarbeit verschiedener Fachrichtungen wie Marketing, Kunst und Transportation Design denkbar erscheint.

In Anbetracht der Komplexität verhaltenspsychologischer Zusammenhänge kann eine sinnvolle Ergänzung in der Einbeziehung des sozialen Umfelds der potenziellen Käufer liegen. Eine Einbindung dieses Konstrukts könnte in Übereinstimmung mit dem Adoptionsmodell von *Rogers* weiteren Aufschluss über das Wirkgefüge im Rahmen der Bewertung von Designsprüngen liefern. Neben der Ergänzung von Determinanten könnte ein weiterer Ansatzpunkt vertiefender Forschungsarbeiten die Erweiterung des Modells um mögliche nachgelagerte Erfolgsgrößen darstellen. So könnten die Konstrukte Negative-Word-of-Mouth-Verhalten,[1171] Boykottverhalten,[1172] Weiterempfehlung,[1173] Konsumentenvertrauen,[1174] Markterfolg[1175] oder Profitabilität[1176] weitere zukünftig interessierende Erfolgsgrößen darstellen.

1169 Zum Konzept des „Consumer's Need for Uniqueness“ vgl. Tepper-Tian/Bearden (2002); Bauer et al. (2007).
1170 Zum Konzept des „Variety-Seeking“ vgl. Bänsch (1995); Trommsdorff (2009), S. 118 ff.
1171 Zum Negative-Word-of-Mouth-Verhalten vgl. Richins (1983); Radić/Posselt (2009).
1172 Zum Boykottverhalten vgl. Smith (1987); Friedman (1999); Klein/Smith/John (2004); Hoffmann (2008).
1173 Zum Weiterempfehlungsverhalten vgl. Homburg/Faßnacht (1998); Huber/Vollhardt/Siegel (2005).
1174 Zum Konsumentenvertrauen vgl. Doney/Cannon (1997); Kenning (2002); Bauer/Neumann/Schüle (2006); Huber/Regier/Vollhardt (2006).
1175 Zum Markterfolg vgl. Irving (1995); Homburg/Pflesser (2000a); Workman/Homburg/Jensen (2003).

Im Hinblick auf das Untersuchungsdesign ist zu vermuten, dass die Stärke der überprüften Kausalbeziehungen zum Teil mit den Erfahrungswerten der Probanden variieren könnte. So ist bei einer längeren Konfrontation der Probanden mit dem Designsprung zu erwarten, dass sich dieser stärker im Bewusstsein der Personen verankert und im Sinne des Mere-Exposure-Effekts zu einer positiveren Bewertung über den Zeitverlauf führt.[1177] Vor diesem Hintergrund scheint eine langfristig angelegte Studie im Längsschnitt-Design empfehlenswert, um die zeitliche Variation in der Bewertung von Design bzw. Designsprüngen zu untersuchen. Im Vergleich zu Querschnittstudien haben Längsschnittstudien jedoch den Nachteil, dass sie einen wesentlich höheren Zeit- sowie Ressourcenaufwand beanspruchen. Durch die Anwendung verschiedener Vorgehensweisen ist es möglich, die abschließend gewonnenen Forschungserkenntnisse miteinander zu vergleichen und auf Übereinstimmung zu überprüfen, um so noch aussagekräftigere Argumente im Hinblick auf Designsprünge liefern zu können. Es bleibt demnach festzuhalten, dass eine Durchführung weiterer empirischer Studien notwendig erscheint, um die verschiedenen hier gewonnenen Sachverhalte zu bestätigen. Dann ist es möglich, verlässliche Anhaltspunkte für die ideale Gestaltung von Designsprüngen zu erhalten.

Des Weiteren stellt sich die Frage nach unterschiedlichen Designpräferenzen im interkulturellen Vergleich. Vor dem Hintergrund der zunehmenden Globalisierung der Weltwirtschaft gewinnen kulturelle Unterschiede eine immer größere Bedeutung. So scheint es sinnvoll, die Präferenz für Designsprünge für die jeweiligen Ländermärkte zu untersuchen. Somit erfahren weltweit agierende Unternehmen, wie es viele Automobilhersteller sind, ob sich ihr Automobildesign in verschiedenen Ländern und Kulturen in gleicher Weise verkauft oder ob man kulturell angepasste Änderungen im Design vornehmen lassen muss. So sollte der Fokus hierbei insbesondere auf gesellschaftliche und ästhetische Trends innerhalb der verschiedenen Kulturen gelegt werden. Dass Design besonders landes- und mentalitätsabhängig ist, zeigt das Beispiel der *Chevrolet Corvette*, die in den USA zu einem der erfolgreichsten Sportwagen zählt, hingegen ist es dem Hersteller in Europe kaum gelungen, nennenswerte Marktanteile zu erreichen.[1178] So konnten *Kim* und *Lee* in ihrer empirischen Untersuchung Unterschiede zwischen verschiedenen Kulturen im Hinblick auf die Bewertung des Designs von Mobiltelefo-

---

1176 Zur Profitabilität vgl. Fornell (1992); Anderson/Fornell/Lehman (1994); Homburg/Pflesser (2000a), S. 452; Workman/Homburg/Jensen (2003); Morgan/Rego (2009).

1177 Vgl. Abschnitt 3.4.2.

1178 Vgl. Ebel/Hofer (2004), S. 337.

nen feststellen.[1179] Eine vergleichbare Studie führten *Desmet*, *Heckert* und *Jacobs* durch, die deutliche Unterschiede sowohl zwischen als auch innerhalb Kulturen bezüglich emotionaler Reaktionen, ausgelöst durch Automobildesign, fanden.[1180] Auf Basis der psychologischen Literatur zu kulturellen Differenzen scheint es sinnvoll, sowohl individualistische Kulturen als auch kollektivistische Kulturen in die Untersuchungen mit einzubeziehen.[1181] Bislang existieren keinerlei wissenschaftliche Arbeiten zu kulturellen Vergleichen bezüglich Designpräferenzen im Automobilbereich, weshalb dieser Untersuchungsgegenstand für künftige Forschungsvorhaben besonders geeignet erscheint. Auch hier sollte eine systematische und zuverlässige Identifikation zielgruppenspezifischer Präferenzen und Wirkungen von Designsprüngen, spezieller Formen, Farben und Proportionen stattfinden, um eine möglichst effektive, zielgruppen- und länderspezifische Designstrategie zu entwickeln.

Einige empirische Studien konnten zudem verschiedene Soziodemographika als Einflussfaktoren auf die Designpräferenz bzw. Designbewertung bestätigen. *Holbrook* und *Schindler* untersuchten in diesem Kontext beispielsweise, inwieweit Faktoren wie Alter und Geschlecht die Vorlieben und Reaktionen bzgl. eines Produktdesigns beeinflussen können.[1182] *Levy* und *Czepiel* konnten in ihrer Studie einen Unterschied zwischen der oberen Mittelschicht und der Unterschicht hinsichtlich der Präferenz für Design feststellen. Während Probanden aus der oberen Mittelschicht ästhetische Objekte mit Kanten und Struktur präferierten, bevorzugten Probanden der Unterschicht glatte Oberflächen und Kurven.[1183] Neben den individuellen Merkmalen wurde in weiteren Untersuchungen auch die moderierende Wirkung der sozialen Umgebung, der Kultur und der Mode beleuchtet.[1184]

Hält man sich die Ergebnisse der vorliegenden Studie vor Augen, erscheint es nicht nur notwendig, sondern auch lohnenswert, die Forschungsaktivitäten in diesem spannenden Themenfeld fortzuführen und zu intensivieren.

1179 Vgl. Kim/Lee (2005).

1180 Vgl. Desmet/Heckert/Jacobs (2000).

1181 Vgl. Markus/Kitayama (1991); Kitayama/Markus (1994); Markus/Kitayama/Heiman (1996); Fiske et al. (1998).

1182 Vgl. Holbrook/Schindler (1994). Weitere Untersuchungen existieren von Morganosky und Postlewait so wie von Bell, Holbrook und Solomon, vgl. Morganosky/Postlewait (1989); Bell/Holbrook/Solomon (1991).

1183 Vgl. Levy/Czepiel (1974).

1184 Vgl. King/Ring (1980); Holbrook/Hirschman (1982); Holbrook/Anand (1992).

7. Schlussbetrachtung

Ausgangspunkt für die vorliegende Arbeit war die Feststellung, dass eine intensive wissenschaftliche Auseinandersetzung mit dem bislang vernachlässigten Phänomen der Konsumentenakzeptanz gegenüber Designsprüngen bisher nicht stattgefunden hat. Somit soll diese Untersuchung einen Beitrag zur Beantwortung der wichtigen Frage leisten, wie Designsprünge idealerweise gestaltet sein sollten, damit sie bei einer relevanten Zielgruppe am Markt Erfolg hat. Das Konzept des Designsprungs als solches ist ein Novum in der Marketingforschung, obwohl es in der Praxis bereits seit Jahrzehnten ein weit verbreitetes Mittel darstellt, mit geringem zeitlichen wie auch finanziellen Aufwand, neue bzw. neu anmutende Modelle auf den Markt zu bringen. Um diese Forschungslücke zu schließen, wurde ein Kausalmodell auf Basis theoretischer Überlegungen entwickelt, um relevante Einflussfaktoren für die Akzeptanz von Designsprüngen zu identifizieren, und die Effektstärke auf nachgelagerte Erfolgsgrößen zu messen. Hierzu bietet sich der Rückgriff auf Erkenntnisse des Modells zur Bewertung von Produktdesign von *Bloch* sowie des Modells der Adoptionstheorie nach *Rogers* an, da beide Modelle im Hinblick auf die Bewertung von Produktdesign und Innovationen bereits einen wertvollen Beitrag leisten konnten. Die Grundlage der Analyse bildet ein auf Erkenntnissen dieser beiden Ansätze basierendes Hypothesensystem zur Erklärung der Akzeptanz von Designsprüngen auf Kundenseite. Die Relevanz der vorliegenden Untersuchung für die Unternehmenspraxis ergibt sich in erster Linie aus der Ausarbeitung wesentlicher Determinanten für die Akzeptanz von Designsprüngen sowie der Möglichkeit der zielgerichteten Einflussnahme auf relevante Kundengruppen zur Steigerung des Erfolgs von Designsprüngen.

Als einflussreichste Determinante konnte der Relative Vorteil identifiziert werden, wobei auch die übrigen verwendeten Variablen einen signifikanten Einfluss auf die Bewertung von Designsprüngen besaßen. Daraus lässt sich schlussfolgern, dass bei der Konfrontation mit einem Designsprung für den Konsumenten am wichtigsten ist, welchen Nutzen bzw. Vorteil der Kunde im Vergleich zum Vorgängerprodukt des Herstellers wahrnimmt. Zudem erwiesen sich geringe Intensitäten in den Designsprüngen als am meisten erfolgversprechend im Hinblick auf den Erfolg von neugestalteten Fahrzeugen. Gleichzeitig zeigte sich ein positiver Zusammenhang zwischen der Akzeptanz gegenüber Designsprüngen und der Kaufbereitschaft sowie der Zahlungsbereitschaft. Um der Beantwortung der Frage Rechnung zu tragen, inwieweit moderierende Faktoren die Stärke der Beziehungen innerhalb des Modells beeinflussen, gilt es diese in einem Modellvergleich aufzudecken. Als Gruppierungsvariablen fungieren dementsprechend zum einen die Markenstärke und zum anderen die Intensität des Designs, wodurch insgesamt sechs verschiedene Untersuchungsgruppen gebildet wurden. Auf Basis der aus der Untersuchung resultierenden Ergebnisse können Implikationen abgeleitet werden, die zukünftig zu einer Steigerung der Erfolgsquote von Designsprüngen führen. Des Weiteren konnte der Einfluss der Markenstärke sowie der Intensität des Designsprungs auf den Zusammenhang des Untersuchungsmodells nachgewiesen werden, allerdings in einem geringeren Umfang, als zunächst erwartet.

Zur Verbesserung des Erkenntnisstandes hinsichtlich der Bewertung von Designsprüngen sind auf Basis der in Kapitel 1.2 identifizierten Forschungslücken die folgenden Untersuchungsziele formuliert worden:

Forschungsfrage 1: *Welches sind aus Konsumentensicht die zentralen personenbezogenen sowie produktbezogenen Gestaltungsvariablen für die Bewertung von Designsprüngen?*

Als zentrale Gestaltungsvariablen zur Bewertung von Designsprüngen konnten anhand der vorliegenden Untersuchung vier Faktoren identifiziert werden. Auf Basis theoretischer Grundlagen, einer intensiven Analyse der relevanten Literatur sowie eigener konzeptioneller Überlegungen können diese Variablen den beiden Dimensionen der personenspezifischen und der produktspezifischen Faktoren zugeordnet werden. Als personenspezifische Gestaltungsvariablen wurden die Einstellung gegenüber der Marke sowie die Persönlichkeitseigenschaft Novelty-Seeking identifiziert, die produktspezifischen Gestaltungsvariablen werden durch den Relativen Vorteil sowie die Kompatibilität repräsentiert. Diese vier Variablen erhielten daraufhin Eingang in die finale Untersuchung.

Forschungsfrage 2: *Weisen die zentralen Gestaltungsvariablen einen Effekt auf die Akzeptanz von Designsprüngen auf?*

Zur Erklärung der Akzeptanz von Designsprüngen fanden die in Forschungsfrage 1 berücksichtigten Gestaltungsvariablen Verwendung. Hierzu ist zu konstatieren, dass die identifizierten Gestaltungsvariablen die Akzeptanz von Designsprüngen im allgemeinen Modell zu 52 % erklären konnten. Dabei ist der Einfluss des wahrgenommenen Relativen Vorteils, mit einem Pfadkoeffizienten von 0,59, als am höchsten auf das zentrale Konstrukt anzusehen und es somit zur bedeutendsten Steuergröße für die Bewertung von Designsprüngen macht. Alle Verwendung findenden Gestaltungsvariablen sind als signifikant zu bewerten, wodurch sich ein Einfluss jeder einzelnen der vier Determinanten auf die Bewertung von Designsprüngen vermuten lässt. Aus diesen Ergebnissen ist deutlich ablesbar, dass insbesondere der Relative Vorteil erhebliche positive Auswirkungen auf die Bewertung von Designsprüngen besitzt.

Forschungsfrage 3: Welche Reaktionen werden auf Kundenseite durch Designsprünge ausgelöst?

Die auf Basis der Recherchen identifizierten Reaktionen auf Kundenseite sind durch die zwei Erfolgsfaktoren der Kaufbereitschaft und der Zahlungsbereitschaft repräsentiert. Der Einfluss der Akzeptanz von Designsprüngen auf die beiden Erfolgsgrößen ist jeweils als signifikant zu bewerten, wobei der Einfluss mit einem Effekt von 0,44 auf die Kaufbereitschaft als höher zu bewerten ist als der auf die Zahlungsbereitschaft. Somit kann festgehalten werden, dass die Bewertung von Designsprüngen, unabhängig davon, ob diese positiv oder negativ ausfällt, einen deutlichen Einfluss auf potenzielle Erfolgsgrößen aus Unternehmenssicht besitzt.

Forschungsfrage 4: Wie unterscheidet sich die Bewertung von Designsprüngen in Abhängigkeit verschiedener Kontextfaktoren?

Als relevante Kontextfaktoren im Rahmen der Bewertung von Designsprüngen konnten sowohl die Markenstärke als auch die Intensität des Designsprungs identifiziert werden. Aufgrund der vorliegenden Ergebnisse kann konstatiert werden, dass die ausgewählten Kontextfaktoren zu einer Variation der Gestaltungsvariablen im Einfluss auf die Bewertung von Designsprüngen sowie damit einhergehend auf die Erfolgsgrößen führen. Neben den Effektstärken ist in den sechs Versuchsgruppen auch der Anteil der erklärten Varianz der Erfolgsvariablen unterschiedlich hoch ausgeprägt. Somit scheint es für die Gestaltung von Designsprüngen notwendig, neben den relevanten Gestaltungsvariablen vor allem die wesentlichen Rahmenbedingungen zu berücksichtigen und Designsprünge nicht ohne deren expliziter Betrachtung und Analyse einzuführen.

Forschungsfrage 5: Besitzen verschiedene Ausprägungen von Designsprüngen unterschiedliche Auswirkungen hinsichtlich der Akzeptanz von Designsprüngen?

Auf Basis der in Forschungsfrage 4 identifizierten Kontextfaktoren der Markenstärke sowie der Intensität des Designsprungs wurden anschließend die Teilstichproben betrachtet. So zeigte sich im Hinblick auf die Markenstärke besonders der Einfluss der Einstellung gegenüber der Marke auf die Bewertung von Designsprüngen in der Stichprobe mit hoher Markenstärke signifikant höher ausgeprägt als mit niedriger Markenstärke. Jedoch konnte entgegen der Erwartungen in der Gruppe mit geringer Markenstärke ein deutlich höherer Effekt der Bewertung von Designsprüngen auf die Erfolgsgrößen der Kauf- sowie Zahlungsbereitschaft festgestellt werden als in der Gruppe mit hoher Markenstärke. In den Stichproben mit unterschiedlichen Designsprungintensitäten zeigten sich deutliche Unterschiede zwischen geringen und starken Intensitäten des Designsprungs. Überraschenderweise sind bei starken Designsprungintensitäten deutlich größere Einflüsse der Kompatibilität auf die Bewertung des Designsprungs zu erkennen als bei geringen Designsprungintensitäten. Der Einfluss der Akzeptanz auf die Kaufbereitschaft ist jedoch bei starken Abweichungen im Design signifikant höher als in der Stichprobe mit geringen Abweichungen.

Forschungsfrage 6: Inwiefern lassen sich Gruppenunterschiede in Bezug auf die Bewertung von Designsprüngen identifizieren?

Auf Basis der Analyse der Gestaltungsvariablen konnten unter Zuhilfenahme der Clusteranalyse vier Kundensegmente im Hinblick auf Designsprünge gebildet werden. Die identifizierten Gruppen unterscheiden sich zum Teil hinsichtlich der Erfolgsgrößen für den Automobilhersteller. Aus den Ergebnissen resultiert die Annahme, dass „Novelty-Seeker“ (Cluster 1) und „Fans“ (Cluster 2) teilweise deutlich höhere Ausprägungen in der Bewertung von Designsprüngen sowie in den Erfolgsvariablen aufweisen als die beiden anderen Cluster. Zwischen den Clustern lassen sich ebenfalls zum Teil relevante Unterschiede identifizieren. So schneidet die Gruppe der „Fans“ am erfolgreichsten ab, gefolgt von den „Novelty-Seekern“. Das Kundensegment der „Skeptiker“ (Cluster 3) weist deutlich schwächere Ausprägungen in den Erfolgsgrößen auf, gefolgt von den „Detractor“ (Cluster 4), die über alle drei Variablen (Bewertung von DS, Kaufbereitschaft und Zahlungsbereitschaft) hinweg den signifikant niedrigsten Wert erreichen. Mit diesem Ergebnis stehen dem Marketing Ansatzpunkte zur Verfügung, für das Unternehmen relevante Zielgruppen zu identifizieren, deren Vorzüge im Hinblick auf Designsprünge zu analysieren und zielgerichtete Marketingkampagnen zu entwickeln.

Insgesamt wurden sechs Forschungsziele verfolgt. In Anbetracht der hierbei gewonnenen konzeptionellen, methodischen und empirischen Ergebnisse können sämtliche Ziele als erfüllt bewertet werden.

Ein weiteres Ziel der vorliegenden empirischen Untersuchung bestand darin, anwendbare und erfolgversprechende Implikationen für die Unternehmenspraxis, im Besonderen für Designer, Marketing und Geschäftsführung abzuleiten und Handlungsempfehlungen zu präsentieren. Hierbei standen vor allem die Diskussion zum Einsatz verschiedener Werbemaßnahmen zur Vermarktung des neudesignten Automobils sowie Methoden der Einstellungsänderung und Faktoren, die es bei der Entwicklung von Designsprüngen zu beachten gilt, im Vordergrund. Die konsequente Ausrichtung des Designsprungs an den Vorstellungen, die der Verbraucher in Bezug auf die Marke und die Vorgängermodelle besitzt, ist dabei unabdingbar. Zudem sollte die Vermittlung von durch den Designsprung implizierten Vorteilen durch eine effektive Kommunikation an die relevanten Kundenzielgruppen sichergestellt werden. Abschließend konnten im Rahmen einer kritischen Auseinandersetzung des Untersuchungsdesigns bedeutende Ansatzpunkte für zukünftige Forschungsvorhaben identifiziert werden. Die Notwendigkeit weiterer Untersuchungen ergibt sich aus der Tatsache, dass Designsprünge ein großes Potenzial für Automobilhersteller sowie für eine Vielzahl anderer Industrien bieten und besondere Herausforderungen für die Bereiche Marketing und Design eines Unternehmens darstellen. Somit gelingt es der vorliegenden Arbeit einen Teil der Wissenslücke auf Seiten der Automobilhersteller zu schließen, wie eine effektive Ansprache der Zielgruppen im Hinblick auf Designsprünge erreicht werden kann.

Eine der wichtigsten Voraussetzungen für eine erfolgreiche Designpolitik ist darin zu sehen, dass sowohl Unternehmensleitung als auch das mittlere Management ein hinreichendes Bewusstsein für die Bedeutung von Design, aber auch für die Notwendigkeit von Innovationen sowie die Relevanz der Differenzierung vom Wettbewerb besitzen.[1185] Automobildesigner müssen gute Psychologen sein und sie müssen den Geschmack der Verbraucher und zukünftige Trends Jahre im Voraus ahnen. Denn die Konsumenten sind es, die über Erfolg oder Miss-

[1185] Vgl. Herrmann/Moeller (2010), S. 442.

erfolg eines Produktes am Markt entscheiden. Eine Fehleinschätzung dessen, was der Kunde will, kann fatale finanzielle sowie Imagefolgen für Unternehmen haben.[1186]

[1186] Vgl. Handelsblatt (am 16.05.2002).

Literaturverzeichnis

A

Aaker, D. A./Keller, K. L. (1990): Consumer Evaluations of Brand Extensions, in: Journal of Marketing, Vol. 54 (January), pp. 27-41.

Aaker, D. A./Kumar, V./Day, G. S. (2003): Marketing Research, 7th edition, New York.

Abel, B. (1979): Machttheoretische Modelle und Individualismus als Ansatzpunkt der unternehmensbezogenen Konfliktforschung, in: Dlugos, G. (Hrsg.): Unternehmensbezogene Konfliktforschung, Stuttgart, S. 45-67.

Abrahams, P. (1990): (Secret Weapon) Design Hailed as Secret Weapon for Business Success, in: Financial Times (17.10.1990), p. 10.

Achleitner, A.-K./Bassen, A./Pietzsch, L. (2001): Kapitalmarktkommunikation von Wachstumsunternehmen, Stuttgart.

Agresti, A. (1996): An Introduction to Categorical Data Analysis, New York.

Ahlert, D. (2007): Bedeutung der Produktverpackung für die Markenpräferenz im Kontext internationaler Markenführung in der FMCG-Branche, Münster.

Ahluwalia, R./Gürhan-Canli, Z. (2000): The Effects of Extensions on the Family Brand Name: An Accessibility-Diagnosticity Perspective, in: Journal of Consumer Research, Vol. 27, No. 3, pp. 371-381.

Ajzen, I. (1987): Attitudes, Traits and Actions: Dispositional Prediction of Behavior in Personality and Social Psychology, in: Advances in Experimental Psychology, Vol. 20, pp. 1-63.

Ajzen, I. (1989): Attitude Structure and Behavior, in: Pratkanis, A. R./Breckler, S. J. /Greenwald, A. G. (Eds.): Attitude Structure and Function, Hillsdale, pp. 241-274.

Ajzen, I. (1991): The Theory of Planned Behavior, in: Organizational Behavior and Human Decision Processes, Vol. 50, pp. 179-211.

Ajzen, I. (1993): Attitude Theory and the Attitude-Behavior Relation, in Krebs, D./Schmidt, P. (Eds.): New Directions in Attitude Measurement, Berlin/New York, pp. 41-57.

Ajzen, I. (2001): Nature and Operation of Attitudes, in: Annual Review of Psychology, Vol. 52, pp. 27-58.

Ajzen, I. (2005): Attitudes, Personality, and Behavior, 2nd edition, Milton-Keynes.

Ajzen, I./Fishbein, M. (1973): Einstellungs- und normative Variablen als Prädiktor für spezifische Verhaltensweisen, in: Stroebe, W. (Hrsg.): Sozialpsychologie, Erster Band: Interpersonale Wahrnehmung und soziale Einstellungen, Darmstadt, S. 404-443.

Ajzen, I./Fishbein, M. (1980): Understanding Attitudes and Predicting Social Behavior, Englewood Cliffs.

Albarracín, D./Johnson, B. T./Fishbein, M./Muellerleile, P. A. (2001): Theories of Reasoned Action and Planned Behavior as Models of Condom Use: A Meta-Analysis, in: Psychological Bulletin, Vol. 127, pp. 142-161.

Albers, S./Hildebrandt, L. (2006): Methodische Probleme bei der Erfolgsfaktorenforschung – Messfehler, formative versus reflektive Indikatoren und die Wahl des Strukturgleichungs-Modells, in: Schmalenbachs Zeitschrift für betriebswirtschaftliche Forschung, Vol. 58 (Februar), S. 2-33.

Albers, S./Litfin, T. (2001): Adoption und Diffusion, in: Albers, S./Clement, M./Peters, K./ Skiera, B. (Hrsg.): Marketing mit interaktiven Medien, 3. Auflage, Frankfurt, S. 116-130.

Aldenderfer, M. S./Blashfield, R. K. (1984): Cluster Analysis, Sage University Paper, Beverly Hills/London/New Delhi.

Aldrich, J. H./Nelson, F. D. (1984): Linear Probability, Logit, and Probit Models, Beverly Hills.

Allport, G. W. (1967): Attitudes, in: Fishbein, M. (Ed.): Readings in Attitude Theory and Measurement, New York, pp. 1-13.

Al-Sibai, J. (2004): Bewertung der Prognosegenauigkeit von Produktkliniken bei der Einführung neuer Produkte am Beispiel der Automobilindustrie, in: Ebel, B./Hofer, M. B/Al-Sibai, J. (Hrsg.): Automotive Management – Strategie und Marketing in der Automobilwirtschaft, Berlin/Heidelberg/New York, S. 335-348.

Amelang, M./Bartussek, D. (2006): Differentielle Psychologie und Persönlichkeitsforschung, 6. Auflage, Stuttgart.

Anand, P./Holbrook, M. B. (1990): Reinterpretation of Mere Exposure or Exposure of Mere Reinterpretation?, in: Journal of Consumer Research, Vol. 17 (September), pp. 242-244.

Anderberg, M. E. (1973): Cluster Analysis for Applications, New York.

Anderson, E. B. (1997): Introduction to the Statistical Analysis of Categorical Data, Berlin.

Anderson, J. R. (1983): The Architecture of Cognition, Cambridge.

Anderson, E. W./Fornell, C./Lehmann, D. R. (1994): Customer Satisfaction, Market Share, and Profitability, in: Journal of Marketing, Vol. 56 (July), pp. 53-66.

Andrews, J. C./Burton, S./Netemeyer, R. G. (2001): Are Some Comparative Nutrition Claims Misleading? The Role of Nutrition Knowledge, Ad Claim Type and Disclosure Conditions, in: Journal of Advertising, Vol. 29, No. 3, pp. 29-42.

Andrews, J. C./Netemeyer, R. G./Burton, S. (1998): Consumer Generalization of Nutrient Content Claims in Advertising, in: Journal of Marketing, Vol. 62 (October), pp. 62-75.

Andrew, J. P./Sirkin, H. L./Haaæs, K./Michael, D. C. (2006): Innovation 2007, Boston Consulting Group. The bibliography references additional innovation surveys by other leading consulting firms (abgerufen am 20.11.2010): http://www.bcg.ch/fileadmin/media/pdf/innovation_2007.pdf.

Anker, S. (2010): Siegeszug der Designer, in: Welt am Sonntag, Nr. 31, vom 01.08.2010, S. 45 (abgerufen am 20.11.2010): http://www.welt.de/die-welt/motor/article8755742/Siegeszug-der-Designer.html.

Anstadt, U. (1994): Determinanten der individuellen Akzeptanz bei Einführung neuer Technologien: Eine empirische arbeitswissenschaftliche Studie am Beispiel von CNC-Werkzeugmaschinen und Industrierobotern, Frankfurt.

Anzenbacher, A. (2002): Einführung in die Philosophie, 8. Auflage, Freiburg.

Arabie, P./Hubert, L. (1994): Cluster Analysis and Marketing Research, in: Bagozzi, R. P. (Ed.): Advanced Methods of Marketing Research, Cambridge, MA, pp. 160-189.

Arbuckle, J. L. (1999): Amos 4.01 (Computer Software), Chicago.

Archer, L. B. (1971): Technological Innovation – A Methodology, Frimeley/Surrey.

Archer, L. B. (1974): Design Awareness and Planned Creativity, Design Council, London.

Armitage, C. J./Conner, M. (2001): Efficacy of the Theory of Planned Behaviour: A Meta-Analytic Review, in: British Journal of Social Psychology, Vol. 40, pp. 471-499.

Arndt, J. (1967): Role of Product-Related Conversations in the Diffusion of a New Product, in: Journal of Marketing Research, Vol. 4, pp. 291-295.

Aronson, E./Wilson, T. D./Akert, R. M (2004): Sozialpsychologie, 4. Auflage.

Aronson, E./Wilson, T. D./Akert, R. M (2008): Sozialpsychologie, 6. Auflage.

Arthur D. Little International (1990): Praxis des Design-Management, Frankfurt/New York.

Ashby, F. G./Maddox, W. T. (1998): Stimulus Categorization, in: Biernbaum, M. H. (Ed.): Measurement, Judgement and Decision Making, New York, pp. 251-301.

Atteslander, P. (2003): Methoden der empirischen Sozialforschung, 10. Auflage, Berlin/New York.

Atteslander, P. (2006): Methoden der empirischen Sozialforschung, 11. Auflage, Berlin.

Au, A. K.-M./Enderwick, P. (2000): A Cognitive Model on Attitude towards Technology Adoption, in: Journal of Managerial Psychology, Vol. 15, No. 4, pp. 266-282.

B

Bacher, J. (1996): Clusteranalyse, 2. Auflage, München/Wien.

Backhaus, K. (1999): Industriegütermarketing, 6. Auflage, München.

Backhaus, K./Erichson, B./Plinke, W./Weiber, R. (2000): Multivariate Analysemethoden – Eine Anwendungsorientierte Einführung, 9. Auflage, Berlin.

Backhaus, K./Erichson, B./Plinke, W./Weiber, R. (2006): Multivariate Analysemethoden – Eine anwendungsorientierte Einführung, 11. Auflage, Berlin.

Backhaus, K./Voeth, M./Sichtmann, C./Wilken, R. (2005b): Conjoint-Analyse versus direkte Preisabfrage zur Erhebung von Zahlungsbereitschaften, in: Die Betriebswirtschaft, Jg. 65, Nr. 5, S. 439-457.

Backhaus, K./Wilken, R./Voeth, M./Sichtmann, C. (2005a): An Empirical Comparison of Methods to Measure Willingness to Pay by Examining the Hypothetical Bias, in: International Journal of Market Research, Vol. 47, No. 5, pp. 543-562.

Bagozzi, R. P. (1981): Causal Modeling: A General Method for Developing and Testing Theories in Consumer Research, in: Advances in Consumer Research, Vol. 3, No. 1, pp. 195-202.

Bagozzi, R. P./Baumgartner, J./Yi, Y. (1989): An Investigation into the Role of Intentions as Mediators of the Attitude-Behavior Relationship, in: Journal of Economic Psychology, Vol. 10, pp. 35-62.

Bagozzi, R.P./Fornell, C. (1982): Theoretical Concepts, Measurements, and Meaning, in: Fornell, C. (Ed.): A Second Generation of Multivariate Analysis, 2nd edition, pp. 24-38, New York.

Bagozzi, R. P./Lee, K. H. (1999): Consumer Resistance to, and Acceptance of Innovations, in: Advances in Consumer Research, Vol. 26, pp. 218-225.

Bagozzi, R. P./Yi, Y. (1988): On the Evaluation of Structural Equation Models, in: Journal of the Academy of Marketing Science, Vol. 16, No. 1, pp. 74-94.

Bagwell, S. L./Bernheim, D. B. (1996): Veblen Effects in a Theory of Conspicuous Consumption, in: The American Economic Review, Vol. 86, No. 3, pp. 349-377.

Bähr-Seppelfricke, U. (1999): Diffusion neuer Produkte: der Einfluss von Produkteigenschaften, Wiesbaden.

Bähr-Seppelfricke, U. (2000): Die Wirkung von Produkteigenschaften auf die Diffusion von Produktgruppen – Empirische Überprüfung in einem aggregierten Diffusionsmodell, in: Manuskripte aus den Instituten für Betriebswirtschaftslehre der Universität Kiel, Nr. 525.

Balderjahn, I. (1985): Strukturen sozialen Konsumentenverhaltens, in: Marketing ZFP, Jg. 7, Nr. 4, S. 253-262.

Balderjahn, I. (1986): Das umweltbewusste Konsumentenverhalten: Eine empirische Studie, Berlin.

Balderjahn, I. (2003): Erfassung der Preisbereitschaft, in: Diller, H./Herrmann, A. (Hrsg.): Handbuch Preispolitik, Wiesbaden, S. 387-404.

Bamberg, S./Rölle, D. (2003): Determinants of People`s Acceptability of Pricing Measures: Replication and Extension of a Causal Model, in: Schade, J./Schlag, B. (Eds.): Acceptability of Transport Pricing Strategies, Amsterdam, pp. 235-248.

Bänsch, A. (1995): Variety Seeking – Marketingfolgerungen aus Überlegungen und Untersuchungen zum Abwechslungsbedürfnis von Konsumenten, in: Jahrbuch der Absatz- und Verbrauchsforschung, Jg. 4, S. 343-365.

Bänsch, A. (2002): Käuferverhalten, 9. Auflage, München.

Barnett, H. G. (1953): Innovation: the Basis of Cultural Change, New York.

Baron, R. M./Kenny, D. A. (1986): The Moderator-Mediator Variable Distinction in Social Psychological Research: Conceptual, Strategic, and Statistical Considerations, in: Journal of Personality and Social Psychology, Vol. 51, No. 6, pp. 1173-1182.

Batinic, B. (2001): Datenqualität bei internetbasierten Befragungen, in: Theobald, A./Dreyer, M./Starsetzki, T. (Hrsg.): Online-Marktforschung, Wiesbaden, S. 115-132.

Batra, R./Ray, M. L. (1986): Affective Responses Mediating Acceptance of Advertising, in: Journal of Consumer Research, Vol. 13, No. 2, pp. 234-249.

Batra, R./Stayman, D. M. (1990): The Role of Mood in Advertising Effectiveness, in: Journal of Consumer Research, Vol. 17, No. 2, pp. 203-214.

Bauer, R. A. (1960): Consumer Behavior as Risk Taking, in: Hancock, R. (Ed.): Dynamic Marketing for a Changing World, Proceeding of the 43th Conference of the American Marketing Association, Chicago, pp. 389-398.

Bauer, H. H./Haber, T. E./Reichardt, T./Bökamp, M. (2006): Akzeptanz von Location Based Services - Eine empirische Untersuchung, Wissenschaftliches Arbeitspapier Nr. W096, Institut für Marktorientierte Unternehmensführung, Universität Mannheim.

Bauer, H. H./Huber, F. (1998): Warum die Markenpolitik auch über das Jahr 2000 hinaus wirkt (1. Teil), in: Markenartikel, Jg. 60, Nr. 1, S. 36-41.

Bauer, H. H./Huber, F./Hett, M./Neumann, M. M. (2007): Bedürfnis nach einzigartigen Produkten. Zwei Studien zu Consumer's Need for Uniqueness und dem Bedürfnis der Verbraucher nach einzigartigen Produkten, Arbeitspapier Nr. W113, Institut für Marktorientierte Unternehmensführung, Universität Mannheim.

Bauer, H. H./Neumann, M. M./Haber, T. E./Olic, K. (2005): Markendifferenzierung mittels irrelevanter Attribute - Eine experimentelle Studie, Arbeitspapier Nr. W85, Institut für Marktorientierte Unternehmensführung, Universität Mannheim.

Bauer, H. H./Neumann, M. M./Schüle, A. (2006): Konsumentenvertrauen, München.

Baumberger, J./Gmür, U./Käser, H. (1973): Ausbreitung und Übernahme von Neuerungen. Ein Beitrag zur Diffusionsforschung.,2 Bände, Bern/Stuttgart.

Baumgarth, C. (2003): Wirkungen des Co-Brandings – Erkenntnisse durch Mastertechnikpluralismus, Habilitation, Wiesbaden.

Beauducel, B./Brocke, B./Strobel, A./Strobel, A. (1999): Construct Validity of Sensation Seeking: Validity Results of a Psychometric Investigation, in: Zeitschrift für Differentielle und Diagnostische Psychologie, Nr. 20, S. 155-171.

Behrens, G. (1991): Konsumentenverhalten: Entwicklung, Abhängigkeiten, Möglichkeiten, 2. Auflage, Heidelberg.

Belk, R. W. (1975): Situational Variables in Consumer Behavior, in: Journal of Consumer Research, Vol. 2 (December), pp. 157-164.

Belk, R. W. (1988): Professions and the Extended Self, in: Journal of Consumer Research, Vol. 15, pp. 139-168.

Belk, R. W. (2003): Shoes and Self, in: Advances in Consumer Research, Vol. 30, pp. 27-33.

Bell, S./Holbrook, M. B./Solomon, M. R. (1991): Combining Aesthetic and Social Value to Explain Preferences for Product Styles with the Incorporation of Personality and Ensemble Effects, in: Journal of Social Behavior and Personality, Vol. 6, No. 6, pp. 243-274.

Benjamin, J./Li, L./Patterson, C./Greenberg, B. D./Murphy, D. L./Hamer, D. H. (1996): Population and Familial Association Between the D4 Dopamine Receptor Gene and Measures of Novelty Seeking, in: Nature Genetics, Vol. 12, pp. 81-84.

Bentler, P. M./Wu, E. J. C. (1995): EQS for Windows User's Guide, Encino, CA.

Bergkvist, L./Rossiter, J. R. (2007): The Predictive Validity of Multiple-Item Versus Single-Item Measures of the Same Constructs, in: Journal of Marketing Research, Vol. 44, No. 2, pp. 175-184.

Bergmann, G. (1994): Designmanagement in turbulenter Umwelt – ganzheitlich – kommunikativ – ökologisch, in: Schmitz, A. C. (Hrsg.): Managementfaktor Design, München, S. 3-66.

Berkowitz, L. (1965): Cognitive Dissonance and Communication Preferences, in: Human Relations, Vol. 18, pp. 361-372.

Berkowitz, M. (1987a): Product Shape as a Design Innovation Strategy, in: Journal of Product Innovation Management, Vol. 4, pp. 274-283.

Berkowitz, M. (1987b): The Influence of Shape on Product Preferences, in: Advances in Consumer Research, Vol. 14, p. 559.

Berlyne, D. E. (1960): Conflict, Arousal and Curiosity, New York.

Berlyne, D. E. (1963): Motivational Problems Raised by Exploratory and Epistemic Behavior, in: Koch, S. (Ed.): Psychology: A Study of Science, New York, pp. 284-364.

Berlyne, D. E. (1968): The Motivational Significance of Collative Variables, in: Abelson, R./McGuire, W. J./Newcomb, T. M./Rosenberg, M. J./Tannenbaum, P. H. (Eds.): Theories of Cognitive Consistency, Chicago, pp. 275-288.

Berlyne, D. E. (1970): Novelty, Complexity and Hedonic Value, in: Perception and Psychophysics, Vol. 8 (November), pp. 279-286.

Berlyne, D. E. (1971): Aesthetics and Psychobiology, New York.

Berlyne, D. E. (1972): Ends and Means of Experimental Aesthetics, in: Canadian Journal of Psychology, Vol. 26, pp. 303-325.

Berlyne, D. E. (1974a): Studies in the New Experimental Aesthetics: Steps Toward an Objective Psychology of Aesthetic Appreciation, New York.

Berlyne, D. E. (1974b): Konflikt, Erregung und Neugier, Stuttgart.

Berlyne, D. E./Borsa, D. M./Craw, M. A./Gelman, R. S./Mandell, E. E. (1965): Effects of Stimulus Complexity and Induced arousal on Paired-Associate Learning, in: Journal of Verbal Learning and Verbal Behavior, Vol. 4, pp. 291-299.

Berlyne, D. E./Lawrence, G. (1964): Effects of Complexity and Incongruity Variables on GSR, Investigatory Behavior and Verbally Expressed Preference, in: Journal of General Psychology, Vol. 71, pp. 21-45.

Berndt, R. (1996): Marketing, Käuferverhalten, Marktforschung und Marketingprognosen, 3. Auflage, Berlin.

Berndt, R. (2003): Marketingstrategie und Marketingpolitik, 4. Auflage, Berlin/Heidelberg/New York.

Bernsen, J. (1990): Twelve Principles of Design Management, in: Oakley, M. (Ed.): Design Management – A Handbook of Issues and Methods, Oxford/Cambridge, pp. 85-95.

Berscheid, E./Reis, H. T. (1998): Attraction and Close Relationships, in: Gilbert, D. T./Fiske, S. T./Lindzey, G. (Eds.): The Handbook of Social Psychology, 4th edition, New York, pp. 193-281.

Betzin, J./Henseler, J. (2005): Einführung in die Funktionsweise des PLS-Algorithmus, in: Bliemel, F./Eggert, A./Fassot, G./Henseler, J. (Hrsg.): Handbuch PLS Pfadmodellierung: Methode – Anwendung – Praxisbeispiele, Stuttgart, S. 49-70.

Beverland, M. B. (2005): Managing the Design Innovation-Brand Marketing Interface: Resolving the Tension Between Artistic Creation and Commercial Imperatives, in: Journal of Product Innovation Management, Vol. 22, No. 2, pp. 193-207.

Bhat, S./Reddy, S. K. (2001): The Impact of Parent Brand Attribute Associations and Affect on Brand Extension Evaluation, in: Journal of Business Research, Vol. 53, No. 3, pp. 111-122.

Bialek, C. (2010): Unternehmensstrategie - Design verbessert Absatzchancen, in: Handelsblatt online vom 01.04.2010 (abgerufen am 13.09.2010): http://www.handelsblatt.com/unternehmensstrategie-design-verbessert-absatzchancen;2550345.

Bierhoff, H.-W. (2000): Sozialpsychologie: Ein Lehrbuch, Stuttgart.

Binsack, M. (2003): Akzeptanz neuer Produkte. Vorwissen als Determinante des Innovationserfolgs, Wiesbaden.

Birkigt, K./Stadler, M. M./Funck, H. J. (2000): Corporate Identity - Grundlagen, Funktionen, Fallbeispiele, 10. Auflage, Landsberg/Lech.

Bitner, M. J. (1992): Servicescapes – The Impact of Physical Surroundings on Customers and Employees, in: Journal of Marketing, Vol. 56, pp. 57-71.

Blackwell, R. D./Miniard, P. W./Engel, J. E. (2001): Consumer Behavior, 9th edition, Fort Worth.

Bloch, P. H. (1995): Seeking the Ideal Form: Product Design and Consumer Response, in: Journal of Marketing, Vol. 59, pp. 16-29.

Bloch, P. H./Brunel, F. F./Arnold, T. J. (2003): Individual Differences in the Centrality of Visual Product Aesthetics: Concept and Measurement, in: Journal of Consumer Research, Vol. 29, No. 4, pp. 551-565.

BMW Group (2009): Der neue BMW 7er – Entwicklung und Technik, Wiesbaden.

Bohlen, J. M. (1968): Research Needed on Adoption Models, in: Diffusion Research Needs, Columbia: Missouri Agricultural Experiment Station, North Central Regional Research Bulletin, Vol. 186, pp. 15-21.

Böhler, H. (1992): Marktforschung, 2. Auflage, Stuttgart.

Bohner, G. (2003): Einstellungen, in: Stroebe, W./Jonas, K./Hewstone, M. (Hrsg.): Sozialpsychologie, 4. Auflage, Berlin/Heidelberg/New York, S. 265-318.

Bohner, G./Stahlberg, D./Frey, D. (1999): Soziale Einstellungen, in: Graf, H. C./Frey, D. (Hrsg.): Arbeits- und Organisationspsychologie, Weinheim, S. 373-384.

Böhringer, P./Bühler, P./Schlaich, P. (2008): Mediengestaltung, 4. Auflage, Berlin/ Heidelberg.

Bollen, K. A. (1989): Structural Equations with Latent Variables, New York.

Bollen, K. A./ Lennox, R. (1991): Conventional Wisdom on Measurement: A Structural Equation Perspective, in: Psychological Bulletin, Vol. 110, No. 2, pp. 305-314.

Bone, P. F./Ellen, P. S. (1992): The Generation and Consequences of Communication-Evoked Imagery, in: Journal of Consumer Research, Vol. 19, No. 1, pp. 93-104.

Borchert, J./Goos, P./Hagenhoff, S. (2003): Innovations- und Technologiemanagement. Eine Bestandsaufnahme, Arbeitspapier Nr. 4, Universität Göttingen.

Borja de Mozota, B. (2003): Design Management, New York.

Borja de Mozota, B. (2004): Design Management: Using Design to Build Brand Value, New York.

Bornstein, R. F. (1989): Exposure and Affect: Overview and Meta-Analysis of Research 1968-1987, in: Psychological Bulletin, Vol. 106, pp. 265-289.

Bornstein, R. F./Kale, A. R./Cornell, K. R. (1990): Boredom as a Limiting Condition on the Mere Exposure Effect, in: Journal of Personality and Social Psychology, Vol. 58, pp. 791-800.

Bouchard, C./Aoussat, A./Duchamp, R. (2006): Role of Sketching in Conceptual Design of Car Styling, in: Journal of Design Research, Vol. 5, No. 1, pp. 116-148.

Bouchenoire, J.-L. (2003): Steering the Brand in the Auto Industry, in: Design Management Journal, Vol. 14, No. 1, pp. 10-18.

Boush, D. M./Loken, B. (1991): A Process-Tracing Study of Brand Extension Evaluation, in: Journal of Marketing Research, Vol. 28 (February), pp. 16-28.

Boyle, K. J./Johnson, F. R./McCollum, D. W./Desvousges, W. H./Dunford, R. W./Hudson, S. P. (1996): Valuing Public Goods: Discrete versus Continuous Contingent-Valuation Responses, in: Land Economics, Vol. 72, No. 3, pp. 381-396.

Braess, H.-H./Seiffert, U. (2007): Vieweg Handbuch Kraftfahrzeugtechnik, Wiesbaden.

Brauer, G. (2007): Erfolgsfaktor Design-Management: Ein Leitfaden für Unternehmer und Designer, Basel.

Braunstein, C. (2001): Einstellungsforschung und Kundenbindung, Wiesbaden.

Breckler, S. J. (1984): Empirical Validation of Affect, Behavior, and Cognition as Distinct Components of Attitude, in: Journal of Personality and Social Psychology, Vol. 47, pp. 1191-1205.

Brennan, R. (1995): Cases in Marketing Management, London.

Brennan, V. (2010): Navigating Social Media in the Business World, in: Licensing Journal, Vol. 30, No. 1, pp. 8-12.

Briesch, R./Krishnamurthi, L./Mazumdar, T./Raj, S. (1997): A Comparative Analysis of Reference Price Models, in: Journal of Consumer Research, Vol. 24, No. 2, pp. 202-214.

Brocke, B./Battmann, W. (1992): The Arousal-Activation Theory of Extraversion and Neuroticism: Systematic Analysis and Principal Conclusions, in: Advances of Behavioral Research and Therapy, Vol. 14, pp. 211-246.

Brockhoff, K. (1994): Forschung und Entwicklung, 4. Auflage, München.

Bromberger, J. (2004): Internetgestütztes Customer Relationship Management - Internationale Fallstudien zu erfolgreichen Konzepten und deren Umsetzung in der Praxis, Wiesbaden.

Broniarczyk, S. M./Alba, J. W. (1994): The Importance of the Brand in Brand Extension, in: Journal of Marketing Research, Vol. 31, pp. 214-228.

Bronner, R./Appel, W./Wiemann, V. (1999): Empirische Personal- und Organisationsforschung: Grundlagen - Methoden - Übungen, München.

Brosius, F. (1998): SPSS 8.0. Professionelle Statistik unter Windows, Bonn.

Brosius, F. (2008): SPSS 16.0. Das mitp-Standardwerk, Bonn u. a.

Bruce, M./Besant, J. (2002): Design in Business, Harlow.

Bruce, M./Daly, L. (2007): Design and Marketing Connections: Creating Added Value, in: Journal of Marketing Management, Vol. 23, No. 9-10, pp. 929-953.

Bruce, M./Whitehead, M. (1988): Putting Design into the Picture: The Role of Product Design in Consumer Purchase Behavior, in: Journal of the Market Research Society, Vol. 30, No. 2, pp. 147-162.

Bruhn, M. (2001): Relationship-Marketing: Das Management von Kundenbeziehungen, München.

Bruner, G. C./Kumar, A. (2000): Web Commercials and Advertising Hierarchy-of-Effects, in: Journal of Advertising Research, Vol. 40 (January-April), pp. 35-42.

Buchanon, R. (2001): Design Research and the New Learning, in: DesignIssue, Vol. 17, No. 4, pp. 3-23.

Buchner, C. (2008): Die Wirkung von Produktvielfalt auf die Markenstärke – Theoretische Überlegungen, empirische Befunde und Handlungsempfehlungen am Beispiel des Premiumsegments des Automobilmarktes, München.

Bunn, M. D. (1993): Taxonomy of Buying Decision Approaches, in: Journal of Marketing, Vol. 57 (January), pp. 38-56.

Bürdek, B. E. (2005): Design - Geschichte, Theorie und Praxis in der Produktgestaltung, 3. Auflage, Berlin.

Büschken, J./von Thaden, C. (2000): Clusteranalyse, in: Herrmann, A./Homburg, C. (Hrsg.): Marktforschung, 2. Auflage, Wiesbaden, S. 337-380.

BVDW - Bundesverband Digitaler Wirtschaft (2010): Social Media-Werbung wird 2010 weiter zunehmen, vom 25.05.2010 (abgerufen am 29.01.2011): http://www.bvdw.org/uploads/media/010525_bvdw_social_media_trends_final.pdf.

C

Cameron, T. A./James, M. D. (1987): Estimating Willingness to Pay from Survey Data: An Alternative Pre-Test-Market Evaluation Procedure, in: Journal of Marketing Research, Vol. 24 (November), pp. 389-395.

Campbell, M. C./Goodstein, R. C. (2001): The Moderating Effect of Perceived Risk on Consumers' Evaluations of Product Incongruity – Preference for the Norm, in: Journal of Consumer Research, Vol. 28 (December), pp. 439-449.

Cannon, J. P. (1992): A Taxonomy of Buyer-Seller Relationships in Business Markets, North Carolina.

Cannon, J. P./Perreault Jr., W. D. (1999): Buyer-Seller Relationships in Business Markets, in: Journal of Marketing Research, Vol. 36 (November), pp. 439-460.

Cardozo, R./Bramel, D. (1969): The Effect of Effort and Expectation on Perceptual Contrast and Dissonance Reduction, in: Journal of Social Psychology, Vol. 79, No. 1, pp. 55-62.

Carpenter, G. S./Glazer, R./Nakamoto, K. (1994): Meaningless Brands From Meaningless Differentiation: The Dependence on Irrelevant Attributes, in: Journal of Marketing Research, Vol. 31, No. 3, pp. 339-350.

Cash, J. I./Earl Jr., M. J./Morison, R. (2008): Teaming Up to Crack Innovation and Enterprise Integration, in: Harvard Business Review, November, pp. 1-11.

Cassel, C./Hackl, P./Westlund, A. (1999): Robustness of Partial Least-Squares Method for Estimating Latent Variable Quality Structures, in: Journal of Applied Statistics, Vol. 26, No. 4, pp. 435- 446.

Chandy, R. K./Tellis, G. (1998): Organizing for Radical Product Innovation: The Overlooked Role of Willingness to Cannibalize, in: Journal of Marketing Research, Vol. 35, No. 3, pp. 474-87.

Charlett, D./Garland, R./Marr, N. (1995): How Damaging is Negative Word of Mouth?, in: Marketing Bulletin, Vol. 6, pp. 42-50.

Cheung, S. F./Chan, D. K./Wong, Z. S. (1999): Reexamining the Theory of Planned Behavior in Understanding Wastepaper Recycling, in: Environment & Behavior, Vol. 31, pp. 587-612.

Chin, W. W. (1998): The Partial Least Squares Approach to Structural Equation Modelling, in: Marcoulides, G. A. (Ed.): Modern Methods for Business Research, Mahwah, pp. 295-336.

Chin, W. W. (2000): Frequently Asked Questions – Partial Least Squares & PLS-Graph, (abgerufen am 03.05.2010): http://disc-nt.cba.uh.edu/chin/plsfaq.htm.

Chin, W. W./Newsted, P. R. (1999): Structural Equation Modeling Analysis with Small Samples Using Partial Least Squares, in: Hoyle, R. H. (Ed.): Strategies for Small Sample Research, Thousand Oaks, pp. 307-341.

Chmielewicz, K. (1991): Unternehmungsverfassung und Innovation, in: Müller-Böling, M./ Seibt, D./Winand, U. (Hrsg.): Innovations- und Technologiemanagement, Stuttgart, S. 83-101.

Churchill, G. A. (1979): A Paradigm for Developing Better Measures of Marketing Constructs, in: Journal of Marketing Research, Vol. 16, No. 1, pp. 64-73.

Clark, B. H. (2000): Managerial Perceptions of Marketing Performance: Efficiency, Adaptability, Effectiveness, and Satisfaction, in: Journal of Strategic Marketing, Vol. 8, No. 1, pp. 3-26.

Clark, K. B./Fujimoto, T. (1992): Automobilentwicklung mit System: Strategie, Organisation und Management in Europa, Japan und USA, Frankfurt/New York.

Clement, M. (2000): Interaktives Fernsehen – Analyse und Prognose seiner Nutzung, Wiesbaden.

Clement, M./Litfin, T. (1998): Adoption Interaktiver Medien, in: Albers, S./Clement, M./Peters, K. (Hrsg.): Marketing mit Interaktiven Medien: Strategien zum Markterfolg, Frankfurt, S. 95-108.

Clipson, C. (1990): Design as a Business Strategy, in: Oakley, M. (Ed.): Design Management, A Handbook of Issues and Methods, Oxford, pp. 96-105.

Cloninger, C. R. (1987): Neurogenetic Adaptive Mechanisms in Alcoholism, in: Science, Vol. 236, pp. 410-416.

Cohen, P./Cohen, J./Teresi, J./Marchi, M./Velez, C. N. (1990): Problems in the Measurement of Latent Variables in Structural Equations Causal Models, in: Applied Psychological Measurement, Vol. 14, pp. 183-196.

Commes, M. T./Lienert, R. (1983): Controlling im F&E-Bereich, in: Zeitschrift Führung + Organisation (zfo), Vol. 52, S. 347-354.

Conzelmann, R. (1995): Erfolgsfaktoren der Innovation am Beispiel Pflanzenölmotor, Frankfurt.

Cooper, R. G./Kleinschmidt, E. (1987): New Products: What Separates Winners from Loosers?, in: Journal of Product Innovation Management, Vol. 4, pp. 169-184.

Cox, D. F. (1967): Risk Handling is Information Handling, in: Cox, D. F. (Ed.): Risk Taking and Information Handling in Consumer Behavior, Boston, pp. 34-81.

Cox, G. Sir (2005): The Cox Review of Creativity in Business: Building on the UK's strengths, published on the 2nd December 2005, (abgerufen am 24.08.2010): http://webarchive.nationalarchives.gov.uk/+/http://www.hmtreasury.gov.uk/d/Cox_review-foreword-definition-terms-exec-summary.pdf.

Cox, D./Cox, A. (1994): The Effect of Arousal Seeking Tendency on Consumer Preferences for Complex Product Designs: in: Advances in Consumer Research, Vol. 21, pp. 554-559.

Cox, D./Cox, A. D. (2002): Beyond First Impressions: The Effect of Repeated Exposure on Consumer Liking of Visually Complex and Simple Product Design, in: Academy of Marketing Science Journal, Vol. 30, No. 2, pp. 119-130.

Crawford, J. (2007): Reasoned and Institutional Explanations for the Use of Software Development Project Management Practices, Norman.

Creusen, M./Schoormans, J. (2005): The Different Roles of Product Appearance in Consumer Choice, in: Journal of Product Innovation Management, Vol. 22, pp. 63-81.

Crites, S. L./Fabrigar, L. R./Petty, R. E. (1994): Measuring the Affective and Cognitive Properties of Attitudes: Conceptual and Methodological Issues, in: Personality and Social Psychology Bulletin, Vol. 20, pp. 619-634.

Csikszentmihalyi, M./Robinson, R. E. (1990): The Art of Seeing. An Interpretation of the Aesthetic Encounter. The J. Paul Getty Museum u. a., Malibu.

Cummings, W./Venkatesan, M. (1976): Cognitive Dissonance and Consumer Behavior. A Review of the Evidence, in: Journal of Marketing Research, Vol. 13, No. 8, pp. 303-308.

Curtis, R. F./Jackson, E. F. (1962): Multiple Indicators in Survey Research, in: American Journal of Sociology, Vol. 68, pp. 195-204.

Cussler, E./Moggridge, G. (2001): Chemical Product Design, Cambridge.

Czaja, L. (2009): Qualitätsfrühwarnsysteme für die Automobilindustrie, Wiesbaden.

Czepiel, J. A./Rosenberg, L. J. (1977): The Study of Consumer Satisfaction: Addressing the "So What" Question, in: Hunt, H. K. (Ed.): The Conceptualization and Measurement of Consumer Satisfaction and Dissatisfaction, Cambridge, pp. 92-119.

D

Dabholkar, P. (1994): Incorporating Choice into an Attitudinal Framework. Analyzing Models of Mental Comparison Processes, in: Journal of Consumer Research, Vol. 21, No. 1, pp. 100-118.

Davis, F. D. (1989): Perceived Usefulness, Perceived Ease of Use, and User Acceptance of Information Technology, in: MIS Quarterly, Vol. 13, No. 3, pp. 319-330.

Decker, R./Wagner, R. (1999): Log-lineare Modelle und Logit, in: Herrmann, A./Homburg, C. (Hrsg.): Marktforschung, Wiesbaden, S. 549-578.

Decker, R./Wagner, R./Temme, T. (1999): Fehlende Werte in der Marktforschung, in: Herrmann, A./Homburg, C. (Hrsg.): Marktforschung: Methoden, Anwendungen, Praxisbeispiele, Wiesbaden, S. 79-98.

Demirbilek, O./Sener, B. (2003): Product Design, Semantics and Emotional Response, in: Ergonomics, Vol. 46, No. 13/14, pp. 1346-1360.

Deshpandé, R. (1983): „Paradigms Lost“ – On Theory and Method in Research and Marketing, in: Journal of Marketing, Vol. 47 (October), pp. 101-110.

Desmet, P. M. A./Hekkert, P./Jacobs, J. J. (2000): When a Car Makes You Smile: Development and Application of an Instrument to Measure Product Emotions, in: Advances in Consumer Research, Vol. 19, pp. 111-117.

Dethloff, C. (2004): Akzeptanz und Nicht-Akzeptanz von technischen Produktinnovationen, Lübeck.

Diamantopoulos, A. (1999): Export Performance Measurement: Reflective vs. Formative Indicators, in: International Marketing Review, Vol. 16, No. 6, pp. 444-457.

Diamantopoulos, A./Winklhofer, H. M. (2001): Index Construction with Formative Indicators: An Alternative to Scale Development, in: Journal of Marketing Research, Vol. 38 (May), pp. 269-277.

Dichtl, E./Hardock, P./Ohlwein, M./Schellhase, R. (1997): Die Zufriedenheit des Lebensmittelhandels als Anliegen von Markenartikelunternehmen, in: Die Betriebswirtschaft, Jg. 57, S. 490-505.

Dickson, P. R./Ginter, J. L. (1987): Market Segmentation, Product Differentiation, and Marketing Strategy, in: Journal of Marketing, Vol. 51, pp. 1-10.

Diekmann, A. (2006): Empirische Sozialforschung. Grundlagen, Methoden, Anwendungen, 15. Auflage, Reinbek.

Diez, W. (1996): Das Handbuch für das Automobilmarketing – Strategien, Konzepte, Instrumente. Moderne Industrie, Landsberg/Lech.

Diez, W. (2005): Strategiewahl: Premium- oder Massenmarkt?, in: Gottschalk, B./Kalmbach, R./Dannenberg, J. (Hrsg.): Markenmanagement in der Automobilindustrie: Die Erfolgsstrategie internationaler Top-Manager, 2. Auflage, Wiesbaden, S. 123-141.

Diez, W. (2006): Automobilmarketing, Landsberg am Lech.

Dijksterhuis, A./Bos, M. W./Nordgren, L. F./van Baaren, R. B. (2006): On Making the Right Choice: The Deliberation-Without-Attention Effect, in: Science, Vol. 311 (February), pp. 1005-1007.

Diller, H. (2000): Preispolitik, 3. Auflage, Stuttgart.

Diller, H. (2008): Preispolitik, 4. Auflage, Stuttgart.

Dinse, G. (2000): Akzeptanz von wasserstoffgetriebenen Fahrzeugen. Eine Studie über die Verwendung eines neuen und ungewohnten Kraftstoffs, Berlin.

Dodds, W. B./Monroe, K. B./Grewal, D. (1991): Effects of Price, Brand, and Store Information on Buyers, in: Journal of Marketing Research, Vol. 28, No. 3, pp. 307-319.

Dodgson, M. (2000): The Management of Technological Innovation, New York.

Döhl, W. (1983): Akzeptanz innovativer Technologien in Büro und Verwaltung - Grundlagen, Analyse und Gestaltung, Göttingen.

Domning, M./Elger, C. E./Rasel A. (2009): Neurokommunikation im Eventmarketing - Wie die Wirkung von Events neurowissenschaftlich planbar wird, Wiesbaden.

Doney, P. M./Cannon, J. P. (1997): An Examination of the Nature of Trust in Buyer-Seller Relationships, in: Journal of Marketing, Vol. 61, No. 2, pp. 35-51.

Doppler, K./Lauterburg, C. (2005): Change Management – Den Unternehmenswandel gestalten, 11. Auflage, Frankfurt.

Dosi, G. (1988): Sources, Procedures and Microeconomic Effects of Innovation, in: Journal of Economic Literature, Vol. 36, No. 3, pp. 1120-1172.

Dreher, C. (1997): Technologiepolitik und Technikdiffusion: Auswahl und Einsatz von Förderinstrumenten am Beispiel der Fertigungstechnik, Baden-Baden.

DTI (2005): Creativity, Design and Business Performance, in: DTI Economics Paper, No. 15, London.

Dudenhöffer, F. (2008): Demographische Entwicklung und schrumpfender Automarkt, in: GfK Jahrbuch der Absatz- und Verbrauchsforschung, 1/2008, Berlin, S. 81-90.

Dumaine, B. (1991): Design That Sells and Sells and …, in: Fortune, Vol. 11, pp. 86-94.

E

Eagly, A. H./Chaiken, S. (1993): The Psychology of Attitudes, Fort Worth.

Eagly, A. H./Chaiken, S. (1998): Attitude Structure and Function, in: Gilbert, D./Fiske, S. T./Lindzey G. (Eds.): Handbook of Social Psychology, 4th edition, New York, pp. 269-322.

Ebel, B./Hofer, M. B. (2004): Der Einfluss des Interieur- und Exterieur-Designs von Fahrzeugen auf die Kaufentscheidung, in: Ebel, B./Hofer, M. B/Al-Sibai, J. (Hrsg.): Automotive Management – Strategie und Marketing in der Automobilwirtschaft, Berlin/Heidelberg/New York, S. 335-348.

Eberl, M. (2006): Formative und reflektive Konstrukte und die Wahl des Strukturgleichungsverfahrens, in: Die Betriebswirtschaft, Jg. 66, Nr. 6, S. 651-668.

Eckes, T./Six, B. (1994): Fakten und Fiktionen in der Einstellungs- und Verhaltensforschung. Eine Meta-Analyse, in: Zeitschrift für Sozialpsychologie, Jg. 25, Nr. 4, S. 253-271.

Edwards, K. (1990): The Interplay of Affect and Cognition in Attitude Formation and Change, in: Journal of Personality and Social Psychology, Vol. 59, pp. 202-216.

Edwards, K./Hippel v., W. (1995): Hearts and Minds: The Priority of Affective Versus Cognitive Factors in Person Perception, in: Personality and Social Psychology Bulletin, Vol. 21, pp. 996-1001.

Edwards, J. R./Bagozzi, R. P. (2000): On the Nature and Direction of Relationships Between Constructs and Measures, in: Psychological Methods, Vol. 5, No. 2, pp. 155-174.

Eggert, A./Fassott, G. (2003): Zur Verwendung formativer und reflektiver Indikatoren in Strukturgleichungsmodellen, in: Kaiserslauterer Schriftenreihe Marketing, Nr. 20.

Ehrlich, D./Guttman, I./Schönbach, P./Mills, J. (1957): Postdecision Exposure to Relevant Information, in: Journal of Abnormal and Social Psychology, Vol. 54, pp. 98-102.

Einhorn, H. J./Hogarth, R. M. (1986): Judging Probable Cause, in: Psychological Bulletin, Vol. 99, pp. 3-19.

Elke, B. (2008): Akustische Markenführung. Der kürzeste Weg ins Unterbewusstsein, in: Expodata, 01/02 2008, S. 42-43.

Elliot, G. C. (1988): Interpreting Higher Order Interactions in Log-linear Analysis, in: Psychological Bulletin, Vol. 103, pp. 121-130.

Enders, G. (1999): Design als Element wirtschaftlicher Dynamik, Herne.

Erdem, T./Swait, J. (1998): Brand Equity as a Signaling Phenomenon, in: Journal of Consumer Psychology, Vol. 7, No. 2, pp. 131-157.

Ertl, M. (2007): Das Innovationsmanagement der BMW Group, in: Engel, K./Nippa, M. (Hrsg.): Innovationsmanagement – Von der Idee zum erfolgreichen Produkt, Heidelberg/New York, S. 61-74.

Esch, F.-R. (2008): Strategie und Technik der Markenführung, 5. Auflage, München.

Esch, F.-R./Brockdorff, B./Langner, T./Tomczak, T. (2006): Corporate Brands bei Mergers & Acquisitions gestalten, in: Esch, F.-R./Tomczak, T./Kernstock, J./Langner, T. (Hrsg.): Corporate Brand Management – Marken als Anker strategischer Führung von Unternehmen, 2. Auflage, Wiesbaden, S. 195-218.

Esch, F.-R./Geus, P./Langner, T. (2002): Brand Performance Measurement zur wirksamen Markennavigation, in: Controlling, Jg. 14, Nr. 8-9, S. 473-481.

Esch, F.-R./Langner, T./Brunner, C. (2005): Kundenbezogene Ansätze des Markencontrolling, in: Esch, F.-R. (Hrsg.): Moderne Markenführung, 4. Auflage, Wiesbaden, S. 1227-1261.

Esch, F.-R./Tomczak, T./Kernstock, J./Langner, T. (2006): Corporate Brand Management – Marken als Anker strategischer Führung von Unternehmen, 2. Auflage, Wiesbaden.

Esch, F.-R./Wicke, A./Rempel, J. E. (2005): Herausforderungen und Aufgaben des Markenmanagements, in: Esch, F.-R. (Hrsg.): Moderne Markenführung, Gießen, S. 3-61.

Escherle, H.-J. (1986): Industrie-Design für ausländische Märkte, München.

Exler, S. (2008): Die Erfolgswirkung globaler Marken - Eine empirische Untersuchung unter Berücksichtigung kaufentscheidungsbezogener und individueller Einflussfaktoren, Wiesbaden.

Eysenck, H. J. (1953): The Structure of Human Personality, London.

Eysenck, H. J. (1967): The Biological Basis of Personality, Springfield.

Eysenck, H. J./Eysenck, S. B. G. (1977): The Place of Impulsiveness in a Dimensional System of Personality Description, in: British Journal of Social and Clinical Psychology, Vol. 16, pp. 57-68.

Eysenck, H. J./Eysenck, S. B. G. (1978): Impulsiveness and Venturesomeness: Their Position in a Dimensional System of Personality Description, in: Psychological Reports, Vol. 43, pp. 1247-1255.

F

Fabrigar, L. R./Petty, R. E. (1999): The Role of Affective and Cognitive Bases of Attitudes in Susceptibility to Affectively and Cognitively Based Persuasion, in: Personality and Social Psychology Bulletin, Vol. 25, pp. 363-381.

Fahrmeir, L./Künstler, R./Pigeot, I./Tutz, G. (2001): Statistik: Der Weg zur Datenanalyse, 3. Auflage, Berlin.

Fanderl, H. S. (2005): Prominente in der Werbung: Empirische Untersuchungen zur Messung, Rezeption und Wirkung auf Basis der Markenpersönlichkeit, Wiesbaden.

Fang, X./Singh, S./Ahluwalia, R. (2007): An Examination of Different Explanations for the Mere Exposure Effect, in: Journal of Consumer Research, Vol. 34, No. 1, pp. 97-103.

Fassott, G. (2006): Operationalisierung latenter Variablen in Strukturgleichungsmodellen: Eine Standortbestimmung, in: Schmalenbachs Zeitschrift für betriebswirtschaftliche Forschung, Jg. 58 (Februar), S. 67-88.

Fassott, G./Eggert, A. (2005): Zur Verwendung formativer und reflektiver Indikatoren in Strukturgleichungsmodellen: Bestandsaufnahme und Anwendungsempfehlungen, in: Bliemel, F./Eggert, A. Fassott, G./Henseler, J. (Hrsg.): Handbuch Pfadmodellierung. Methode, Anwendung, Praxisbeispiele, Stuttgart, S. 31-47.

Fazio, R. H./Ledbetter, J. E./Towles-Schwen, T. (Hrsg.): On the Costs of Accessible Attitudes: Detecting that the Attitude Object has Changed, in: Journal of Personality and Social Psychology, Vol. 78, pp. 197-210.

Fechner, G. T. (1865): Über die Frage des goldenen Schnittes, in: Archiv für die zeichnenden Künste, Jg. 11, S. 100-112.

Festinger, L. (1957): A Theory of Cognitive Dissonance, Stanford.

Festinger, L. (1958): The Motivating Effect of Cognitive Dissonance, in: Lindzey, G. (Ed.): Assessment of Human Motives, New York, pp. 69-85.

Festinger, L. (1962): Cognitive Dissonance, in: Scientific American, Vol. 27, No. 4, pp. 93-106.

Festinger, L. (1964): Conflict, Decision, and Dissonance, Stanford.

Festinger, L. (1978): Theorie der kognitiven Dissonanz, in: Irle, M./Möntmann, V. (Hrsg.): Theorie der kognitiven Dissonanz, Bern, S. 183-273.

Festinger, L./Aronson, E. (1960): The Arousal and Reduction of Dissonance in Social Contexts, in: Cartwright, C./Zander, A. (Eds.): Group Dynamics: Research and Theory, 2nd edition, Evanston, pp. 214-231.

Festinger, L./Bramel, D. (1962): The Reactions of Humans to Cognitive Dissonance in Social Contexts, in: Bachrach, A. J. (Ed.): Experimental Foundations of Clinical Psychology, New York, pp. 254-279.

Festinger, L./Schachter, S./Back, K. W. (1950): Social Pressures in Informal Groups: A Study of Human Factors in Housing, New York.

Feyerabend, P. K. (1965): Problems of Empiricism, in: Colodny, R. G. (Ed.): Beyond the Edge of Certainty, Englewood Cliffs, pp. 145-260.

Fischer, M./Hieronimus, F./Kranz, M. (2002): Markenrelevanz in B2C-Märkten – Messung, Erklärung und empirische Befunde, Münster/Düsseldorf.

Fischer, L./Wiswede, G. (2002): Grundlagen der Sozialpsychologie, 2. Auflage, München/Wien/Oldenbourg.

Fishbein, M. (1967): Attitude and the Prediction of Behavior, in: Fishbein, M. (Ed.): Attitude Theory and Measurement, New York, pp. 477-493.

Fishbein, M./Ajzen, I. (1975): Belief, Attitude, Intention and Behavior: An Introduction to Theory and Research, Massachusetts.

Fiske, S. T./Dyer, L. M. (1985): Structure and Development of Social Schemata – Evidence from Positive and Negative Transfer Effects, in: Journal of Personality and Social Psychology, Vol. 48, pp. 839-852.

Fiske, D. W./Maddi, S. (1961): Functions of Varied Experience, 5th edition, Homewood.

Fiske, A. P./Kitayama, S./Markus, H. R./Nisbett, R. E. (1998): The Cultural Matrix of Social Psychology, in: Gilbert, D. T./Fiske, S. T./Lindzey, G. (Eds.): The Handbook of Social Psychology (Vol. 2), 4th edition, New York, pp. 915-981.

Fiske, S. T./Linville, P. W. (1980): What Does the Schema Concept Buy Us?, in: Personality and Social Psychology Bulletin, Vol. 6, No. 4, pp. 543-557.

Forgy, E. (1965): Cluster Analysis of Multivariate Data: Efficiency versus Interpretability of Classifications, in: Biometrics, Vol. 21, p. 768.

Fornell, C. (1992): A National Customer Satisfaction Barometer: The Swedish Experience, in: Journal of Marketing, Vol. 56 (January), pp. 6-21.

Fornell, C./Bookstein, F. L. (1982): Two Structural Equation Models: LISREL and PLS Applied to Consumer Exit-Voice Theory, in: Journal of Marketing Research, Vol. 19, No. 11, pp. 440-452.

Fornell, C./Cha, J. (1994): Partial Least Squares, in: Bagozzi, R. P. (Ed.): Advanced Methods of Marketing Research, Cambridge, pp. 52-78.

Fornell, C./Larcker, D. F. (1981): Evaluating Structural Equation Models With Unobservable Variables and Measurement Error, in: Journal of Marketing Research, Vol. 18 (February), pp. 39-50.

Forst, H. T. (1977): Anwendung der Cluster-Analyse zur Typisierung der Freizeitverhaltens von Jugendlichen, in Späth, H. (Hrsg.): Fallstudien Cluster-Analyse, Oldenbourg/ München/Wien, S. 161-178.

Foscht, T./Swoboda, B. (2005): Käuferverhalten - Grundlagen - Perspektiven - Anwendungen, 2. Auflage, Wiesbaden.

Foscht, T./Swoboda, B. (2007): Käuferverhalten - Grundlagen - Perspektiven - Anwendungen, 3. Auflage, Wiesbaden.

Franzoi, S. L. (1996): Social Psychology, Dubuque.

Freter, H. (2001): Marktsegmentierung im Dienstleistungsbereich, in: Bruhn, M./Meffert, H. (Hrsg.): Handbuch Dienstleistungsmanagement. Von der strategischen Konzeption zur praktischen Umsetzung, 2. Auflage, Wiesbaden, S. 279-314.

Frey, D./Gaska, A. (1993): Die Theorie der kognitiven Dissonanz, in: Frey, D./Irle, M. (Hrsg.): Theorien der Sozialpsychologie (Band 1, Kognitive Theorien), 2. Auflage, Bern.

Friedman, M. (1999): Consumer Boycotts: Effecting Change through the Marketplace and the Media, New York.

Friedreich, S. (2008): Autos bauen im Sozialismus: Arbeit und Organisationskultur in der Zwickauer Automobilindustrie nach 1945, Göttingen.

Friestad, M./Wright, P. (1994): The Persuasion Knowledge Model: How People Cope with Persuasion Attemps, in: Journal of Consumer Research, Vol. 21, pp. 1-31.

Fritz, W. (1992): Marktorientierte Unternehmensführung und Unternehmenserfolg – Grundlagen und Ergebnisse einer empirischen Untersuchung, Stuttgart.

Fritz, W. (1995): Marketing-Management und Unternehmenserfolg, 2. Auflage, Stuttgart.

Frykblom, P. (2000): Willingness to Pay and the Choice of Question Format: Experimental Results, in: Applied Economics Letters, Vol. 7, No. 10, pp. 665-667.

Fuchs, S. (2009): Unternehmensreputation und Markenstärke, Wiesbaden.

Futschik, H.-D. (2008): Ein Automobil wird sinnlich wahrgenommen, 12. Berliner Kolloquium der Gottlieb Daimler- und Karl Benz-Stiftung (07.05.08), Berlin.

G

Gabler Verlag (2011): Stichwort: Produktgestaltung, in: Gabler Wirtschaftslexikon online, (abgerufen am 02.02.2011): http://wirtschaftslexikon.gabler.de/Archiv/58366/produktgestaltung-v3. html.

Gad, T. (2005): 4D-Branding – Die vier Dimensionen erfolgreichen Markenmanagements, Heidelberg.

Garcia-Marques, T./D. M. Mackie (2000): The Positive Feeling of Familiarity: Mood as an Information Processing Regulation Mechanism, in: Bless, H./Forgas, F. P. (Eds.): The Message Within. The Role of Subjective Experience in Social Cognition and Behavior, Philadelphia, pp. 240-261.

Garczorz, I. (2004): Adoption von Online-Banking-Services – Determinanten aus Sicht der Kunden, Wiesbaden.

Garvin, D. A. (1984): What Does `Product Quality´ Really Mean?, in: Sloan Management Review, Vol. 26, pp. 25-43.

Gefen, D./Straub, D. W./Boudreau, M. (2000): Structural Equation Models and Regression: Guidelines for Research Practice, in: Communications of the Association for Information Systems, Vol. 4, Article 7, pp. 1-79.

Gerpott, T. J. (2005): Erfolgsfaktoren von industriellen Neuprodukt-Entwicklungsprojekten – Eine Bestandsaufnahme der empirischen Forschung, in: Amelingmeyer, J./Harland, P. E. (Hrsg.): Technologiemanagement & Marketing – Herausforderungen eines integrierten Innovationsmanagements, Wiesbaden, S. 109-132.

Geisser, S. (1975): The Predictive Sample Reuse Method with Applications, in: Journal of the American Statistical Associations, Vol. 70, pp. 320-328.

Gerpott, T. J. (2005): Erfolgsfaktoren von industriellen Neuprodukt-Entwicklungsprojekten – Eine Bestandsaufnahme der empirischen Forschung, in: Amelingmeyer, J./Harland, P. E. (Hrsg.): Technologiemanagement & Marketing – Herausforderungen eines integrierten Innovationsmanagements, Wiesbaden, S. 109-130.

Giering, A. (2000): Der Zusammenhang zwischen Kundenzufriedenheit und Kundenloyalität – Eine Untersuchung moderierender Effekte, Wiesbaden.

Godin, G./Kok, G. (1996): The Theory of Planned Behavior: A Review of its Applications to Health-Related Behaviours, in: American Journal of Health Promotion, Vol. 11, pp. 87-98.

Goffman, E. (1959): Presentation of Self in Everyday Life, Garden City.

Goodrich, K. (1994): The Design of The Decade: Quantifying Design Impact Over Ten Years, in: Design Management Journal, Vol. 5, pp. 47-55.

Götz, O./Liehr-Gobbers, K. (2004): Analyse von Strukturgleichungsmodellen mit Hilfe der Partial-Least-Squares (PLS)-Methode, in: Die Betriebswirtschaft, Jg. 64, Nr. 6, S. 714-738.

Götze, F. (2010): Determinanten der Innovationsadoptionsabsicht bei chinesischen Konsumenten – Eine theoretische und empirische Analyse am Beispiel einer Smartphone-Innovation, Wiesbaden.

Grant, R. M./Nippa, M. (2006): Strategisches Management – Analyse, Entwicklung und Implementierung von Unternehmensstrategien, 5. Auflage, München.

Grasberger, L. (1864): Erziehung und Unterricht im klassischen Altertum – Die leibliche Erziehung bei den Griechen und Römern, Würzburg.

Greenwald, A. G. (1989): Why are Attitudes Important?, in: Pratkanis, A. R./Breckler, S. J./Greenwald, A. G. (Eds.): Attitude Structure and Function, Hillsdale, pp. 1-10.

Große-Bölting, K. (2005): Das Management der Betriebstypenmarkentreue – Konzeptualisierung, Operationalislerung und Gestaltungsempfehlungen für den Bekleidungseinzelhandel, Wiesbaden.

Größer, H. (1991): Markenartikel und Industriedesign – Das Stereotypik-Konzept, Ursachen, Ausprägungen, Konsequenzen, in: Leitherer, E. (Hrsg.): Schriftenreihe Produktentwicklung und Industriedesign, Bd. 1, München.

Großkurth, B. (2004): Markenloyalität im Premiumsegment des Automobilmarkts – Determinanten und Wirkungsbeziehungen, Wiesbaden.

Gruner, K. (1996): Beschleunigung von Marktprozessen – Modellgestützte Analyse von Einflussfaktoren und Auswirkungen, Wiesbaden.

Gruner, K. E. (1997): Kundeneinbindung in den Produktinnovationsprozess – Bestandsaufnahme, Determinanten und Erfolgsauswirkungen, Wiesbaden.

Grunert, K. G./Grunert, S. C. (1995): Measuring Subjective Meaning Structures by the Laddering Method: Theoretical Considerations and Methodological Problems, in: International Journal of Research in Marketing, Vol. 12, pp. 209-225.

Gujarati, D. N. (2003): Basic Econometrics, 4th edition, Burr Ridge.

Gürhan-Canli, Z. (2003): The Effect of Expected Variability of Product Quality and Attribute Uniqueness on Family Brand Evaluations, in: Journal of Consumer Research, Vol. 30 (June), pp. 105-114.

Gürhan-Canli, Z./Maheswaran, D. (2000): Determinants of Country-of-Origin Evaluations, in: Journal of Consumer Research, Vol. 27, No. 1, pp. 96-108.

Gutman, J. (1982): A Means-End Chain Model Based on Consumer Categorization Processes, in: Journal of Marketing, Vol. 46, No. 1, pp. 60-72.

H

Haase, H. (2001): Werbung mit Testimonials aus dem Sport, in: Hermanns, A./Riedmüller, F. (Hrsg.): Management- Handbuch Sport-Marketing, München, S. 369-388.

Haber, T. E. (2008): Resistenz gegenüber Innovationen, Wiesbaden.

Hackl, P./Westlund, A. H. (1999): On Structural Equation Modelling for Customer Satisfacion Measurement, in: Total Quality Management, Vol. 11, Nos. 4-6, pp. 820-825.

Hadjicharalambous, C. (2001): Show Me Your Friends and I Will Tell You Who You Are: A Consumer Evaluation of Cobranding Extensions Using Structural Equation Modeling, New York.

Haes, J. W. H. (2003): Netzwerkeffekte im Medien- und Kommunikationsmanagement – Vom Nutzen sozialer Netze, Wiesbaden.

Hagenaars, J. A. (1993): Loglinear Models with Latent Variables, Newbury Park.

Hahn, C. (2002): Segmentspezifische Kundenzufriedenheitsanalyse, Wiesbaden.

Hair, J. F. Jr./Anderson, R. E./Tatham, R. L./Black, W. C. (1998): Multivariate Data Analysis, 5th edition, Upper Saddle River.

Halberstadt, J. B./Rhodes, G. (2000): The Attractiveness of Nonface Averages: Implications for an Evolutionary Explanation of the Attractiveness of Average Faces, in: Psychological Science, Vol. 11, pp. 285–289.

Halberstadt, J. B./Rhodes, G. (2003): It's not Just Average Faces that are Attractive: Computer-manipulated Averageness Makes Birds, Fish, and Automobiles Attractive, in: Psychonomic Bulletin & Review, Vol. 10, pp. 149-156.

Hamid, P. N. (1973): Exposure Frequency and Stimulus Preference, in: British Journal of Psychology, Vol. 64, pp. 569-577.

Hammann, P./Erichson, B. (1994): Marktforschung, 3. Auflage, Stuttgart/New York.

Hammann, P./Erichson, B. (2000): Marktforschung, 4. Auflage, Stuttgart.

Hammerschmidt, M. (2003): Kundenbindung durch Mitgliedschaft in Genossenschaftsbanken: Identitätsorientierung als strategischer Erfolgsfaktor, Aachen.

Hansen, U. (1969): Stilbildung als absatzwirtschaftliches Problem der Konsumgüterindustrie, Berlin.

Harms, A.-K. (2002): Adoption technologiebasierter Self-Service-Innovationen: Analyse der Wirkungsmechanismen im Entscheidungsprozess der Konsumenten, Duisburg.

Harrison, A. A. (1977): Mere Exposure, in: Advances in Experimental Social Psychology, Vol. 10, pp. 39-83.

Harrison, A. A./Crandall, R. (1972): Heterogeneity-Homogeneity of Exposure Sequence and the Attitudinal Effects of Exposure, in: Journal of Personality and Social Psychology, Vol. 21, pp. 234-238.

Hartmann, I. (2010): Produktdesign als Wettbewerbs- und Innovationsfaktor, PASW Forum „Junge Spitzenforscher und Mittelstand“, Stiftung Industrieforschung (23. Juni 2010), Petersberg.

Hatzinger, R./Nagel, H. (2009): Statistics – Statistische Methoden und Fallbeispiele, München.

Haug, W. F. (1971): Kritik der Warenästhetik, Frankfurt.

Hauschildt, J. (1997): Innovationsmanagement, 2. Auflage, München.

Hauschildt, J. (2004): Innovationsmanagement, 3. Auflage, München.

Hausenblas, H. A./Carron, A. V./Mack, D. E. (1997): Application of the Theories of Reasoned Action and Planned Behavior to Exercise Behavior: A Meta-Analysis, in: Journal of Sport and Exercise Psychology, Vol. 19, pp. 36-51.

Hauser, S. E. (2003): Informationsverarbeitung am Neuen Markt, Wiesbaden.

Hayduk, L. A. (1987): Structural Equation Modeling with LISREL, Essentials and Advances, Baltimore.

Heath, A. C./Cloninger, C. R./Martin, N. G. (1994): Testing a Model for the Genetic Structure of Personality: a Comparison of the Personality Systems of Cloninger and Eysenck, in: Journal of Personality and Social Psychology, Vol. 66, pp. 762–775.

Heider, F. (1946): Attitudes and Cognitive Organizations, in: Journal of Psychology, Vol. 21, pp. 107-112.

Heidingsfelder, M. (1990): Das Marketing innovativer Informationstechnologien, Saarbrücken.

Heinemann, M. (1976): Einkaufsstättenwahl und Firmentreue von Konsumenten, Wiesbaden.

Heitmann, M. (2006): Entscheidungszufriedenheit – Grundidee, theoretisches Konzept und empirische Befunde, Wiesbaden.

Hekkert, P./Wieringen v., P. C. W. (1990): Complexity and Prototypicality as Determinants of the Appraisal of Cubist Paintings, in: British Journal of Psychology, Vol. 81, No. 4, pp. 483-495.

Helm, R./Landschulze, S. (2009): Optimal Stimulation Level Theory, Exploratory Consumer Behaviour and Product Adoption: An Analysis of Underlying Structures Across Product Categories, in: Review of Managerial Science, Vol. 3, No. 1, pp. 41-73.

Helmig, B. (1997): Variety Seeking Behavior im Konsumgüterbereich: Beeinflussungsmöglichkeiten durch Marketinginstrumente, Wiesbaden.

Hensel, M./Wirsam, J. (2008): Diffusion von Innovationen – Das Beispiel Voice over IP, Wiesbaden.

Henseler, J./Fassott, G. (2010): Testing Moderating Effects in PLS Path Models: An Illustration of Available Procedures, in: Esposito Vinzi, V./Chin, W./Henseler J./Wang, H. (Eds.): Handbook of Partial Least Squares: Concepts, Methods and Applications, Berlin, pp. 713-735.

Herkner, W. (2003): Lehrbuch Sozialpsychologie, 2. Auflage, Göttingen.

Herrmann, A. (1998): Produktmanagement, in: Vahlens Handbücher der Wirtschafts- und Sozialwissenschaften, 1. Auflage, München.

Herrmann, A./Heitmann, M./Befurt, R./Berger, H. (2007): Alles für die Marke? Produktdesign im Konflikt zwischen einer markenkonformen und einer eigenständigen Produktliniengestaltung, in: Schmalenbachs Zeitschrift für betriebswirtschaftliche Forschung (ZfbF), Jg. 59, Nr. 8, S. 1055-1079.

Herrmann, A./Huber, F. (2009): Produktmanagement. Grundlagen – Methoden – Beispiele, 2. Auflage, Wiesbaden.

Herrmann, A./Huber, F./Kressmann, F. (2006): Varianz- und kovarianzbasierte Strukturgleichungsmodelle – Ein Leitfaden zu deren Spezifikation, Schätzung und Beurteilung, in: Schmalenbachs Zeitschrift für betriebswirtschaftliche Forschung (ZfbF), Jg. 58 (Februar), S. 34-66.

Herrmann, C./Moeller, G. (2008): Markenbildung durch Industriedesign: Konzepte für kleinere und mittlere Investitionsgüterhersteller, Berichtsband 1: Herausforderungen, Chancen, Potenziale, Oestrich/Winkel, 28. März 2008, (abgerufen am 11.01.2011): http://www.ebs-siie.de/cms/fileadmin/pdf/Forschungsprojekt_Industriedesign_KMU_Berichtsband1.pdf.

Herrmann, C./Moeller, G. (2010): Design als Instrument der B-to-B-Markenführung, in: Baumgarth C. (Hrsg.): B-to-B-Markenführung – Grundlagen – Konzepte – Best-Practice, Wiesbaden, S. 429-452.

Herrmann, C./Moeller, G./Gleich, R./Russo, P. (2009): Strategisches Industriegüterdesign: Innovation und Wachstum durch Gestaltung, Dordrecht.

Heskett, J. (1980): Industrial Design, London.

Hildebrandt, L. (1998): Kausalanalytische Validierung in der Marktforschung, in: Hildebrandt, L./Homburg, C. (Hrsg.): Die Kausalanalyse: Ein Instrument der empirischen betriebswirtschaftlichen Forschung, Stuttgart, S. 87-110.

Hill, M. E./Raedtke, R./King, M. (1997): A Transfer Appropriate Processing View of Consumer Memory, in: Journal of Current Issue and Research in Advertising, Vol. 18, No. 2, pp. 1-21.

Hillenbrand, T. (2009): 60 deutsche Autos - Chris Bangles 7er BMW, in: spiegel online vom 07.12.2009 (abgerufen am 19.08.2010): http://www.spiegel.de/auto/fahrkultur/0,1518, 665082, 00. html.

Hirschl, B. (2008): Erneuerbare Energien-Politik: Eine Multi-Level Policy-Analyse mit Fokus auf den deutschen Strommarkt, Wiesbaden.

Hirschman, E. C. (1980): Innovativeness, Novelty Seeking, and Consumer Creativity, in: Journal of Consumer Research, Vol. 7, No. 3, pp. 283-295.

Hirschman, E. C. (1981): Symbolism and Technology as Sources for the Generation of Innovations, in: Advances in Consumer Research, Vol. 9, pp. 537-541.

Hoffmann, M. (2004): Mazda3: Die Wandlung eines Biedermanns, vom 19.01.2004 (abgerufen am 12.05.1010): http://auto.t-online.de/mazda3-die-wandlung-eines-biedermanns/id_ 12860620/index.

Hoffmann, S. (2008): Boykottpartizipation, Wiesbaden.

Hoffmann, J./Mathieu, J.-P./Roehrich, G./Mallein, P. (2008): Evaluating Design as a System of Representations: The Moderating Role of Representations Towards the Use of new Technologies, 15th International Product Development Management Conference Proceedings, Hamburg.

Hohn, S. (2008): Public Marketing – Marketing-Management für den öffentlichen Sektor, 2. Auflage, Wiesbaden.

Holbrook, M. B. (1986): Aims, Concepts, and Methods for the Representation of Individual Differences in Esthetic Responses to Design Features, in: Journal of Consumer Research, Vol. 13, pp. 337-347.

Holbrook, M. B. (1995): An Empirical Approach to Representing Patterns of Consumer tastes, Nostalgia, and Hierarchy in the Market of Cultural Products, in: Empirical Studies of the Arts, Vol. 13, No. 1, pp. 55-71.

Holbrook, M. B./Anand, P. (1992): The Effects of Situation, Sequence, and Features on Perceptual and Affective Responses to Product Design – The Case of Aesthetic Consumption, in: Empirical Studies of the Arts, Vol. 10, No. 1, pp. 19-31.

Holbrook, M. B./Hirschman, E. C. (1982): The Experimental Aspects of Consumption – Consumer Fantasies, Feelings, and Fun, in: Journal of Consumer Research, Vol. 9, No. 2, pp. 132-140.

Holbrook, M./Howard, J. (1977): Frequently Purchased Non-Durable Goods and Services, in: Ferber, R. (Ed.): Selected Aspects of Consumer Behavior, Washington DC, pp. 189-222.

Holbrook, M. B./Schindler, R. B. (1994): Age, Sex and Attitude Toward the Past as Predictors of Consumers' Aesthetic Tastes for Cultural Products, in: Journal of Marketing Research, Vol. 31, No. 3, pp. 412-422.

Holbrook, M. B./Zirlin, R. B. (1985): Artistic Creation, Artworks, and Aesthetic Appreciation – Some Philosophical Contributions to Nonprofit Marketing, in: Advances in Nonprofit Marketing, Vol. 1, pp. 1-54.

Hollins, B./Pugh, S. (1990): Successful Product Design, London.

Holt, S. (1985): Design, the Ninth Principle of Excellence: The Product Half of the Business Equation, in: Innovation, Vol. 4 (Fall), pp. 2-4.

Homburg, C. (1992): Die Kausalanalyse - Eine Einführung, in: Wirtschaftswissenschaftliches Studium, Jg. 21, Nr. 10, S. 499-508.

Homburg, C. (2000): Kundennähe von Industriegüterunternehmen – Konzeption – Erfolgsauswirkungen – Determinanten, 3. Auflage, Wiesbaden.

Homburg, C./Baumgartner, H. (1995a): Beurteilung von Kausalmodellen: Bestandsaufnahme und Anwendungsempfehlungen, in: Marketing ZFP, Jg. 17, Nr. 3, S. 162-176.

Homburg, C./Baumgartner, H. (1995b): Die Kausalanalyse als Instrument der Marketingforschung, in: Zeitschrift für Betriebswirtschaft, Jg. 65, S. 1091-1108.

Homburg, C./Becker, A./Hentschel, F. (2005): Der Zusammenhang zwischen Kundenzufriedenheit und Kundenbindung, in: Bruhn, M./Homburg, C. (Hrsg.): Handbuch Kundenbindungsmanagement: Strategien und Instrumente für ein erfolgreiches CRM, 4. Auflage, Wiesbaden, S. 91-121.

Homburg, C./Bruhn, M. (2005): Kundenbindungsmanagement - Eine Einführung in die theoretischen und praktischen Problemstellungen, in: Bruhn, M./Homburg, C. (Hrsg.): Handbuch Kundenbindungsmanagement: Strategien und Instrumente für ein erfolgreiches CRM, 4. Auflage, Wiesbaden, S. 3-37.

Homburg, C./Dobratz, A. (1998): Iterative Modellselektion in der Kausalanalyse, in: Hildebrandt, L./Homburg, C. (Hrsg.): Die Kausalanalyse: Instrument der empirischen betriebswirtschaftlichen Forschung, Stuttgart, S. 447-474.

Homburg, C./Faßnacht, M. (1998): Kundennähe, Kundenzufriedenheit und Kundenbindung bei Dienstleistungsunternehmen, in: Bruhn, M./Meffert, H. (Hrsg.): Handbuch Dienstleistungsmanagement – Von der strategischen Konzeption zur praktischen Umsetzung, Wiesbaden, S. 405-428.

Homburg, C./Fürst, A. (2006): Beschwerdeverhalten und Beschwerdemanagement. Eine Bestandsaufnahme der Forschung und Agenda für die Zukunft, Wissenschaftliches Arbeitspapier W099, Institut für Marktorientierte Unternehmensführung, Universität Mannheim.

Homburg, C./Fürst, A. (2007): Beschwerdeverhalten und Beschwerdemanagement – Eine Bestandsaufnahme der Forschung und Agenda für die Zukunft, in: Die Betriebswirtschaft, Jg. 67, Nr. 1, S. 41-74.

Homburg, C./Giering, A. (1996): Konzeptualisierung und Operationalisierung komplexer Konstrukte – Ein Leitfaden für die Marketingforschung, in: Marketing ZFP, Jg. 18, S. 5-24.

Homburg, C./Hildebrandt, L. (1998): Die Kausalanalyse: Bestandsaufnahme, Entwicklungsrichtungen, Problemfelder, in: Hildebrandt, L./Homburg, C. (Hrsg.): Die Kausalanalyse: ein Instrument der empirischen betriebswirtschaftlichen Forschung, Stuttgart, S. 15-44

Homburg, C./Klarmann, M. (2006): (Kausalanalyse) Die Kausalanalyse in der empirischen betriebswirtschaftlichen Forschung – Problemfelder und Anwendungsempfehlungen, in: Die Betriebswirtschaft, Jg. 66, S. 727-748

Homburg, C./Koschate, N./Hoyer, W. D. (2005): Do Satisfied Customers Really Pay More? A Study of the Relationship Between Customer Satisfaction and Willingness to Pay, in: Journal of Marketing, Vol. 69 (April), pp. 84-96.

Homburg, C./Krohmer, H. (2006): Marketingmanagement. Strategie – Instrumente – Umsetzung – Unternehmensführung, 2. Auflage, Wiesbaden.

Homburg, C./Pflesser, C. (2000a): A Multiple-Layer Model of Market-Oriented Organizational Culture: Measurement Issues and Performance Outcomes, in: Journal of Marketing Research, Vol. 37 (November), pp. 449-462.

Homburg, C./Pflesser, C. (2000b): Strukturgleichungsmodelle mit latenten Variablen: Kausalanalyse, in: Herrmann, A./Homburg, C. (Hrsg.): Marktforschung, 2. Auflage, Wiesbaden, S. 633-659.

Homburg, C./Workman, J. P. Jr./Jensen, O. (2002): A Configurational Perspective on Key-Account Management, in: Journal of Marketing, Vol. 63, No. 2, pp. 38-60.

Hormuth, S. E. (1979): Sozialpsychologie der Einstellungsänderung, Königstein.

Houston, D. A./Sherman, S. J./Baker, S. M. (1989): The Influence of Unique Features and Direction of Comparison on Preferences, in: Journal of Experimental Social Psychology, Vol. 25, pp. 121-141.

Hovland, C. I./Rosenberg, M. J. (1960): Summary and Further Theoretical Issues, in: Hovland, C. I./Rosenberg, M. J. (Hrsg.): Attitude Organization and Change: An Analysis of Consistency among Attitude Components, New Haven, pp. 198-232.

Howard, J. A./Sheth, J. N. (1969): The Theory of Buyer Behavior, New York.

Howitt, D./Cramer, D. (2008): Introduction to Statistics in Psychology, 4th edition, Harlow.

Hoyer, W. D./MacInnis, D. J. (2007): Consumer Behavior, 4th edition, Boston/New York.

Huber, F. (2004): Erfolgsfaktoren von Markenallianzen – Analyse aus der Sicht des strategischen Markenmanagements, Wiesbaden.

Huber, F./Herrmann, A./Kressmann, F./Vollhardt, K. (2005): Zur Eignung von kovarianz- und varianzbasierten Verfahren zur Schätzung komplexer Kausalmodell, Wissenschaftliches Arbeitspapier des Center of Market-Oriented Product- and Production Management, Nr. F 1, Universität Mainz.

Huber, F./Herrmann, A./Meyer, F./Vogel, J./Vollhardt, K. (2007): Kausalmodellierung mit Partial Least Squares - Eine anwendungsorientierte Einführung, Wiesbaden.

Huber, F./Herrmann, A./Peter, S. (2003): Ein Ansatz zur Steuerung der Markenstärke, in: Zeitschrift für Betriebswirtschaft, Jg. 73, Nr. 4, S. 345-370.

Huber, F./Regier, S./Vollhardt, K. (2006): Determinanten des Markenvertrauens und dessen Einfluss auf die Markenloyalität – Eine kausalanalytische Studie, in: Bauer, H. H./Neumann, M. M./Schüle, A. (Hrsg.): Konsumentenvertrauen, München, S. 235-247.

Huber, F./Vollhardt, K./Siegel, A. (2005): Das Weiterempfehlungsverhalten von Kunden verstehen – Eine empirische Untersuchung am Beispiel des Zeitungsmarkts, in: Wissenschaftliches Arbeitspapier des Center of Market-Oriented Product and Production Management, Nr. F3, Universität Mainz.

Huber, J./McCann, J. (1982): The Impact of Inferential Beliefs on Product Evaluations, in: Journal of Marketing Research, Vol. 19 (August), pp. 324-333.

Huber, J. (2004): New Technologies and Environmental Innovation, Cheltenham.

Huber, J.-A. (2005): Co-Branding als Strategieoption der Markenpolitik – Kaufverhalten bei Co-Brand-Produkten und negative Rückwirkungseffekte auf die Muttermarken, Wiesbaden.

Huefner, J. C./Hunt, H. K. (1994): Extending the Hirschman Model. When Voice and Exit Don't Tell the Whole Story, in: Journal of Consumer Satisfaction, Dissatisfaction and Complaining Behavior, Vol. 7, pp. 267-270.

Huefner, J. C./Hunt, H. K. (2000): Consumer Retaliation as a Response to Dissatisfaction, in: Journal of Consumer Satisfaction, Dissatisfaction and Complaining Behavior, Vol. 13, pp. 61-82.

Hulland, J. (1999): Use of Partial Least Squares (PLS) in Strategic Management Research: A Review of Four Recent Studies, in: Strategic Management Journal, Vol. 20, pp. 195-204.

Hunt, S. D. (1984): Should Marketing Adopt Relativism?, in: Anderson, P./Ryan, M. (Eds.): Scientific Method in Marketing, Chicago, pp. 30-34.

Hunt, S. D. (1990): Truth in Marketing Theory and Research, in: Journal of Marketing, Vol. 54 (July), pp. 1-15.

Hurrle, B./Kieser, A. (2005): Sind Key Informants verlässliche Datenlieferanten?, in: Die Betriebswirtschaft, Jg. 65, Nr. 6, S. 584-602.

I

Iacovou, C./Benbasat, I./Dexter, A. (1995): Electronic Data Interchange and Small Organisations: Adoption and Impact of Technology, in: MIS Quartely, December, pp. 465-485.

Ilieva, J./Baron, S./Healey, N. M. (2002): Online Surveys in Marketing Research: Pros and Cons, in: International Journal of Marketing Research, Vol. 44, No. 3, pp. 361-382.

Inman, J./Rindfleisch, A. (1998): Explaining the Familarity-Linking Relationship – Mere Exposure, Information Availability, or Social Desirability?, in: Marketing Letters, Vol. 9, No. 1, pp. 5-19.

Irving, E. (1995): Marketing Quality Practices, unveröffentlichte Dissertation, Business School, University of North Carolina, Chapel Hill.

J

Jaccard, J./Wan, C. K. (1996): LISREL Approaches to Interaction Effects in Multiple Regression, Thousand Oaks.

Jacobson, R./Obermiller, B. (1990): The Formation of Expected Future Price: A Reference for Forward-Looking Consumers, in: Journal of Consumer Research, Vol. 16, No. 4, pp. 420-432.

Jaju, A./Joiner, C./Reddy, S. (2006): Consumer Evaluations of Corporate Brand Redeployments, in: Journal of Academy of Marketing Science, Vol. 34, No. 2, pp. 206-215.

Janiszewski, C./Osselaer v., S. (2000): A Connectionist Model of Brand-Quality Associations, in: Journal of Marketing Research, Vol. 37 (August), pp. 331-350.

Janssen, J./Laatz, W. (2007): Statistische Datenanalyse mit SPSS für Windows, 6. Auflage, Berlin/Heidelberg/New York.

Jarvis, C. B./MacKenzie, S. B./Podsakoff, P. M. (2003): A Critical Review of Construct Indicators and Measurement Model Misspecifications in Marketing and Consumer Research, in: Journal of Consumer Research, Vol. 30 (September), pp. 199-218.

Jensen, O. (2004): Key-Account-Management. Gestaltung – Determinanten – Erfolgsauswirkungen, 2. Auflage, Wiesbaden.

Johnson, M. D./Herrmann, A./Huber, F. (2006): The Evolution of Loyalty Intentions, in: Journal of Marketing, Vol. 7 (April), pp. 122-132.

Johnson, G./Scholes, K. (1984): Exploring Corporate Strategy, Englewood Cliffs.

Jones, P. L. (1991): Taste Today: The Role of Appreciation in Consumerism and Design, Elmsford.

Jones, M. C./Beatty, R. C. (1998): Towards the Development of Measures of Perceived Benefits and Compatibility of EDI: A Comparative Assessment of Competing First Order Factor Models, in: European Journal of Information Systems, Vol. 7, No. 3, pp. 210-220.

Jöreskog, K. G./Sörbom, D. (1978): LISREL IV: User's Guide, Chicago.

Jöreskog, K. G./Sörbom, D. (1981): LISREL V: User's Guide, Chicago.

Jöreskog, K. G./Sörbom, D. (1993): LISREL 8: Structural Equation Modelling with SIMPLIS Command Language, Hillsdale.

Jöreskog, K. G./Sörbom, D. (1996): LISREL 8 User's Reference Guide, Chicago.

Jungwirth, G. (1997): Geschäftstreue im Einzelhandel: Determinanten – Erklärungsansätze – Modellkonzepte, Wiesbaden.

K

Kaas, K. P. (1973): Diffusion und Marketing, Stuttgart.

Kail, R. V./Freeman, H. R. (1973): Sequence Redundancy, Rating Dimensions and the Exposure Effect, in: Memory and Cognition, Vol. 1, pp. 454-458.

Kalish, S./Nelson, P. (1991): A Comparison of Ranking, Rating and Reservation Price Measurement in Conjoint Analysis, in: Marketing Letters, Vol. 2, No. 4, pp. 327-335.

Kalwani, M./Yim, C. (1992): Consumer Price and Promotion Expectations: An Experimental Study, in: Journal of Marketing Research, Vol. 29, No. 1, pp. 90-100.

Kalyanaram, G./Winer, R. S. (1995): Empirical Generalizations from Reference Price Research, in: Marketing Science, Vol. 14, pp. G161-G169.

Kanuk, L./Berenson, C. (1975): Mail Surveys and Response Rates: A Literature Review, in: Journal of Marketing Research, Vol. 12, pp. 440-453.

Kapferer, J.-N. (1997): Strategic Brand Management: Creating and Sustaining Brand Equity Long Term, 2nd Edition, London.

Kapferer, J.-N. (2008): Strategic Brand Management: Creating and Sustaining Brand Equity Long Term, 4th Edition, London.

Karahanna, E./Straub, D. W./Chervanym, N. L. (1999): Information Technology Adoption Across Time: A Cross-Sectional Comparison of Pre-Adoption and Post-Adoption Beliefs, in: MIS Quarterly, Vol. 23, No. 2, pp. 183-213.

Karjalainen, T. M. (2004): Semantic Transformation in Design: Communicating Strategic Brand Identity Through Product Design References, Helsinki.

Karjalainen, T. M. (2007): It Looks Like a Toyota: Educational Approaches to Designing for Visual Brand Recognition, in: International Journal of Design, Vol.1, No.1, pp. 67-81.

Katz, D. (1960): The Functional Approach to the Study of Attitudes, in: The Public Opinion Quarterly, Vol. 24, pp. 163-204.

Kaufmann, H./Pape, H. (1984): Clusteranalyse, in: Fahrmeir, L./Hamerle, A. (Hrsg.): Multivariate statistische Verfahren, Berlin, S. 371-472.

Keller, K. (1993): Conceptualizing, Measuring, and Managing Customer Based Brand Equity, in: Journal of Marketing, Vol. 57 (January), pp. 1-22.

Keller, T. (2002): Beziehungsmanagement im Arzt-Patient-Verhältnis. Der Einfluss der Qualität ärztlicher Dienstleistung auf die Patientenbindung, Wiesbaden.

Kenning, P. (2002): Customer Trust Management, Wiesbaden.

Kenny, D. A./Judd, C. M. (1984): Estimating the Nonlinear and Interactive Effects of Latent Variables, in: Psychological Bulletin, Vol. 96, No. 1, pp. 201-210.

Kessler-Thönes, T. (2008): Management-, Mitarbeiter- und Kundenmotivation als Determinanten der Zahlungsbereitschaft von Dienstleistungskunden, Wiesbaden.

Ketchen, D./Shook, C. (1996): The Application of Cluster Analysis in Strategic Management Research, in: Strategic Management Journal, Vol. 17, No. 6, pp. 441-458.

Kiefer, K. (1967): Die Diffusion von Neuerungen, Tübingen.

Kilian, T./Langner, S. (2010): Online-Kommunikation. Kunden zielsicher verführen und beeinflussen, Wiesbaden.

Kim, C. K./Lavack, A. M. (1996): Vertical Brand Extensions: Current Research and Managerial Implications, in: The Journal of Product and Brand Management, No. 5, Vol. 6, pp. 24-37.

Kim, C. K./Lavack, A. M./Smith, M. (2001): Consumer Evaluations of Vertical Brand Extensions and Core Brands, in: Journal of Business Research, No. 52, pp. 211-222.

Kim, J. H./Lee, K. P. (2005): Cultural Difference and Mobile Phone Interface Design: Icon Recognition According to Level of Abstraction, in: Proceedings of the 7th International Conference on Human Computer Interaction with Mobile Devices and Services, New York, pp. 307-310.

King, C. W./Ring, L. J. (1980): The Dynamics of Style and Taste Adoption and Diffusion – Contributions from Fashion Theory, in: Advances in Consumer Research, Vol. 17, pp. 13-16.

Kircherer, S. (1987): Industriedesign als Leistungsbereich von Unternehmen, in: Reihe Konsumgüterindustrie – Eine aktionsanalytische Untersuchung, Berlin.

Kirchhoff, S./Kuhnt, S./Lipp, P./Schlawin, S. (2003): Fragebogen – Datenbasis – Konstruktion – Auswertung, 3. Auflage, Opladen.

Kiss, E. (1998): Integriertes Industriedesign – Normstrategien zur Einbindung des Industriedesigns in die integrierte Produktentwicklung, Bamberg.

Kitayama, S./Markus, H. R. (1994): Culture and the Self – How Cultures Influence the Way We View Ourselves, in Matsumoto, D. (Ed.): People: Psychology from a Cultural Perspective, Pacific Grove, pp. 17-37.

Klein, J. G./Smith, N. C./John, A. (2004): Why we Boycott: Consumer Motivations for Boycott Participation, in: Journal of Marketing, Vol. 68, No. 3, pp. 92-109.

Klophaus, R. (1995): Marktausbreitung neuer Konsumgüter – Verhaltenswissenschaftliche Grundlagen, Modellbildung, Simulation, Wiesbaden.

Koch, E. (1976): Warenästhetik und Konsumverhalten – Ein sozialökonomischer Erklärungsversuch zur Manipulation des Konsumentenverhaltens durch Warenästhetik, Frankfurt.

Koch, J. (2004): Marktforschung. Begriffe und Methoden, 4. Auflage, Oldenburg.

Kohler, H. (2002): Statistics for Business and Economics, Melbourne.

Kohler, T. C. (2003): Wirkungen des Produktdesigns – Analyse und Messung am Beispiel Automobildesign, Wiesbaden.

Kollmann, T. (1998): Die Akzeptanz innovativer Nutzungsgüter und -systeme – Konsequenzen für die Einführung von Telekommunikations- und Multimediasystemen, Wiesbaden.

Kollmann, T. (1999): Das Konstrukt der Akzeptanz im Marketing – Neue Aspekte der Akzeptanzforschung dargestellt am Beispiel innovativer Telekommunikations- und Multimediasysteme, in: WiSt - Wirtschaftswissenschaftliches Studium, Jg. 28, Nr. 3, S. 125-130.

Kölzer, B. (1994): Marktsegmentierung und Produktdesign, in: Schmitz, A. C. (Hrsg.): Managementfaktor Design, München, S. 155-188.

Königstorfer, J. (2008): Akzeptanz von technologischen Innovationen: Nutzungsentscheidungen von Konsumenten dargestellt am Beispiel von mobilen Internetdiensten, Wiesbaden.

Koppelmann, U./Brodersen, K./Volkmann, M. (2001): Variety Seeking – Manchmal reizt auch das Neue, in: Absatzwirtschaft, Jg. 44, Nr. 12, S. 56-63.

Korte, C. (1995): Customer Satisfaction Measurement, Frankfurt.

Koschate, N. (2002): Kundenzufriedenheit und Preisverhalten – Theoretische und empirisch experimentelle Analysen, Wiesbaden.

Kothandapani, V. (1971): Validation of Feeling, Belief, and Intention to Act as Three Components of Attitude and their Contribution to Predict of Contraceptive Behavior, in: Journal of Personality and Social Psychology, Vol. 19, pp. 321-333.

Kotler, P. (2006): Marketing Management, 12th edition, New York.

Kotler, P./Keller, K. L. (2006): Marketing Management, 12. Auflage, Upper Saddle River.

Kotler, P./Rath, G. A. (1984): Design: A Powerful but Neglected Strategic Tool, in: Journal of Business Strategy, Vol. 5, No. 2, pp. 16-21.

Kotzbauer, N. (1992): Erfolgsfaktoren neuer Produkte – Der Einfluss der Innovationshöhe auf den Erfolg technischer Produkte, Frankfurt.

Klink, R. R./Smith, D. C. (2001): Threats to the External Validity of Brand Extension Research, in: Journal of Marketing Research, Vol. 38 (August), pp. 326-335.

Krafft, M. (1997): Der Ansatz der Logistischen Regression und seine Interpretation, in: Zeitschrift für Betriebswirtschaft, Jg. 67, S. 625-642.

Krafft, M./Götz, O./Liehr-Gobbers, K. (2005): Die Validierung von Strukturgleichungsmodellen mit Hilfe des Partial-Least-Squares (PLS)-Ansatzes, in: Bliemel, F./Eggert, A./Fassott, G./Henseler, J. (Hrsg.): Handbuch PLS-Pfadmodellierung: Methode – Anwendung – Praxisbeispiele, Stuttgart, S. 71-86.

Krafft, M./Litfin, T. (2002): Adoption innovativer Telekommunikationsdienste – Validierung der Rogers-Kriterien bei Vorliegen potenziell heterogener Gruppen, in: Zeitschrift für betriebswirtschaftliche Forschung, Jg. 54, S. 64-83.

Kraus, W. (2007): Grundsätzliche Aspekte des Automobildesign, in: Bares, H.-H./Seifert, U. (Hrsg.): Automobildesign und Technik, Wiesbaden, S. 30-65.

Krech, D./Benesch, H. (1992): Grundlagen der Psychologie, Weinheim.

Krech, D./Crutchfield, R. S./Livson, N./Wilson, W. A./Parducci, A. (1997): Grundlagen der Psychologie, 4. Auflage, Augsburg.

Kressmann, F. (2007): Consumer Subjective Well-Being as a Core Concept in Marketing: Theoretical Basis, Antecedents and Consequences in Special Consideration of Consumer-Brand Relationships, and Application to the Automotive Sector, Lohmar.

Kreuzbauer, R./Malter, A. J. (2005): Embodied Cognition and new Product Design: Changing Product Form to Influence Brand Categorization, in: Journal of Product Innovation Management, Vol. 22, No. 2, pp. 165-176.

Krishna, A. (1991): Effect of Dealing Patterns on Consumer Perceptions of Deal Frequency and Willingness to Pay, in: Journal of Marketing Research, Vol. 28 (November), pp. 441-451.

Krishnamurthy, P./Sivaraman, A. (2002): Counterfactual Thinking and Advertising Responses, in: Journal of Consumer Research, Vol. 28 (March), pp. 650-658.

Kroeber-Riel, W. (1984): Produkt-Design – Mit erlebnisbetonten Komponenten Produkt-Präferenzen schaffen, in: Marketing Journal, Jg. 17, Nr. 2, S. 136-141.

Kroeber-Riel, W. (1993): Bildkommunikation, München.

Kroeber-Riel, W./Weinberg, P. (1996): Konsumentenverhalten, 6. Auflage, München.

Kroeber-Riel, W./Weinberg, P. (2003): Konsumentenverhalten, 8. Auflage, München.

Kubicek, H. (1975): Empirische Organisationsforschung, Stuttgart.

Kuß, A./Tomczak, T. (2000): Käuferverhalten: Eine marketingorientierte Einführung, 2. Auflage, Stuttgart.

Kuß, A./Tomczak, T. (2004): Marketingplanung - Einführung in die marktorientierte Unternehmens- und Geschäftsfeldplanung, 4. Auflage, Wiesbaden.

Kutschera v., F. (1988): Ästhetik, Berlin/New York.

L

Lafferty, B. A./Goldsmith, R. E./Hult, G. T. M. (2004): The Impact of the Alliance on the Partners: A Look at Cause-Brand Alliances, in: Psychology & Marketing, Vol. 21, No. 7, pp. 509-531.

Lamparter, D. H. (2001): Designsprung oder Provokation? – Die 7er Karosserie polarisiert, in: Stuttgarter Zeitung vom 15.11.2001 (abgerufen am 12.07.2009): http://www.stuttgarter-zeitung.de/stz/page/55798_0_9223_-neue-linie-designsprung-oder-provokation-.html.

Lamparter, D. H. (2002): Der Mann für Kurven und Kanten, in: Zeit online, Ausgabe 31/2002 (abgerufen am 29.03.2011): http://www.zeit.de/2002/31/Der_Mann_fuer_Kurven_und_Kanten.

Landwehr, J. R. (2008): Ansätze zur Optimierung des Produktdesigns, Bamberg.

Landwehr, J. R./McGill, A. L./Herrmann, A. (2011): It's Got the Look: The Effect of Friendly and Aggressive "Facial" Expressions on Product Liking and Sales, in: Journal of Marketing, Vol. 75, No.3, p.132-146.

Langert, M. (2008): Der Anbau nachwachsender Rohstoffe in der Landwirtschaft Sachsen-Anhalts und Thüringens – Eine innovations- und diffusionstheoretische Untersuchung, Saarbrücken.

Langner, T./Esch, F.-R. (2004): Sozialtechnische Gestaltung der Ästhetik von Produktverpackungen, in: Gröppel-Klein, A. (Hrsg.): Konsumentenverhaltensforschung im 21. Jahrhundert, Wiesbaden, S. 413-440.

LaPiere, R. T. (1934): Attitudes vs. Actions, in: Social Forces, Vol. 13, pp. 230-237.

Lassar, W./Mittal, B./Sharma, A. (1995): Measuring Customer-Based Brand Equity, in: Journal of Consumer Marketing, Vol. 12, No. 4, pp. 11-19.

Lautenbach, C./Sass, J. (2005): Kommunikations-Controlling: Zu Diskussionsstand und Perspektiven, in: Gerberich, C. W. (Hrsg.): Praxishandbuch Controlling, S. 481-502, Wiesbaden.

Le Corre, A./Mischke, G. (2005): The Innovation Game, New York.

Leder, H./Carbon, C.-C. (2005): Dimensions in Appreciation of Car Interior Design, in: Applied Cognitive Psychology, Vol. 19 (March), pp. 603–618.

LeDoux, J. (2001): Das Netz der Gefühle, München.

Lehmann, D. (1994): Characteristics of "Really" New Products, in: Adams, M./La Cugna, J. (Eds.): And Now for Something Completely Different: "Really" New Products, Marketing Science Institute, Report No. 94-124, pp. 19-21.

Leibold, K. (2007): Adoption von Internetzahlungssystemen, Karlsruhe.

Leitherer, E. (1982): Offene Fragen einer Theorie des Industrie-Design, in: ZfbF, Jg. 34, Nr. 4, S. 301-314.

Leitherer, E. (1991): Industrie-Design – Entwicklung, Produktion, Ökonomie, Stuttgart.

Leplin, J. (1981): Truth and Scientific Progress, in: Studies in History and Philosophy of Sciences, Vol. 12, pp. 269-291.

Levy, S. J./Czepiel, J. (1974): Marketing and Aesthetics, in: Proceedings of the American Marketing Association Educator's Conference, pp. 386-391.

Levy, C. M./MacRae, A./Koster, E. P. (2006): Perceived Stimulus Complexity and Food Preference Development, in: Acta Psychologica, Vol. 123 (November), pp. 394-413.

Lewalski, Z. M. (1988): Product Esthetics – An Interpretation for Designers, in: Design & Development Engineering, Carson City.

Liebl, C. (2003): Kommunikations-Controlling – Ein Beitrag zur Steuerung der Marketing-Kommunikation am Beispiel der Marke Mercedes-Benz, Wiesbaden.

Lilien, G. L./Kotler, P./Moorthy, K. S. (1992): Marketing Models, New Jersey.

Lin, Y./Lai, C. Y. (2010): A Study of the Attitudes of Chinese Consumers to Aesthetic Product Designs, in: International Journal of Management, Vol. 27, No. 1, pp. 177-184.

Link, H. (2003): Public and Political Acceptability of Transport Pricing: Are there Differences?, in: Schade, J./Schlag, B. (Eds.): Acceptability of Transport Pricing Strategies, Oxford, pp. 297-314.

Linxweiler, R. (2004): Marken-Design – Marken entwickeln, Markenstrategien erfolgreich umsetzen, 2. Auflage, Wiesbaden.

Lippincott, J. G. (1947): Design for Business, Chicago.

Litfin, T. (2000): Adoptionsfaktoren – Empirische Analyse am Beispiel eines innovativen Telekommunikationsdienstes, Wiesbaden.

Little, A. D. (1988): Innovation als Führungsaufgabe, Frankfurt.

Löbach, B. (1976): Industrial Design – Grundlagen der Industrieproduktgestaltung, München.

Lohmöller, J.-B. (1989): Latent Path Modeling with Partial Least Squares, Heidelberg.

Loken, B./Roedder-John, D. (1993): Diluting Brand Beliefs: When do Brand Extensions Have a Negative Impact?, in: Journal of Marketing, No. 57, Vol. 3, pp. 71-84.

Loken, B./Ward, J. (1990): Alternative Approaches to Understanding the Determinants of Typicality, in: Journal of Consumer Research, Vol. 17 (September), pp. 111-126.

Lombardo, S. (1991): Event and Decay of the Aesthetic Experience, in: Empirical Studies of the Arts, Vol. 9, No. 2, pp. 123-141.

Lord, C. G./Lepper, M. R. (1999): Attitude Representation Theory, in: Experimental Social Psychology, Vol. 31, pp. 265-343.

Luchs, M. G./Swan, K. S. (2010): Product Design since Bloch (1995): Analysis of 14 Years of Research and the Emergence of Product Design as a Field of Marketing Inquiry, Proceedings of the EIASM 17th International Product Development Management Conference, Murcia, Spain (June 2010).

Lucke, D. (1995): Akzeptanz. Legitimität in der "Abstimmungsgesellschaft", Opladen.

Lucke, D./Hasse, M. (1998): Annahme verweigert. Beiträge zur soziologischen Akzeptanzforschung, Opladen.

Luo, X. (2007): Consumer Negative Voice and Firm-Idiosyncratic Stock Returns, in: Journal of Marketing, Vol. 71, pp. 75-88.

Lutz, R. (1991): The Role of Attitude Theory in Marketing, in: Kassarjian, H. H. (Ed.): Consumer Behaviour, 4th edition, New York, pp. 233-250.

M

MacCallum, R. C./Browne, M. W. (1993): The Use of Causal Indicators in Covariance Structure Models: Some Practical Issues, in: Psychological Bulletin, Vol. 114, No. 3, pp. 533-541.

Macklin, M. C./Bruvold, N. T./Shea, C. L. (1985): Is It Always as Simple as 'Keep It Simple'?, in: Journal of Advertising, Vol. 14, No. 4, pp. 28-35.

Mahajan, V./Peterson, R. (1979): First-Purchase Diffusion Models of New-Product Acceptance, in: Technological Forecasting and Social Change, Vol. 15, pp. 127-146.

Mahler, A. (2001): Diffusion von Telekommunikationsdienstleistungen im Bankensektor – Determinanten und Auswirkungen, Wiesbaden.

Mandl, H./Friedrich, H. F./Hron, A. (1988): Theoretische Ansätze zum Wissenserwerb, in: Mandl, H./Spada, H. (Hrsg.): Wissenspsychologie, München/Weinheim, S. 123-160.

Mandler, G. (1982): The Structure of Value: Accounting for Taste, in: Clark, M. S./Fiske, S. T. (Hrsg.): Affect and Cognition, The Seventeenth Annual Carnegie Symposium on Cognition, Hillsdale, pp. 1-36.

Mann, A. (2009): Dialogmarketing-Excellence: Qualitäts- und Wertorientierung in der direkten Kundenansprache, in: Hünerberg, R./Mann, A. (Hrsg.): Ganzheitliche Unternehmensführung in dynamischen Märkten, Wiesbaden, S. 551-586.

Manning, K. C./Bearden, W. O./Madden, T. J. (1995): Consumer Innovativeness and the Adoption Process, in: Journal of Consumer Psychology, Vol. 4, No. 4, pp. 329-345.

Manstead, A. S. R./Parker, D. (1995): Evaluating and Extending the Theory of Planned Behaviour, in: European Review of Social Psychology, Vol. 6, pp. 69-95.

Marcus, H./Zajonc, R. B. (1985): The Cognitive Perspective in Social Psychology, in: Lindzey, G./Aronson, E. (Eds.): Handbook of Social Psychology, 3rd edition, New York, pp. 120-160.

Markus, H. R./Kitayama, S. (1991): Culture and the Self: Implications for Cognition, Emotion and Motivation, in: Psychological Review, Vol. 98, pp. 224-253.

Markus, H. R./Kitayama, S./Heiman, R. J. (1996): Culture and „Basic“ Psychological Principles, in: Higgins, E. T./Kruglanski, A. W. (Eds.): Social Psychology: Handbook of Basic Principles, New York, pp. 857-913.

Martin, A. (1989): Die empirische Forschung in der Betriebswirtschaftslehre, Stuttgart.

Martindale, C./Moore, K./Borkum, J. (1990): Aesthetic Preference: Anomalous Findings for Berlyne's Psychobiological Theory, in: American Journal of Psychology, Vol. 103, No. 1, pp. 53-80.

Matthes, I. (2009): Soziales Engagement in Unternehmen – Wirkungsprozesse, Erfolgsdeterminanten und Konsequenzen für den Markenwert, Wiesbaden.

Mayer, S. (1996): Wettbewerbsfaktor Design: Zum Einsatz von Design im Markt für Investitionsgüter, Hamburg.

Mayer, H./Illmann, T. (2000): Markt- und Werbepsychologie, 3. Auflage, Stuttgart.

Mazumdar, T./Rai, S. P./Sinha, I. (2005): Reference Price Research: Review and Propositions, in: Journal of Marketing, Vol. 69 (October), pp. 84-102.

McCarthy, M. S./Norris, D. G. (1999): Improving Competitive Position using Branded Ingredients, in: The Journal of Product and Brand Management, Vol. 8, pp. 267-280.

McCormack, J. P./Cagan, J. (2004): Speaking the Buick Language: Capturing, Understanding, and Exploring Brand Identity with Shape Grammars, in: Design Studies, Vol. 25, No. 1, pp. 1-29.

McCracken, G. (1986): Culture and Consumption – A Theoretical Account of the Structure and Movement of Cultural Meaning of Consumer Goods, in: Journal of Consumer Research, Vol. 13 (June), pp. 71-84.

McDermott, C. M. (1992): Design Museum Book of Twentieth Century Design, London.

McDemott, C. M./O´Connor, G. (2002): Managing Radical Innovation: An Overview of Emergent Strategy Issues, in: Journal of Product Innovation Management, Vol. 1, pp. 424-438.

McDonald, H./Adam, S. (2003): A Comparison of Online and Postal Data Collection Methods in Marketing Research, in: Marketing Intelligence and Planning, Vol. 21, No. 2, pp. 85-95.

McGill, A. L. (1989): Context Effects in Judgements of Causation, in: Journal of Personality and Social Psychology, Vol. 57, pp. 189-200.

McKenna, P. A./Seamon, J. G./Binder, N. (1998): The Mere Exposure Effect is Differentially Sensitive to Different Judgement Tasks, in: Consciousness and Cognition, Vol. 7, pp. 85-102.

Meeder, U. (2007): Werbewirkungsmessung im Internet – Wahrnehmung, Einstellung und moderierende Effekte, Wiesbaden.

Meffert, H. (2000): Marketing: Grundlagen marktorientierter Unternehmensführung: Konzepte – Instrumente – Praxisbeispiele, 9. Auflage, Wiesbaden.

Meffert, H./Burmann, C./Kirchgeorg, M. (2008): Marketing – Grundlagen marktorientierter Unternehmensführung. Konzepte – Instrumente – Praxisbeispiel, Wiesbaden.

Meffert, H./Koers, M. (2005): Identitätsorientiertes Markencontrolling – Grundlagen und konzeptionelle Ausgestaltung, in: Meffert, H./Burmann, C./Koers, M. (Hrsg.): Markenmanagement – Identitätsorientierte Markenführung und praktische Umsetzung, 2. Auflage, Wiesbaden, S. 273-296.

Mehrabian, A./Russell, J. (1973): A Measure of Arousal Seeking Tendency, in: Environment and Behavior, Vol. 5, No. 3 (September), pp. 315-333.

Meyer, S. (2001): Produkthaptik – Messung, Gestaltung und Wirkung aus verhaltenswissenschaftlicher Sicht, Wiesbaden.

Meyers-Levy, J./Tybout, A. (1989): Schema Congruity as a Basis for Product Evaluation, in: Journal of Consumer Research, Vol. 16 (June), pp. 39-54.

Midgley, D. F. (1983): Patterns of Interpersonal Information Seeking for the Purchase of a Symbolic Product, in: Journal of Marketing Research, Vol. 20, No. 1, pp. 74-83.

Midgley, D. F./Dowling, G. R. (1978): Innovativeness: The Concept and Its Measurement, in: Journal of Consumer Research, Vol. 4, pp. 229-242.

Miller, D. W./Marks, L. J. (1992): Mental Imagery and Sound Effects in Radio Commercials, in: Journal of Advertising, Vol. 21, No. 4, pp. 83-93.

Milligan, G. W. (1996): Clustering Validation: Results and Implications for Applied Analyses, in: Arabie, P./Hubert, L. J./de Soete, G. (Eds.): Clustering and Classification, River Edge, pp. 341-375.

Milligan, G. W./Cooper, M. C. (1985): An Examination of Procedures for Determining the Number of Clusters in a Data Set, in: Psychometrika, Vol. 50, No. 2, pp. 159-179.

Milligan, G. W./Cooper, M. C. (1987): Methodology Review: Clustering Methods, in: Applied Psychological Measurement, Vol. 11, No. 4, pp. 329-354.

Milligan, G. W./Sokol, L. M. (1980): A Two-Stage Clustering Algorithm with Robust Recovery Characteristics, in: Educational and Psychological Measurement, Vol. 40, pp. 755-759.

Mills, J. (1965a): Avoidance of Dissonant Information, in: Journal of Personality and Social Psychology, Vol. 2, pp. 589-593.

Mills, J. (1965b): Effect of Certainty about a Decision upon Postdecision Exposure to Consonant and Dissonant Information, in: Journal of Personality and Social Psychology, Vol. 2, pp. 749-752.

Mittal, V./Kumar, P./Tsiros, M. (1999): Attribute-Level Performance, Satisfaction, and Behavioral Intentions over Time. A Consumption-System Approach, in: Journal of Marketing, Vol. 63, No. 4, pp. 88-101.

Moldovan, S./Goldenberg, J. (2004): Cellular Automata Modeling of Resistance to Innovations. Effects and Solutions, in: Technological Forecasting & Social Change, Vol. 71, pp. 425-442.

Möller, A./Huber, M. (2003): Sensation Seeking – Konzeptbildung und Entwicklung, in: Roth, R./Hammelstein, P. (Hrsg.): Sensation Seeking – Konzeption, Diagnostik und Anwendung, Göttingen, S. 5-28.

Monroe, K. B. (2003): Pricing: Making Profitable Decisions, 3rd edition, New York.

Monroe, K. B./Lee, A. (1999): Remembering vs. Knowing: Issues in Buyers' Processing of Price Information, in: Journal of the Academy of Marketing Science, Vol. 27, No. 2, pp. 207-225.

Moore, G. C./Benbasat, I. (1991): Development of an Instrument to Measure the Perceptions of Adopting an Information Technology Innovation, in: Information Systems Research, Vol. 2, No. 3, pp. 173-191.

Moosbrugger, H./Frank, D. (1992): Clusteranalytische Methoden in der Persönlichkeitsforschung, Bern.

Moosbrugger, H./Kelava, A. (2008): Testtheorie und Fragebogenkonstruktion, Heidelberg.

Morel, K. P. N./Pruyn, A. T. H. (2003): Consumer Skepticism Toward new Products, in: European Advances in Consumer Research, Vol. 6, pp. 351-358.

Moreland, R. L./Beach, S. R. (1992): Exposure Effects in the Classroom: The Development of Affinity Among Students, in: Journal of Experimental Social Psychology, Vol. 28, pp. 255-276.

Moreland, R. L./Zajonc, R. B. (1982): Exposure Effects in Person Perception: Familiarity, Similarity, and Attraction, in: Journal of Experimental Social Psychology, Vol. 18, pp. 395-415.

Morgan, N. A./Clark, B. H./Gooner, R. (2002): Marketing Productivity, Marketing Audits, and Systems for Marketing Performance Assessment: Integrating Multiple Perspectives, in: Journal of Business Research, Vol. 55, No. 5, pp. 363-375.

Morgan, N. A./Rego, L. L. (2009): Brand Portfolio Strategy and Firm Performance, in: Journal of Marketing, Vol. 73, No. 1, pp. 59-74.

Morganolsky, M. A./Postlewait, D. S. (1989): Consumers' Evaluations of Apparel Form, Expression and Aesthetic Quality, in: Clothing and Textiles Research Journal, Vol. 7, No. 2, pp. 11-15.

Mukherjee, A./Hoyer, W. D. (2001): The Effect of Novel Attributes on Product Evaluation, in: Journal of Consumer Research, Vol. 28, No. 3, pp. 462-472.

Müller, H. D. (2004): Einsatz von Customer Relationship Management-Systemen: Bestimmungsgrößen, Ausprägungen und Erfolgsfaktoren, Wiesbaden.

Müller, M. (2009): Effektives Verhalten von Vertriebsmitarbeitern im Kundenkontakt – Eine branchenübergreifende Untersuchung, Wiesbaden.

Mummendey, H. D. (1995): Die Fragebogen-Methode: Grundlagen und Anwendung in Persönlichkeits-, Einstellungs- und Selbstkonzeptforschung, 2. Auflage, Göttingen.

Myers, D. G. (2008): Psychologie, Heidelberg.

N

Nabih, M./Bloem, S./Poisez, T. (1997): Conceptual Issues in the Study of Innovation Adoption Behaviour, in: Advances in Consumer Research, Vol. 24, pp. 190-196.

Nacif, R. C. (2003): Online Customer Loyalty: Forecasting the Repatronage Behavior of Online Retail Customers, Wiesbaden.

Neibecker, B./Kohler, T. (2004): Messung von Designwirkungen bei Automobilen – Eine Conjoint-Studie mit Fotomontagen, in: Gröppel-Klein, A. (Hrsg.): Konsumentenverhaltensforschung im 21. Jahrhundert, Wiesbaden, S. 517-539.

Netemeyer, R. G./Bearden, W. O./Sharma, S. (2003): Scaling Procedures: Issues and Applications, Thousand Oaks.

Niederauer, C. (2009): Messung von Zahlungsbereitschaften bei industriellen Dienstleistungen, Wiesbaden.

Niedrich, R./Sharma, S./Wedell, D. (2001): Reference Price and Price Perceptions: A Comparison of Alternative Models, in: Journal of Consumer Research, Vol. 28, No. 3, pp. 339-354.

Nieschlag, R./Dichtl, E./Hörschgen, H. (1994): Marketing, 17. Auflage, Berlin.

Nieschlag, R./Dichtl, E./Hörschgen, H. (1997): Marketing, 18. Auflage, Berlin.

Nieschlag, R./Dichtl, E./Hörschgen, H. (2002): Marketing, 19. Auflage, Berlin.

Noble, C. H./Kumar, M. (2010): Exploring the Appeal of Product Design: A Grounded, Value-Based Model of Key Design Elements and Relationships, in: Journal of Product Innovation Management, Vol. 27, pp. 640-657.

Nolte, H. (1976): Die Markentreue im Konsumgüterbereich, Bochum.

Noonan, R./Wold, H. (1982): PLS Path Modeling with Indirectly Observed: A Comparison of Alternative Estimates For the Latent Variable, in: Jöreskog, K./Wold, H. (Eds.): Systems Under Indirect Observation (Part 2), Amsterdam, pp. 75-94.

Notani, A. S. (1998): Moderators of Perceived Behavioral Control's Predictiveness in the Theory of Planned Behavior: A Meta-Analysis, in: Journal of Consumer Psychology, Vol. 7, pp. 247-271.

Nowlis, S./Simonson, I. (1996): The Effect of New Product Features on Brand Choice, in: Journal of Marketing Research, Vol. 32, pp. 36-46.

Nufer, G. (2007): Event-Marketing und -Management – Theorie und Praxis unter besonderer Berücksichtigung von Imagewirkungen, 3. Auflage, Wiesbaden.

Nunnally, J. (1978): Psychometric Theory, 2nd edition, New York.

Nussbaum, B. (1988): Smart Design, in: Business Week, Vol. 11, pp. 102-117.

Nussbaum, B. (1993): "Hot Products", in: Business Week, Vol. 7 (June), pp. 54-57.

Nussbaum, B./Treece, J. B. (1991): "Winners", in: Business Week, Vol. June 19, pp. 62-82.

O

Obermiller, C. (1985): Varieties of Mere Exposure – The Effects of Processing Style and Repetition on Affective Response, in: Journal of Consumer Research, Vol. 12 (June), pp. 17-30.

O'Cass, A./Fenech, T. (2003): Webretailing Adoption: Exploring the Nature of Internet Users´ Webtrailing Behaviour, in: Journal of Retailing and Consumer Services, Vol. 10, pp. 81-94.

Ohlwein, M. (1999): Märkte für gebrauchte Güter, Wiesbaden.

Ohne Verfasser (1996): Der Spiegel, Nr. 42 (14. Oktober 1996).

Ohne Verfasser (2001): Designsprung oder Provokation?, in: Stuttgarter Nachrichten online vom 15.11.2001 (abgerufen am 16.03.2010): http://www.stuttgarter-nachrichten.de/stn/page/55798_0_2147_neue-linie-designsprung-oder-provokation-.html.

Ohne Verfasser (2001): Einsteigen und staunen – Der neue 7er-BMW, in: AUTO BILD 26/2001 vom 20.02.2002, (abgerufen am 24.03.2010): http://www.autobild.de/artikel/der-neue-7er-bmw_34918.html.

Ohne Verfasser (2002): Variety Seeking – Wie Sie von der Neugier Ihrer Kunden profitieren (Teil II), in: Absatzwirtschaft online, Nr. 01 vom 01.01.2002, S. 44 (abgerufen am 13.09.2010): http://www.absatzwirtschaft.de/CONTENT/_p=1004040,an=010201016.

Ohne Verfasser (2002): Design als wichtigster Wettbewerbsfaktor, in: Handelsblatt online vom 16.05.2002 (abgerufen am 12.05.1010): http://www.handelsblatt.com/archiv/design- wichtigster-wettbewerbsfaktor;528475.

Ohne Verfasser (2002): Der Mann für Kurven und Kanten, in: Zeit Online 31/2002 (abgerufen am 12.04.2009): http://www.zeit.de/2002/31/Der_Mann_fuer_Kurven_und_Kanten.

Ohne Verfasser (2002): Design wichtigster Wettbewerbsfaktor, in: Handelsblatt online vom 16.05.2002 (abgerufen am 28.02.2010): http://www.handelsblatt.com/archiv/design-wichtigster-wettbewerbsfaktor;528475.

Ohne Verfasser (2005): „Für die schönsten Autos – AUTONIS 2005“, Autonis Car Design Award (2005), (abgerufen am 24.08.2010): http://www.mps-anzeigen.de/sixcms/media.php/84/Autonis_2005.pdf.

Ohne Verfasser (2006): Mutiger Designsprung – Eichberg Tacho (abgerufen am 24.03.2010): www.honda-eichberg.de/pdf/tacho06_13.pdf.

Ohne Verfasser (2006): Pressemappe VW Passat – Technologie-Kompetenz schafft die Klassengrenzen ab Design zeigt größten Evolutionssprung seit Bestehen der Baureihe, 21.06.2006 (abgerufen am 16.03.2010): http://www.auto.de/Magazin/showArticle/ article/4721/Pressemappe-VW-Passat.

Ohne Verfasser (2007): „Weiße Kraft" – Was am BMW M so hässlich ist, in: Frankfurter Allgemeine Zeitung – FAZ.NET (abgerufen am 26.09.2007): http://www.faz.net/s/Rub 5A6DAB001EA2420BAC082C25414D2760/Doc~EA3CF8BF50E3743078E75368ED 6314814~ATpl~Ecommon~Scontent.html.

Ohne Verfasser (2008): Vom VW Käfer zum New Beetle, in: Berliner Morgenpost vom 10.06.2008 (abgerufen am 22.01.2010): http://www.morgenpost.de/printarchiv/auto/ article210372/Vom_VW_Kaefer_zum_New_Beetle.html.

Ohne Verfasser (2008): 2010 fahren weltweit eine Milliarde Autos, in: Welt Online vom 15.01.2008 (abgerufen am 19.08.2010): http://www.welt.de/welt_print/article 1561636/2010_fahren_weltweit_eine_Milliarde_Autos.html.

Ohne Verfasser (2009): Audi gewinnt zum siebten Mal ADAC-Markenvergleich, in: auto.de vom 25.11.2009 (abgerufen am 02.02.2010): http://www.auto.de/magazin/showArticle/ article/30288/Audi-gewinnt-zum-siebten-Mal-ADAC-Markenvergleich.

Ohne Verfasser (2009): Chris Bangles 7er BMW, in: Spiegel online – AUTO vom 07.12.2009, (abgerufen am 24.06.2010): http://www.spiegel.de/auto/fahrkultur/ 0,1518,665082,00.html.

Ohne Verfasser (2010): Frischezellkur für Audi TT, in: Autohaus Online vom 08.04.2010 (abgerufen am 12.02.1011): http://www.autohaus.de/frischezellkur-fuer-audi-tt-934069. html.

Ohne Verfasser (2010): Ergebnisse der ARD/ZDF-Onlinestudie 2010: Fast 50 Millionen-Deutsche sind online (abgerufen am 24.08.2010): http://www.ard-zdf-onlinestudie.de/.

Oliver, R. (1997): Satisfaction. A Behavioral Perspective on the Consumer, New York.

Olson, J. M./Maio, G. R. (2003): Attitudes in Social Behaviour, in: Millon, T./Lerner, M. J. (Eds.): Handbook of Psychology: Personality and Social Psychology, Vol. 5, pp. 299-325, Hoboken.

Olson, J. C./Reynolds, T. J. (2001): The Means-End Approach to Understanding Consumer Decision Making, in: Reynolds, T. J./Olson, J. C. (Eds.): Understanding Consumer Decision Making, Mahwah, pp. 3-24.

Osgood, C. E./Suci, G. J./Tannenbaum, P. H. (1978): The Measurement of Meaning, 4th edition, Chicago/London.

Osgood, C. E./Tannenbaum, P. H. (1955): The Principle of Congruity in the Prediction of Attitude Change, in: Psychological Review, Vol. 62, pp. 42-55.

Oskamp, S./Scalpone, R. (1975): The Exposure Effect Versus the Novelty Effect: An Experimental Comparison, in: Representative Research in Social Psychology, Vol. 6, pp. 119-125.

Ostlund, L. E. (1974): Perceived Innovation Attributes as Predictors of Innovativeness, in: Journal of Consumer Research, Vol. 1, pp. 23-29.

Ostrom, T. M. (1969): The Relationship between the Affective, Behavioral and Cognitive Components of Attitude, in: Journal of Experimental Social Psychology, Vol. 5, pp. 12-30.

P

Page, C./Herr, P. M. (2002): An Investigation of the Processes by which Product Design and Brand Strength Interact to Determine Initial Affect and Quality Judgments, in: Journal of Consumer Psychology, Vol. 12, No. 2, pp. 133-147.

Park, C. W./Milberg, S./Lawson, R. (2005): Beurteilung von Markenerweiterungen, in: Esch, F.-R. (Hrsg.): Moderne Markenführung. Grundlagen, innovative Ansätze, praktische Umsetzungen, 4. Auflage, Wiesbaden, S. 963-981.

Penaloza, L./Price, L. L. (1993): Consumer Resistance. A Conceptual Overview, in: Advances in Consumer Research, Vol. 20, pp. 123-128.

Perks, H./Cooper, R./Jones, C. (2005): Characterizing the Role of Design in New Product Development: An Empirically Derived Taxonomy, in: Journal of Product Innovation Management, Vol. 22, pp. 111-127.

Peter, S. I. (1997): Kundenbindung als Marketingziel: Identifikation und Analyse zentraler Determinanten, Wiesbaden.

Peter, S. I. (2001): Kundenbindung als Marketingziel: Identifikation und Analyse zentraler Determinanten, 2. Auflage, Wiesbaden.

Peter, J. P./Olson, J. C. (2002): Consumer Behavior and Marketing Strategy, 6th edition, Boston.

Petty, R. E./Cacioppo, J. T. (1981): Attitudes and Persuasion: Classic and Contemporary Approaches, Dubuque.

Petty, R E./Cacioppo, J. T. (1986): Communication and Persuasion: Central and Peripheral Routes to Attitude Change, New York.

Petty, R. E./Unnava, R. H./Strathman, A. J. (1991): Theories of Attitude Change, in: Robertson, T. S. (Ed.): Handbook of Consumer Behavior, Englewood Cliffs, pp. 241-280.

Petty, R. E./Wegener, D. T./Fabrigar, L. R. (1997): Attitudes and Attitude Change, in: Annual Review of Psychology, Vol. 48, pp. 609-647.

Pham, M. T. (2007): Emotion and Rationality: A Critical Review and Interpretation of Empirical Evidence, in: Review of General Psychology, Vol. 11, No. 2, pp. 155-178.

Pham, M. T./Cohen, J. B./Pracejus, J. W./Hughes, G. D. (2001): Affect Monitoring and the Primacy of Feelings in Judgment, in: Journal of Consumer Research, Vol. 28, No. 2, pp. 167-188.

Pleschak, F./Sabisch, H. (1996): Innovationsmanagement, Stuttgart.

Pohl, A. (1996): Leapfrogging bei technologischen Innovationen, Wiesbaden.

Popper, K. R. (1973): Objektive Erkenntnis, Hamburg.

Popper, K. R. (1984): Logik der Forschung, Tübingen.

Porter, M. E. (1980). Competitive Strategy: Techniques for Analyzing Industries and Competitors, New York.

Posavac, S. S. (1998): Overbidding in Contingent Valuation: Stated Economic Value of Public Goods Varies According to Customers Expectations of Funding Service, in: Journal of Economic Psychology, Vol. 19, No. 2, pp. 205-214.

Pressmar, D. S. (1982): Zur Akzeptanz von computergestützen Planungssystemen, in: Krallmann, H. (Hrsg.): Unternehmensplanung und -steuerung in den 80er Jahren – Eine Herausforderung an die Informatik, Berlin, S. 324-348.

Pugliese, M. E./Cagan, J. (2002): Capturing a Rebel: Modelling the Harley-Davidson Brand Through a Motorcycle Shape Grammar, in: Research in Engineering Design, Vol. 13, No. 3, pp. 139-156.

Punj, G./Stewart, D. W. (1983): Cluster Analysis in Marketing Research: Review and Suggestions for Application, in: Journal of Marketing Research, Vol. 20 (May), pp. 134-148.

Puttenat, D. (2009): Praxishandbuch Kriesenkommunikation – Von Ackermann bis Zumwinkel: PR-Störfälle und ihre Lektionen, Wiesbaden.

Pye, D. (1978): The Nature and Aesthetics of Design, New York.

R

Raab, G./Unger, A./Unger, F. (2010): Marktpsychologie – Grundlagen und Anwendung, 3. Auflage, Wiesbaden.

Radić, D./Posselt, T. (2009): Word-of-Mouth Kommunikation, in: Bruhn, M./Esch, F.-R./Langner, T. (Hrsg.): Handbuch Kommunikation, Wiesbaden, S. 249-266.

Raffée, H./Effenberger, J./Fritz, W. (1994): Strategieprofile als Faktoren des Unternehmenserfolges. Eine empirische Analyse, in: Die Betriebswirtschaft, Jg. 54, S. 383-396.

Raffée, H./Sauter, B./Silberer, G. (1973): Theorie der kognitiven Dissonanz und Konsumgüter-Marketing. Der Beitrag der Theorie der kognitiven Dissonanz zur Erklärung und Gestaltung von Kaufentscheidungen bei Konsumgütern, Wiesbaden.

Rajendran, K./Tellis, G. (1994): Contextual and Temporal Components of Reference Price, in: Journal of Marketing, Vol. 58, No. 1, pp. 22-34.

Raju, P. S. (1980): Optimum Stimulation Level: Its Relationship to Personality, Demographics, and Exploratory Behavior, in: Journal of Consumer Research, Vol. 7 (December), pp. 272-282.

Raju, P. S. (1984): Exploratory Brand Switching: An Empirical Examination of its Determinants, in: Journal of Economic Psychology, Vol. 5, pp. 202-221.

Ralph, P./Wand, Y. (2009): A Proposal for a Formal Definition of the Design Concept, in: Lyytinen, K./Loucopoulos, P./Mylopoulos, J./Robinson, W. (Eds.): Design Requirements Engineering: A Ten-Year Perspective, Workshop (LNBIP 14), Heidelberg, pp. 103-136.

Ram, S. (1987): A Model of Innovation Resistance, in: Advances in Consumer Research, Vol. 14, pp. 208-212.

Ram, S. (1989): Successful Innovation Using Strategies to Reduce Consumer Resistance. An Empirical Test, in: Journal of Product Innovation Management, Vol. 6, No. 1, pp. 20-34.

Ram, S./Sheth, J. N. (1989): Consumer Resistance to Innovations. The Marketing Problem and its Solution, in: Journal of Consumer Marketing, Vol. 6, No. 2, pp. 5-14.

Randall, D. M./Wolff, J. A. (1994): The Time Interval in the Intention-Behaviour Relationship: Meta-Analysis, in: British Journal of Social Psychology, Vol. 33, pp. 405-418.

Rayport, J./Jaworski, B. J. (2001): E-Commerce, New York.

Reber, R./Schwarz, N./Winkielmann, P. (2004): Processing Fluency and Aesthetic Pleasure: Is Beauty in the Perceiver's Processing Experience, in: Personality and Social Psychology Review, Vol. 8, No. 4, pp. 364-382.

Reber, R./Winkielman, P./Schwarz, N. (1998): Effects of Perceptual Fluency on Affective Judgments, in: Psychological Science, Vol. 9, pp. 45-48.

Reber, R./Wurtz, P./Zimmermann, T. D. (2004): Exploring "Fringe" Consciousness: The Subjective Experience of Perceptual Fluency and its Objective Bases, in: Consciousness and Cognition, Vol. 13, pp. 47-60.

Reed, J. D. (1990): Design: The New Shape of Sound, in: TIME, Vol. August 27, p. 58.

Reese, J. (2005): Der Ingenieur und seine Designer – Entwurf technischer Produkte im Spannungsfeld zwischen Konstruktion und Design, Berlin/Heidelberg.

Regenthal, G. (2003): Ganzheitliche Corporate Identity – Form, Verhalten und Kommunikation erfolgreich steuern, Wiesbaden.

Regier, S. (2007): Markterfolg radikaler Innovationen – Determinanten des Akzeptanzverhaltens, Wiesbaden.

Renn, O. (1984): Risikowahrnehmung der Kernenergie, Frankfurt.

Rentsch, G. (1988): Die Akzeptanz eines Schutzgebietes untersucht am Beispiel der Einstellung der lokalen Bevölkerung zum Nationalpark Bayerischer Wald, München.

Richins, M. L. (1983): Negative Word-of-Mouth by Dissatisfied Consumers: A Pilot Study, in: Journal of Marketing, Vol. 47, pp. 68-78.

Richins, M. L. (1994): Valuing Things: The Public and Private Meanings of Possessions, in: Journal of Consumer Research, Vol. 21, pp. 504-521.

Ringdon, E. E. (1998): Structural Equation Modeling, in: Marcoulides, G. A. (Ed.): Modern Methods for Business Research, Mahwah, pp. 251-294.

Ringeisen, P. (2011): Verbraucherreaktionen auf grenzüberschreitende Fusionen und Akquisitionen im Bankensektor unter besonderer Berücksichtigung der Markenintegration, in: Mann, A. (Hrsg.): Herausforderungen der internationalen Marktorientierten Unternehmensführung, Wiesbaden, S. 455-470.

Ringle, M. (2004): Messung von Kausalmodellen – Ein Methodenvergleich, in: Industrielles Management, Arbeitspapier Nr. 14, Hrsg. Prof. Hansmann, Universität Hamburg.

Ringle, C. M./Wende, S./Will, A. (2005): SmartPLS 2.0, Hamburg (abgerufen am 12.09.2010): http://www.smartpls.de.

Rogers, E. M. (1962): Diffusion of Innovations, New York.

Robertson, T. S. (1971): Innovative Behavior and Communication, New York.

Rogers, E. M. (1983): Diffusion of Innovations, 3. Auflage, New York.

Rogers, E. M. (1995): Diffusion of Innovations, 4. Auflage, New York.

Rogers, E. M. (2003): Diffusion of innovations, 5. Auflage, New York.

Rosenberg, M. J. (1956): Cognitive Structure and Attitudinal Affect, in: Journal of Abnormal and Social Psychology, Vol. 53, pp. 367-372.

Rosenberg, M. J./Abelson, R. P. (1960): An Analysis of Cognitive Balancing, in: Rosenberg, M. J./Hovland, C. I./McGuire, W. J./Abelson, R. P./Brehm, J. W. (Eds.): Attitude Organization and Change: An Analysis of Consistency Among Attitude Components, New Haven, pp. 112-163.

Rosengarten, P. G./Stürmer, C. B. (2005): Premium Power – Das Geheimnis des Erfolgs von Mercedes-Benz, BMW, Porsche und Audi, Weinheim.

Rosenstiel, L. v./Neumann, P. (2002): Marktpsychologie. Ein Handbuch für Studium und Praxis. Darmstadt.

Rossiter, J. R. (2002): The C-OAR-SE Procedure for Scale Development in Marketing, in: International Journal of Research in Marketing, Vol. 19, No. 4, pp. 305-335.

Rossiter, J. R./Percy, L. (1980): Attitude Change Through Visual Imagery in Advertising, in: Journal of Advertising, Vol. 9, No. 2, pp. 10-16.

Roy, R. (1994): Can the Benefits of Good Design be Quantified?, in: Design Management Journal, Vol. 5 (Spring), pp. 9-17.

Roy, R./Potter, S. (1990): Design and the Economy, London.

Rumelhart, D. E. (1980): Schemata – The Building Blocks of Cognition, in: Spiro, R. J./Bruce, B. C./Brewer, W. F. (Eds.): Theoretical Issues in Reading Comprehension, Hillsdale, pp. 33-58.

Rummel, C. (1995): Designmanagement – Integration theoretischer Konzepte und praktischer Fallbeispiele, Wiesbaden.

Runia, P./Wahl, F./Geyer, O./Thewißen, T. (2005): Marketing, München.

S

Sarkar, M. B./Echambadi, R./Cavusgil, S. T./Aulakh, P. S. (2001): The Influence of Complementary, Compatibility, and Relationship Capital on Alliance Performance, in: Journal of the Academy of Marketing Science, Vol. 29, No. 4, pp. 358-373.

Sarkar, M. B./Echambadi, R./Harrison, J. S. (2001): Alliance Entrepreneurship and Firm Market Performance, in: Strategic Management Journal, Vol. 22, pp. 701-711.

Sarle, W. S. (1983): Cubic Clustering Criterion, SAS Technical Report, A-108, Cary.

Sattler, H. (2005): Markenstrategien für neue Produkte, in: Esch, F.-R. (Hrsg.): Moderne Markenführung: Grundlagen – Innovative Ansätze – Praktische Umsetzungen, 4. Auflage, Wiesbaden, S. 503-521.

Sattler, H./Hensel-Börner, S. (2000): A Comparison of Conjoint Measurement With Self-Explicated Approaches, in: Gustafsson, A./Herrmann, A./Huber, F. (Hrsg.): Conjoint Measurement: Methods and Applications, Berlin, S. 147-159.

Sattler, H./Nitschke, T. (2003): Ein empirischer Vergleich von Instrumenten zur Erhebung von Zahlungsbereitschaften, in: Zeitschrift für betriebswirtschaftliche Forschung, Jg. 55, Nr. 6, S. 364-381.

Sattler, H./Schrader, S. (1995): Innovationsmarketing, in: Tietz, B./Köhler, R./Zentes, J. (Hrsg.): Handwörterbuch des Marketing, 2. Auflage, Stuttgart, S. 996-1008.

Sauer, P. /Dick, A. (1993): Using Moderator Variables in Structural Equation Models, in: Advances in Consumer Research, Vol. 20, No. 4, pp. 637-640.

Saunders, J. (1994): Cluster Analysis, in: Hooley, G. J./Hussey, M. K. (Eds.): Quantitative Methods in Marketing, London, pp. 13-28.

Schade, J. (2008): Akzeptanz von Straßenbenutzungsgebühren: Entwicklung und Überprüfung eines Modells, Wiesbaden.

Schade, J./Schlag, B (2001): Akzeptierbarkeit von Nachfragemanagement- und Preismaßnahmen in europäischen Städten, in: Internationales Verkehrswesen, Jg. 53, Nr. 3, S. 72-77.

Schanz, G. (1977): Grundlagen der verhaltenstheoretischen Betriebswirtschaftslehre, Tübingen.

Schanz, G. (1988): Methodologie für Betriebswirte, 2. Auflage, Stuttgart.

Schefczyk, M./Pankotsch, F. (2003): Betriebswirtschaftslehre junger Unternehmen, Stuttgart, S. 261-263.

Schiffman, L. G./Kanuk, L. L. (1991): Consumer Behavior, 4th edition, Englewood Cliffs.

Schiffman, L. G./Kanuk, L. L. (1994): Consumer Behavior, 5th edition, London.

Schimansky, A. (2004): Der Wert der Marke, München.

Schlag, B./Schade, J. (2000): Public Acceptability of Traffic Demand Management in Europe, in: Traffic Engineering & Control, Vol. 41, No. 8, pp. 314-318.

Schlegel, R. P./Di Tecco, D. (1982): Attitudinal Structures and the Attitude-Behavior Relation, in: Zanna, M. P./Higgins, E. T./Herman, C. P. (Eds.): Consistency in Social Behavior: The Ontario Symposium on Personality and Social Psychology, Hillsdale, pp. 17-49.

Schlenker, B. R. (1980): Impression Management: The Self-Concept, Social Identity, and Interpersonal Relations, Monterey.

Schlick, G. H. (1995): Innovationen von A-Z, Renningen-Malmsheim.

Schmalen, H. (1979): Marketing-Mix für neuartige Gebrauchsgüter, Wiesbaden.

Schmalen, H./Pechtl, H. (1996): Die Rolle der Innovationseigenschaften als Determinanten im Adoptionsverhalten, in: Zeitschrift für betriebswirtschaftliche Forschung, Jg. 48, Nr. 8, S. 816-836.

Schmitt, B./Simonson, A. (1997): Marketing Aesthetics: The Strategic Management of Brands, Identity and Image, New York.

Schnell, R./Hill, P. B./Esser, E. (2005): Methoden der empirischen Sozialforschung, 7. Auflage, München.

Schoder, D. (1995): Erfolg und Misserfolg telematischer Innovationen, Wiesbaden.

Scholderer, J./Balderjahn, I./Paulssen, M. (2006): Kausalität, Linearität, Reliabilität: Drei Dinge, die Sie nie über Strukturgleichungsmodelle wissen wollten, in: Die Betriebswirtschaft, Jg. 66, Nr. 6, S. 640-650.

Schreier, M. (2005): Wertzuwachs durch Selbstdesign. Die erhöhte Zahlungsbereitschaft von Kunden beim Einsatz von "Toolkits for User Innovation and Design", Wiesbaden.

Schulz, R. (1972): Kaufentscheidungsprozesse des Konsumenten, Wiesbaden.

Schulze, P. M. (2003): Beschreibende Statistik, 5. Auflage, München/Wien.

Schumpeter, J. A. (1931): Theorie der wirtschaftlichen Entwicklung, 3. Auflage, Leipzig.

Schumpeter, J. A. (1939): Business Cycles: A Theoretical, Historical, and Statistical Analysis of the Capitalist Process, Band 1, New York/London.

Schumpeter, J. A. (1964): Theorie der wirtschaftlichen Entwicklung, 6. Auflage, Berlin.

Schurian, W. (1986): Psychologie ästhetischer Wahrnehmung – Selbstorganisation und Vielschichtigkeit von Empfinden, Verhalten und Verlangen, Opladen.

Schwarz, N. (2004a): Meta-Cognitive Experiences in Consumer Judgement and Decision Making, in: Journal of Consumer Psychology, Vol. 14, pp. 332-348.

Schwarz, N. (2004b): Meta-Cognitive Experiences: Response to Commentaries, in: Journal of Consumer Psychology, Vol. 14, pp. 370-373

Schwarze, J. (2003): Kundenorientiertes Qualitätsmanagement in der Automobilindustrie, Wiesbaden.

Seilheimer, C. (2001): Antezendenzien und Konsequenzen des Regret – Grundlagen-Messung-Implikationen, Wiesbaden.

Selle, G. (1973): Ideologie und Utopie des Design – Zur gesellschaftlichen Theorie der industriellen Formgebung, Köln.

Seufert, S. (2008): Innovationsorientiertes Bildungsmanagement, Wiesbaden.

Sharma, S. (1996): Applied Multivariate Techniques, New York.

Sharma, S./Durand, R. M./Gur-Arie, O. (1981): Identification and Analysis of Moderator Variables, in: Journal of Marketing Research, Vol. 18, No. 3, pp. 291-300.

Shavitt, S. (1989): Products, Personalities and Situations in Attitude Functions: Implications for Consumer Behavior, in: Advances in Consumer Research, Vol. 16, No. 1, pp. 300-305.

Sheeran, P. (2002): Intention-Behaviour Relations: A Conceptual and Empirical Review, in: European Review of Social Psychology, Vol. 12, pp. 1-36.

Sheremata, W. A. (2004): Competing Trough Innovation in Network Markets, in: Academy of Management Review, Vol. 29, pp. 359-377.

Sheth, J. N./Parvatiyar, A. (1995): Relationship Marketing in Consumer Markets: Antecedents and Consequences, in: Journal of the Academy of Marketing Science, Vol. 23, No. 4, pp. 255-271.

Shim, S./Eastlick, M. A./Lotz, S. L./Warrington, P. (2001): An On-line Prepurchase Intentions Model: The Role of Intention to Search, in: Journal of Retailing, Vol. 77, pp. 397-416.

Sieben, F. (2002): Rückgewinnung verlorener Kunden. Erfolgsfaktoren und Profitabilitätspotentiale, Wiesbaden.

Silberer, G. (1981): Das Informationsverhalten von Konsumenten beim Kaufentscheid – Ein analytisch-theoretischer Bezugsrahmen, in: Raffée, H./Silberer, G. (Hrsg.): Informationsverhalten der Konsumenten, Wiesbaden, S. 27-60.

Silberer, G./Hannecke, N. (1999): Akzeptanz und Wirkung von multimedialen Kiosksystemen im Handel, in: Silberer, G. (Hrsg.): Beiträge zur Marketingwissenschaft, Nr. 23, Universität Göttingen.

Simon, H. (1992): Preismanagement – Analyse, Strategie, Umsetzung, 2. Auflage, Wiesbaden.

Simon, H. (1994): Preispolitik für industrielle Dienstleistungen, in: Die Betriebswirtschaft, Jg. 54, Nr. 6, S. 719-737.

Simonin, B./Ruth, J. (1995): Bundling as a Strategy for New Product Introduction: Effects on Consumers' Reservation Prices for the Bundle, the New Product, and Its Tie-in, in: Journal of Business Research, Vol. 33, pp. 219-230.

Simonin, B. L./Ruth, J. A. (1998): Is a Company Known by the Company It Keeps? Assessing the Spillover Effects of Brand Alliances on Consumer Brand Attitudes, in: Journal of Marketing Research, Vol. 35, pp. 30-42.

Simonson, I./Nowlis, S. M. (2000): The Role of Explanation and Need for Uniqueness in Consumer Decision Making – Unconventional Choices Based on Reason, in: Journal of Consumer Research, Vol. 27 (June), pp. 49-68.

Six, B./Eckes, T. (1996): Metaanalyse in der Einstellungs- und Verhaltensforschung, in: Zeitschrift für Sozialpsychologie, Jg. 27, S. 7-17.

Slater, S. F./Olson, E. M. (2001): Marketing's Contribution to the Implementation of Business Strategy: An Empirical Analysis, in: Strategic Management Journal, Vol. 22, pp. 1055-1067.

Smith, N. C. (1987): Consumer Boycotts and Consumer Sovereignty, in: European Journal of Marketing, Vol. 21, No. 5, pp. 7-19.

Smith, J. B./Barclay, D. W. (1997): The Effects of Organizational Differences and Trust in Effectiveness of Selling Partner Relationships, in: Journal of Marketing, Vol. 61 (January), pp. 3-21.

Smith, M. B./Brunner, J./White, R. W. (1956): Opinions and Personality, New York.

Smith, E. R./Queller, S. (2002): Mental Representations, in: Tesser, A./Schwarz, N. (Eds): Blackwell Handbook of Social Psychology: Intraindividual Processes, Blackwell Reference Online (6 April 2007).

Snyder, C. R./Fromkin, H. L. (1980): Uniqueness: The Human Pursuit of Difference, New York.

Sohn A./Welling, M. (2002): Die Nutzung Prominenter in der Werbung – Eine Analyse vor dem Hintergrund unterschiedlicher Markenkonzeptionen, in: Schriften zum Marketing, Nr. 44, Bochum.

Solomon, M. R. (1983): The Role of Products as Social Stimuli – A Symbolic Interactionist Perspective, in: Journal of Consumer Research, Vol. 10 (December), pp. 319-329.

Sommerlatte, T. (1998): Wachstum und Neugeschäft durch Innovation, in: Barske, H. (Hrsg.): Das innovative Unternehmen, Wiesbaden.

Sonnenborn, H.-P. (2009): Markenanspruch und Wertschöpfungsmanagement in der Automobilindustrie – Kann die deutsche Automobilindustrie ihre internationale Spitzenposition behaupten?, in: Schmid, S. (Hrsg.): Management der Internationalisierung, Wiesbaden, S. 443-476.

Sorescu, A. B./Gelb, B. D. (2000): Negative Competitive Advertising: Evidence Favoring Fine-Tuning, in: Journal of Advertising, Vol. 29 (Winter), pp. 25-40.

Späth, H. (1977): Cluster-Analyse-Algorithmen zur Objektklassifizierung und Datenreduktion, München.

Srinivasan, V./Lovejoy, W. S./Beach, D. (1997): Integrated Product Design for Marketability and Manufacturing, in: Journal of Marketing Research, Vol. 34 (February), pp. 154-163.

Staehle, W. H. (1990): Management: Eine verhaltenswissenschaftliche Einführung, 5. Auflage, München.

Stahlberg, D./Frey, D. (1992): Einstellungen I: Struktur, Messung und Funktionen, in: Stroebe, W./Hewstone, M./Codol, J.-P./Stephenson, G. M. (Hrsg.): Sozialpsychologie, 2. Auflage, Berlin/Heidelberg/New York, S. 144-170.

Stahlberg, D./Frey, D. (1996): Einstellung: Struktur, Messung und Funktion, in: Stroebe, W./Hewstone, M./Stephenson, G. (Hrsg.): Sozialpsychologie: Eine Einführung, 3. Auflage, Berlin, S. 219-252.

Stamm, B. v. (2003): Managing Innovation, Design and Creativity, Chichester.

Stang, D. J. (1975): Effects of „Mere Exposure" on Learning and Affect, in: Journal of Personality and Social Psychology, Vol. 31, pp. 7-12.

Statistisches Bundesamt (2010): Bildungsstand – Bevölkerung 2008 nach Bildungsabschluss und Altersgruppen in Deutschland (abgerufen am 08.09.2010): http://www.destatis.de/jet-speed/portal/cms/Sites/destatis/Internet/DE/Content/Statistiken/BildungForschungKultur/Bildungsstand/Tabellen/Content100/BildungsabschlussAlterBB,templateId=renderPrint.psm.

Steck, L./Machotka, P. (1975): Preference for Musical Complexity: Effects of Context, in: Journal of Experimental Psychology, Vol. 54, pp. 54-61.

Steenkamp, J.-B./Batra, R./Alden, D. (2003): How Perceived Brand Globalness Creates Brand Value, in: Journal of International Business Studies, Vol. 34, No. 1, pp. 53-65.

Steenkamp, J.-B./Baumgartner, H. (1992): The Role of Optimum Stimulation Level in Exploratory Consumer Behavior, in: Journal of Consumer Research, Vol. 19, No. 3, pp. 434-448.

Steenkamp, J.-B./Baumgartner, H. (2000): On the Use of Structural Equation Models for Marketing Modeling, in: International Journal of Marketing Research, Vol. 17, pp. 195-202.

Steiner, M. (1997): Anwendung der Kundenorientierung in der Produktplanung und Entwicklung der Automobilindustrie, in: Fraunhofer IAO (Hrsg.): Erfolgsfaktoren innovativer Produktplanung: Wissen über den Kunden hilft bei einer kundenorientierten Produktentwicklung; Vortrag anlässlich des CAT'97 Symposiums am 15.05.1997.

Steiner, P. (2009): Sound Branding – Grundlagen der akustischen Markenführung, Wiesbaden.

Stern, T./Jaberg, H. (2007): Erfolgreiches Innovationsmanagement, 3. Auflage, Wiesbaden.

Stoll, S. (1999): Akzeptanzprobleme bei der Ausweisung von Großschutzgebieten, Frankfurt.

Stompff, G. (2003): The Forgotten Bond: Brand Identity and Product Design, in: Design Management Journal, Vol. 14, No. 1, pp. 26-32.

Stone, M. (1974): Cross-Validatory Choice and Assessment of Statistical Predictions, in: Journal of the Royal Statistical Society, Vol. 36, No. 2, pp. 111-133.

Stroebe, W. (1980): Grundlagen der Sozialpsychologie I., Stuttgart.

Suedfeld, P./Epstein, Y. M./Buchanan, E./Landon, P. B. (1971): Effects of Set on the "Effects of Mere Exposure", in: Journal of Personality and Social Psychology, Vol. 17, pp. 121-123.

Sujan, M./Bettman, J. R. (1989): The Effects of Brand Positioning Strategies on Consumers' Brand and Category Perceptions: Some Insights from Schema Research, in: Journal of Marketing Research, Vol. 26 (November), pp. 454-467.

T

Talke, K. (2005): Einführung von Innovationen: Marktorientierte strategische und operative Aktivitäten als kritische Erfolgsfaktoren, Wiesbaden.

Tauber, E. M. (1988): Brand Leverage: Strategy for Growth in a Cost Control World, in: Journal of Advertising Research, Vol. 28, No. 4, pp. 26-30.

Tellis, G. J./Prabhu, J. C./Chandy, R. K. (2009): Radical Innovation Across Nations: The Preeminence of Corporate Culture, in: Journal of Marketing, Vol. 73, pp. 3-23.

Tenenhaus, M./Vinzi, V. E./Chatelin, Y.-M./Lauro, C. (2005): PLS Path Modelling, in: Computational Statistics & Data Analysis, Vol. 48, pp. 159-205.

Tepper-Tian, K./Bearden, W. O. (2002): Distinguishing Consumers' Need for Uniqueness from Individuation and General Need for Uniqueness, in: Advances in Business Marketing and Purchasing, Vol. 11, pp. 171-198.

Tepper-Tian, K./Bearden, W. O./Hunter, G. L. (2001): Consumers' Need for Uniqueness – Scale Development and Validation, in: Journal of Consumer Research, Vol. 28 (June), pp. 50-66.

Theler, C. (2001): Analyse des Adoptionsprozesses von Innovationen in der Schweizer Landwirtschaft – Folgerungen für das Innovationsmanagement, Zürich.

Thomas, W. I./Znaniecki, F. (1918): The Polish Peasant in Europe and America, Chicago.

Triandis, H. C. (1975): Einstellungen und Einstellungsänderungen, Weinheim.

Trommsdorff, V. (1975): Die Messung von Produktimages für das Marketing, Köln.

Trommsdorff, V. (1998): Konsumentenverhalten, 3. Auflage, Stuttgart/Berlin/Köln.

Trommsdorff, V. (2002): Konsumentenverhalten, 4. Auflage, Stuttgart/Berlin/Köln.

Trommsdorff, V. (2004): Konsumentenverhalten, 6. Auflage, Stuttgart/Berlin/Köln.

Trommsdorff, V. (2009): Konsumentenverhalten, 7. Auflage, Stuttgart/Berlin/Köln.

Trommsdorff, V./Schneider, P. (1990): Grundzüge des betrieblichen Innovationsmanagements, in: Trommsdorff, V. (Hrsg.): Innovationsmanagement, München, S. 1-25.

Trommsdorff, V./Zellerhoff, C. (1994): Produkt- und Markenpositionierung, in: Bruhn, M. (Hrsg.): Handbuch Markenartikel, Band I, Stuttgart, S. 349-373.

Tscheulin, D. K./Helmig, B. (1999): Markentreue, Wiederkauf- und Wechselverhalten, Arbeitspapier Nr. 33/99, Freiburg am Breisgau.

Tumminelli, P. (2004): Car Design, Kempen.

Tushman, M./Moore, W. L. (1982): Readings in the Management of Innovation, Boston.

Tybout, A. M./Hauser, J. R. (1981): A Marketing Audit Using a Conceptual Model of Consumer Behavior: Application and Evaluation, in: Journal of Marking, Vol. 45 (July), pp. 82-101.

U

Ufelmann, A. (2010): Imageaufbau durch Produktdesign – Eine empirische Studie am Beispiel Automobildesign, Hamburg.

Urban, G. L./Weinberg, B./Hauser, J. R. (1996): Premarket Forecasting of Really-New Products, in: Journal of Marketing, Vol. 60, No. 1 (January), pp. 47-60.

V

Vahls, D./Burmester, R. (2005): Innovationsmanagement – Von der Produktidee zur erfolgreichen Vermarktung, 3. Auflage, Stuttgart.

Vaidyanathan, R./Aggarwal, P. (2000): Strategic Brand Alliances: Implications of Ingredient Branding for National and Private Label Brands, in: Journal of Product and Brand Management, Vol. 9, No. 4, pp. 214-228.

van den Putte, B. (1993): On the Theory of Reasoned Action, Amsterdam.

van der Laan, J. D./Heino, A./De Waard, D. (1997): A Simple Procedure for the Assessment of Acceptance of Advanced Transport Telematics, in: Transportation Research – Part C: Emerging Technologies, Vol. 5, pp. 1-10.

Vanhuele, M. (1995): Why Familiar Stimuli Are Better Linked – A Study on the Cognitive Dynamics Linking Recognition and the Mere Exposure Effect, in: Advances in Consumer Research, Vol. 22, pp. 65-70.

Venkatesh, V./Davis, F. D. (2000): A Theoretical Extension of the Technology Acceptance Model: Four Longitudinal Field Studies, in: Management Science, Vol. 46, pp. 186-204.

Venkatesh, V./Morris, M. G./Davis, G. B/Davis, F. D. (2003): User Acceptance of Information Technology: Toward a Unified View, in: MIS Quarterly, Vol. 27, No. 3, pp. 425-478.

Verhoef, P. C./Langerak, F./Donkers, B. (2007): Understanding Brand and Dealer Retention in the New Car Market: The Moderating Role of Brand Tier, in: Journal of Retailing, Vol. 83, No. 1, pp. 97-113.

Veryzer, R. W. Jr. (1993): Aesthetic Response and the Influence of Design Principles on Product Preferences, in: Advances in Consumer Research, Vol. 20, pp. 224-228.

Veryzer, R. W. (1995): Product Design, Aesthetics, and Consumer Research, in: Advances in Consumer Research, Vol. 22, pp. 641-645.

Veryzer, R. W. (1998): Key Factors Affecting Customer Evaluation of Discontinous New Products, in: Journal of Product Innovation Management, Vol. 15, pp. 136-150.

Veryzer, R. W. (1999): A Nonconscious Processing Explanation of Consumer Response to Product Design, in: Psychology and Marketing, Vol. 16, No. 6, pp. 497-522.

Veryzer, R. W. (2005): The Roles of Marketing and Industrial Design in Discontinuous New Product Development, in: Journal of Product Innovation Management, Vol. 22, No. 1, pp. 22-41.

Veryzer, R. W./Borja de Mozota, B. (2005): The Impact of User-Oriented Design on New Product Development: An Examination of Fundamental Relationships, in: The Journal of Product Innovation Management, Vol. 22, No. 2, pp. 128-143.

Veryzer, R. W. Jr./Hutchinson, W. J. (1998): The Influence of Unity and Prototypicality on Aesthetic Response to New Product Design, in: Journal of Consumer Research, Vol. 24, No. 4, pp. 374-394.

Voeth, M./Niederauer, C. M. (2007): Ermittlung von Preisbereitschaften und Preisabsatzfunktionen, in: Herrmann, A./Homburg, C./Klarmann, M. (Hrsg.): Handbuch Marktforschung: Methoden – Anwendungen – Praxisbeispiele, 3. Auflage, Wiesbaden, S. 1073-1095.

Voeth, M./Rabe, C. (2004): Industriegütermarken, in: Bruhn, M. (Hrsg.): Handbuch Markenführung, Wiesbaden, S. 75-94.

Vogel, F. (1975): Probleme und Verfahren der numerischen Klassifikation, Göttingen.

Vogel, J./Huber, F. (2007): Co-Branding-Markenstrategie der Zukunft. Eine empirische Studie der Markeneffekte beim Co-Branding, Lohmar.

Völckner, F. (2006): Methoden zur Messung individueller Zahlungsbereitschaften: Ein Überblick zum State of the Art, in: Journal für Betriebswirtschaft, Jg. 56, Nr. 1, S. 33-60.

Völckner, F./Sattler, H./Kaufmann, G. (2008): Image Feedback Effects of Brand Extensions: Evidence from a Longitudinal Field Study, in: Marketing Letters, Vol. 19, pp. 109-124.

Vollhardt, K. (2007): Management von Markenportfolios: Gestaltung und Erfolgsauswirkung aus Unternehmenssicht, Wiesbaden.

Vorhies, D. W./Morgan, N. A. (2003): A Configuration Theory Assessment of Marketing Organization Fit with Business Strategy and Its Relationship with Marketing Performance, in: Journal of Marketing, Vol. 67, No. 1, pp. 100-115.

Voss, K. E./Tansuhaj, P. (1999): A Consumer Perspective on Foreign Market Entry: Building Brands Through Brand Alliances, in: Journal of International Consumer Marketing, Vol. 11, pp. 39-58.

W

Waldmann, M. (2002): Kategorisierung und Wissenserwerb, in: Müsseler, J./Prinz, W. (Hrsg.): Lehrbuch Allgemeine Psychologie, Heidelberg, S. 432-452.

Wänke, M./Bless, H./Schwarz, N. (1998): Contrast and Assimilation in Product Line Extensions: Context is not Destiny, in: Journal of Consumer Psychology, Vol. 7, pp. 299-322.

Ward Jr., J. H. (1963): Hierarchical Grouping to Optimize an Objective Function, in: Journal of the American Statistical Association, Vol. 58, pp. 236-244.

Warell, A. (2001): Design Syntactics: A Functional Approach to Visual Product Form, Gothenburg.

Warschat, J./Spath, D./Ohlhausen, P. (2006): Innovationen sind die Voraussetzungen für Wachstum, in: Industrie-Management, Jg. 22, Nr. 5, S. 51-54, Fraunhofer IAO 2006/200.

Washburn, J./Plank, R. (2002): Measuring Brand Equity: An Evaluation of a Consumer-Based Brand Equity Scale, in: Journal of Marketing Theory & Practice, Vol. 10, No. 1, pp. 46-62.

Watson, J. B. (1925): Behaviorism, New York.

Watt, S. E./Maio, G. R./Rees, K./Hewstone, M. (2007): Functions of Attitudes Towards Ethnic Groups: Effects of Level of Abstraction, in: Journal of Experimental Social Psychology, Vol. 43, pp. 441-449.

Weiber, R. (1992): Diffusion von Telekommunikation. Problem der kritischen Masse, Wiesbaden.

Weiber, R./Pohl, A. (1996): Leapfrogging Behaviour – Ein adoptionstheoretischer Erklärungsansatz, in: Zeitschrift für Betriebswirtschaft, Jg. 66, S. 1203-1222.

Weisz, A. (2007): Lifecycle-Gestaltung in der Automobilindustrie, Hamburg.

Wertenbroch, K./Skiera, B. (2002): Measuring Consumer Willingness to Pay at the Point of Purchase, in: Journal of Marketing Research, Vol. 39 (May), pp. 228-241.

Wertheimer, M. (1923): Untersuchungen zur Lehre von der Gestalt II, in: Psychologische Forschung, Vol. 4, S. 301-350

Whitfield, T. W./Slatter, P. E. (1979): The Effects of Categorization and Prototypicality on Aesthetic Choice in a Furniture Selection Task, in: British Journal of Psychology, Vol. 70, pp. 65-75.

Whitney, D. E. (1988): Manufacturing by Design, in: Harvard Business Review, Vol. July-August, pp. 83-90.

Wieselhuber, N. (1981): Konzeption und Realisation von Produktdesign in der Konsumgüterindustrie – Eine aktionsanalytische Untersuchung, Berlin.

Winkelmann, P. (2010): Marketing und Vertrieb – Fundamente für die Marktorientierte Unternehmensführung, 7. Auflage, München.

Winkielman, P./Cacioppo, J. T. (2001): Mind at Ease Puts a Smile on the Face: Psychophysical Evidence that Processing Facilitation Leads to Positive Effect, in: Journal of Personality and Social Psychology, Vol. 81, pp. 989-1000.

Wirtz, B. W. (2001): Electronic Business, 2. Auflage, Wiesbaden.

Wirtz, B. W. (2008): Multi-Channel-Marketing. Grundlagen – Instrumente – Prozesse, Wiesbaden.

Wirtz, B./Blockus, M.-O. (2006): Der ganzheitliche Direktmarketing-Prozess, in: Wirtz, B. W./Burmann C. (Hrsg.): Ganzheitliches Direktmarketing, Wiesbaden, S. 203-226.

Wishart, D. (1987): CLUSTAN User Manual, St. Andrews.

Wiswede, G. (1995): Einführung in die Wirtschaftspsychologie, 2. Auflage, München/Basel.

Wiswede, G. (2000). Einführung in die Wirtschaftspsychologie, 3. Auflage, München.

Witte, E. (1989): Nutzungsanspruch und Nutzungsvielfalt, in: Witte, E. (Hrsg.): Der praktische Nutzen empirischer Forschung, Tübingen.

Witte, E. (1995): Effizienz der Führung, in: Kieser, A./Reber, G./Wunderer, R. (Hrsg.): Handwörterbuch der Führung, Stuttgart, S. 263-276.

Wixom, B. H./Todd, P. (2005): A Theoretical Integration of User Satisfaction and Technology Acceptance, in: Information Systems Research, Vol. 16, pp. 85-102.

Wohlfahrt, J. (2004): Akzeptanz und Auswirkungen von Mobile-Business-Anwendungen, Hamburg.

Wohlwill, J. F. (1981): A Conceptual Analysis of Exploratory Behavior: The ‚Specific-Diverse' Distinction Revisited, in: Day, H. I. (Ed.): Advances in Intrinsic Motivation and Aesthetics, New York, pp. 341-364.

Wold, H. (1966): Estimation of Principal Components and Related Models by Iterative Least Squares, in: Krishnaiah, P. R. (Ed.): Multivariate Analysis, New York, pp. 391-420.

Wold, H. (1980): Model Construction and Evaluation When the Theoretical Knowledge is Scarce: Theory and Application of Partial Least Squares, in: Kmenta, J./Ramsey, J. G. (Eds.): Evaluation of Econometric Models, New York, pp. 47-74.

Wold, H. (1982): Soft Modeling: The Basic Design and Some Extensions, in: Jöreskog, K. G./Wold, H. (Eds.): Systems Under Indirect Observation (Part 2), Amsterdam, pp. 1-54.

Woods, W. A. (1960): Psychological Dimensions of Consumer Decision, in: Journal of Marketing, Vol. 24, No. 3, pp. 15-19.

Woratschek, H./Roth, S./Schmieder, T. (2005): Appliccability of Price Formation Mechanismsm for Services – Auctions and Bargaining versus One-sided Posted Pricing, in: Journal of Research and Management, Vol. 27, No. 2, pp. 61-74.

Workman, J. P. Jr./Homburg, C./Jensen, O. (2003): Intraorganizational Determinants of Key Account Management Effectiveness, in: Journal of the Academy of Marketing Science, Vol. 31, No. 1, pp. 3-21.

Wriggers, S. (2006): Markterfolg im Mobile Commerce – Faktoren der Adoption und Akzeptanz von M-Commerce-Diensten, Wiesbaden.

Wyer, R. S. (1970): Information Redundancy, Inconsistency, and Novelty and Their Role in Impression Formation, in: Journal of Experimental Social Psychology, Vol. 6, pp. 111-127.

X

Xue, L./Yen, C. C. (2007): Towards Female Preferences in Design – A Pilot Study, in: International Journal of Design, Vol. 1, No. 3, pp. 11-27.

Y

Yamamoto, M./Lambert, D. R. (1994): The Impact of Product Aesthetics on the Evaluation of Industrial Products, in: Journal of Product of Innovation Management, Vol. 11, No. 4, pp. 309-324.

Yoo, B./Donthu, N. (2001): Developing and Validating a Multidimensional Consumer-Based Brand Equity Scale, in: Journal of Business Research, Vol. 52, pp. 1-14.

Z

Zajonc, R. B. (1968): Attitudinal Effects of Mere Exposure, in: Journal of Personality and Social Psychology, Vol. 9, No. 2, pp. 1-27.

Zajonc, R. B. (2001): Mere Exposure: A Gateway to the Subliminal, in: Current Directions in Psychological Science, Vol. 10, pp. 224-228.

Zajonc, R. B./Markus, H./Wilson, W. R. (1974): Exposure Effects and Associative Learning, in: Journal of Experimental Social Psychology, Vol. 10, pp. 248-263.

Zajonc, R. B./Shaver, P./Tavris, C./Van Kreveld, D. (1972): Exposure, Satiation, and Stimulus Discriminability, in: Journal of Personality and Social Psychology, Vol. 21, pp. 270-280.

Zalles-Reiber, M. (1996): Produktveralterung und Industrie-Design, München.

Zaltman, G./LeMasters, K./Heffring, M. (1982): Theory Construction in Marketing: Some Thoughts on Thinking, New York.

Zanna, M. P. (1989): Attitude-Behavior Consistency: Fulfilling the Need for Cognition Structure, in: Advances in Consumer Research, Vol. 16, pp. 318-320.

Zeithaml, V. A. (1988): Consumer Perceptions of Price, Quality, and Value: A Means-End Model and Synthesis of Evidence, in: Journal of Marketing, Vol. 52 (July), pp. 2-22.

Zeitler, F. (1994): Design als Qualität – Qualität von Design, Berlin.

Ziamou, P. L. (1999): The Effect of the Degree of Newness of a Really New Product on Consumers Judgements, in: Advances in Consumer Research, Vol. 26, pp. 368-371.

Zimmermann, R./Aga, T. M. (2004): Markenwertbasiertes Management von Premiummarken, in: Wirtz, B. W./Göttgens, O. (Hrsg.): Integriertes Marken- und Kundenwertmanagement – Strategien, Konzepte und Best Practices, Wiesbaden, S. 191-207.

Zuckerman, M./Kolin, A./Price, L./Zoob, I. (1964): Development of a Sensation Seeking Scale, in: Journal of Consulting Psychology, Vol. 28, pp. 477-482.